精准农业航空技术丛书

精准农业航空施药技术

兰玉彬　著

广西科学技术出版社

图书在版编目（CIP）数据

精准农业航空施药技术 / 兰玉彬著 . — 南宁 : 广西科学技术出版社，2022.12
（精准农业航空技术丛书）
ISBN 978-7-5551-1770-4

Ⅰ . ①精… Ⅱ . ①兰… Ⅲ . ①农业飞机—农药施用 Ⅳ . ① S252 ② S48

中国版本图书馆 CIP 数据核字（2022）第 107028 号

JINGZHUN NONGYE HANGKONG SHIYAO JISHU

精准农业航空施药技术

兰玉彬 著

策　　划：卢培钊　萨宣敏　赖铭洪
责任编辑：赖铭洪　罗　风　　　　　　助理编辑：谢艺文
责任校对：苏深灿　　　　　　　　　　责任印制：韦文印
封面设计：刘柏就　　　　　　　　　　版式设计：梁　良

出 版 人：卢培钊　　　　　　　　　　出版发行：广西科学技术出版社
社　　址：广西南宁市东葛路 66 号　　邮政编码：530023
网　　址：http://www.gxkjs.com　　　编 辑 部：0771-5864716

印　　刷：广西壮族自治区地质印刷厂
地　　址：南宁市建政东路 88 号　　　邮政编码：530023

开　　本：889 mm×1194 mm　1/16
字　　数：640 千字　　　　　　　　　印　　张：28.5
版　　次：2022 年 12 月第 1 版　　　印　　次：2022 年 12 月第 1 次印刷
书　　号：ISBN 978-7-5551-1770-4
定　　价：198.00 元

　　兰玉彬，国家特聘专家，教育部"海外名师"，欧洲科学、艺术与人文学院（法国欧洲科学院）外籍院士，俄罗斯自然科学院外籍院士，格鲁吉亚国家科学院外籍院士，2021 年中国工程院外籍院士有效候选人。山东理工大学校长特别助理、农业工程与食品科学学院院长，华南农业大学电子工程学院／人工智能学院院长，国家精准农业航空施药技术国际联合研究中心主任和首席科学家。

　　兰玉彬 1982 年本科和 1987 年硕士毕业于原吉林工业大学农机设计与制造专业，1989 年去美国留学，1994 年获美国得克萨斯农工大学农业工程博士学位，1993 ～ 1995 年在美国得克萨斯农工大学农业研究中心从事博士后研究工作，1995 ～ 1999 年任美国内布拉斯加大学控制工程师、研究助理教授，1999 ～ 2005 年任美国佐治亚大学系统福谷分校助理教授、终身副教授，2005 ～ 2014 年任美国农业部农业研究服务署（USDA-ARS）高级科学家，2014 年辞去美国农业部职务全职回国工作。现任国际电信联盟、联合国粮食及农业组织共同组建的基于人工智能和物联网的数字农业焦点组（ITU&FAO FG-AI4A）应用案例与解决方案工作组（WG-AS）主席，国际精准农业航空学会（ISPAA）主席，国际农业与生物系统工程学会（CIGR）精准农业航空工作委员会主席，中国农业工程学会航空分会主任委员，世界无人机联合会副主席，国家航空植保科技创新联盟常务副理事长，农业农村部航空植保重点实验室学术委员会主任，农业农村部产业技术体系棉花田间管理机械岗位科学家，广东省智慧农业工程技术中心主任和首席科学家。入选山东省"一事一议"引进顶尖人才、广东省"珠江人才计划"领军人才、北京市特聘专家，美国得克萨斯农工大学和美国得克萨斯农业生命研究中心兼职教授。

兰玉彬长期从事精准农业航空应用技术研究。主持国家重点研发计划专项"地面与航空高工效施药技术及智能化装备"、国家自然科学基金项目、农业农村部委托植保无人机发展分析和购置补贴评估项目、广东省无人机重大专项、广东省重点研发计划专项及广东省实验室课题等重大项目，项目成果受邀参加国家"十三五"科技创新成就展。发表论文 300 余篇，其中 SCI/EI 收录 200 余篇，近年来两次获中国科学技术协会优秀论文奖、中国农业工程学会 40 周年优秀论文奖，授权发明专利 70 余项，出版《精准农业航空技术与应用》《精准农业航空植保技术》等 5 部专著。在国际上首倡"精准农业航空"理念、技术路线及体系，率先开展了遥感和航空施药相结合的研究工作，领衔的团队引领国际精准农业航空关键技术及装备创新，建立了国内首个"生态无人农场"。曾获中国侨界贡献奖一等奖、农业农村部全国农牧渔业丰收奖一等奖、大北农科技奖创新奖、中国农业工程学会农业航空分会"农业航空发展贡献奖"、美国农业工程师学会得克萨斯州分会"杰出青年农业工程师"奖（1994）、美国农业和生物工程师学会得克萨斯州分会"农业工程年度人物奖"（2012）、美国农业部南方平原研究中心杰出贡献奖（2006～2013）、世界无人机联合会"中国无人机行业引领推动奖"等。被业界公认为国际精准农业航空领域的开创者、中国植保无人机技术的领军人物。对推动世界精准农业航空学科发展及交流，特别是对中国农业航空及植保无人机的应用发展做出了杰出贡献，被媒体赞誉为"带领我国农业航空飞上新高度"（《科技日报》，2016）。

《精准农业航空技术》丛书是兰玉彬教授及其团队在精准农业航空技术领域多年研究成果的总结，王乐乐、刘琪、韩沂芳等参与了丛书的资料收集和整理工作。

序

一

　　民族要复兴，乡村必振兴。党中央一直把解决好"三农"问题作为全党工作的重中之重。党的十九届五中全会审议通过的《中共中央关于制定国民经济和社会发展第十四个五年规划和二〇三五年远景目标的建议》中明确表示，农业农村改革发展的目标依然是实现农业农村现代化，途径是全面推进乡村振兴。发展精准农业航空技术，研发精准农业航空装备，是推进我国创新驱动发展、强化国家战略科技力量、坚持农业科技自立自强的具体体现。

　　精准农业航空技术的应用是未来农业航空的发展趋势，也是智慧农业的发展方向。当今世界，科学技术发展日新月异，以信息技术和生物技术为代表的农业高新技术的突破和广泛应用，不但推动了农业传统技术思想、观念和农业科学技术的变革，而且引发了以知识为基础的农业产业技术革命。世界上越来越多的国家把发展农业高新技术、提高农业科技含量作为实现农业持续发展、提高农产品竞争力的重要途径。精准农业航空技术能够很好地解决农业田间管理中劳动力资源缺乏、人工成本高、传统植保机械作业效率低等现实问题。我国人多地少的基本国情，决定了在今后相当长的时期内，必须依靠现代科学技术，大幅度提高农业综合生产能力。

　　从世界范围来看，美国、日本及欧洲发达国家的精准农业航空技术和装备在国际上处于领先水平。我国开展精准农业航空植保作业起步较晚，但近年来在政府的大力支持、科研工作者的推进以及各大企业的积极参与下，国内精准农业航空植保作业发展势头十分迅猛。

　　兰玉彬教授是我国精准农业航空技术研究领域的领军人物，他在国际上首次提出了"精准农业航空"理念和技术路线，长期从事精准农业航空、航空施药技术和航空遥感技术的开发与应用研究，在推动世界精准农业航空学科发展及交流，特别是我国农业航空及植保无人机的应用和发展方面做出了杰出贡献。

《精准农业航空技术》丛书是一套系统介绍精准农业航空遥感技术、施药技术、作业装置及应用的理论研究和实践应用的学术专著。丛书是兰玉彬教授及其团队从事精准农业航空学术研究、技术研发和应用实践 20 多年的成果总结，丛书的出版对实施乡村振兴战略、推动我国农业现代化、确保国家粮食安全、推进中国"智"造具有重大意义。

《精准农业航空遥感技术》介绍了精准农业航空遥感的信息采集系统、图像数据分析和处理等技术体系，并以具体的农田试验为案例，总结分析了航空遥感技术在病虫害监测与识别、作物杂草分类识别、作物养分检测、农学参数预测等方面的应用，同时还对精准农业航空遥感技术未来的发展趋势做了分析与展望。

《精准农业航空施药技术》在梳理精准农业航空施药技术的发展历史和国内外研究现状的基础上，对航空喷施雾滴沉积影响因素、茎叶喷施农药起效影响因素等进行分析，同时结合具体的研究案例，介绍了精准农业航空施药的雾滴沉积分布、雾滴飘移、喷施效果评价等相关研究成果。

《精准农业航空作业装置及应用》介绍了农用无人机喷头、农用无人机静电喷雾系统、农用无人机作业效果室内检测平台、农用无人机风场特性检测装置、农用无人机风幕式防飘移装置，论述了与农用无人机授粉技术、农用无人机撒播技术、多旋翼农用无人机能源载荷匹配技术、农用无人机避障技术等相关的精准农业航空技术硬件系统和软件系统。

《精准农业航空技术》丛书原创性、实用性、前瞻性、学术性较强，丛书对精准农业航空技术进行深入系统地研究、梳理总结，对实现我国农业现代化、坚持农业科技自立自强具有重大的科研价值、经济价值和社会价值。丛书可为当前蓬勃发展的精准农业的科研及实践提供参考和科学依据，作为从事农业工程、作物栽培与耕作、资源环境和农业信息技术等相关领域研究人员的参考读物，也可作为高等院校相关专业学生的参考书。

中国工程院院士

序
二

　　近年来，随着气候变化、耕作栽培方式的改变和农作物复种指数的提高，农作物病虫害呈多发、频发态势，重大农作物病虫害时有发生。国以民为本，民以食为天，粮食安全关系民生福祉，关系社会稳定，作为国家总体安全的基础，是治国理政的头等大事。习近平总书记指出，中国人要牢牢把饭碗端在自己手里，中国人的饭碗里要装中国粮。植物保护、科学防治，正是端牢中国人的饭碗、装满中国粮的有力举措。

　　病虫害治理能力是农业生产力的组成部分，是稳定粮食供应的基本保障。据统计，2015～2020 年，我国农作物病虫害年均发生面积 65 亿亩次、防治面积 80 亿亩次，经有效防治，每年挽回粮食产量损失 1000 亿千克左右，占粮食总产量的六分之一。粮食稳产增产离不开农机装备和农业机械化的强力支撑。使用以植保无人机为代表的高工效施药器具进行微型颗粒剂喷施，成为防治农作物病虫害、防控全球性预警灾害的新手段。

　　精准农业航空技术以农用有人或无人飞机为载体，通过空中和地面遥感，获取并解析农田中作物长势、病虫害程度、土壤情况、光热条件、水分状况等农情信息，依据不同的农情制定生成相应的作业处方图，实现精准的定位、定量、定时植保作业，有助于推进农作物病虫害防治的智能化、专业化、绿色化，有利于推动绿色防控技术的可持续发展。精准农业航空技术通过各种先进技术和信息工具来实现作物的最大生产效率，是"精准农业"理念在航空植保施药领域中的拓展。精准农业航空技术可以激发土壤生产力，采取投入更低的成本获得同样的收益或者更高收益的方式，同时尽可能地降低农耕行为给环境造成的不良影响，让各种类型的农业资源能够被科学有效地利用，从而达到农业收益和环境保护兼顾的目的。

兰玉彬教授编写的《精准农业航空技术》丛书围绕精准农业航空技术，以遥感信息采集系统、遥感图像数据分析技术、静电喷雾系统、变量施药技术、无人机授粉技术、无人机撒播技术、雾滴沉积分布机理等为切入点，结合兰玉彬教授研究团队多年丰富的田间试验案例和实验室案例，对精准农业航空技术进行了深入阐述。丛书共3册，分别为《精准农业航空遥感技术》《精准农业航空施药技术》《精准农业航空作业装置及应用》，内容涉及航空作业中遥感信息采集系统的监测识别作用与原理、雾滴沉积分布特性与飘移影响因素、农用无人机的装置特性与农用无人机作业技术、田间航空施药影响因素与建议等。丛书内容丰富、新颖，紧密结合当前精准农业航空技术的实际，对航空技术的作业原理和起效机理进行阐述，既可以作为开展精准农业航空技术研究的学术参考用书，又可以作为田间植保作业的理论指导用书，具有极高的学术价值和应用价值，是一套兼具理论性与实践性的图书。

《精准农业航空技术》丛书的出版，对提高我国农业病虫害防治技术，推进我国农业高质量、高产量、高效率生产发展，加强农业与信息技术融合，强化农业支持保护制度，完善农业科技创新体系，加快建设智慧农业，实现农业现代化、实现可持续发展具有重要意义。同时，《精准农业航空技术》丛书也具有较高的应用价值、指导价值、教育价值，是科研与文化、科研与教育、科研与应用的有效统一，对推动科研成果转化为文化产品、实现科研成果的应用价值具有重要意义。

中国工程院院士

第一章 精准农业航空施药技术概论

精准农业航空施药技术是利用各种技术和信息工具来实现农作物生产率最大化的技术。这些技术和信息工具包括全球定位系统、地理信息系统、空间遥感监测技术、产量监测技术、航拍技术、养分管理地图、土壤地图、变量控制器和新型喷嘴等。这些新技术的应用可以使农业航空施药更加精确、更有效率，如全球定位系统可以对作业地块进行精准定位，采集数据；机载遥感系统可以生成精确的空间图像，用来分析农田植物的水分、营养状况和病虫害状况；空间统计学可以更好地分析空间图像，通过图像处理将遥感数据转换成处方图，从而实现航空变量施药作业。这些近年来快速发展的技术对于航空精准变量施药作业系统至关重要，也是未来精准农业植保的发展方向。

第一节　精准农业航空施药技术发展历史及研究进展

一、国内外精准农业航空施药技术发展历史

在空中通过有人驾驶航空器和无人驾驶航空器进行植保药物的喷施，以使植物免遭病虫害等侵袭的施药方式称为航空植保。与传统的地面施药方式相比，航空植保具有诸多优势，比如高效、灵活、突击能力强等。世界范围内，航空植保技术比较发达的国家有美国、加拿大、俄罗斯、澳大利亚、日本、韩国等，中国也是近几年航空植保技术发展较为迅速的国家。

（一）国外精准农业航空施药技术发展历史

根据记载，最早开展农用航空的国家有美国、俄罗斯和新西兰。联合国粮农组织（FAO）1974 年发布的《农用航空应用》（*The use of aircraft in agriculture*）中《农业航空起源和早期应用》（*Origin of aerial application and early development*），记载了世界上早期开展农用航空的相关信息。这些信息包含：

（1）最早的使用飞机喷洒农药的设想。在第一次世界大战前，很多国家设想通过飞机喷洒化学农药来防控农业和林业病虫害，然而这些设想不得不面对飞机动力不足和结构不完整的现实。使用飞机喷洒化学农药，需要同时满足有合适的飞机、飞行员和市场需求三个条件，因此，直到第一次世界大战结束，在美国对棉花病虫害防控具有较高的需求，苏联高度重视林业害虫、农作物害虫的防控，新西兰对航空施肥和播种具有浓厚的兴趣的情况下，用飞机来喷洒农药才

有可能实现。也有些说法认为，美国早在1918年就开始通过飞机喷施农药来防控森林害虫，但这些都没有文字记载。

（2）美国最早使用飞机喷施化学农药的记载。Neillie和Houser于1922年3月在美国《国家地理》（*National Geographic*）发表了关于Houser博士等1921年使用军用观察机Curtiss JN6（Jenny）在美国俄亥俄州农业试验站开展的飞机喷粉试验的文章。该试验所用的飞机、飞行员和机组成员是从美国俄亥俄州代顿航空公司借用的。1922年7月初，棉叶波纹夜蛾在美国东南部几个州爆发，由于该害虫比较容易监测和防控，因此为评估和判断飞机喷施农药的效果提供了一个好机会。

（3）苏联最早使用飞机喷洒农药的记载。1922年，苏联发生了重大蝗灾，于是开展了使用飞机喷洒化学农药防控蝗虫的试验，试验效果很好。但由于当时飞机容量小，所使用药剂剂量大，加上需要喷洒的面积很大，因此飞机喷洒显得效率很低，每架飞机每小时仅能喷洒 $4 \sim 5$ hm²。直至1924年苏联开展飞机喷粉防控蝗虫试验时，才发现使用飞机喷粉的效率高，因此在1926年的蝗虫防控中，使用含砷化合物防控蝗虫，四架U-1飞机一天就可以喷11000 hm²。除了使用飞机进行蝗虫防控，早期时，苏联还开展使用飞机喷洒农药防控森林害虫、蚊子和棉花害虫等试验。截至1931年，苏联已经有65架飞机用于农用航空，使用飞机防控蝗虫的面积达到了527000 hm²，防控蚊子的面积达到了2000 hm²。

（4）新西兰最早的农用航空记载。新西兰农民John Chayton面临沼泽地和陡坡地难以播种的问题，于是尝试使用热气球进行播种。同样，除了John Chayton，新西兰其他农民也面临陡坡地播种难等问题。但新西兰国防部在1926年对使用飞机来播种做出消极反应，原因在于使用飞机播种存在卫生问题，比森林害虫和重大病虫害的优先级高。大约在1940年，公共工程署机场服务处的首席飞行员Prichard寻求官方支持，以便在Ninety Mile海滩上开展飞机播种羽扇豆试验，随后，其他使用飞机播种的试验得以陆续开展。当土壤保护局的Campbell认识到新西兰的草地多半分布在山地和丘陵地带，给草施肥是一大难题后，他提出使用飞机开展草地施肥试验。之后，使用飞机进行施肥在新西兰得以迅速发展并商业化，有些企业使用小型和机动性强的飞机提供喷施服务。截至1949年底，新西兰有5名飞行员和13架飞机投入农用商业化运作，其中11架飞机为DH-82，在当时一架DH-82的售价高达1000美元。

美国于1949年开始研制专门用于农业的飞机，航空施药技术也得到了很大的发展，如施药量从大于300 L/hm²的常规喷洒，降低到了50 L/hm²的低容量喷洒，再降低到小于5 L/hm²的超低容量喷洒。

航空施药从概念的提出发展到现在，在欧美国家已经比较成熟。美国是目前世界上农用航空应用技术最规范、最成熟的国家之一，以固定翼有人驾驶飞机为主，目前在用飞机有4000多架，全美大约有65%的化学农药喷洒作业通过飞机喷洒完成。

而俄罗斯由于地广人稀，目前拥有的农用飞机约达11000架，且以有人驾驶的固定翼飞机为主。

长期以来,英国所用的植物保护喷雾器械都是以拖拉机作为动力来源的地面轮式喷雾器。直到20世纪70年代,随着喷雾器使用量逐年增长,以及大农场和大块田的种植模式的发展,传统的施药方式开始出现局限性,比如秋天播种的谷物,需要在秋末或早春喷施农药,但此时英国降水非常多,很难出现晴天,经常性降水易造成土壤松软,使地面轮式施药器械很难进地作业。然而如果不按时施药,杂草就会长得很快,影响作物的生长。而与此同时,其他国家将固定翼和旋翼飞机用于农作物航空施药,加上超低容量和低容量施药技术在杀虫和杀菌上的运用,具有低容量喷施特点的航空施药技术终于引起英国的注意。

目前在英国,任何航空施药作业都必须向英国健康与安全委员会(Health and Safety Executive,HSE)提交申请,获得许可证后方可在批准的区域内施药。HSE在2015年发布的农药论坛年度报告《农药在英国:2015年农药的影响与可持续使用》中指出:(1)目前英国只允许在只能用航空施药方式来控制病虫害的地方用飞机喷洒农药,英国境内只有极少数公司从事航空施药业务,这些公司在开展航空施药之前,必须向HSE提交工作开展计划,HSE根据相关法律法规和实际情况来评估是否颁发工作许可证,公司只有获得工作许可证后方能开展航空施药工作。(2)在2015年,英国批准了208个航空施药申请(施药地方包括英格兰、苏格兰和威尔士,北爱尔兰没有航空施药申请),其中207项申请是喷施磺草灵除草剂来防控欧洲蕨,另外一项申请是喷施氧化铜杀菌剂来防控由真菌引起的叶枯病(也称红带针枯病)。在这些被批准的航空施药申请中,75项申请在自然保护区内,14项申请在靠近自然保护区150 m范围内,另外119项在远离自然保护区的地方。

日本是亚洲最早开展农用航空研究的国家。1985年,日本雅马哈公司生产出世界上首架植保无人机R50,受地形影响,日本的航空施药设备以轻小型无人飞机为主,截至2012年,日本农用无人机的作业面积占总作业面积的50%~60%,拥有2346架无人直升机和14163名无人机操控手。2019年3月6日,在第十一届世界农药科技与应用发展学术交流会暨2019全球精准施药与智慧农业发展论坛上,日本Shoichi Yuki博士在大会上指出,截至2018年5月,日本登记在册的多旋翼和单旋翼农用无人机分别为889架和2788架,持证的多旋翼操控手和单旋翼操控手分别为3602人和10545人。

韩国不生产农用无人飞机,2003年韩国首次引进农用无人直升机用于航空施药。截至2010年,韩国拥有101架农用无人飞机、20架有人直升机。而最近几年,韩国不断引进其他国家生产的农用无人飞机。

(二)国内精准农业航空施药技术发展历史

据《中国通用航空发展概况》(2016年)记载,我国的农用航空始于1951年灭"四害"中的蚊蝇任务,即1951年5月22日,民航广州管理处派出一架C-46型飞机在广州市开展为期两天共计41架次的灭蚊蝇任务,本次灭蚊蝇任务开启了我国通用航空发展的新篇章。1952年,我国组建了第一支军委民航局航空农林队,该农林队是我国第一支通用航空队伍,此后,全国各地陆续成立了以农林业飞行为主的14支队伍。此后几十年,农林作业所使用的飞机均为有人机。

我国的农用无人飞机研究开始于1986年"国家高技术研究发展计划"(简称863计划)。2008年,我国制定《国家高技术研究发展计划(863计划)"十一五"发展纲要》,涵盖了"水田超低空低量施药技术研究与装备创制"研究课题,并于同年启动。在该课题的支持下,我国研制出第一架"Z-3N"农用植保无人机。自2008年开始研究无人旋翼机及其施药技术后,我国开启了农用植保无人机发展的新篇章,目前已经有多种机型被大范围推广使用。植保无人机因为其具有高度智能化的特点,近年来在我国发展迅猛。据全国农业技术推广服务中心统计,2017年我国植保无人机的保有量为1.4万架,而2018年的保有量突破了3万架,2019年达到了5.5万架,2020年保有量达10万架;2017年植保无人机的作业面积约为8300万亩*次,而2018年的作业面积达到了2.7亿亩次,2019年的作业面积约为4.5亿亩次,2020年作业面积达10亿亩次。随着中国植保无人机的迅速发展,中国也向周边国家出口植保无人机。据相关报道,2018年,中国向日本和韩国销售了大约2000架植保无人机。

二、精准农业航空施药技术研究进展

(一)遥感技术

农田作物信息的快速获取与解析是开展精准农业实践的前提和基础,是突破中国精准农业应用发展瓶颈的关键。随着人口的不断增长和农业生产需求的增加,迫切需要改进农业资源管理。遥感技术可通过全球定位系统(GPS)和地理信息系统(GIS)来提高农作物病虫害管理精度,帮助农民获取最大的经济效益和环境效益。遥感技术与全球定位系统、地理信息系统和虚拟现实技术(VR)的结合使用,可帮助农民通过精确农业实现作物病虫害防治的效益最大化。近年来,遥感技术迅速发展成为精准农业航空技术(图1-1-1)发展的重要方向之一,为农作物病虫害提供不同空间、光谱和时间分辨率的图像数据,最终为航空应用决策提供指导。现有的农业遥感技术分为基于卫星的遥感技术、有人驾驶飞机遥感技术和无人机遥感技术,以下将对其进行讨论。

---

* 1亩 ≈ 666.67平方米。

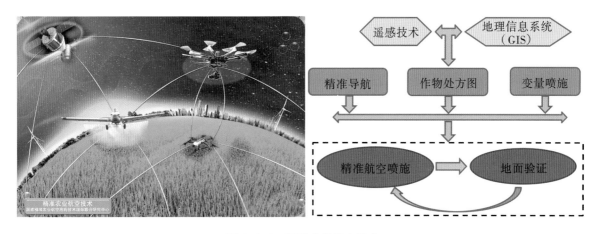

图 1-1-1　精准农业航空技术

1. 基于卫星的遥感技术

卫星遥感技术以其宏观、快速、准确、动态、信息丰富等优点，被广泛应用于全球农业生产。

Han 等使用了一种名为扩展光谱角度映射（ESAM）的新方法，通过机载高光谱 HS 成像系统（AISA EAGLE VNIR 高光谱成像传感器）获取的高光谱图像和 WorldView-2 卫星获取的多光谱图像检测柑橘黄龙病害，结果表明，利用高光谱 HS 成像可以提高检测精度。Dutta 等利用气象和海洋卫星数据档案系统提取地表温度（LST）数据，识别了小麦条锈病的影响区域，并评价了遥感衍生指数。Bhattacharya 和 Chattopadhyay 用基于卫星的红外（R）、近红外（NIR）和短波红外（SWIR）波段的地表反射率数据、中分辨率成像光谱仪（MODIS）的地表温度数据描述了疾病暴发期（i 期）和疾病持续期（ii 期）。Silva 等基于卫星遥感数据和地表温度数据，制作了具有一定空间和时间细节的农业害虫风险地图。Johnson 利用卫星遥感获得的归一化植被指数（NDVI）和 LST 数据实现了对玉米和大豆产量的评估和预测。Son 等基于 MODIS 建立了水稻不同生育期双变量数据增强植被指数（EVI）和叶面积指数（LAI）与产量的关系模型，用于估算水稻生长和产量预测。Yuan 等采用 3 种不同的方法，从卫星图像中的多个遥感特征中选取两种植被指数，基于 T 检验和互相关检验，构建了冬小麦白粉病的反演模型。Jing 等利用偏最小二乘回归法（PLS）和卫星（IKONOS）图像识别特征信息，建立了棉花黄萎病严重程度的估计模型，计算了棉花黄萎病区域内各像素的严重程度。上述研究结果将成为有利的工具，有助于规划人员在虫害集中地区流行病发生时快速采取救济措施，也有助于作物保险公司了解受损害地区的位置和受损程度。

为了提高作物害虫的预测精度，近年来许多研究人员做了大量的相关工作。Zhang 等利用遥感数据和相应的地面真实数据，通过 logistic 回归分析建立了小麦白粉病预测模型，结果表明，该风险图可以反映研究区域 PM 发生的总体空间分布格局，总体准确性为 72%。他们还研究了病害风险图谱，能够根据与作物特性和栖息地特征相关的气象和遥感观测，描述研究区域白粉病的空间分布及其时间动态。Luo 等研究表明，利用热红外波段和多光谱卫星图像建立的 LST 和改良的小麦归一化差异水体指数（MNDWI）的二维特征空间，可用于在大尺度上判别小麦蚜虫的危害程度，总体精确度为 84%。Tang 等利用多时相 HJ-CCD 光学数据和 HJ-IRS 热红外数据，建立了 3 种不同类型的模型来预测小麦灌浆期的蚜虫发生率，并进一步评估了每种模型的准确性，相关向量机（RVM）的整体预测准确性为 87.5%。Ma 等基于从遥感影像获得的许多特征变量，构造了不同的特征选择算法来构建小麦白粉病的预测模型，最小冗余最大相关性（mRMR）算法的总体准确度为 88.4%。这些成果进一步提高了农作物病虫害预测的准确性，为进行其他农作物病害遥感监测提供了参考。

2. 有人驾驶飞机遥感技术

机载遥感是一种灵活和多用途的技术，可以根据空间分辨率在不同的高度上成像。近年来，机载遥感技术取得了巨大的进步，目前已集成到精密农业应用中。Thomson 等评估了一种在农业飞机上使用低成本数字视频来区分阔叶杂草和棉花的野外成像系统。Huang 等得出结论，目前状态下的四联摄像头更适合于移动较慢、能够近地飞行的平台，如无人机；MS 4100 成像系统安装在农用飞机上工作良好，例如"空中拖拉机"AT-402B。Lan 等演示了 MS 4100 机载成像系统对作物害虫管理的能力和性能，如图 1-1-2 所示。

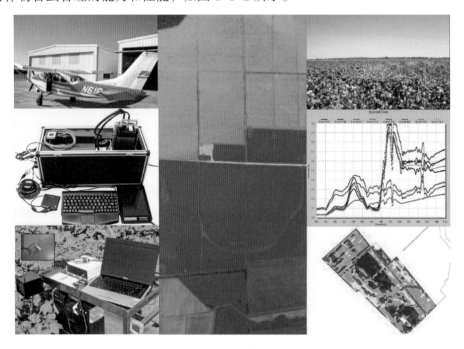

图 1-1-2 MS 4100 机载成像系统演示

有人驾驶飞机遥感技术也应用于检测、评估农作物病害。Ye 等使用机载多光谱图像来区分和绘制柑橘园中的杂草。Zhang 等使用航空多光谱图像和地面高光谱数据来区分不同作物类型并检测大面积的棉株。Willers 等提出了通过开发采样和空中遥感分析技术来控制棉花虫害地点的特异性方法。Chanseok 等采集 3 年的数据建立了水稻穗发育期氮含量预测的通用模型，并应用于实践。Manuel 等建立了测算模型，根据冠层温度和植被指数（即根据热成像和高光谱图像计算得出）对红叶斑点严重程度进行量化和区分，结果证实了使用高分辨率高光谱图像对红叶斑块进行早期检测和定量的可行性。Kumar 等提出了一种利用机载高光谱和多光谱成像技术检测患绿化病的柑橘林面积的方法。Song 等利用从机载高光谱图像获得的特定光谱特征参数，研究了土壤氮素供应和变量施肥对冬小麦生长的影响。Bao 等着重于从高光谱航空图像和地面实测光谱数据估算冬小麦的氮含量，并结合氮估算方法和 Lukina 的多种施肥模型，研究了基于遥感图像的变量施肥方法。此外，Wang 等通过对双目多光谱图像采集系统获取的水稻遥感图像进行光谱校正，植被归一化指数（NDVI）平均误差为 11.5%，提高了阴影条件下水稻氮水平的检测精度。

3. 无人机遥感技术

无人机遥感技术具有平台构建容易、运行和维护成本低、体积小、质量轻、操作简单、灵活性高、作业周期短等特点。无人机遥感技术的发展大大扩展了以航天、航空遥感为主的农业遥感的应用范围，完善了地面作物监测体系，特别是在中小范围的农业遥感应用中，能够发挥更大的作用。精确的农情信息，是实施精准农业生产管理决策的重要依据，对作物信息监测技术的发展和应用具有重大意义。

近年来，各种体积小、质量轻、精度高的遥感传感器发展迅速，推动了无人机遥感技术的进一步发展。日本研发的搭载紫外线照相机的无人直升机可从 200～300 m 的低空获取全方位、高精度的水稻冠层图像信息，将获取的图像进行分析，可得到水稻生长信息，将其提供给当地的农协组织、农民或发布在因特网上，可用于指导施肥作业。Chosa 等采用无人机监测水稻生长情况，对获取的红、绿、蓝和近红外图像进行分析，以确定高质量、高产量的水稻生长区域。Swain 等利用无人直升机低空遥感平台，获取 5 个不同氮素水平下水稻的高时空分辨率遥感图像，用于估算水稻产量和总生物量，证实了利用无人机低空遥感平台获取的遥感图像能够较好地代替卫星图像对水稻的产量和生物量进行估算。Hunt 等利用无人机遥感信息获取平台对变量施肥控制下的农田作物（冬小麦、大豆、苜蓿和玉米）进行监测，通过遥感图像处理技术提取高分辨率的光谱图像，建立了作物的生长状况指标与图像特征值之间的关系模型，指导作物的精准管理作业。Lelong 等采用机载数码相机的无人机遥感平台，获取不同品种的小麦在可见光和近红外波段的遥感图像，分析不同品种的小麦在不同光谱波段的植被指数变化规律，建立了小麦的植被归一化指数（NDVI）、归一化绿波段差值植被指数（GNDVI）和氮的吸收之间的相关关系模型，并进行定量监测评估。Sullivan 等利用机载热红外监测系统监测农田灌溉和作物残茬管理下的棉花长势，发现与地面实际测量数据相比，热红外图像对棉花冠层具有更好的敏感性，表明低空热红外遥感平台能够用于监测棉花生长状况。日本北海道大学 Noguchi.N 团队的基于无人直升机遥感平台的农田检测技术领域处于国际领先地位，近期正致力水稻作物营养状态的监测，实现水稻的精准管理和施肥。Sugiura 等利用无人直升机系统对小面积农田作物进行低空拍摄，以划分研究区域内作物叶面积指数（LAI）的分布状况，分析作物长势信息。祝锦霞等采用无人航空摄影平台 Herakles Ⅱ 获取水稻冠层图像，根据图像信息建立了冠层氮素营养的识别模型，同时采用扫描仪和无人机平台获取水稻叶片和冠层的数字图像，运用数字图像处理技术研究不同氮素营养水平的水稻叶片和冠层的综合特征信息，应用于水稻的氮素营养诊断。乔红波等采用手持式高光谱仪和低空遥感系统对受小麦白粉病危害程度不同的作物冠层光谱反射率进行了测定，通过线性回归分析建立了低空遥感平台光谱信息与作物生长状况指标的相关关系，结果表明低空遥感系统可以无损、快速、大面积地对小麦白粉病进行监测。李冰等设计了一种搭载 ADC 多光谱相机的低空无人直升机对不同生育期的冬小麦进行监测，研究表明利用植被指数阈值法获取的土壤调节植被指数（SAVI）阈值，能够为大面积监测农作物的覆盖度和生长状况提供一种可行的手段。周志艳等通过改进的 Harris 角点检测算法对无人机获取的水稻低空遥感图像进行配置和拼接，其平均配准率达到了 98.95%。田振坤等以冬小麦为研究对象，分析了无人机低空航飞获得的高分辨率农作物遥感影像特征，提出了一种可将农作物快速分类的提取方法，结果表明，该方法对从无人机高分辨率影像中提取不同种类的农作物信息具有较高的正确率和普适性，兼具速度快和成本低的特点，在海量农作物无人机航拍数据的信息提取上具有较广的应用。

（二）航空施药技术

航空施药技术既有载人平台又有无人驾驶平台，是一项关键的农业航空服务，可有效防治农作物病虫害，迅速应对病害虫的爆发，并能够在诸多地形上应用。另外，使用植保无人机喷施的优点是劳动力成本、操作成本低，同时不存在因轮毂或履带的碾压而损害农作物或土壤物理结构的弊端。因此，航空施药技术已在农业生产中得到广泛应用。

1. 有人驾驶飞机航空施药技术

美国是最早使用有人驾驶飞机进行航空施药的国家，早在 1906 年，美国俄亥俄州就开始使用大型飞机喷洒化学药剂以消除牧草害虫，拉开了有人驾驶飞机航空施药技术发展的序幕。随着电子技术、信息技术等技术的飞速发展，静电喷雾、变量喷施及精准导航定位等精准农业技术也逐渐开始应用到航空施药作业中，使得航空施药作业更加精准。

20 世纪 60 年代，Calton 等对航空静电喷雾技术进行了研究，研制了一种旨在减少喷雾飘移的电动旋转喷嘴。结果表明，静电喷雾技术可以通过加速带电雾滴在作物冠层中的沉积过程，增加雾滴在作物冠层中的穿透性，从而减少航空喷施作业中雾滴的飘移。随着技术及产品的逐渐成熟，航空静电喷雾技术被应用于各种中小型螺旋桨飞机和直升机的喷施作业中。茹煜等针对固定翼 Y5B 农用飞机设计了航空静电喷雾系统，并将该系统与 Y5B 农用飞机配套进行了有效喷幅、雾滴沉积、雾滴飘移和灭虫等试验研究。

近年来，一些航空变量施药控制系统也逐渐研发成功，如加拿大 AG-NAV 公司研制出 AG-NAV 导航控制系统和 AG-FLOW 变量控制系统，它们能够实时显示喷药地块、路线并控制施药量等。2016 年，华南农业大学精准农业航空团队联合山东瑞达有害生物防控有限公司对 AG-NAV 导航控制系统和 AG-FLOW 变量控制系统在 AS350B3e 有人直升机上的应用进行了测试，得到了较好的结果，验证了 AG-NAV 导航控制系统和 AG-FLOW 变量控制系统的有效性。Adapco 公司生产的 Wingman GX 系统，可以提供气象信息飞行指导、飞行数据并控制喷洒流量，其准确的气象信息分析减少了喷洒过程中农药在非靶标作物上的飘移量，最大限度地提高了喷洒质量。Hemisphere 公司研发的 Satloc M3 系统，主要通过 AirTrac 软件和 AerialAce 流量控制器来达到变量施药的效果。Thomson 等对该变量喷施系统在 Air Tractor 402B 农用飞机上的喷施应用进行了测试，根据测试结果对系统的定位精度和流量控制准确性进行了分析。Satloc G4 系统由华南农业大学精准农机团队于 2016 年在黑龙江省佳木斯进行测试，通过采用高精度北斗定位系统对飞机作业航线和作业高度进行测试，结果显示配备有 Satloc G4 系统的固定翼飞机具有良好的导航定位精度。张瑞瑞等设计了一种用于有人直升机的变量施药控制系统并进行了相应试验，结果表明当有人直升机飞行速度小于 160 km/h 时，实际施药量与设定施药量之间的误差保持在 10% 以内，有效解决了有人直升机无差别施药造成的农药浪费，提高了农药的有效利用率。

在农业病虫害防治研究方面，飞机的飞行参数、雾滴谱粒径、喷头配置和药液物理性质等因素对航空喷施雾滴沉积与飘移均有影响。Lan 等通过 Air Tractor 402B 农用飞机对添加了 4 种不同农药助剂的药液进行喷施试验，结果发现雾滴沉积量、雾滴粒径、雾滴覆盖率和雾滴数量与飘移距离和助剂类型高度相关。Huang 和 Thomson 研究了不同飞行高度、不同喷嘴操作设置下的雾滴沉积和飘移特性，得出的结论为喷洒带中的雾滴沉积不受喷施高度的影响，但喷施高度对喷雾飘移的影响显著。Fritz 等评估了一项拟议的试验计划，该计划旨在对行作物和大田作物进行杀虫剂喷雾飘移减少技术的验证，重点是在全面的现场评估下，对 Air Tractor 402B 飞机上喷雾系统的喷雾飘移和雾滴沉积进行测试。王国宾等研究了罗宾逊 R-44 直升机与贝尔 206 直升机的飞行高度和喷头配置对农药雾滴在水稻田沉积分布以及对稻瘟病防治效果的影响。Zhang 等对 M-18B 型、Thrush 510G 型飞机在不同环境参数（风速、温度、湿度）、喷嘴角度条件下的有效喷幅宽度进行了测定，对不同飞机喷施作业的雾滴沉积分布特性进行了分析和比较，并首次形成了施药效果测试报告。

上述已开展的探索、研究极大地促进了有人驾驶飞机航空施药技术的快速发展和广泛推广。

2. 无人机航空施药技术

1990 年，世界上第一架喷洒杀虫剂的无人机由日本雅马哈公司研发，用于对水稻、大豆和小麦等喷洒农药。与有人驾驶飞机喷施技术相比，植保无人机喷施技术以其操作难度低、飘移少、成本低、灵活性高等优点在农业航空领域中得到迅速发展。尤其是近年来，无人机航空喷洒系统、低空低量施药技术等取得突破性进展，使各类无人机适用于多种作物的喷施作业。Huang等开发了一种用于全自动无人机的低容量喷雾系统，可将农药制剂用于特定作物区域，该系统在人员或设备不易接近的区域显示出矢量控制的良好潜力。Zhu等为农用无人机精确喷雾系统研发了一种PWM控制器，该控制器被证明具有作为变量应用的精确喷雾系统的潜力。茹煜等针对XY8D型无人机进行了静电喷雾系统整体设计，并就该系统进行了田间试验研究，结果表明静电作用对增加雾滴沉积有明显的效果。Xue等设计了一种带有电子控制系统的无人机系统，该系统以特定的GPS坐标来激活喷雾应用，允许在预编程位置上进行路线规划和自主应用。

随着无人机航空喷施技术的广泛应用，针对其作业质量和田间病虫害防治效果，国内外学者进行了探索。Durham等使用无人机喷洒半商业规模的葡萄园，并评估了无人机的雾滴沉积效果和工作效率，证明了无人机在特殊作物商业应用上的潜力。邱白晶等采用二因素三水平试验方法，研究了CD-10型无人直升机喷雾沉积浓度、沉积均匀性与飞行高度、飞行速度及二因素间的交互作用的关系，并建立了相应的关系模型。秦维彩等通过改变N-3型农用无人直升机（以下简称N-3直升机）的作业高度和喷洒幅度对玉米进行喷施试验，研究了不同喷洒参数对玉米冠层雾滴沉积分布的影响。陈盛德等研究了HY-B-10L型单旋翼电动无人直升机在不同作业参数下对杂交水稻植株冠层喷施作业的雾滴沉积分布效果，并根据雾滴沉积结果和外界环境参数对雾滴沉积分布规律的影响进行了分析。高圆圆等在小麦吸浆虫、玉米螟的防治中使用AF811小型无人直升机进行不同作业参数的低空喷施试验，防治率分别能达到81.6%、80.7%。Qin等为证明喷雾参数对防治效果的影响，用无人机在水稻冠层喷施480 g/L的毒死蜱（以432 g a.i./hm² 的剂量，大约15 L/hm² 的喷雾量，0.8 m和1.5 m的飞行高度，3 m/s和5 m/s的飞行速度），来控制植食性昆虫，结果显示低容量、高浓度的农药喷施方式提高了药效的持续时间。

同样，为了优化无人机的运行参数，研究者在不同的飞行参数下对各种无人机模型进行测试，以找到更合适的飞行高度和飞行速度（表1-1-1），从而为实现最佳的施药效果、防治效果提供依据。为了避免农药对周围农作物造成破坏、避免药液飘移对环境造成污染，研究者进行了一些试验，确定了不同类型的无人机在不同的工作参数和风速下的安全缓冲区域（表1-1-2）。

表1-1-1 不同类型的植保无人机的参数优化表

无人机类型	作物	飞行高度测试（m）	优化飞行高度（m）	飞行速度测试（m/s）	优化飞行速度（m/s）
WPH642直升机	水稻	1, 2, 3, 4	2	1.5, 2, 2.5	1.5
HY-B-10L直升机	水稻	1, 2, 3	2	2～5	2～3
N-3直升机	玉米	5, 7, 9	7	3	—

续表

无人机类型	作物	飞行高度测试（m）	优化飞行高度（m）	飞行速度测试（m/s）	优化飞行速度（m/s）
P-20 四旋翼无人机	—	1～3	2	2～6	3.7
3W-LWS-Q60S 四旋翼无人机	柑橘	0.5，1，1.5	1	1	—

表1-1-2　不同类型的植保无人机安全缓冲区域

无人机类型	飞行高度测试（m）	飞行速度测试（m/s）	风速测试（m/s）	缓冲带（m）
3WQF80-10 直升机	1.5～3	2.4～5	0.76～5.5	≥15
HY-B-10L 直升机	1.3～3.2	2.2～4.5	1～2	≥7
N-3 直升机	6	3	1～3	8～10
Z-3 直升机	5	3	3	≥8

另外，为加快推进无人机航空施药应用技术的研究与推广，华南农业大学精准农业航空团队先后在云南、湖南、新疆、河南等多地开展橙树、水稻、棉花、小麦等多种作物的无人机航空施药技术应用研究。2016年，安阳全丰航空植保科技股份有限公司和华南农业大学组织40多家农业无人机企业成立了国家航空植保科技创新联盟，开启了中国农用无人机航空施药技术应用发展的新篇章。该联盟于2016年5月、2016年7月和2016年9月先后组织多家单位在河南、新疆等地开展小麦蚜虫防治和喷施棉花脱叶剂的测试作业，加快了无人机航空施药技术的应用和推广。2016年8月，陕西省30万亩玉米黏虫病害爆发，联盟组织多家成员、调动100余架无人机开展紧急防治救灾工作。此次救灾是国内农用无人机航空施药作业的首次协同作战，标志着使用农用无人机进行大规模病虫害防治进入新的篇章。

（三）地面验证技术

地面验证技术是精准农业航空施药技术的重要组成部分，是航空喷施作业中获取雾滴沉积数据必不可少的技术手段。地面验证技术的应用提高了航空施药的准确性，对航空施药决策的设计与应用具有重要的指导意义，对精准农业航空施药技术的发展具有重要的促进作用。在航空施药过程中，由于作业环境的复杂性和作业参数的多变性，导致雾滴运动轨迹及沉积分布结果难以预料，因此，为探索雾滴沉积分布规律及各种作业参数对雾滴沉积分布的影响，必须以地面验证技术得到的雾滴沉积结果为前提，来揭示精准农业航空喷施雾滴沉积的分布机理。精准农业航空施药地面验证技术可分为两类：基于理论上的雾滴沉积模型验证技术和基于真实环境下的雾滴沉积试验验证技术。

1. 理论模型验证技术

雾滴沉积飘移理论模型已成为是否允许航空施药和处理相关纠纷的重要手段，自20世纪70年代末以来，美国森林服务局开发和使用FSCBG模型进行分析和预测空中喷施时雾滴的飘移和沉积。经过Bilanin和Teske等的努力，FSCBG扩展为AGDISP（农业分散体）模型，可对飞机的尾流效果和蒸发效果进行建模。美国、加拿大和新西兰选择AGDISP模型作为监管模型，相关科研机构进一步开发和改进了一个调节版本的AgDRIFT模型。此外，新西兰森林研究中心开发了SpraySafe Manager，美国农业部森林服务中心开发了ArcView/GPS版本的GypsES Spray Advisor。Teske等针对AGDISP模型预测范围小的缺点，对该模型进行了改进，运用静态高斯模型法、高斯云团模型从物理角度分析飞机尾流、大气湍流相互作用、N–S方程求解3种方法，将该模型有效准确预测范围扩至20 km。澳大利亚Hewitt等将地理信息系统引入到航空飘移模型中，通过对实时风速的测定来优化喷施策略，以减少农药在非靶标区域的飘移损失。Ru等分析了影响雾滴飘移的相关因素，建立了雾滴在三维坐标系下的运动方程和侧风作用下雾滴飘移的预测模型，预测雾滴飘移距离。张宋超等提出一种较传统检测方法更为方便的CFD模拟方法，对N–3无人直升机施药作业中药液的飘移情况进行分析，并通过试验对该方法的处理结果进行验证，为实际作业提供指导依据。

2. 传感器验证技术

当前，雾滴图像处理系统、雾滴沉积量评估及飘移量监测等传感器的开发与使用，是航空施药领域的研究热点，这些研究与传统地面验证技术相比，缩短了验证周期，简化了验证过程，是雾滴沉积试验验证技术的重要手段，有助于加速航空施药技术的应用与推广，提高航空施药技术的应用效果。Zhu等研发了一套用于评估雾滴沉积分布的软件DepositScan，通过软件对雾滴采集卡的雾滴图像进行分析，可以得出采集卡上雾滴粒径、雾滴数量、雾滴密度、雾滴沉积量和覆盖度等参数。Jiao等提出了一种实时评价农药飘移的新方法，利用红外热成像技术检测喷施前后作物的差异，可测量雾滴的大小范围和沉积浓度；将红外热成像与红外图像处理算法相结合，可用于航空喷雾中农药飘移的实时监测。Zheng等提出了一种利用激光雷达反射波的探测方法，能够识别、提取雾滴的位置信息，通过转换坐标能确定雾滴的沉积时间。此外，可采用动态比例法消除雾滴飘移，确定雾滴的有效分布范围。张东彦等利用M–18B农用飞机航空喷施药液，通过获取卫星遥感影像和计算植被指数，分析了药液雾滴沉积量和植被指数的关系，结果显示，该方法可以很好地利用单相光谱特征和时间变化特征确定田间大尺度空中喷洒效果。张瑞瑞等基于变介电常数电容器原理设计了雾滴沉积传感器及检测系统，由此实现航空施药时雾滴地面沉积量的快速获取。飞机喷施试验结果表明，该方法获得的雾滴地面沉积量分布曲线与水敏纸图像分析方法获得的雾滴地面沉积量分布曲线拟合度可达0.9146，样点单位面积沉积量的相对测量误差为 10% ~ 50%。华南农业大学精准农业航空团队基于共平面插指式电容器原理，设计了一种实时检测无人机农药喷洒效果的传感器，该传感器由共平面插指式电容器、高频振荡器、测频模块和数据处理模块组成，其测量精度可达 0.1 $\mu g/cm^2$，单点测量速度可达 10 μs，该传感器不仅能够测量农药雾滴沉积量，还可以观测农药雾滴沉积和蒸发的全过程。

第二节　航空施药关键技术研究进展

防治农业病虫害是农业生产的重点内容，是保证农业高产、高质，实现农业经济可持续发展的基础。在当前尚缺乏有效预警手段和物理防治手段的情况下，化学防治仍然是一项重要的防治手段。无人机低空施药作为一种新型防治病虫害的手段，相比传统的地面施药和有人驾驶飞机施药有其独特的优势，不仅适用于平原地区作物，还可在丘陵山区、连片梯田等特殊地形进行农业病虫害防治，在灭蝗、卫生防疫等作业中也发挥着不可替代的作用。农用无人机航空施药，具有作业飞行速度快、喷洒作业效率高、应对突发灾害能力强等优点，克服了农业机械或人工无法进地作业的难题，其发展前景受到农业植保部门的高度重视。2014 年中央"一号文件"《关于全面深化农村改革加快推进农业现代化的若干意见》明确提出要"加强农用航空建设"，为航空植保的发展指明了方向。

一、喷头雾化技术研究进展

喷头是植保喷施的关键部件，喷头的选型、喷头的安装对喷洒的均匀性、雾滴的穿透性及雾滴飘移都有着巨大的影响，这在施药技术和病虫害防治过程中都发挥着重要的作用。尽管我国农业航空发展迅速，尤其是我国创新性研发的电动植保无人机，处于国际领先地位，但植保无人机上安装的喷头较为落后，仍采用地面液力式喷头。对喷头进行结构优化与设计一直是喷雾技术的研究重点，这其中包括喷头材料的开发和研究、喷头内部结构的研究、喷头性能参数的研究、喷头新技术的开发以及喷头专用化、系列化与标准化的研究。

国外液力式喷头研究较为完善。Yoon 等对高速射流实心喷头进行了数字模拟仿真和试验研究。Halder 等对喷头的流量系数和雾锥角进行数值模拟分析，这对喷头的结构设计和参数优化具有积极的指导作用。国内黄发光等基于 Pro/E 二次开发工具，开发了植保喷头参数化设计模块和界面。周晴晴针对离心喷头进行研究，对离心喷头的雾滴运动轨迹及沉积分布特性进行分析，并对喷头的结构包括雾化盘、槽数等进行了参数优化试验。文晟基于旋流雾化的原理采用模块化方法设计了超低容量旋流雾化喷头，并对喷头内的流体运动进行了数值模拟和试验分析。

除喷头的结构设计外，喷头性能参数对喷头流量、喷雾角、雾化效果和喷量分布都具有重要的影响。Nuyttens 等研究分析了不同的喷嘴类型、喷嘴尺寸及喷雾压力对雾滴特性的影响，并使用相位多普勒粒子分析仪（PDPA）对雾滴粒径及雾滴运动速度进行了试验研究。Craig 等对旋转雾化喷头的结构进行了优化。Ferguson 等对液力式喷头的均匀性和一致性进行了试验研究。Hewitt 等对航空喷头喷施雾滴谱、地面喷头雾滴谱及空气导流喷头的雾滴谱进行了分类表征，证明了在植保喷洒中，由于喷洒溶液包含不同的制剂和喷雾助剂，因此药液的黏度、表面张力及密度各不相同，这些对喷头的雾化效果都有显著影响。Fritz 等研究了不同的溶液性质对雾滴粒径及雾滴飘移的影响。Zhu 研究了聚合物成分及黏度对雾滴粒径的影响。Sciumbato 研究了 2，4-D 制剂对雾滴粒径的影响。

上述研究表明，不同的溶液性质对雾滴粒径的影响不同，其中表面张力的影响最显著，溶液表面张力的降低有利于扇形雾喷头或圆锥雾喷头产生更多的细雾滴。然而表面张力并不是影响雾滴粒径的唯一因素，不同的农药溶液对溶液的雾化有不同的影响。Butler 等研究发现雾滴的大小及液膜长度受药液中微乳雾滴数量的影响。Dexter 等、Hilz 等研究发现药液中的固体分散物质对雾滴谱及液膜破碎形式没有影响，然而 Downer 等、Stainier 等发现固体分散物质更易使雾滴粒径增大。

（一）基于风洞条件的喷头雾滴粒径分布特性研究进展

风洞是进行空气动力实验最常用、最有效的工具之一。风洞是以人工的方式产生并控制气流，用来模拟飞行器或实体周围气体的流动情况，并可度量气流对实体的作用效果以及观察物理现象的一种管道实验设备。空气通过一个强大的风扇系统或其他方式吹过被测物体，被测物体上安装有适当的传感器来测量空气动力、压力分布或其他与空气动力学相关的特性参数。在各类风洞中，低速风洞发展最为完善，种类较为多样，有直流式、单回流式和双回流式等，试验段有开口与闭口 2 种构型。目前，风洞在农业航空领域也逐步得到应用，但国内外在建或使用中的农业航空风洞数量还较少，多以直流式风洞为主，少数为回流式风洞。

目前，国内外学者针对航空喷头雾化特性开展了多项风洞试验研究。Guler 等借助风洞对比了空气诱导扇形喷头和常规型扁平扇形喷头 2 种型号喷头在不大于 5 m/s 的低风速条件下的雾滴尺寸分布及喷雾幅宽。Liao 基于风洞条件，研究了喷施压力、进气口孔口尺寸及风速等因素对空气诱导扇形喷头雾滴粒径分布特性的影响，发现 3 m/s 和 4 m/s 的风速条件最适宜该类型喷头进行喷施作业。唐青等对标准扇形喷头和空气诱导扇形喷头在 121 ～ 305 m/s 高速风洞气流条件下的喷施雾化特性进行了测定。Kirk 在风速为 45 ～ 69 m/s 的高速风洞中，对固定翼飞机上的 11 种液力式喷头进行了一系列的粒径拟合试验，开发了一套适用于固定翼飞机航空喷嘴的雾化模型，该模型可以提供合理的雾滴粒径谱参数估算。Fritz 在已有研究基础上，更新完善了固定翼飞机喷雾喷嘴模型，使其适用性更加广泛，同时还在全球 3 个不同的高速风洞实验室进行了相同喷嘴的喷雾尺寸对比测定研究，结果表明，3 个实验室雾滴尺寸的测量值变化小于 5%。张慧春等分别在低速和高速风洞条件下对多种型号扇形喷头的雾化特性进行了测定，并就各喷施条件下的喷雾等级进行了详细划分。Yao 等对适配于有人驾驶直升机的航空喷头在中低速气流（0～27.8 m/s）条件下的雾滴粒径分布情况进行了测定，研究发现，气流速度增大会使得测量粒径值随之偏大。Hoffmann 在风速为 45 m/s 和 58 m/s 的风洞中，对 3 种不同雾滴尺寸测量系统进行雾滴粒径测定，结果表明，3 种测量系统对相同喷头粒径尺寸的测试结果存在显著差异，但在不同测量参数下所表征出的粒径变化趋势是一致的。张瑞瑞利用风洞对脉宽调制变量控制喷头的雾滴粒径分布特性进行了测定，测得占空比为 60% 时雾滴粒径分布最为集中。

受限于风洞的空间尺寸与测量手段，单一的风洞测试方法只能研究喷头附近的雾滴粒径分布，不能反映雾滴最终与靶标接触后的雾滴粒径分布情况。加之雾滴在沉降过程中还可能会发生二次破裂现象，这也是风洞试验无法模拟的，因此风洞试验结果并不能直接等同于田间应用结果，仅能作为田间实际应用的定性参考及规律性预测依据。

为此，也有学者对航空喷头雾滴粒径分布特性开展了多项风洞和田间试验的结合性研究。李继宇采用四旋翼无人机使用的 TeeJet 110015 扇形航空喷头，分别在风洞和田间环境中进行了雾滴粒径测试，结果表明，在 2.5 m/s 的飞行条件下，田间试验测得的雾滴粒径谱占比与风洞测得的占比较为一致。Ferguson 通过田间试验评估了不同粒径雾滴在作物冠层的穿透均匀性与飘移潜力，并进一步通过风洞试验对每个喷头的雾滴粒径分布特性与飘移潜力进行了量化，最终筛选出了合适的喷头类型。茹煜首先在高速风洞中进行了适用于固定翼飞机的 GP-81A 系列航空喷头的雾滴粒径测定试验，之后又进行了实际飞行喷施试验，对比发现，在相近的喷雾压力条件下，同一喷头测定得到的雾滴粒径值在两种环境中存在一定差异，但其分布趋势是一致的。Fritz 以 CP 航空喷头为研究对象，就 4 种不同助剂对固定翼飞机航空喷施雾滴的雾化特性及飘移影响进行了风洞和实际飞行测试试验，2 种方法均测定出不同助剂处理对雾滴粒径分布及飘移有影响，但受气象条件及田间取样方法的影响，田间测试测得的数据不稳定，也暴露出了田间试验重复性较差的问题。Yao 同样在风洞和田间条件下对有人驾驶直升机航空喷施配套使用的 CP 航空喷头的雾化特性进行了对比测试，研究发现，田间试验测得的各型号喷头的雾滴粒径值与风洞测试值相比显著偏高，但测试结果仍可作为参考。

（二）喷头变量喷施技术

除通用的喷雾技术以外，近年来还不断创新发展了新型喷头喷洒技术，其中静电喷雾技术和变量喷施技术为精准化喷洒提供了更多的技术支持。航空变量施药技术作为实现精准施药的手段之一，通过获取田间病虫害面积、作物行距、株密度等靶标作物的相关信息，以及实时获取施药设备位置、作业速度、喷雾压力等施药参数的相关信息，综合处理作物和喷雾装置的各种信息，从而根据需求实现对靶标作物的精准施药。与传统大容量喷雾技术相比，变量喷施技术可以缓解农药使用过量的问题，在节省农药用量的同时降低喷雾过程中因雾滴飘移而产生的风险，提高农药的使用率，减轻农药对环境的污染。

Zhu 首次尝试将脉宽调制（PWM）技术应用于植保无人机，并研发了基于脉宽调制的无人机精准喷施系统，可根据地面农作物遥感信息建立的精准喷施决策系统进行无人机喷施作业，结果表明，通过 PWM 技术可以实现对无人机喷施系统的精确控制，且雾滴在飞机前进方向沉积均匀性好，没有出现漏喷现象。王玲在搭建适用于无人机的 PWM 变量喷施系统的基础上，开发了基于 LabWindows/CVI 的地面测控软件，通过无线脉冲信号实现对机载喷施系统中泵的脉宽调制调速，从而改变系统压力及流量，实现无人机喷施的变量调节。王大帅针对植保无人机作业过程中喷施流量不能根据作业参数的改变而改变，从而造成雾滴沉积不均匀及漏喷等现象，通过多传感器融合技术，实现了作业参数和施药参数的实时监测，设计了基于施药流量与飞行速度自动匹配的 PWM 喷施系统，并通过 3CD-15 型无人机对该系统的施药效果和作业性能进行了测试。结果表明，飞机作业速度为 0.8 ～ 5.8 m/s 时，实际喷施流量与理论流量之间的偏差为 1.9%，表明该系统的喷施流量与飞机飞行速度间的匹配性较好。另外，为解决植保无人机喷施作业时农药利用率低和环境污染等问题，王林惠等设计了一种基于图像识别技术的植保无人机精准施药控制系统，利用算法对田间航拍图像中的作物区域和非作物区域进行分类识别，并根据识别结果控制喷头，以实现植保无人机精准喷雾，测试结果表明，使用该系统减施率可达 32.7%。变量施药技术在植保无人机上的应用为航空精准喷雾控制技术的发展提供了参考和支持。

（三）静电喷雾技术

植保无人机静电喷雾技术是传统地面静电喷雾技术在植保无人机喷施系统上的创新应用，在喷施过程中，喷施系统和作物之间的高压静电场使得喷头喷出的雾滴带和喷头具有极性相同的电荷，根据静电感应原理，作物表面将产生与雾滴极性相反的电荷，带电雾滴在静电场力的作用下，均匀分布在作物植株的各个部位。静电喷雾技术不仅可以使雾滴沉积到作物叶片的正面，还能吸附到作物叶片的背面，在提高雾滴沉积率的同时，减少雾滴在非靶标区域的飘移，从而改善靶标区域周围的环境。

茹煜针对小型无人机设计了静电喷雾系统，并就该系统在田间进行了非静电喷雾和静电喷雾的试验，结果表明静电喷雾方式对增加雾滴沉积具有明显效果。此次试验是静电喷雾系统在植保无人机上的首次尝试，静电喷雾技术在植保无人机上的应用还有待进一步研究。为此，金兰针对单旋翼无人机设计了航空静电喷雾系统，并进行了喷施效果和喷幅试验研究，结果表明，植保无人机静电喷雾技术可以有效增加药液在目标作物上的附着率，减少雾滴的飘移。同样，蔡彦伦以 F-50 型植保无人直升机飞行平台为基础，开发出新型接触式静电喷雾系统，并对不同荷电方式的喷雾沉积效果进行试验比较，结果表明静电喷雾不仅可以增加药液在植物上层和中层的沉积量，而且接触式荷电和感应式荷电都可以提高航空喷雾的沉积均匀性，以接触式荷电方式的雾滴沉积均匀性更优。廉琦以 YG20-6 型多旋翼植保无人机为载体，设计了一套应用于植保无人机的静电喷雾系统，通过静电喷雾系统的最佳作业参数对无人机静电喷雾效果进行了室外效果试验，结果为雾滴在采集装置上部的平均沉积密度为 133.8 个 /cm^2、中部为 113.8 个 /cm^2，相比非静电喷雾，静电喷雾的平均沉积密度提高了 13.6%。

二、施药参数研究进展

植保无人机喷洒系统的安装、飞行高度、飞行速度、雾滴粒径以及喷液量的选择都对雾滴沉积分布和病虫害的防治具有显著影响。在喷洒系统的优化试验研究方面，目前国内的研究还较为欠缺，研究内容主要针对田间喷洒，如针对不同的作物包括大田作物水稻、小麦、玉米、棉花以及果树的田间喷洒，进行了大量系统性田间试验研究（表 1-2-1）。

表 1-2-1　不同作物植保无人机最佳施药参数

作物类型	无人机类型	飞行高度（m）	最佳作业高度（m）	飞行速度（m/s）	最佳作业速度（m/s）	评价方法
水稻	HY-B-10L 直升机	1.5，2，3	2	2～5	2～3	沉积、飘移
	HY-B-15L 直升机	0.8，1.5	1.5	3，5	5	沉积、药效
玉米	N-3 直升机	5，7，9	7	3	—	沉积率
	AF-811 直升机	1，2.5，4	2.5	5	—	雾滴密度
柑橘	3W-LWS-Q60S 四旋翼无人机	0.5，1，1.5	1	1	—	覆盖度、雾滴粒径
小麦	3WQF120-12 直升机	1，1.5，2	1	3，4，5	3	沉积、药效

综合表 1-2-1 研究结果可以得出，不同作物、不同植保机械在作业时，实现最优沉积的施药参数不同，一般来说，施药高度在 1～3 m、飞行速度在 3～5 m/s 时具有最佳的沉积效果。当进行果树施药时，由于果树冠层较大，因此作业速度相对较慢，且需提高单位面积的喷药量。一般来说，无人机的药箱容量只有 5～30 L，喷液量一般在 1～30 L/hm^2，显著低于传统地面喷洒设备的喷液量。由于农药喷液量数十倍低于常规的地面喷洒设备，加之药剂浓度高，导致雾滴数量及雾滴在叶片上的覆盖率都比传统喷洒的低。

在植保无人机作业效果影响因素研究方面，邱白晶等为了找出植保无人机航空施药时影响雾滴沉积的因素及各因素对雾滴沉积的影响程度，研究了 CD-10 型单旋翼油动无人机喷施雾滴沉积分布结果与飞行参数之间的关系，结果表明植保无人机的飞行速度、飞行高度及两者间的交互作用对雾滴沉积均存在影响。陈盛德等以 HY-B-10L 型单旋翼电动无人机搭载北斗定位系统 UB351 获取不同架次的精准飞行作业参数，并通过图像处理软件 DepositScan 分析得出的靶区和非靶区的雾滴沉积结果，来研究小型植保无人机喷施作业参数对水稻冠层雾滴沉积分布的影响，得到了与邱白晶相似的结果。秦维彩等为了研究多旋翼植保无人机航空喷施农药时影响水稻冠层雾滴沉积的因素及其影响程度，在单因素试验的基础上，采用中心组合试验设计的方法对 P20 多旋翼植保无人机的喷施参数进行了研究，研究结果表明，多旋翼植保无人机的飞行高度、飞行速度和喷头流量对雾滴沉积存在影响，且影响程度的大小依次为飞行高度、飞行速度、喷头流量。为了探索小型植保无人机对果树喷施作业的雾滴沉积分布效果及应用前景，陈盛德等采用三因素三水平正交试验的方法，研究了小型植保无人机喷施参数对橘树冠层雾滴沉积分布的影响，结果表明，影响雾滴沉积的因素按大小排列依次为作业速度、作业高度、喷头流量。Kirk 等研究不同喷液量对雾滴沉积的影响，发现当喷液量为 46.8 L/hm^2 时，雾滴在棉花冠层具有最大的沉积量。另外，针对不同影响因素对雾滴沉积影响的权重不同，中国农业大学对飞行方式、飞行高度、侧风等因素对无人机喷施的雾滴空间质量平衡分布和下旋气流分布的影响进行测定，试验结果表明，机头朝前与机尾朝前两种飞行方式对雾滴分布有显著影响，机尾朝前飞行时雾滴沉积效果更佳，且飞行高度越高，雾滴分布均匀性越好；并证明飞行方式、飞行高度和侧风 3 种因素对单旋翼无人机喷施的雾滴产生的影响，是通过改变其旋翼下旋气流场垂直于地面下方的强度和减弱气流对雾滴的下压作用来实现的。

三、雾滴飘移研究进展

雾滴飘移是指喷雾过程中由于气流作用将雾滴带出靶标区的现象。雾滴飘移在非靶标区的沉积会导致严重的后果，例如对敏感作物的损伤、对环境的污染、对生物的健康风险等。常用的雾滴飘移测定方法有两种，分别是高低速风洞测试和田间测试。风洞测试模拟田间试验必需的环境条件，为田间试验提供了指导思路。国际上关于大型载人航空雾滴飘移的研究较多，并根据田间试验和计算机仿真模型建立了不同参数与航空施药雾滴运动、沉积效果、雾滴飘移之间的关系模型。

最早的飘移模型是由美国林业局研发的 FSCBG 模型，该模型主要通过分析气象因素、喷施参数、作物冠层、蒸发情况和飞行器尾流效应等因素对雾滴沉积分布特性的影响，预测不同参数下雾滴的沉积分布和飘移特性，为作业参数的设置提供参考，并用于计算药剂用量、预测喷施效果、提供喷施方案等。Bilamin 等在 FSCBG 模型的基础上，进一步研究将 FSCBG 模型发展成国际知名的雾滴飘移预测模型 AGDISP。此模型在原有 FSCBG 模型的基础上考虑了飞行器的飞机尾流、翼尖涡流、直升机旋翼转动产生的下旋气流以及机身周边的空气扰动等喷施影响因素，以单个雾滴作为离散的分析对象，以平均直径和体积中值作为评估参数进行拉格朗日变换，模拟雾滴运动轨迹，根据运动轨迹预测雾滴的最终去向，从而预测喷雾的沉积和飘移特性，该模型成为其他喷雾沉积和飘移预测模型的基础。

近年来全球植保无人机发展迅速，科研人员开始对植保无人机的雾滴飘移进行系统的研究。

不同类型的植保无人机在不同试验条件下测定的雾滴飘移缓冲区结果见表1-2-2。其中王潇楠等采用质量平衡体系的方法测定了不同侧风、飞行高度及飞行速度对雾滴飘移的影响，张宋超等采用软件模拟的方法测定了植保无人机飘移距离并进行田间试验验证。

航空喷洒容易受到外界风、温度、湿度等因素的影响而产生飘移，而航空喷施的药剂浓度较高，飘移后的风险较大，因此作业时要合理设计飘移缓冲区以减少飘移的危害。国内试验研究结果表明：雾滴飘移受环境风速的影响较大，经多次试验测定，植保无人机的缓冲区至少应当大于10 m，以避免对其他作物产生药害或者对村庄、水源等产生污染。这一结论也与日本、韩国的田间药效试验缓冲区基本吻合，日本进行药效试验的缓冲区设定为20 m，韩国为5 m。

表1-2-2 不同类型的植保无人机在不同试验条件下测定的雾滴飘移缓冲区

无人机类型	飞行高度（m）	飞行速度（m/s）	风速（m/s）	缓冲区（m）	试验方法	试验因素
3WQF80-10直升机	1.5～3	2.4～5	0.76～5.5	≥15	质量平衡体系	侧风、飞行高度、飞行速度
HY-B-10L直升机	1.3～3.2	2.2～4.5	1～2	≥7	田间飘移测定	飞行高度、飞行速度
N-3直升机	6	3	1～3	8～10	模拟+测定	风场模拟与田间试验
Z-3直升机	5	3	3	8～50	田间测定	环境风速
3WQF120-12直升机	1.5，2.5，3.5	3	1.14～3.59	3.7～46.5	田间测定	不同高度和环境风速

参考文献

[1] 袁会珠, 薛新宇, 闫晓静, 等. 植保无人飞机低空低容量喷雾技术应用与展望 [J]. 植物保护, 2018, 44（5）: 152-158, 180.

[2] 黄发光, 师帅兵, 樊荣, 等. 基于 Pro/E 二次开发的植保喷头的参数化设计研究 [J]. 农机化研究, 2014, 36（9）: 130-133, 137.

[3] 周晴晴, 薛新宇, 杨风波, 等. 离心喷嘴雾滴运动轨迹与沉积分布特性 [J]. 江苏大学学报（自然科学版）, 2017, 38（1）: 18-23.

[4] 茹煜, 金兰, 贾志成, 等. 无人机静电喷雾系统设计及试验 [J]. 农业工程学报, 2015, 31（8）: 42-47.

[5] 王昌陵, 何雄奎, 王潇楠, 等. 基于空间质量平衡法的植保无人机施药雾滴沉积分布特性测试 [J]. 农业工程学报, 2016, 32（24）: 89-97.

[6] 王潇楠, 何雄奎, 王昌陵, 等. 油动单旋翼植保无人机雾滴飘移分布特性 [J]. 农业工程学报, 2017, 33（1）: 117-123.

[7] MENG Y H, SONG J L, LAN Y B, et al. Harvest aids efficacy applied by unmanned aerial vehicles on cotton crop [J]. Industrial Crops & Products, 2019, 140（C）.

[8] AKESSON N B, YATES W E, A G S. The use of aircraft in agriculture [J]. FAO agricultural development paper, 1974.

[9] LAN Y B, HUANG Y, MARTIN D E, et al. Development of an airborne remote sensing system for crop pest management: system integration and verification [J]. Applied Engineering in Agriculture, 2009, 25（4）: 607-615.

[10] DA SILVA J R M, DAMÁSIO C V, SOUSA A M O, et al. Agriculture pest and disease risk maps considering MSG satellite data and land surface temperature [J]. International Journal of Applied Earth Observation & Geoinformation, 2015（38）: 40-50.

[11] JING X, HUANG W J, JU C Y, et al. Remote sensing monitoring severity level of cotton verticillium wilt based on partial least squares regressive analysis [J]. Transactions of the CSAE, 2010, 26（8）: 229-235.

[12] LAN Y B, HUANG Y, HOFFMANN W C. Airborn multispectral remote sensing with ground truth for areawide pest management [C]. proceedings of the Minneapolis, Minnesota, June, 2007.

[13] SULLIVAN D G, FULTON J P, SHAW J N, et al. Evaluating the sensitivity of an unmanned thermal infrared aerial system to detect water stress in a cotton canopy [J]. Transactions of the

ASABE，2007，50（6）：1963-1969.

[14] LI B，LIU R Y，LIU S H，et al. Monitoring vegetation coverage variation of winter wheat by low-altitude UAV remote sensing system [J]. Eiditorial Office of Transactions of the Chinese Society of Agricultural Engineering，2012，28（13）：160-165.

[15] LAN Y B，HOFFMANN W C，FRITZ B K，et al. Spray drift mitigation with spray mix adjuvants [J]. Applied Engineering in Agriculture，2008，24（1）：5-10.

[16] ZHANG D Y，CHEN L P，ZHANG R R，et al. Evaluating effective swath width and droplet distribution of aerial spraying systems on M-18B and Thrush 510G airplanes [J]. Int J Agric & Biol Eng，2015，8（2）：21-30.

[17] ZHU H，LAN Y B，WU W F，et al. Development of a PWM precision spraying controller for unmanned aerial vehicles [J]. Journal of Bionic Engineering，2010，7（3）：276-283.

[18] NUYTTENS D，BAETENS K，DE SCHAMPHEIEIRE M，et al. Effect of nozzle type，size and pressure on spray droplet characteristics [J]. Biosystems Engineering，2007，97（3）：333-345.

[19] TESKE M E，BOWERS J F，RAFFERTY J E，et al. FSCBG：An aerial spray dispersion model for predicting the fate of released material behind aircraft [J]. Environmental Toxicology and Chemistry，1993，12（3）：453-464.

第二章

航空喷施雾滴沉积
影响因素及机理分析

　　研究航空喷施雾滴沉积的影响因素，不仅可以通过对作业环境的选择、飞行参数的改变来减少雾滴的飘移，提高药液的利用率，还可以更好地了解影响因素的作用机理及雾滴沉积分布规律，这对航空喷施零部件的改进以及防飘移技术的发展都具有促进作用。在农药药液雾化及沉降的过程中，影响雾滴沉积分布的因素很多，如雾滴粒径参数、药液理化特性、气象因素及作业参数等。

第一节　雾滴粒径

　　根据美国农业工程师协会（American Society of Agricultural Engineers，ASAE）S–572 号标准，雾滴按照其粒径大小可分为细小雾滴（小于 100 μm）、小雾滴（100～175 μm）、中等雾滴（175～250 μm）、较大雾滴（250～375 μm）、大雾滴（375～450 μm）和超大雾滴（大于 450 μm）。研究表明，在影响喷施飘移的因素中，雾滴粒径是引起喷施飘移的最主要因素。雾滴越小，其在空中悬浮的时间越长，也就越容易随风飘移。小雾滴质量较小，受空气阻力影响，下降速度不断降低，常常没有足够的动量向下到达靶标，同时在空气中易受温度和相对湿度的影响而蒸发，蒸发后雾滴粒径进一步减小，可随风飘移很远。表 2-1-1 给出了不同粒径的雾滴在静止空气中下降 3 m 所需要的悬浮时间。

表 2-1-1　不同雾滴粒径下降 3 m 所需时间

雾滴粒径（μm）	在静止空气中下降 3 m 的时间（s）
5	3960
20	252
100	10
240	6
400	2
1000	1

　　Hobson 等通过计算机模型模拟发现，当雾滴粒径小于 100 μm 时，药液飘移比例会急剧增大。Wolf 等通过研究发现，100 μm 的雾滴在温度为 25 ℃、相对湿度为 30% 的环境下，移动 75 cm 后，雾滴粒径会缩小一半。以此类推，在同样的环境条件下，小于 100 μm 的雾滴在未到达靶标前，

就已挥发成烟雾悬浮在空气中，并最终降落在非靶标区；大于 200 μm 的雾滴由于其表面积相对较大，不易挥发，下降速度快，因此抗飘移性要好于小雾滴。Bird 等对已完成的航空喷施试验进行总结，发现体积中值直径（Volume Median Diameter，VMD）小于 200 μm 的雾滴的雾滴飘移率是 VMD 大于 500 μm 的雾滴的 5～10 倍。同样，Yates 等通过喷施试验发现，VMD 为 290 μm 的雾滴在水平方向上的飘移量是 VMD 为 420 μm 的雾滴的 2 倍以上。为进一步研究雾滴粒径对雾滴飘移的影响，Yates 等还通过试验比较了雾滴 VMD 分别为 175 μm 和 450 μm 的飘移情况，结果表明，VMD 为 175 μm 的雾滴飘移量是 VMD 为 450 μm 的雾滴飘移量的 5.5 倍左右。Hoffmann 等通过 Cessna Ag Husky 型有人驾驶飞机研究了雾滴粒径从"很小"到"极大"的 5 种雾滴对沉积与飘移的影响，结果表明，5 种不同粒径的雾滴其飘移结果存在显著差异，飘移量随着雾滴粒径的增大而显著减小。王玲等利用风洞对微型无人机变量喷药系统不同粒径的雾滴进行了试验研究，结果发现，在一定的风速下，VMD 为 101.74 μm 的小雾滴更容易发生飘移，飘移量和飘移距离明显大于 VMD 为 164.00 μm 和 228.16 μm 的雾滴。茹煜等根据雾滴飘移模型分析了风洞条件下影响雾滴飘移的相关因素，结果表明当雾滴粒径为 60 μm 时，雾滴随风洞气流方向的最大飘移距离为 30.25 m，当雾滴粒径为 150 μm 时，最大飘移距离为 10.76 m，飘移量减少了将近 1/3，从理论和试验的角度验证了雾滴粒径对雾滴飘移有显著影响。

第二节　气象因素

气象因素是影响雾滴沉积与飘移不可忽略的一个重要因素。在药液雾滴从喷头到地面的沉降过程中，雾滴易受温度和相对湿度的影响，蒸发为更小的雾滴，在自然风速的作用下，发生较大程度的飘移。因此，影响雾滴沉积与飘移的气象因素主要有自然风速和风向、温度和湿度、大气稳定性等。

1. 自然风速和风向

自然风速和风向对雾滴在空中的水平运动有着较大的影响，并决定了雾滴的水平运动速度和运动方向。研究表明，风速与雾滴飘移之间呈线性关系。Grover 等通过有人驾驶飞机喷施试验发现，风速为 10 km/h 时空气中雾滴的飘移比例大约为 22%，而风速为 25 km/h 时雾滴的飘移比例会超过 32%。Thistle 等对前人的研究进行总结也发现，风速的增加会导致更大比例的雾滴飘移。王玲等利用风洞试验研究了 1 m/s、2 m/s、3 m/s 和 4 m/s 等不同风速对微型无人机变量喷药系统药液沉积与飘移的影响，结果发现，风速对雾滴沉积与飘移影响显著，特别是当风速大于 4 m/s 时，雾滴飘移明显增大。王潇楠等通过试验对油动单旋翼植保无人机的雾滴飘移特性进行测定，发现外界侧风是引起雾滴飘移的主要因素，当侧风风速为 0.76 ～ 5.50 m/s 时，雾滴的累积飘移率为 14.3% ～ 75.8%，累积飘移率与环境风速呈高度的正相关关系。张宋超等通过模拟和试验，研究了植保无人机在侧风风速分别为 1 m/s、2 m/s、3 m/s 的条件下，药液雾滴在非靶标区域的飘移情况，发现药液在侧风下方的最大飘移距离和最大沉积量位置随着侧风大小而发生明显变化。自然风速和风向对雾滴在空气中的运动有着较大程度的影响，表 2-2-1 为不同风速对雾滴飘移距离的影响。

表 2-2-1　雾滴在不同风速中下降 3.048 m 的飘移距离

风速（m/s）	飘移距离（m）	
	100 μm（弥雾滴）	400 μm（粗雾滴）
0.45	4.7	0.9
2.23	23.5	4.6

2. 温度和湿度

环境温度和湿度对雾滴飘移的影响主要与雾滴粒径的大小有关。药液雾滴在沉降过程中，相对低湿、高温的环境会加快雾滴中水分的蒸发，同时，高温环境也会加快农药成分的挥发，导致雾滴粒径变小，从而容易悬浮在空气中。Luo 等通过试验观察到，在环境温度为 25 ℃、相对湿度为 20% 的环境中，一个 1070 μm 的雾滴完全蒸发需要 300 s；而在环境温度为 25 ℃、相对湿度为 60% 的环境中，相同大小的雾滴则需要 540 s 才能完全蒸发。Luo 等还发现，一个 910 μm 的雾滴在相对湿度为 60%、环境温度为 10 ℃ 的环境中蒸发需要 780 s，但在相对湿度为 60%、环境温度为 25 ℃ 的环境中蒸发只需要 420 s。

掌握雾滴蒸发原理及过程是建立雾滴沉积与雾滴飘移模型的重要前提，因此，研究者开发了一系列用来预测雾滴蒸发速率的数学模型。其中，Williamson 等开发和完善的模型被飞机喷雾预测模型 AGDISP 采用，Picot 等应用这个模型验证了在环境温度为 10 ℃、相对湿度为 60% 的条件下，一个 85 μm 的雾滴经过 107 s 后，其雾滴粒径会减小为原来的一半。

3. 大气稳定性

大气稳定性是指空中某大气团由于与周围空气存在密度、温度和流速等的强度差而产生的浮力，使其产生加速度而上升或下降的程度。在稳定的大气条件下，空气混合特性低，雾滴不会沉降到下层较冷的空气中，也不会向上层分散，而是倾向于悬浮在稳定的气流中；药液雾滴团在稳定状态的大气中可以向任何方向缓慢移动，一旦稳定状态被破坏，大量雾滴就有可能沉降从而产生药液飘移。

大量研究表明，状态相对稳定的大气环境会增加药液雾滴的飘移潜力。Yates 等通过喷施试验观察到，随着大气稳定性的降低，下风向的雾滴飘移也随之减少，且雾滴飘移距离越大，大气稳定性对雾滴沉积的影响也越大。Miller 等通过总结前人的研究发现，大气稳定性对小雾滴的沉积与飘移具有主导性作用。由于白天和晚上的大气稳定性程度不同，Hoffmann 等还研究了在不同时间段内进行喷施雾滴沉积与飘移的差异性。Fritz 等对不同粒径的雾滴在不同稳定性的大气环境中进行航空喷施试验，发现大气稳定性对较小粒径的雾滴影响更大，且随着稳定性的增加，小雾滴在空气中的悬浮停留时间也会增加，从而影响雾滴的沉积与飘移。

第三节　喷头类型

喷头是航空植保喷施作业的重要部件，是保证施药效果的重要因素，直接影响喷雾质量和沉积特性。喷雾过程中，在一定的工作压力、流量等施药参数条件下，喷头决定了雾滴谱的分布，包括雾滴粒径、雾滴密度、雾滴粒径谱分布等特性，从而影响雾滴在作物冠层的沉积与飘移。

目前，市场上最常见的喷头类型主要有液力式喷头和离心式喷头。Spillman 等认为理想的喷雾效果应有 25% 的雾滴其粒径达到预定的目标粒径值，通过对液力式喷头和离心式喷头测试发现，液力式喷头和离心式喷头喷出的雾滴可达到预定目标粒径值的比例分别为 33% 和 70%。Dorr 等对液力式喷头和气吸式喷头雾化后的基本特征（雾滴大小、沉降速度、雾化扇面角及雾滴密度等）进行了比较，发现液力式喷头产生的雾滴粒径小、沉降速度快、雾滴密度大，气吸式喷头产生的雾滴粒径大、沉降速度慢、雾滴密度小。Akesson 等还发现，与液力式喷头相比，离心式喷头产生的雾滴具有更窄的雾滴粒径谱。Maybank 等对雾滴体积中值直径分别为 350 μm 和 600 μm 的离心式喷头和液力式喷头进行喷施试验，发现离心式喷头在空气中和地面上的雾滴飘移量均低于液力式喷头，而 Gilbert 等也通过喷施试验得到了相似的结果。唐青等通过风洞试验模拟有人驾驶飞机喷雾作业对 LU 系列标准扇形压力喷头和 IDK 系列空气诱导喷头进行测试，结果表明，不同类型的喷头在高速气流下的雾化特性存在差异，扇形压力喷头产生的雾滴粒径较小，空气诱导喷头产生的雾滴粒径较大。

第四节　作业参数

航空喷施作业参数主要包括飞行高度和飞行速度，两者都会对雾滴沉积与雾滴飘移产生明显影响。大量试验研究表明，雾滴飘移量随着作业高度的降低和作业速度的减小而减少。当飞机飞行高度过高、飞行速度过快时，飞机下方的下旋气流减弱，侧风影响变大，从而造成雾滴发生飘移；同时，飞机速度过快，喷施出来的雾滴与空气间的剪切力增大，导致雾滴二次破碎，小雾滴的比例增大，从而导致雾滴更容易发生飘移。Jong 等和 Nuyttens 等通过试验发现，将喷杆高度降低 20 cm，相应地雾滴飘移量分别减少了 54% 和 40.1%。Miller 等将喷头升高 20 cm，发现此时下风向 2 m 处的雾滴飘移量是原来的 4 倍；同样，他们对飞行速度的影响作用也进行了试验，发现雾滴飘移量随着飞行速度的增加而显著增加。唐青等通过风洞试验模拟有人驾驶飞机喷雾作业时飞行速度对雾滴粒径的影响，试验结果表明，飞行速度为 305 km/h 左右时，雾滴 VMD 约为 130 μm，相比飞行速度为 150 km/h 时，雾滴 VMD 减小了约 35%；雾滴 VMD 随着飞机作业速度的增大而减小，雾滴飘移量也逐渐增加，且当飞行速度超过 305 km/h 时，两种类型喷头的飘移量都大幅提升。Huang 等比较了 Air Tractor 402B 型有人驾驶飞机分别在 3.7 m、4.9 m 和 6.1 m 三种不同飞行高度下的雾滴沉积与飘移结果，结果表明，当飞行高度为 6.1 m 时，雾滴在下风向的飘移量最多。陈盛德等通过电动植保无人机对水稻进行不同作业参数（作业高度分别为 1.33 m、1.92 m 和 3.15 m，作业速度为 2 ～ 5 m/s）的喷雾试验，发现作业参数对雾滴沉积与飘移的影响显著；随着航空喷施作业速度和作业高度的增加，飘移区两侧的雾滴飘移量和飘移距离均会增加。王潇楠等通过不同飞行参数下油动植保无人机的喷施试验，也得出了相似的结论。

第五节　药液理化特性

药液理化特性是影响雾滴沉积与飘移的重要因素，主要包括药液黏度、药液表面张力及药液不均匀性等。一般都是通过在药液里添加各类化学助剂来改变药液的理化特性。

欧美等地的发达国家开展了大量关于农药助剂配方对雾滴飘移影响的研究。研究表明，在药液中添加助剂能够改变药液的表面张力等理化性质，且相比于添加水，添加助剂更能减小雾滴粒径。风洞试验表明，将表面活性剂和乳化液稀释混合后，通过不同喷头喷施，会导致空气夹带飘移的产生；乳化液能加快雾滴的运动速度，提高雾滴的碰撞概率，使药液雾滴谱的宽度变窄。因此，添加喷雾助剂会改变药液雾滴的理化特性，从而影响喷雾药液的沉积与飘移。Miller 等使用液力式喷头、防飘喷头等，研究不同助剂对雾滴粒径、雾滴速度及雾滴谱的影响，同时对比了加入不同助剂的药液雾化后的飘移情况，结果发现，不同类型的助剂对雾滴分布特性、雾滴沉积与飘移的影响较大。Lan 等通过农用有人驾驶飞机对添加了 4 种不同类型助剂和水的药液进行喷施试验，并对下风向的雾滴飘移率、雾滴粒径、雾滴密度等进行了对比分析，结果表明，添加了不同助剂的药液其雾滴飘移率、雾滴粒径和雾滴密度均存在显著性差异。周晓欣等用高分子糖、有机硅等 3 种不同航空喷雾助剂与清水进行比较，发现添加助剂后，药液雾滴的蒸发时间明显延长，从而减缓了雾滴粒径变小的速度，减少了雾滴的飘移。

第六节 航空喷施雾滴沉积机理分析

减少雾滴飘移始终是施药技术领域中的难点和热点。随着生态农业的发展和环境保护要求的提高，减少雾滴飘移已成为喷施作业过程中不可忽视的一个重要方面。雾滴飘移是指在施药过程中或施药后的一段时间内，在不受外力控制的条件下，农药雾滴在大气中从靶标区域迁移到非靶标区域的一种物理运动。

从雾滴飘移产生机理来看，雾滴飘移产生的主要原因有以下两个方面：第一，药液以较快的速度从喷头喷射出来，并很快分裂成细小的雾滴，当雾滴喷射到空气中时，这些高速运动的雾滴将周围的空气一起卷入运动，并产生一种流场，随着雾滴和空气之间的动能的不断交换，这个流场越来越强，并直接影响着这些细小雾滴的沉降；第二，航空喷施设备与空气的相对运动会产生一个侧向流场，运动速度越快，侧向流场越强，其与自然风风场一起影响着雾滴的沉降，使雾滴不能直接沉积在作物表面，而是飘移、沉降到作业区域以外的区域。

研究表明，雾滴沉积运动是一项非常复杂的三维运动，雾滴之间的相互作用会对单个雾滴的受力产生影响。当离散的雾滴在连续的流体介质中运动时，因雾滴和介质之间存在速度差以及流体粒子的位移，各种作用力影响雾滴的运动加速度，雾滴在沉降过程中会受到很多力的共同作用。为了突出主要力的作用特征，同时方便理解雾滴运动数学模型，我们假设单个雾滴是球状粒子，不考虑雾滴的蒸发和气流对雾滴的干扰，且在运动过程中只考虑重力、空气曳力和浮力的作用，单个雾滴的运动受力分析如图 2-6-1 所示。

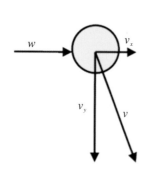

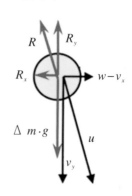

（a）单个雾滴的运动分析　　　　　（b）单个雾滴的运动受力分析

图 2-6-1 单个雾滴的运动受力分析

R 为空气曳力，N；w 为环境风速，m/s；

u 为雾滴在空气曳力下的合成速度，m/s；$\Delta m \cdot g$ 为雾滴重力和浮力之差，N。

根据牛顿运动定律可知，雾滴在流体介质中的动力学模型为

$$m_d \frac{dv_{di}}{dt} = \frac{1}{6}\pi d^3 (\rho_d - \rho)g - R \tag{2.6.1}$$

其中，$R = \frac{1}{8}\pi\rho d^2 C_d |v_f - v_{di}|(v_f - v_{di})$。

式中，m_d 为雾滴质量，kg；d 为雾滴直径，m；下级 i 代表三维坐标系中的运动方向（$i=x$，y 或 z）；v_f 为气流的运动速度，m/s；v_{di} 为雾滴的运动速度，m/s；C_d 为曳力系数；ρ_d 为雾滴密度，kg/m^3；ρ 为空气密度，kg/m^3；g 为重力加速度，m/s^2；t 为雾滴运动时间，s；R 为空气曳力，N。

从图 2-6-1（b）中可以看出，雾滴在沉降过程中的运动可以分解成垂直运动和水平运动。为了更好地理解雾滴的动态运动过程，我们可以将雾滴运动过程中的受力情况分解为

$$m_d \frac{dv_y}{dt} = \frac{1}{6}\pi d^3 (\rho_d - \rho)g - R_y \tag{2.6.2}$$

$$m_d \frac{dv_x}{dt} = R_x \tag{2.6.3}$$

式中，R_y 和 R_x 分别是雾滴在垂直方向和水平方向上的空气阻力，N；v_y 和 v_x 分别是雾滴在垂直方向和水平方向上的运动速度，m/s；t 是雾滴运动时间，s。

由公式（2.6.2）和（2.6.3）可得：

$$\frac{dv_y}{dt} = \frac{(\rho_d - \rho)g}{\rho_d} - \frac{3}{4}C_d \frac{\rho}{\rho_d}\frac{uv_y}{d} \tag{2.6.4}$$

$$\frac{dv_x}{d_t} = \frac{3}{4}C_d \frac{\rho}{\rho_d}\frac{u(w - v_x)}{d} \tag{2.6.5}$$

式中，$u = \sqrt{v_v^2 + (w - v_x)^2}$。

在雾滴的沉降过程中，雾滴的水平运动距离可以分成 2 个部分，分别为雾滴垂直沉降速度到达极限速度前的水平运动距离和雾滴垂直沉降速度到达极限速度后的水平运动距离，即

$$x_t = x_1 + x_2 \tag{2.6.6}$$

式中，x_t 为雾滴在沉降过程中水平运动的总距离，m；x_1 和 x_2 分别为雾滴垂直沉降速度到达极限速度前和极限后的水平运动距离，m。

由 Friso 等的研究结果可得：

$$x_1 = wt_1 - \frac{w}{av_{y_1}^{\frac{1}{3}}}\left(1 - e^{-av_{y_1}^{\frac{1}{3}}t_1}\right) \tag{2.6.7}$$

$$x_2 = wt_2 - \frac{(w - v_{x_1})}{A}\left(1 - e^{-At_2}\right) \tag{2.6.8}$$

其中，$a = \dfrac{3}{4}C_d \times \dfrac{\rho}{\rho_d} \times \dfrac{u^{\frac{2}{3}}}{d}$，

$$A = \frac{3}{4}C_d \times \frac{\rho}{\rho_d} \times \frac{u}{d}$$

由以上可得，雾滴在沉降过程中的水平运动距离为

$$x_t = wt_t - \frac{w}{av_{y_1}^{\frac{1}{3}}}\left(1 - e^{-av_{y_1}^{\frac{1}{3}}t_t}\right) \tag{2.6.9}$$

式中，t_1 和 t_2 分别为雾滴垂直沉降速度到达极限速度前和极限后的运动时间，s；t_t 为雾滴在沉降过程中的总运动时间，s；v_{y_1} 和 v_{x_1} 分别为雾滴垂直沉降速度到达极限速度前的平均垂直速度和平均水平速度，m/s。

由上述模型可以看出，忽略环境温度、湿度对雾滴蒸发和气流对雾滴的干扰，雾滴在沉降过程中的运动距离与雾滴直径、环境风速有着密切的关系，如图 2-6-2 所示。根据 Friso 等的研究结果可知，不考虑蒸发引起的雾滴直径的减小，一个直径为 10 μm 的雾滴在环境风速为 7 m/s 的环境中，雾滴的运动距离约为 1000 m。

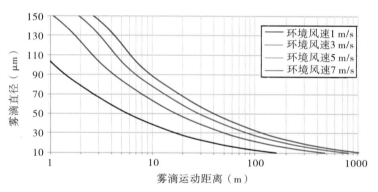

图 2-6-2　雾滴运动距离与雾滴直径、环境风速之间的关系

参考文献

[1] 王玲，兰玉彬，HOFFMANN W C，等 . 微型无人机低空变量喷药系统设计与雾滴沉积规律研究 [J]. 农业机械学报，2016，47（1）：15-22.

[2] 陈盛德，兰玉彬，李继宇，等 . 航空喷施与人工喷施方式对水稻施药效果比较 [J]. 华南农业大学学报，2017，38（4）：103-109.

[3] 陈盛德，兰玉彬，李继宇，等 . 小型无人直升机喷雾参数对杂交水稻冠层雾滴沉积分布的影响 [J]. 农业工程学报，2016，32（17）：40-46.

[4] WOLF R E. Drift-reducing stategies and pactices for ground application [J]. Technology & Health Care Official Journal of the European Society for Engineering & Mdicine，2013，19（1）：1-20.

[5] LAN Y B，HOFFMANN W C，FRITZ B K，et al. Spray drift mitigation with spray mix adjuvants [J]. Applied Engineering in Agriculture，2008，24（1）：5-10.

[6] HUANG Y B，OUELLET-PLAMONDON C M，THOMSON S J，et al. Characterizing downwind deposition of aerially applied glyphosate using RbCl as tracer [J]. International Journal of Agricultural and Biological Engineering，2017，10（3）：31-36.

[7] FRISO D，BALDOIN C. Mathematical modelling and experimental assessment of agrochemical drift using a wind tunnel [J]. Applied Mathematical Sciences，2015，9（110）：5451-5463.

第三章

茎叶喷施农药起效

影响因素分析

联合国粮食及农业组织（FAO）在《国际农药管理行为守则》中将农药定义为"用于驱除、破坏控制病虫害，或调节植物生长的任何物质，该物质可以是化学或生物成分的单一物质或混合物"。在我国，农药通常指在农业上用于防治病虫害或调节植物生长的药剂，按照作用对象，可分为杀虫剂、杀菌剂、除草剂、植物生长调节剂等。通常情况下，根据农药的成分将农药分为化学农药和生物农药。化学农药是利用化学产品研制合成的农药，而生物农药指的是起源于生物的物质或活体，这些物质或活体能用作农药，包括病毒、细菌、真菌和抗病虫害的转基因植物等。生物农药通常不是单一的化合物，而是植物有机体中的一些或大部分有机物质，包括微生物农药、植物源农药、农用抗生素、天敌昆虫农药等类型。不同类型的农药其作用机制不同，比如杀虫剂，通过激活靶标害虫的鱼尼丁受体，刺激害虫释放横纹肌和平滑肌细胞内的钙离子，使害虫因停止进食、抽搐、昏厥、呕吐等而死亡，从而达到防治害虫的目的。

在农作物病虫害防控中，农药起着至关重要的作用。使用农药防控病虫害有诸多好处，比如减少农作物因病虫害侵袭而引起的产量损失、控制病虫害传播媒介、改善农作物品质、提高农业生产力等，因此，农药是行栽作物病虫害综合治理的重要手段。而在农药的使用过程中，施药量误差和雾滴飘移是人们特别关注的问题。当实际施药量高于或低于靶标所需的施药量时，就会发生施药量误差，过量施药会给环境带来风险，增加生产成本，而施药量不够又会导致防控效果差。合理使用农药，农药会给人们带来增产增收，但如果使用不当，农药则会带来人畜中毒、环境污染等不良影响。

农药有不同的剂型和不同的施用方法，在农业生产过程中，需根据防治对象所处的位置、危害规律以及农药的剂型来确定农药的施用方法。农药常见的施用方法有以下几种：

（1）茎叶喷雾法。将一定量的农药制剂在水中稀释后，通过喷雾器械把药液雾化，均匀喷施在靶标作物的茎叶上。

（2）茎叶喷粉法。此法适用于粉剂农药，即通过喷粉机把粉剂农药均匀喷到靶标作物的茎叶上。

（3）根部浇灌法。农药溶于水搅拌均匀后，浇灌到靶标植物的根部，此法可防治地下病虫害。

（4）拌种和浸种法。拌种指将粉剂农药和种子按一定比例混合搅拌后再播种的方法，浸种指将种子浸泡在一定浓度的药液中一段时间，捞出晾干后再播种的方法。

（5）根施或撒施法。将药剂施入土壤内或根际内，用来防治地下害虫和土传病害。

此外，农药的施用方法还有毒饵法和熏蒸法等。

使用农药已经被证明是防控病虫害的有效手段，而茎叶喷雾法则是目前应用最广的施药方式。农药茎叶喷雾法通常分为地面喷雾法和航空喷雾法。农药茎叶喷雾法对雾滴覆盖率和雾滴粒径的要求，与病虫害靶标的流动性及尺寸有关。农作物表面结构、药剂作用方式、喷雾助剂类型、药液雾滴粒径等，是影响农药雾滴在靶标作物上沉积的重要因素，而雾滴在靶标上的沉积又关系到农药的防治效果。

在农药茎叶喷雾的施用过程中，减少药液雾滴飘移量和使药效最大化是喷施农药需考虑的两个首要因素。要使雾滴飘移量最少，农药的药效最高，获得良好的防控效果，需要综合考虑各项因素在施药时对药效可能产生的影响。农药本身特点、靶标作物特点、雾滴特性、喷雾助剂特性、施药器械特点、施药方式等对农药的防治效果具有重要影响，综合分析这些因素后施药，才有可能使更多的农药沉积在靶标区域内，获得更好的药效。

第一节　药剂特点

一般情况下，不直接使用农药原药来防控农作物病虫害，农药原药需要通过加工配制成各种类型的制剂后才能使用。在实际使用过程中，人们将制剂的形态称为剂型。将农药原药加工成剂型，可以改变农药原药的物理性状，提高农药的生物活性，达到把少量药剂均匀喷洒到靶标作物上的目的，从而使农药更好地发挥作用、使用起来更安全、降低对环境的污染等。农药制剂和剂型使农药有效成分与其载体或介质形成稳定的分散关系，从而使农药更适用于靶标作物及其所处的环境。

常见的农药剂型有悬浮剂、乳油、水分散粒剂、可湿性粉剂、水基性制剂、水乳剂、水剂、微乳剂、超低容量喷雾剂、油悬浮剂等。在这些农药剂型中，多数剂型需要在使用前经过稀释配制成能直接喷洒的溶液，但粉剂、超低容量喷雾剂等可不经过稀释配制而直接使用。不同剂型的农药其特点不同，比如，水分散粒剂是一种遇到水以后能快速崩解并均匀分散成悬浮剂的粒状制剂；油悬浮剂是一种或一种以上的农药有效成分，并且至少一种有效成分为固体原药，依靠表面活性剂在非水分散介质中形成高分散、稳定的悬浮液体制剂；水基性制剂是指农药的原药为液态或固态，溶于或分散于水中形成悬浮状、乳状或透明状，用水稀释以后即可喷洒到作物上的农药，即水基性农药是一类以水为稀释剂或介质的农药加工剂型。

同种有效成分的农药制成不同剂型时，对同一靶标的防控效果不同，比如在防治森林天牛类害虫时，同种有效成分的农药制成微胶囊缓释剂型比乳油剂型持效期更长，药效更好，对环境的污染更少。同一种防控靶标，使用不同农药进行防控，所获得的防控效果也有差异。不同的施药器械由于其喷洒系统的差异，适合喷洒的农药剂型也不一样。王俊伟等通过多旋翼和单旋翼两种植保无人机对6种农药剂型进行喷洒，发现多旋翼无人机更适合喷洒水乳剂和水剂，单旋翼无人机更适合喷洒水分散粒剂和微乳剂。对于同一种靶标，使用不同的农药制剂或者同一种农药制剂不同的稀释倍数，其防治效果也存在差异。

不同的农药由于其有效成分不同、结构不同，因此其作用方式也不同。例如，杀虫杀螨剂溴虫腈主要有胃毒作用，兼具一定的触杀及内吸作用。溴虫腈本身对昆虫没有毒性，其作用机制为昆虫取食或者接触带有溴虫腈的植物后，溴虫腈在昆虫体内通过多功能氧化酶转变为具杀虫活性化合物的 CL303 和 CL268，CL303 和 CL268 作用于标靶害虫细胞内的线粒体，破坏氧化磷酸化 ADP 转变为 ATP（细胞维持生命的化学能）的过程，使昆虫因缺少 ATP，细胞停止生命活动从而死亡。再比如，寡糖类的生物农药主要通过诱导植物合成植保素，以抵御植物病原菌的侵染从而达到防病治病的目的。

总体来说，农药对防控靶标的毒杀、抑制或促进的方式与途径统称为农药的作用方式。常见的农药作用方式有以下 5 种：

（1）胃毒作用。即农药通过害虫的消化系统进入其体内进行毒杀致死作用。

（2）触杀作用。即害虫接触农药后，农药渗入其表皮和组织内部产生毒杀作用。

（3）内吸作用。即农药被喷洒到靶标作物后，通过茎叶等部位进入植物体内并传导到植物其他部位，间接或直接毒杀靶标害虫。

（4）熏蒸作用。即农药以气体状态进入害虫体内，使害虫中毒死亡。

（5）其他作用方式。如拒食、引诱、保护等。

农药药液的理化性质与药效之间存在着某些相关性，药液理化性质的直观表现一般用表面张力、接触角、铺展直径、黏度、干燥时间等表示，降低药液的表面张力，可以增加药液与靶标作物表面的接触面积，从而增大农药的效力。因此，在使用农药时，应根据药剂特点来选择合适的施药方式。

第二节　雾滴在靶标作物上的润湿铺展过程

在气体、液体、固体三相的交界处，作固 - 液界面和气 - 液界面的切线，两条切线在液体内部所形成的夹角 θ 为液体在固体表面的接触角，接触角 θ 的大小是衡量固体表面润湿性能的重要指标，即润湿性由液体在固体表面的静态接触角 θ 决定，接触角 $\theta < 90°$ 的称为亲水表面，接触角 $\theta > 90°$ 的称为疏水表面。图 3-2-1 所示为液滴与固体表面的两种静态接触角。

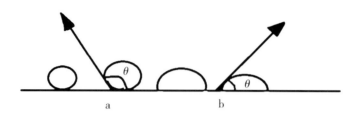

图 3-2-1　液滴与固体表面的两种静态接触角

a 表示液滴在固体表面的润湿性低；b 表示液滴在固体表面的润湿性高

农作物茎叶属于固体，固体表面能和微观结构决定固体表面的润湿性，表面能越小，附着力越小，液滴在其表面的接触角越大，固体越不容易被液体润湿。植物表面的润湿性是影响植物对农药的持留量的重要因素。另外，植物叶片的润湿性直接反映了叶片的亲水性，是影响农药黏附性的关键因素，也是影响农药药效的关键因素。

农药喷洒到靶标作物表面以后，靶标作物表面被药液润湿，作物才能吸收农药，从而达到控制病虫害的目的。在茎叶喷雾法中，药液雾滴沉积到靶标表面时，需要经过润湿铺展，农药的有效成分才能均匀分布在靶标表面。T.Young 于 1805 年提出了杨氏润湿方程，根据杨氏润湿方程，在单一光滑固体表面上，液滴（如水滴等）的形态由气体、液体和固体三相接触线的界面张力（表面张力）决定（图 3-2-2）。

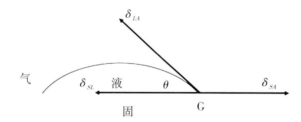

图 3-2-2　液滴在理想固体表面的接触角示意图（气-液-固界面图）

杨氏润湿方程如下：

$$\delta_{SA} = \delta_{SL} + \delta_{LA} \cos\theta \qquad (3.2.1)$$

$$\cos\theta = (\delta_{SA} - \delta_{SL}) / \delta_{LA} \qquad (3.2.2)$$

式中，δ_{SA} 为固-气表面张力，δ_{SL} 为固-液表面张力，δ_{LA} 为气-液表面张力，θ 为液体在固体表面上的接触角。由杨氏润湿方程可知，接触角 θ 由 δ_{SA}、δ_{SL} 和 δ_{LA} 决定。θ 的大小反映液体和固体表面的亲和作用大小，θ 越小，亲和力越强，则液体越容易在固体上铺展。对于指定的固体表面，液体的表面张力越小，其在该固体上的接触角 θ 越小；对于指定的液体，固体的临界表面张力（表面能）越大，接触角 θ 越小。固体的临界表面张力越小，则能在该固体上润湿的液体越少，即低表面张力的液体容易润湿高表面能的固体。通常以临界表面张力 100 mN/m（1 mN/m=10^{-3} N/m，即 0.001 N/m）为界限将固体分为两类：表面张力大于 100 mN/m 的固体称为高能固体，这些固体容易被液体润湿；表面张力小于 100 mN/m 的固体称为低能固体，这些固体不易被液体润湿。

以各种液体在玻璃上的接触角为例：水在玻璃上的接触角 $\theta < 90°$ ，玻璃能被水润湿；汞在玻璃上的接触角 $\theta > 90°$ ，玻璃不能被汞润湿。当 $\theta = 0°$ 时，固体被液体完全润湿，当 $\theta = 180°$ 时，固体完全不能被液体润湿。润湿过程通常分为 3 类：沾湿、铺展和浸湿。液体不能完全在固体上展开，称为沾湿；液体在固体表面展开成薄层，该过程称为铺展，铺展是"固 – 气"界面消失，"气 – 液"界面和"固 – 液"界面形成的过程；固体浸于液体中的过程称为浸湿，此过程中"固 – 气"界面被"固 – 液"界面取代，而"气 – 液"界面无变化。

为了更好地理解药液雾滴在靶标作物上的润湿铺展过程，需要进一步了解表面张力和临界表面张力的概念。表面张力是指液体表面各部分间相互吸引的力，具体定义为作用于液体表面上任一假想直线的两侧，方向垂直于该直线并与液面相切，使液面具有收缩趋势的拉力，单位为 N/m。表面张力是液体的重要理化性质之一。由于表面张力的作用，液体总是具有缩小表面的倾向，因此液滴常呈球形，如雨滴、肥皂泡等。表面张力和表面能分别是针对液体和固体而言的，都是内部对外部的吸引力。固体的表面能大，液体的表面张力小，则二者的接触角就小，液体就容易在固体上润湿铺展；固体的表面能小，液体的表面张力大，则二者的接触角就大，液体在固体上就很难润湿铺展。临界表面张力是表征固体表面润湿性质的特征量。Zisman 发现，不同表面张力的液体在同一固体平面上的接触角随液体表面张力的减小而减小，即不同表面张力的液体在同一植物表面的接触角随着表面张力的减小而减小。以接触角的 $\cos\theta$ 对液体表面张力作图，可得一条直线，将直线延长至 $\cos\theta = 1$ 处，相应的表面张力值称为此固体平面的临界表面张力。如图 3-2-3 所示， Y_L 为液体的表面张力，以 γ_c 来表示固体的临界表面张力，凡是液体的表面张力大于 γ_c ，则该液体不能在该固体表面自行铺展，只有表面张力小于 γ_c 的液体才能在固体表面上铺展。因此， γ_c 值越高，能够在其上面铺展的液体越多，反之则越少。

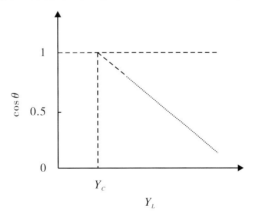

图 3-2-3　固体的临界表面张力

从杨氏润湿方程和固体的临界表面张力图可以看出，对于农药茎叶喷雾而言，农药雾滴和靶标作物（比如小麦）的接触角 θ 越小越好，即欲使靶标作物被药液雾滴润湿，则 $\cos\theta =$

（$\delta_{SA}-\delta_{SL}$）/δ_{LA} 的值应为 0 ~ 1，且越大越好，要达到这个要求，需满足 $\delta_{SA} > \delta_{SL}$ 且 $\delta_{SA}-\delta_{SL} < \delta_{LA}$。对于靶标作物来说，$\delta_{SA}$ 是固定的，即在喷药时，靶标作物的表面微结构和空气是无法改变的，因此在喷药过程中，为了使药液能更好地在靶标作物上润湿铺展，就要使药液雾滴和气体的表面张力 δ_{LA} 小于靶标作物的临界表面张力 δ_{SA}，且 δ_{SL} 越小，该液体越容易在靶标作物上润湿铺展。药液雾滴在润湿铺展过程中受作物茎叶表面结构、药液理化性质等多种因素的影响，疏水性植物水稻、小麦等由于其临界表面张力小，茎叶难以被药液润湿，而黄瓜、棉花等作物的临界表面张力大，茎叶容易被药液润湿。

邦德数（Bond number，Bd）是由表面张力的影响确定的一个无量纲量，计算公式如下：

$$Bd = \frac{\rho g r^2}{\sigma} \tag{3.2.3}$$

式中，ρ 表示液体密度，g 表示微重力加速度，r 表示液体半径，σ 表示液体表面张力。

根据公式（3.2.3）可得，在液体体积非常小的情况下，重力在液滴铺展过程中几乎不起什么作用，因此铺展过程主要由表面张力主导。

基于上述理论，许多学者对如何降低农药液滴的表面张力进行了大量研究，特别是针对表面活性剂的作用进行了广泛的研究。研究发现，表面活性剂可以降低药液的表面张力，从而使药液雾滴迅速在靶标作物上进行润湿铺展。

在茎叶喷雾中，农药雾滴沉积持留在叶片上的过程也是叶片表面"固-气"界面变为"固-液"界面的过程，在这个过程中，药液的表面张力使雾滴收缩，从而使雾滴不能很好地在作物叶片上润湿铺展。在"固-液"界面中，当液体的表面张力小于固体的临界表面张力时，液体才可以完全润湿固体表面。

液滴在固体表面的铺展过程伴随着表面能、动能和各种势能的转化而变化，液滴的铺展过程可分为扩展、收缩两个阶段，如图 3-2-4 所示，其中图 3-2-4（a）至图 3-2-4（f）为扩展阶段，图 3-2-4（g）至图 3-2-4（i）为收缩阶段。

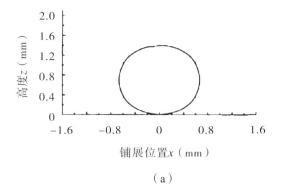

（a）

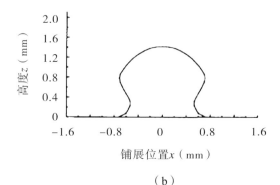

（b）

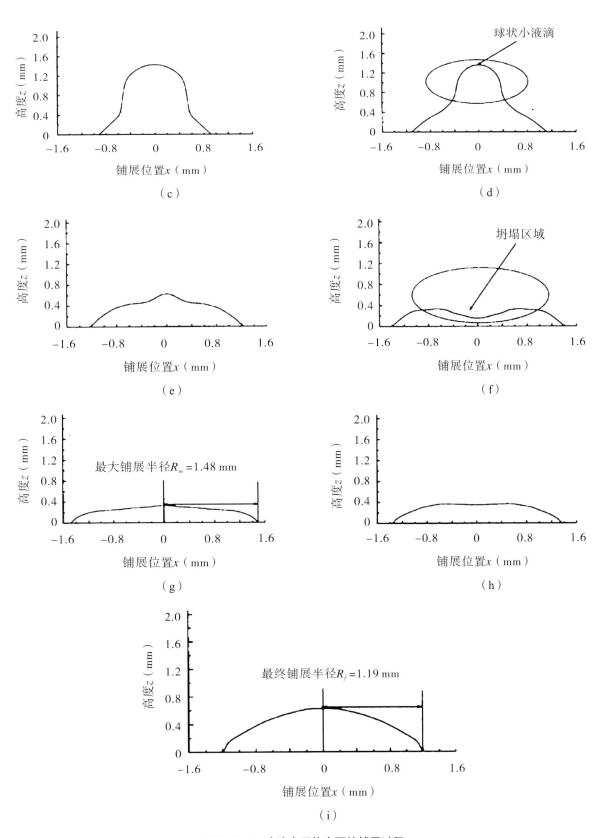

图 3-2-4　液滴在固体表面的铺展过程

农药经过雾化变成雾滴，雾滴（液体）沉降到靶标作物（固体）表面后经历了图 3-2-4 所示的过程。当雾滴的表面张力小于靶标作物表面的临界表面张力时，叶片被雾滴润湿，反之，雾滴有可能脱离靶标。

植物叶片表面的疏水性主要受到叶片表面蜡质含量、微观结构形态的大小和微观结构分布等的影响，根据这些因素对疏水性影响程度的不同，可以将植物叶片分为三类：第一类为主要受微观结构影响的叶片，第二类为主要受蜡质影响的叶片，第三类为受表面微观结构和蜡质共同影响的叶片。在施药液量相同情况下，雾滴在蜡质及粗糙叶片表面的沉积率随着雾滴粒径的增大而减小；当药液雾滴粒径超过 231.5 μm 时，药液雾滴在毛刺叶片表面的沉积率随着雾滴粒径的增大而减小的趋势更加明显。此外，同一种靶标作物，其生长阶段不同，对农药雾滴沉积的影响也不同。在营养生长未停止前，生长期越靠后，叶面积越大，农药在靶标作物上的沉积比例越高，在地面上的流失比例越小。

因此，要使农药雾滴在靶标作物上很好地润湿铺展，除了需要了解农药的作用方式和理化性质外，还需要了解靶标作物表面的特点，以及所使用农药在既定靶标作物的润湿铺展过程。

第三节　喷头及雾滴大小

在施药器械的喷雾系统中，喷头将液体雾化成雾滴，形成喷雾。喷头雾化也可以描述为：在喷头内外力的作用下，喷头内液体碎裂的过程。喷雾器械常用的喷头主要有扇形喷头、空心圆锥雾喷头和全锥喷头，另外还有防飘移喷头、空气射流喷头等，其中扇形喷头是农业喷雾上最常用的喷头。不同的喷头，其雾化效果不一样，药效也不一样，例如在防治棉蚜的时候，使用扇形喷头替代锥形喷头来喷雾，可提高防治效果；与全锥喷头相比，空心圆锥雾喷头的雾滴大小更均匀。喷头的类型对雾滴飘移具有显著的影响，雾滴粒径大的喷头其雾滴飘移少，雾滴粒径小的喷头其雾滴容易飘移。在低湿度时，粒径小的雾滴其飘移距离随风速的增大而增加。雾滴粒径的大小对雾滴在靶标作物中的沉积分布（覆盖密度、穿透性等）具有显著影响。同时，雾滴粒径的大小也会影响雾滴的运动轨迹，雾滴越小（小于 100 μm）越容易飘移到非靶标区，而大的雾滴（大于 200 μm）不仅下降速度快，抗飘移性好，且更容易沉积在靶标区。此外，细雾滴有利于雾滴沉积，可获得更好的雾滴覆盖率。

雾滴的大小不仅对防止药液飘移有重要影响，同时对农药的防控效果也有重要的影响。如图 3-3-1 所示，在药液量保持不变的情况下，将雾滴的直径减小为原来的1/2（比如将雾滴直径由 500 μm 变成 250 μm），得到的雾滴个数是原来的 8 倍。

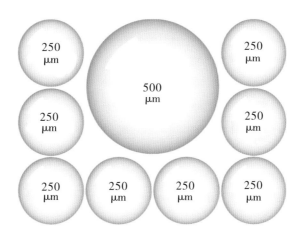

图 3-3-1 雾滴直径缩小一半后，雾滴个数是原来的 8 倍

农药雾滴在靶标作物上的分布关系到药效的发挥，为使农药的作用发挥到最大以便获得最好的防控效果，农药经过喷头雾化后，最理想的状态是药液雾滴均匀分布在靶标作物上。农药雾滴的粒径对茎叶喷雾农药的药效具有显著影响，雾滴粒径和农药药效之间有密切关系，不同的病虫害防治靶标对雾滴粒径的要求也不一样。雾滴粒径常用雾滴体积中径（VMD）表示。相关研究表明，喷施杀菌剂和杀虫剂时，要求 VMD < 150 μm；喷施除草剂时，要求 VMD > 200 μm；而防治爬行类的害虫则适合使用粒径为 30 ～ 150 μm 的细雾滴；防治飞行类的害虫适合使用粒径为 10 ～ 50 μm 的细小雾滴。从不同作用机制的除草剂作用效果来看，在除草剂喷施过程中，粗雾滴与细雾滴的防控效果无显著差异，但使用粗雾滴喷施可减少雾滴飘移。此外，有些研究表明，内吸性除草剂的药效一般随着雾滴粒径的增大而增加。

考虑到雾滴粒径对喷雾质量和飘移的影响，同时考虑到可供农用喷雾的喷头范围，根据雾滴粒径大小对雾滴进行分类是合乎情理的。目前，英国作物保护委员会（British Crop Protection Council，BCPC）和美国农业工程师协会（ASAE）已经开发出了根据雾滴粒径大小对雾滴进行分类的系统。20 世纪 80 年代中期，为了提高地面喷雾效果，BCPC 以术语"喷雾质量"将液压喷头和其他雾化器产生的雾滴按粒径大小分为五类，即很细、细、中等、粗和很粗。为了确保雾滴粒径分类方案的一致性，ASAE 的雾滴分类标准 S572 是在 BCPC 的雾滴分类标准的基础上制定的，将雾滴的类别在 BCPC 的基础上增加了极细、非常粗和超级粗 3 个类别（表 3-3-1）。表 3-3-1 的 8 种雾滴类型中，有 6 种经常用在农业和园艺上。

表 3-3-1 雾滴分类

雾滴类别[①]	类别符号	颜色代码[②]	雾滴体积中径（μm）	农药使用建议[③]
极细	XF	紫色	< 60	—
很细	VF	红色	60 ～ 145	

续表

雾滴类别[①]	类别符号	颜色代码[②]	雾滴体积中径（μm）	农药使用建议[③]
细	F	橘色	146～225	杀虫剂、杀菌剂
中等	M	黄色	226～325	
粗	C	蓝色	326～400	触杀性除草剂
很粗	VC	绿色	401～500	
非常粗	XC	白色	501～600	内吸性除草剂
超级粗	UC	黑色	＞650	

注：①雾滴类别参考 ASABE S572.1 进行划分；②雾滴的颜色代码并不等同于喷头的颜色；③根据药剂作用方式进行划分。

在实际应用过程中，可用 $Dv_{0.1}$、$Dv_{0.5}$ 和 $Dv_{0.9}$ 来评价喷头雾化性能参数。$Dv_{0.1}$ 指的是等于或比该雾滴粒径小的雾滴的体积占雾滴总体积的 10%；$Dv_{0.9}$ 指的是等于或比该雾滴粒径小的雾滴的体积占雾滴总体积的 90%；$Dv_{0.5}$ 即雾滴体积中径 VMD，VMD 指的是将雾滴从小到大（或从大到小）排列，当雾滴体积累积到雾滴总体积的 50% 时所对应的雾滴的粒径。图 3-3-2 可以形象地表示出 VMD（ASABE S572.1）。

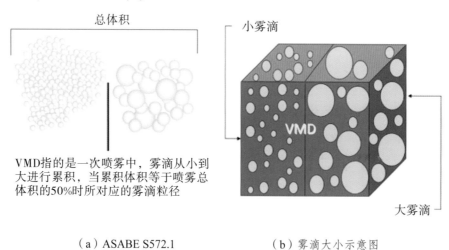

VMD指的是一次喷雾中，雾滴从小到大进行累积，当累积体积等于喷雾总体积的50%时所对应的雾滴粒径

（a）ASABE S572.1　　　　　　（b）雾滴大小示意图

图 3-3-2　雾滴体积中径示意图

雾滴谱（Relative Span，RS），也称为雾滴谱宽，是衡量雾滴粒径分布宽度的指标，用来描述雾滴分布的跨度，衡量喷头的雾化效果。RS 越大，说明雾滴的均一性越低。RS 的计算公式如下：

$$RS = \frac{Dv_{0.9} - Dv_{0.1}}{Dv_{0.5}} \qquad (3.3.1)$$

在农药的使用过程中，细小雾滴容易随风飘移，大雾滴容易从靶标作物滚落到地面，都会使雾滴脱离靶标，造成环境污染和农药浪费。因此在实际应用中，需要根据气象条件、药剂作用机理和靶标特点等选择粒径适合的雾滴进行病虫害防控。

第四节　喷雾助剂

美国材料与试验学会对喷雾助剂做出如下定义：喷雾助剂是指添加到混药槽（箱、罐、桶等）中用以改变农药理化性质的物质。我国学者对喷雾助剂做出如下定义：喷雾助剂是指在进行茎叶喷雾前，和农药一起添加在混药桶中、现用现配的一种助剂产品，具有降低药液表面张力、增加药液雾滴黏附力、促进药液雾滴润湿铺展等多方面优点。根据喷雾助剂现用现配的使用特点，喷雾助剂又称为桶混助剂。

世界上第一款农用助剂是肥皂液，用于增加砷制剂对杂草的毒性。在 20 世纪之前，动物油皂和煤油乳剂是常用的农用助剂。随着对助剂研究的深入，糖和胶水等也开始用来做助剂以增加药液的黏性。20 世纪 40 ～ 50 年代，人们发现非离子表面活性剂比肥皂液等更适合提高药液的活性。20 世纪 60 ～ 70 年代，人们发现有机硅类助剂等能有效提高叶片对农药的吸收。

按照功能对喷雾助剂进行分类，可分为润湿展着剂、防飘移剂、渗透剂等；按照化学类别分类，可分为液体肥料类（尿素、硫酸铵、硝酸铵等，添加浓度为施药液量的 0.12% ～ 0.5%）、有机硅类（此类助剂应用比较广泛，成分为 100% 的改性三硅氧烷，具有良好的展着性、渗透性，可使药液更好地渗透到植物内部）、矿物油类（有机油、柴油等，此类喷雾助剂在温度大于 28 ℃、湿度小于 65% 时无明显作用）、植物油类（此类助剂应用比较广泛，可增加药液黏度、减少药液挥发、抗飘移、耐蒸发等，添加量为喷雾量的 0.5% ～ 12%）等。

水是农药茎叶喷雾中使用最广泛的一种溶剂，但水的表面张力比较高（常温下约为 72.6 mN/m），当喷到疏水性植物表面时，其持留量非常低。喷雾助剂的类型和浓度对雾滴粒径有较大影响，在应用过程中，应选择合适的助剂类型并确定合适的使用浓度，以达到缩短药液雾滴飘移距离、提高药液在靶标作物上的沉积率的目的。

农药的药效和药剂的吸收量具有密切的关系，选择具有促进药液渗透和扩展双重作用的喷雾助剂能获得更好的药效。喷雾助剂通常用来改善药液的理化性质，改变药剂在作物表面的润湿行为，让药液雾滴在靶标上更好地分布，使喷雾覆盖更均匀，从而提高农药的药效和安全性，减少农药挥发（蒸发）和飘移等。例如，在小麦生长中后期药剂配方中加入有机硅类助剂或植物油类助剂，可提高病虫害的防治效果，同时还可以减少 20% 的用药量。喷雾助剂可以有效地降低药液表面张力和减小药液在叶片上的接触角，从而使药液在靶标植物上更好地润湿和渗透。在水稻地面茎叶喷雾中，使用表面活性剂（喷雾助剂）来降低药液雾滴的表面张力，有助于提高雾滴在水稻上的沉积率。在使用无人机喷洒农药防控病虫害时，添加合适的喷雾助剂可以减少农药的使用量，提高药液雾滴的沉积量，从而提高防治效果。因此，在农药茎叶喷雾中，不管是地面喷雾还是航空喷雾，在药液中添加桶混助剂，可降低药液的表面张力，促进药液的润湿铺展和吸收，从而更好地发挥农药的效力，提高防治效果。

第五节 施药方式

在农药应用技术中，一般分为控制雾滴应用法和控制施药液量法。控制雾滴应用法旨在农药施用过程中，选择适合靶标的雾滴粒径，雾滴在靶标上的沉积状态通常由雾滴粒径和覆盖率决定。根据单位面积内施药液量的多少，通常将田间农药喷雾划分为大容量施药（HV）、低容量施药（LV）和超低容量施药（ULV），各施药方式所对应的施药液量和雾滴 VMD 等信息见表3-5-1。

表3-5-1　施药方式及施药液量和雾滴 VMD

施药方式	施药液量（L/hm²）	雾滴 VMD（μm）
大容量施药	300～500	250～400
低容量施药	5～30	150～300
超低容量施药	＜5	＜150

长期以来，大容量施药是比较常见的一种施药方式。大容量施药通常通过手动喷雾器或者拖拉机等施药器械完成，一般将药剂用水稀释，施药器械通过水泵给药液加压，药液通过压力喷头喷出。大容量施药方式需要大量的人力和水，因此在水源缺少的地区或者需要在短时间内防控大面积作物病虫害时，大容量施药方式具有局限性。

相比大容量施药，低容量施药在用水量上具有明显的优势，每公顷的施药液量仅为5～30 L。常见的低容量施药器械为弥雾机，其所用的喷头通常为空气喷射喷嘴。药液被高压气流带动，通过喷嘴喷出细雾滴。飞机喷施农药，使用低容量喷雾法喷施，施药液量一般为20～25 L/hm²。

相比前两种施药方式，超低容量施药的施药液量非常低（每公顷小于5 L），雾滴 $Dv_{0.5}$ 通常为70～100 μm，因此其使用的喷嘴也与前两种施药方式的喷嘴有很大的区别。超低容量施药如果使用涡流喷嘴，雾滴 $Dv_{0.5}$ 仅为20 μm；使用排气喷嘴时，雾滴 $Dv_{0.5}$ 仅为20～50 μm；使用离心喷嘴时，可获得细雾滴，且雾滴谱窄。超低容量施药时，由于雾滴细小，雾滴到达靶标所需的时间比大雾滴长，因此比较容易飘移。另外，温度和湿度对 ULV 喷雾雾滴的挥发也有重要影响，因此一般不建议用水来稀释药剂，故 ULV 喷雾法也称为无水喷雾法。目前 ULV 在使用过程中，所用药剂剂型通常为超低容量液剂，在该剂型的组成中，除原药外，剩余组分主要是不易挥发的溶剂，常规农药通常以水为载体，而超低容量液剂以具有高沸点的油质溶剂为载体。

我国目前采用的大部分是大容量低浓度的施药方式，大容量施药方式通过增加水的使用量来增加药液的体积，以期用药液把作物淋湿，然而这种喷雾方式降低了药液中表面活性剂的浓度，增加了药液雾滴的表面张力。另外，大容量施药一般都以粗雾滴居多，如果这些粗雾滴的表面张力大于靶标作物的表面张力，则雾滴容易反弹滚落，不利于药液在作物上的持留。

植保无人机施药属于低容量施药和超低容量施药。若使用植保无人机进行超低容量喷施，则需要使用专门的超低容量液剂。

参考文献

[1] 张海艳，兰玉彬，文晟，等. 植保无人机旋翼风场模型与雾滴运动机理研究进展 [J]. 农业工程学报，2020，36（22）：1-12.

[2] 赖寒健，葛照硕，李小兵，等. 微观结构和蜡质对植物叶表面疏水性能的影响 [J]. 林业科学，2017，53（4）：74-82.

[3] 王国宾，王十周，陈鹏超，等. 植保无人机喷施不同雾滴粒径药剂对其在棉花冠层沉积、穿透及脱叶催熟效果的影响 [J]. 植物保护学报，2021，48（3）：493-500.

[4] MINOV S V，COINTAULT F，VANGEYTE J，et al. Spray droplet characterization from a single nozzle by high speed image analysis using an in-focus droplet ctiterion [J]. Sensors，2016，16（2）：218.

[5] HE Y，XIAO S P，WU J J，et al. Influence of multiple factors on the wettability and surface free energy of leaf surface [J]. Appl. Sci，2019，9（3）：593.

[6] FERGUSON J C，CHECHETTO R G，ADKINS S W，et al. Effect of spray droplet size on herbicide efficacy on four winter annual grasses [J]. Crop Protection，2018（112）：118-124.

[7] MENG Y H，LAN Y B，MEI G Y，et al. Effect of aerial spray adjuvant applying on the efficiency of small unmanned aerial vehicle for wheat aphids control [J]. International Joural of Agricultural and Biological Engineering，2018，11（5）：46-53.

第四章 航空施药效果
评价方法

第一节 喷雾均匀性评价方法

对植保无人机喷施作业的有效喷幅宽度进行评价，有利于提高作业效率及作业质量，实现精准施药，避免重喷、漏喷。国外的喷施作业以大型地面机械和固定翼施药设备为主，Zhang 采用小于 20% 变异系数值法及 50% 沉积量判定法对固定翼飞机 M-18B 和 Thrush 510G 进行了喷幅评价；Giles 采用 4.8 m 和 7.2 m 两种喷幅在加州葡萄园进行喷雾试验，分析 RMAX 无人机在不同喷幅下雾滴在葡萄冠层沉积的均匀性。针对植保无人机的有效喷幅评价，国内方面，陈盛德采用 50% 沉积量判定法和雾滴密度判定法对单旋翼直升机和多旋翼无人机进行了分析对比；宋坚利等采用最小变异系数法、50% 沉积量判定法及雾滴密度判定法三种方法，对静风条件下的单旋翼直升机进行了喷幅宽度及喷雾均匀性的研究，其研究表明，药液沉积分布变异系数随着有效喷幅宽度的增加呈现先减小再增加的趋势，当有效喷幅超过一定值后，有效喷幅宽度与沉积分布变异系数呈线性正相关，经综合分析对比，建议采用 50% 沉积量判定法。

不同的学者对植保无人机的评价方法进行了对比分析，但是国内植保无人机的类型众多，作业高度也经常因为作业条件而变化，单一的评价方法并不适用于复杂多变的作业情况。本节针对国内典型的三种植保无人机进行了三种高度下的雾滴沉积分布情况研究，并采用 50% 沉积量判定法和模拟叠加 + 适宜变异系数（< 30%）法两种方法，对比分析不同植保无人机在不同作业高度下的有效喷幅情况。

一、作业高度对喷雾均匀性的影响及有效喷幅的评价

（一）植保无人机

本次试验选择了三种植保无人机进行雾滴均匀性测定试验，三种植保无人机分别为全丰 3WQF120-12 型植保无人机（以下简称全丰 3WQF120-12）、极飞 P20 植保无人机（以下简称极飞 P20）和大疆 MG-1S 植保无人机（以下简称大疆 MG-1S），三种植保无人机的参数见表 4-1-1。

表 4-1-1　三种植保无人机参数情况

参数		全丰 3WQF120-12	极飞 P20	大疆 MG-1S
喷洒系统	喷杆长度（m）	1.25	—	—
	喷嘴个数（个）	3	4	4
	喷嘴类型	LU 120-02	旋转离心式	XR11001VS
	喷雾压力/转速	0.2～0.5 MPa	4000～14000 r/min	0.2～0.5 MPa
	药箱（L）	12	10	10
	额定喷幅（m）	5～8	3～3.5	5～8
	喷嘴间距（mm）	625	1400	1390×580
结构参数	净重（kg）	30	—	—
	旋翼长度（mm）	2410	—	—
	尺寸（长×宽×高）（mm）	2130×700×670	1180×1180×410	1471×1471×482
作业参数	发动机/电池	120 cc 水冷发动机	B12710（710 Wh）	MG-12000（12000 mAh）
	作业速度（m/s）	3～8	3～7	3～7

（二）试验方法

使用三种植保无人机分别进行不同高度下的雾滴沉积试验测定，试验时的飞行高度分别为 1.5 m、2 m、3 m，试验在吉林省绥化市进行。试验时采样纸的布置如图 4-1-1 所示。

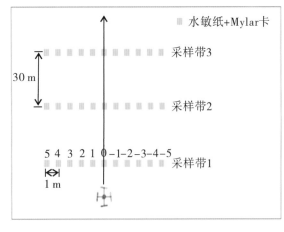

（a）采样布置示意图

（b）水敏纸与 Mylar 卡布置图

图 4-1-1　采样纸布置图

试验共布置三条采样带，采样带间隔 30 m，每条采样带上有 11 个采样点，采样点间隔 1 m，每个采样点上有一张水敏纸和一张 Mylar 卡固定在采样杆上，采样位置位于冠层顶端 50 cm。水敏纸用于采集雾滴参数，包括雾滴粒径、雾滴密度及覆盖度情况；Mylar 卡用于采集雾滴的沉积情况。

试验前，在药箱中添加浓度为 15 g/L 的诱惑红溶液，用于检测 Mylar 卡上的雾滴沉积情况。试验按照田间正常作业的飞行速度进行，作业速度为 5 m/s。为了更好地对比三种植保无人机在不同作业高度下的雾滴沉积情况，故保持三种植保无人机亩喷液量一致为 800 mL，三种植保无人机试验时的作业参数见表 4-1-2。

表 4-1-2　三种植保无人机试验时的作业参数

参数	全丰 3WQF120-12	极飞 P20	大疆 MG-1S
流量（L/min）	2.7	1.1	1.8
喷嘴型号	LU 120-02	旋转离心式	XR11001VS
亩喷液量（mL）	800	800	800
喷雾压力/转速	0.4（MPa）	100（rpm）	0.4（MPa）
作业速度（m/s）	7.5	5	5
作业高度（m）	1.5、2、3	1.5、2、3	1.5、2、3
额定喷幅（m）	5	3	5

（三）试验处理

试验完成后将水敏纸和 Mylar 卡取回，分别进行分析。水敏纸采用美国 DepositScan 软件扫描以获取雾滴体积中径、覆盖度及雾滴密度等数据。Mylar 卡采用洗脱的方式测定沉积量，洗脱时，向装有 Mylar 卡的自封袋中加入 10 mL 蒸馏水，震荡洗涤 5 min，利用紫外分光光度计测定洗脱液的吸光值 Ae，并根据诱惑红标准溶液测定的标准曲线将洗脱液的吸光值转化为质量浓度 Q_e，再根据公式 $\beta_d = Q_e \cdot V_l / S$，计算单位面积的沉积量。其中，$\beta_d$ 为单位面积雾滴沉积量（$\mu g/cm^2$），Q_e 为洗脱液的质量浓度（$\mu g/mL$），V_l 为加入洗脱液的体积（mL），S 为雾滴收集器面积（cm^2）。

（四）数据分析

本试验中，有效喷幅采用两种方式进行评价，一是 50% 沉积量判定法，二是模拟叠加 + 适宜变异系数（< 30%）法。50% 沉积量判定法，依据 ASAE 标准 S341.3，将单喷幅中沉积量为最大沉积量 50% 的两点间的间距定义为有效喷幅。模拟叠加 + 适宜变异系数（< 30%）法，依据 ASAE 标准 S341.3，根据单喷幅沉积情况，设定不同间距作为有效喷幅宽度，通过计算分别模拟 5 个喷幅的沉积量叠加情况，并对中间第 3 个喷幅中的叠加沉积量计算平均值得到沉积变异系数，

设定变异系数在合适的范围内，在保证适当均匀性的情况下来判定有效喷幅的大小。变异系数（CV）值的计算方法如下：

$$CV = \frac{S}{\overline{X}} \times 100\% \qquad (4.1.1)$$

$$S = \sqrt{\sum_{i=1}^{n}(X_i - \overline{X})^2 / (n-1)} \qquad (4.1.2)$$

式中，S 为同组试验采集样本标准差；X_i 为各采集点沉积浓度，$\mu g/cm^2$；$\overline{X}$ 为各组实验采集点浓度平均值，$\mu g/cm^2$；n 为各组试验采集点个数。

（五）结果与分析

1. 雾滴参数情况

三种植保无人机单喷幅喷洒雾滴参数情况如图 4-1-2 所示，其中 4-1-2（a）、4-1-2（b）、4-1-2（c）分别为不同植保无人机三种飞行高度下的雾滴粒径、雾滴密度及覆盖度情况。

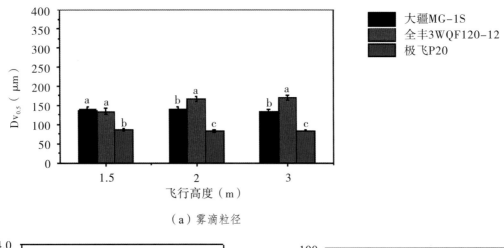

（a）雾滴粒径

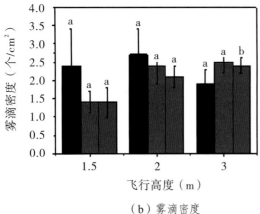

（b）雾滴密度

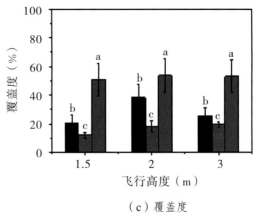

（c）覆盖度

图 4-1-2　三种植保无人机单喷幅喷洒雾滴参数情况

注：同一飞行高度下，不同的小写字母表示结果在 0.05 水平下具有显著性差异。

三种植保无人机相比，极飞P20采用旋转离心式喷头，试验时设定的雾滴粒径为100 μm，测定的不同高度的雾滴体积中径 $Dv_{0.5}$ 范围在 82.8 ～ 85.6 μm，显著低于大疆 MG-1S 和全丰 3WQF120-12。雾滴粒径的结果主要受到喷头的安装的影响，大疆 MG-1S 安装的喷头为 XR11001VS（TeeJet），全丰 3WQF120-12 安装的喷头为 LU 120-02，雾滴粒径喷头 LU 120-02 显著大于 XR11001VS（TeeJet）喷头。在亩喷液量相同，不考虑雾滴蒸发的情况下，雾滴密度与雾滴粒径立方成反比。三种植保无人机的雾滴密度有显著差异，其中极飞 P20 的雾滴密度最大，大疆 MG-1S 次之，全丰 3WQF120-12 最小。

雾滴覆盖度既与雾滴密度有关，又与雾滴粒径相关，三种植保无人机除飞行高度为 3 m 处理外，其他两个处理差异不显著。当飞行高度为 3 m 时，极飞 P20 的雾滴覆盖度要显著小于其他两个植保无人机，主要原因可能是极飞 P20 的雾滴粒径较细，雾滴在空中蒸发导致覆盖度较低。

2. 不同飞行高度下雾滴沉积分布情况

三种植保无人机不同高度（1.5 m、2 m、3 m）下的单喷幅雾滴沉积情况如图 4-1-3 所示。由图 4-1-3 可知，单喷幅雾滴沉积呈正态分布，飞行高度对雾滴沉积有非常重要的影响，就单喷幅沉积结果而言，飞行高度越低，单喷幅内的沉积均匀性越差，峰值越高。

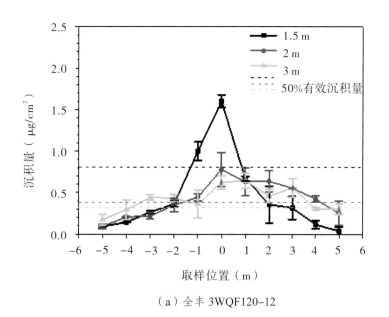

（a）全丰 3WQF120-12

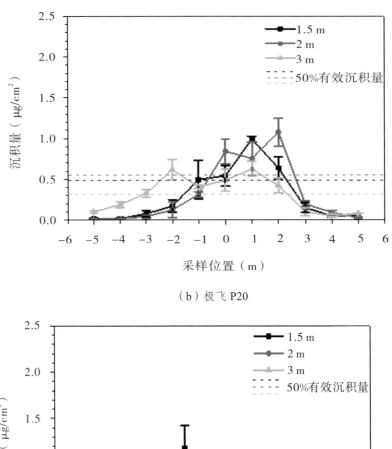

（b）极飞 P20

（c）大疆 MG-IS

图 4-1-3　三种植保无人机不同高度下单喷幅雾滴沉积情况

　　试验采用 50% 沉积量判定法对三种植保无人机的有效喷幅进行评价，结果见表 4-1-3。由表 4-1-3 可知，采用 50% 沉积量判定法时，喷洒高度对沉积结果有显著影响，随着喷洒高度的增加，有效喷幅显著增加。当飞行高度较低时，有效喷幅较小，例如当飞行高度为 1.5 m 时，三种植保无人机的作业喷幅分别为 1 m、1 m、3 m，这样的评价结果与实际操作的差异较大，很难起到实际的指导作用。

表 4-1-3　采用 50% 沉积量判定法评价三种植保无人机的有效喷幅　　　　单位：m

无人机类型	飞行高度		
	1.5	2	3
大疆 MG-1S	1	2	5
全丰 3WQF120-12	1	5	6
极飞 P20	3	2	5

采用模拟叠加法，对不同飞行高度、不同植保无人机的单喷幅沉积结果进行模拟叠加后求变异系数，结果见表 4-1-4。

表 4-1-4　不同飞行高度及不同模拟有效喷幅下三种植保无人机喷洒沉积变异系数

无人机类型	飞行高度（m）	模拟的不同有效喷幅（m）						
		3	4	5	6	7	8	9
大疆 MG-1S	1.5	59.4	75.2	91.6	72.7	121.2	132.3	148.7
	2	21.5	31.6	43.0	58.8	65.0	72.7	78.5
	3	23.0	16.4	18.5	24.6	28.8	35.0	47.5
极飞 P20	1.5	23.7	27.1	35.4	82.5	62.0	73.7	84.4
	2	17.1	27.9	42.5	56.9	70.7	82.5	93.5
	3	18.4	23.5	19.5	19.4	27.4	34.0	46.3
全丰 3WQF120-12	1.5	25.6	36.8	43.9	23.6	62.1	73.4	90.2
	2	3.3	15.3	13.0	6.0	16.7	23.6	32.1
	3	6.8	15.9	15.8	17.1	21.9	23.1	18.4

试验结果表明，整体来说，喷洒的均匀性随着喷洒高度的增加而降低，随着模拟有效喷幅的增加而增加。以 CV<30% 的变异系数为评价指标时，随着喷洒高度的增加，适宜有效喷幅的范围提高（表 4-1-5），喷洒作业的均匀性也会提高。由以上试验结果可以得到以下结论：田间喷洒作业时，国内的典型植保无人机喷洒高度不宜过低，过低会影响喷洒的均匀性，作业高度为 2～3 m 时，可以有效地提高喷洒的均匀性。另外，模拟叠加 + 适宜变异系数（<30%）法得到的有效喷幅的结果（表 4-1-5）对于田间作业范围较适宜，可以作为有效喷幅的评价方法，所得到的有效喷幅的范围较符合植保无人机作业效率及作业要求。

表 4-1-5　以 CV<30% 为评价指标时的适宜有效喷幅　　　　　单位：m

无人机类型	飞行高度		
	1.5	2	3
大疆 MG-1S	—	3	3～7
极飞 P20	3～4	3～4	3～7
全丰 3WQF120-12	3	3～8	3～9

二、作业高度和作业间隔对喷雾均匀性的影响

为进一步验证模拟叠加 + 适宜变异系数（<30%）法判断的有效喷幅的试验结论，我们针对大疆 MG-1S 进行了多喷幅的验证试验。我们设计两因素三水平试验，分析不同飞行高度和作业间隔对多喷幅沉积均匀性及沉积率的影响。

（一）材料与方法

试验前在药箱中加入 15 g/L 的诱惑红作为沉积测定示踪剂，并加入 0.5% 的表面活性剂 OP-10。

试验采用完全随机化设计，分别设置飞行高度为 1.5 m、2 m、3 m，作业间隔为 4 m、6 m、8 m，共 9 组试验。试验时植保无人机流量为 0.9 L/min，飞行速度为 3.5 m/s，当作业间隔分别为 4 m、6 m、8 m 时，亩喷液量分别为 10.7 L、7.2 L、5.4 L。试验布置如图 4-1-4 所示。

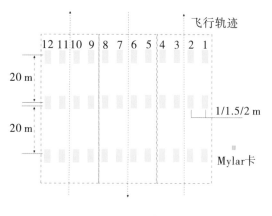

（a）采样点布置示意图　　　　　　　　　（b）Mylar 卡和水敏纸布置图

图 4-1-4　采样点、采样卡布置图

试验时的采样布置如图 4-1-4（a）所示，试验共设置 3 条采样带，每条采样带间隔 20 m，每条采样带共包含 Mylar 卡和水敏纸各 12 张，Mylar 卡和水敏纸通过双头夹固定在采样杆上，距离作物冠层顶端 20 cm，每张 Mylar 卡和水敏纸之间的间距相等。为了更好地采集 3 个喷幅内的雾滴沉积情况，采样点之间的间隔需要根据作业间隔进行调整，当作业间隔为 4 m 时，

采样点之间的间距为 1 m；当作业间隔为 6 m 时，采样点之间的间距为 1.5 m；当作业间隔为 8 m 时，采样点之间的间距为 2 m。

（二）试验处理

由于试验设定的作业间隔不同，单位面积的喷洒量也有所不同，因此采用沉积率来评价沉积情况。沉积率的计算公式如下：

$$D_s = \left[F / \left(v \times S \right) \right] \times 1.67 \tag{4.1.3}$$

式中，D_s 为单位面积的喷洒量，$\mu L/cm^2$；F 是流量，L/min；v 为飞行速度，m/s；S 是作业间隔，m；1.67 是常数。

$$D_d = \left[\left(C_e \times V \right) / C_s \right] / A \tag{4.1.4}$$

式中，D_d 为单位面积的沉积量，$\mu L/cm^2$；C_e 为洗脱液的浓度，$\mu g/mL$；V 是洗脱液体积，mL；C_s 是示踪剂浓度，g/L；A 沉积采样面积，cm^2。

$$R_\% = D_d / D_s \times 100\% \tag{4.1.5}$$

式中，$R_\%$ 是沉积率；D_d 为单位面积的沉积量，$\mu L/cm^2$；D_s 为单位面积的喷洒量，$\mu L/cm^2$。

（三）试验时环境参数

试验时环境温度为 25 ～ 26.4 ℃，湿度为 77.1% ～ 81.6%，风速为 0.5 ～ 1.34 m/s，各处理之间差异较小。

（四）试验结果与分析

1. 雾滴覆盖度及雾滴密度

不同作业高度及作业间隔对雾滴覆盖度、雾滴密度的影响见表 4-1-6、表 4-1-7。

表 4-1-6　不同作业高度及作业间距对雾滴覆盖度（平均值 ± 标准误差）的影响　　单位：%

作业高度（m）	作业间隔（m）			覆盖度平均值
	4	6	8	
1.5	5.5±0.3	2.9±0.7	4.0±1.0	(4.1±0.7) a
2	5.0±0.8	3.7±0.2	3.2±0.0	(4.0±0.6) a
3	4.3±1.2	3.7±0.9	4.1±0.4	(4.0±0.2) a
覆盖度平均值	(4.9±0.3) a	(3.4±0.3) b	(3.8±0.3) b	

注：表中不同字母表示不同作业高度及作业间隔对雾滴覆盖度的影响显著（$P < 0.05$）。

表4-1-7　不同作业高度及作业间距对雾滴密度（平均值 ± 标准误差）的影响　单位：个/cm²

作业高度（m）	作业间隔（m）			雾滴密度平均值
	4	6	8	
1.5	66.7±5.8	35.8±3.2	38.5±17.1	(47.0±9.9) a
2	55.0±4.5	43.0±4.2	35.2±0.1	(44.4±5.7) a
3	56.9±18.5	50.2±12.3	43.6±7.2	(50.2±3.8) a
雾滴密度平均值	(59.5±3.6) a	(43.0±4.1) b	(39.1±2.4) b	

　　试验结果表明，作业高度对雾滴覆盖度和雾滴密度平均值没有显著影响，但作业间隔对雾滴覆盖度和雾滴密度平均值有显著影响，原因可能是在保持相同流量不变的情况下，不同的作业间隔和不同的亩喷液量导致雾滴覆盖度及雾滴密度发生显著性变化。飞行高度的增加显著降低了雾滴覆盖度及雾滴密度的标准误差值，这说明适当提高喷洒高度有利于提高喷洒均匀性，这一结果与模拟叠加的结果基本一致。

2. 沉积率

　　不同作业高度、不同作业间隔下的雾滴沉积情况如图4-1-5所示。

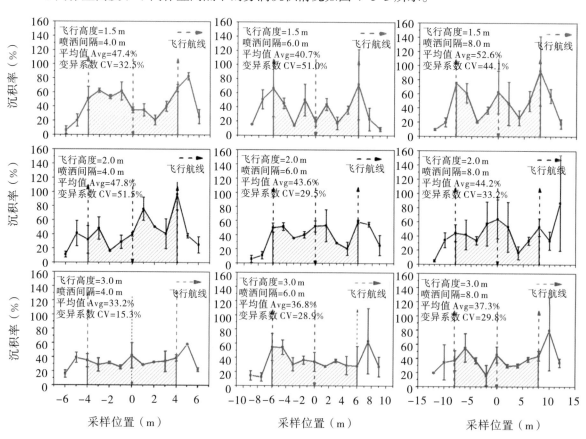

图4-1-5　不同作业高度、不同作业间隔下的雾滴沉积情况

　　由于受到无人机下旋翼风场及喷头安装位置的影响，雾滴沉积率呈波浪状变化，航线正下方的位置沉积率较高，距离航线较远的位置沉积率较低。整体而言，不同处理位于第二个喷幅内（叠加区）的雾滴沉积率为 33.2%～52.6%，沉积均匀性（变异系数）为 15.3%～51.5%。

　　单独分析不同作业间隔及喷洒高度对沉积率（平均值）的影响（表 4-1-8），发现当作业间隔为 8 m 时具有最大的沉积率，为 44.7%，但是与其他处理差异不显著。喷洒高度对沉积率有显著影响，当喷洒高度为 3 m 时，沉积率平均值最低，可能是由于喷洒高度的增加，增加了雾滴飘移和蒸发的概率，导致沉积率的降低。

表 4-1-8　不同作业高度以及作业间距对沉积率（平均值）的影响

作业高度（m）	喷洒幅宽（m）			沉积率平均值（%）
	4	6	8	
1.5	47.4	40.7	52.6	46.9 a
2	47.8	46.3	44.2	46.1 a
3	33.2	36.8	37.3	35.8 b
沉积率平均值（%）	42.8 a	41.3 a	44.7 a	

　　分析不同作业高度及作业间距对沉积均匀性（变异系数）的影响（表 4-1-9），发现不同作业间隔对沉积均匀性没有显著的影响，3 m 作业高度与 1.5 m 作业高度的沉积均匀性有显著性差异。

表 4-1-9　不同作业高度及作业间距对沉积均匀性（变异系数）的影响

作业高度（m）	喷洒幅宽（m）			变异系数平均值 %
	4	6	8	
1.5	32.5	51.0	44.1	42.5 a
2	51.5	29.6	33.2	38.1 a
3	15.3	28.9	29.8	24.7 b
变异系数平均值(%)	33.1 a	36.5 a	35.7 a	

　　综合以上试验结果可知，施药高度为 2 m，可以提高喷洒均匀性和沉积率。同时，作业间距在 4～8 m 之间，可以实现较好的均匀性，可以根据具体的喷液量及作业情况设定具体的作业间距。

（五）小结

本节使用国内典型的 3 种植保无人机，全丰 3WQF120-12、极飞 P20 及大疆 MG-1S，进行了 3 种高度（1.5 m、2 m、3 m）下的单喷幅雾滴沉积分布测定，并采用 50% 沉积量判定法和模拟叠加＋适宜变异系数（<30%）法，对比分析不同植保无人机在不同作业高度下的有效喷幅情况。试验结果表明，采用模拟叠加＋适宜变异系数（<30%）法获取的植保无人机的有效喷幅最为合理。同时，试验使用大疆 MG-1S 进行了不同作业高度、不同作业间距下的多喷幅验证试验，试验结果表明，作业间距对雾滴覆盖度和雾滴密度有显著影响；喷洒高度对雾滴沉积率及沉积均匀性有显著影响，喷洒高度为 3 m 时雾滴均匀性较高，但是沉积率较低，综合分析后建议喷洒高度为 2 m，如此可以在不降低喷洒沉积率的同时提高喷洒均匀性。作业间距为 4 m、6 m、8 m 时，对沉积均匀性及沉积率没有显著影响，因此建议采用作业高度为 2 m、作业间距为 8 m 进行田间作业，可以提高作业效率，当然，作业间距也可以根据适当的亩喷液量进行变化，以保证防治效果。

第二节　植保无人机飞行参数和飞行质量的评价与分析方法

目前，国内关于植保无人机喷施应用的研究中，缺乏对植保无人机航空喷施作业时飞行参数和飞行质量的整体评价，而植保无人机飞行参数和飞行质量的评价对提升喷施作业的质量有着重要意义。我国主要采用半自主飞行控制模式进行喷施作业，其飞行高度和飞行速度难以保持稳定，且当前市场上植保无人机类型多样，主要有单旋翼油动植保无人机、单旋翼电动植保无人机和多旋翼电动植保无人机等，飞行性能、作业质量参差不齐，施药时雾滴在农作物表面的沉积极不均匀，容易造成对农作物的多施、少施甚至漏施，难以达到理想的防治效果，甚至造成农户的经济损失。因此，本节通过航空用微型机载北斗导航定位系统对市场上半自主飞行控制模式下的单旋翼油动植保无人机、单旋翼电动植保无人机和四旋翼电动植保无人机的飞行参数和飞行质量进行比较和评价，并对全自主飞行控制模式下的多旋翼电动植保无人机的飞行参数和飞行质量进行测试和评价，以期为航空喷施作业机型的选择和植保无人机技术的改进及发展提供数据支持和指导。

（一）试验设备和方法

1. 试验设备

本次测定试验选取的是目前市场上 3 种主要类型的植保无人机，分别是单旋翼油动植保无人机、单旋翼电动植保无人机和四旋翼电动植保无人机。其中，单旋翼油动植保无人机和单旋翼电动植保无人机均采取飞控手动控制方式，即半自主控制方式；四旋翼电动植保无人机选取两种类型的植保无人机，分别采用半自主控制方式和全自主控制方式，主要参数见表 4-2-1。

表 4-2-1　测试机型及参数

机型	作业速度（m/s）	有效喷幅（m）	最大载药量（L）	飞行模式
单旋翼油动植保无人机	0～15	4～6	12	半自主
单旋翼电动植保无人机	0～8	4～6	15	半自主
四旋翼电动植保无人机	0～6	3～5	10	半自主
四旋翼电动植保无人机	0～6	3～5	10	全自主

定位系统为航空用北斗定位系统 UB351（上海司南卫星导航技术股份有限公司），具有 RTK 差分定位功能，平面精度达（$10+5 \times D \times 10^{-7}$）mm，高程精度达（$20+1 \times D \times 10^{-6}$）mm，其中，$D$ 表示该系统实际测量的距离值，单位为 km。无人机搭载的该系统移动站可绘制作业航线轨迹，获取无人机作业参数及给各个采样点定位，通过该系统绘制的作业航线轨迹可观察实际作业航线与地面站规划航线之间的关系。

2. 试验方法

选取一块足够大的地块进行植保无人机喷施作业，并搭载北斗定位系统 UB351 移动站对植保无人机的作业航线进行绘制，获取其飞行作业参数和航线轨迹。将植保无人机的实际作业航线与规划航线进行对比，获取每条作业航线的飞行偏差以观测其飞行精度。

3. 数据处理

（1）作业参数及航线轨迹处理。图 4-2-1 和图 4-2-2，分别为由北斗定位系统 UB351 绘制的 4 种不同类型植保无人机在作业区域内飞行速度和飞行高度变化对应的飞行航线轨迹，其中，北斗定位系统 UB351 在喷施作业时的轨迹定位频率为 1 Hz。

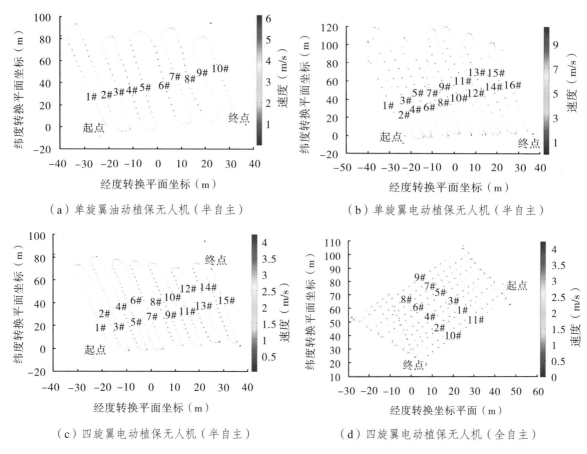

（a）单旋翼油动植保无人机（半自主）

（b）单旋翼电动植保无人机（半自主）

（c）四旋翼电动植保无人机（半自主）

（d）四旋翼电动植保无人机（全自主）

图 4-2-1 植保无人机飞行速度变化对应的飞行航线轨迹

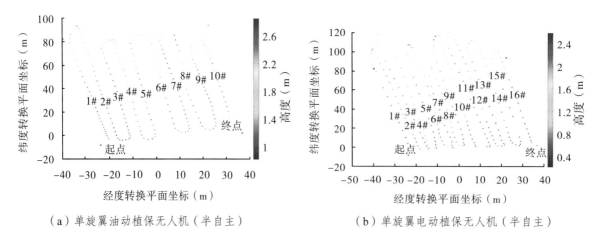

（a）单旋翼油动植保无人机（半自主）

（b）单旋翼电动植保无人机（半自主）

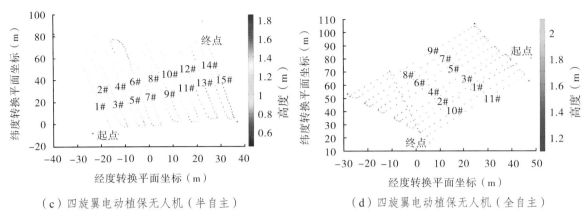

（c）四旋翼电动植保无人机（半自主）　　　　（d）四旋翼电动植保无人机（全自主）

图4-2-2　植保无人机飞行高度变化对应的飞行航线轨迹

（2）数据采集与处理。为了表征试验中植保无人机飞行速度和飞行高度、航线长度的均匀性，本文采用变异系数（CV）来衡量试验中各飞行参数的均匀性。

为进一步表明植保无人机飞行方向和航线长度对飞行速度、飞行高度、飞行精度的影响，采用 SPSS 16.0 软件和逐步回归法对试验结果进行方差分析和回归分析，建立植保无人机飞行参数之间的回归方程，检验其显著性（显著性水平 $P<0.05$ ）。

（二）结果与分析

1. 植保无人机飞行作业参数分析

表4-2-2 为 4 种植保无人机在作业区域内各飞行航线的平均飞行速度和平均飞行高度。从图 4-2-1 中的飞行航线可以看出，植保无人机的飞行速度在单条作业航线上均经历加速到减速的过程，其中，在航线中段飞行速度到达最大值，在航线两侧飞行速度到达最小值。由图4-2-2 可知，半自主控制方式下植保无人机的飞行高度随着飞行距离的增加而逐渐升高，而全自主控制方式下植保无人机的飞行高度在整个飞行中均保持稳定。

表4-2-2　4种植保无人机在作业区域中的飞行参数

航线编号	单旋翼油动植保无人机（半自主）		单旋翼电动植保无人机（半自主）		四旋翼电动植保无人机（半自主）		四旋翼电动植保无人机（全自主）		作业方向
	平均速度（m/s）	平均高度（m）	平均速度（m/s）	平均高度（m）	平均速度（m/s）	平均高度（m）	平均速度（m/s）	平均高度（m）	
1#	3.35	1.29	7.43	0.88	2.74	1.02	3.28	1.57	去
2#	3.95	1.26	4.99	0.90	2.38	1.10	3.30	1.65	回
3#	3.83	1.22	6.77	0.89	2.77	1.02	3.28	1.59	去
4#	4.64	1.42	6.74	1.12	2.84	1.08	3.35	1.62	回
5#	4.87	1.35	6.44	0.88	2.73	1.14	3.36	1.60	去
6#	5.16	1.45	6.39	1.02	2.30	1.27	3.40	1.69	回

续表

航线编号	单旋翼油动植保无人机（半自主）		单旋翼电动植保无人机（半自主）		四旋翼电动植保无人机（半自主）		四旋翼电动植保无人机（全自主）		作业方向
	平均速度（m/s）	平均高度（m）	平均速度（m/s）	平均高度（m）	平均速度（m/s）	平均高度（m）	平均速度（m/s）	平均高度（m）	
7#	3.94	1.23	5.66	0.87	3.18	1.02	3.42	1.67	去
8#	4.81	1.75	5.88	1.10	3.12	1.02	3.55	1.61	回
9#	3.25	1.26	7.18	0.97	3.13	0.89	3.68	1.66	去
10#	4.08	1.41	6.38	0.99	3.06	1.04	3.27	1.68	回
11#	—	—	6.92	0.77	2.97	1.01	3.32	1.62	去
12#	—	—	6.16	0.75	2.93	0.93	—	—	回
13#	—	—	7.18	0.71	2.95	0.77	—	—	去
14#	—	—	6.52	0.85	3.07	0.90	—	—	回
15#	—	—	7.06	0.70	2.67	0.72	—	—	去
16#	—	—	5.66	0.72	—	—	—	—	回

从表 4-2-2 中单条作业航线的飞行参数可以看出，单旋翼油动植保无人机（半自主）最大平均速度出现在 6# 回程航线轨迹上，为 5.16 m/s，最小平均速度出现在 9# 去程航线轨迹上，为 3.25 m/s；最大平均高度出现在 8# 回程航线轨迹上，为 1.75 m，最小平均高度出现在 3# 去程航线轨迹上，为 1.22 m。单旋翼电动植保无人机（半自主）最大平均速度出现在 1# 去程航线轨迹上，为 7.43 m/s，最小平均速度出现在 2# 回程航线轨迹上，为 4.99 m/s；最大平均高度出现在 4# 回程航线轨迹上，为 1.12 m，最小平均高度出现在 15# 去程航线轨迹上，为 0.70 m。四旋翼电动植保无人机（半自主）最大平均速度出现在 7# 去程航线轨迹上，为 3.18 m/s，最小平均速度出现在 6# 回程航线轨迹上，为 2.30 m/s；最大平均高度出现在 6# 回程航线轨迹上，为 1.27 m，最小平均高度出现在 15# 去程航线轨迹上，为 0.72 m。四旋翼电动植保无人机（全自主）最大平均速度出现在 9# 去程航线轨迹上，为 3.68 m/s，最小平均速度出现在 10# 回程航线轨迹上，为 3.27 m/s；最大平均高度出现在 6# 回程航线轨迹上，为 1.69 m，最小平均高度出现在 1# 去程航线轨迹上，为 1.57 m。

表 4-2-3 为 4 种植保无人机整个航程中的飞行参数，从表 4-2-2 和表 4-2-3 中可以知道，单旋翼植保无人机去程和回程的飞行参数之间存在较大差异，而多旋翼植保无人机去程和回程的飞行参数之间存在的差异较小。对于植保无人机的飞行速度来说，半自主控制方式下单旋翼油动植保无人机回程的平均速度比去程的平均速度大 17.66%，半自主控制方式下单旋翼电动植保无人机去程的平均速度比回程的平均速度大 12.15%，而半自主控制方式下和全自主控制方式下四旋翼电动植保无人机去程的平均速度分别比回程的平均速度大 2.85% 和 0.59%。对于植保无

人机的飞行高度来说，4 种不同类型植保无人机去程的平均高度均低于回程的平均高度，其中，半自主控制方式下单旋翼油动植保无人机、单旋翼电动植保无人机、四旋翼电动植保无人机和全自主控制方式下四旋翼电动植保无人机去程的平均高度分别比回程的平均高度低 14.96%、13.25%、9.47% 和 3.13%。

表 4-2-3　4 种植保无人机整个航程的飞行参数

机型	作业方向	平均速度（m/s）	速度均匀性(%)	平均高度（m）	高度均匀性(%)
单旋翼油动植保无人机（半自主）	去	3.85	14.80	1.27	11.06
	回	4.53		1.46	
单旋翼电动植保无人机（半自主）	去	6.83	9.95	0.83	14.53
	回	6.09		0.94	
四旋翼电动植保无人机（半自主）	去	2.89	8.91	0.95	12.48
	回	2.81		1.04	
四旋翼电动植保无人机（全自主）	去	3.39	3.66	1.60	4.67
	回	3.37		1.65	

另外，从 4 种植保无人机在整个作业过程中飞行参数的变化情况来看，多旋翼植保无人机飞行参数的变化均匀性要优于单旋翼植保无人机，全自主控制方式下植保无人机飞行参数的变化均匀性要优于半自主控制方式下单旋翼植保无人机。其中，半自主控制方式下单旋翼油动植保无人机的飞行速度变化性最大，为 14.80%；半自主控制方式下单旋翼电动植保无人机的飞行高度变化性最大，为 14.53%。四旋翼电动植保无人机在全自主控制方式下飞行参数的变化均匀性达到最佳，其中，飞行速度参数变化均匀性为 3.66%，飞行高度参数变化均匀性为 4.67%。试验结果表明，在半自主控制方式下，多旋翼植保无人机比单旋翼植保无人机更加容易操控，而全自主控制方式比半自主控制方式更加稳定。

2. 植保无人机飞行航迹参数分析

图 4-2-3 为通过无人机精准航迹观测系统获得的 4 种植保无人机整个航程中的飞行航迹偏差图，表 4-2-4 为 4 种植保无人机整个航程中每条飞行航迹的偏差和长度。从表 4-2-4 可以看出，单旋翼油动植保无人机（半自主）航线最小偏差出现在 1# 去程航线轨迹上，为 0.128 m，航线最大偏差出现在 8# 回程航线轨迹上，为 0.678 m；单旋翼电动植保无人机（半自主）航线最小偏差出现在 2# 回程航线轨迹上，为 0.136 m，航线最大偏差出现在 6# 回程航线轨迹上，为 0.703 m；四旋翼电动植保无人机（半自主）航线最小偏差出现在 9# 去程航线轨迹上，为 0.080 m，航线最大偏差出现在 8# 回程航线轨迹上，为 0.343 m；四旋翼电动植保无人机（全自主）航线最小偏差出现在 3# 去程航线轨迹上，为 0.075 m，航线最大偏差出现在 1# 去程航线轨迹上，为 0.374 m。

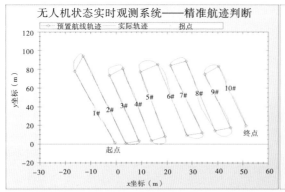

（a）单旋翼油动植保无人机（半自主）

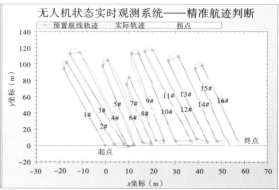

（b）单旋翼电动植保无人机（半自主）

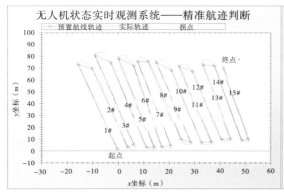

（c）四旋翼电动植保无人机（半自主）

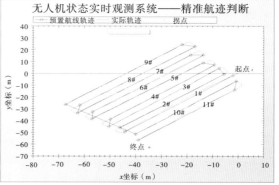

（d）四旋翼电动植保无人机（全自主）

图 4-2-3　植保无人机飞行航迹偏差图

表 4-2-4　植保无人机飞行航迹参数

航线编号	单旋翼油动植保无人机（半自主）		单旋翼电动植保无人机（半自主）		四旋翼电动植保无人机（半自主）		四旋翼电动植保无人机（全自主）		作业方向
	航迹偏差（m）	航迹长度（m）	航迹偏差（m）	航迹长度（m）	航迹偏差（m）	航迹长度（m）	航迹偏差（m）	航迹长度（m）	
1#	0.128	83.72	0.261	104.01	0.101	76.70	0.374	63.63	去
2#	0.183	98.61	0.136	109.84	0.280	78.68	0.184	64.58	回
3#	0.285	76.59	0.266	121.94	0.140	80.37	0.075	65.37	去
4#	0.225	83.45	0.497	121.34	0.159	85.16	0.200	66.56	回
5#	0.206	77.91	0.426	109.39	0.215	79.29	0.158	67.27	去
6#	0.497	82.60	0.703	108.64	0.255	80.59	0.223	67.93	回
7#	0.162	78.85	0.453	84.87	0.123	76.38	0.166	69.22	去
8#	0.678	81.67	0.269	82.33	0.343	71.80	0.098	69.97	回

续表

| 航线编号 | 单旋翼油动植保无人机（半自主） | | 单旋翼电动植保无人机（半自主） | | 四旋翼电动植保无人机（半自主） | | 四旋翼电动植保无人机（全自主） | | 作业方向 |
	航迹偏差（m）	航迹长度（m）	航迹偏差（m）	航迹长度（m）	航迹偏差（m）	航迹长度（m）	航迹偏差（m）	航迹长度（m）	
9#	0.304	65.01	0.691	114.86	0.080	71.96	0.115	72.11	去
10#	0.339	69.37	0.217	114.76	0.207	73.55	0.125	62.12	回
11#	—	—	0.412	117.67	0.155	68.30	0.172	59.71	去
12#	—	—	0.159	117.13	0.277	67.38	—	—	回
13#	—	—	0.303	107.71	0.244	67.81	—	—	去
14#	—	—	0.243	110.76	0.182	70.58	—	—	回
15#	—	—	0.186	98.78	0.144	64.10	—	—	去
16#	—	—	0.193	96.24	—	—	—	—	回
平均	0.301	—	0.338	—	0.193	—	0.172	—	

在整个作业过程中，四旋翼植保无人机的飞行航线精度要优于单旋翼植保无人机，且全自主控制方式下植保无人机的飞行航线精度要优于半自主控制方式下植保无人机；全自主控制方式下四旋翼电动植保无人机在整个作业区域内的平均飞行航线偏差最小，为 0.172 m；半自主控制方式下单旋翼电动植保无人机在整个作业区域内的平均飞行航线偏差最大，为 0.338 m。

另外，对于植保无人机在作业区域内的航迹长度而言，航线长度越整齐，表示作业区域漏喷面积越小，航空喷施作业质量越好。由图 4-2-3 和表 4-2-4 可知，半自主控制方式下单旋翼油动植保无人机、单旋翼电动植保无人机、四旋翼电动植保无人机和全自主控制方式下四旋翼电动植保无人机的飞行航线长度均匀性分别为 11.34%、10.97%、7.81% 和 5.21%。单旋翼植保无人机的飞行航线长度不一，航线前段存在过长或过短的情况，即存在航空喷施作业多喷或漏喷等情况；四旋翼植保无人机的飞行航线长度均匀性要优于单旋翼植保无人机，且全自主控制方式下四旋翼电动植保无人机在整个作业区域内的飞行航线长度均匀性要优于半自主控制方式下四旋翼电动植保无人机。

3. 综合分析

由飞行方向对植保无人机的各种飞行参数进行方差分析可知，飞行方向对半自主控制方式下单旋翼油动植保无人机的飞行高度、单旋翼电动植保无人机的飞行速度和四旋翼电动植保无人机的航线精度对应的显著性水平值分别为 0.037、0.02 和 0.011，均小于 0.05，表明飞行方向对半自主控制方式下植保无人机的飞行参数存在一定程度的影响。而飞行方向对全自主控制方式下四旋翼电动植保无人机的飞行速度、飞行高度和飞行精度的显著性水平值均大于 0.05，表明飞行方向对全自主控制方式下四旋翼电动植保无人机的飞行参数不存在显著影响。

另外，由航线长度对植保无人机的各种飞行参数进行方差分析和回归分析可知，航线长度对半自主控制方式下单旋翼油动植保无人机、单旋翼电动植保无人机和四旋翼电动植保无人机的飞行参数的显著性水平值均大于 0.05，表明航线长度对半自主控制方式下植保无人机的飞行参数不存在显著影响。而航线长度对全自主控制方式下四旋翼电动植保无人机飞行速度的显著性水平值为 0.01，表明航线长度对全自主控制方式下四旋翼电动植保无人机的飞行速度存在显著性影响；且航线长度与飞行速度之间的回归方程显著性检验的概率 $P<0.01$，因此被解释变量与解释变量全体的线性关系是极显著的，可建立线性方程。分析结果见表 4-2-5。

表 4-2-5 飞行速度与航线长度方差分析及回归分析结果

差异源	回归系数	P	显著性	R	R^2
常数项	1.432	0.012	*		
航线长度	0.029	0.002	**	0.854	0.729

注：表中 P 表示因素对结果影响的显著性水平值，本文取显著性水平 $\alpha=0.05$；"*"代表因素对试验结果有显著影响；"**"代表因素对试验结果有极显著影响。

由回归分析结果可知，回归方程的回归系数依次为 1.432、0.029，因此，植保无人机飞行速度 S 与航线长度 x 之间的关系模型为

$$S = 0.029x + 1.432 \qquad (4.2.1)$$

其中，回归模型的决定系数 R^2 为 0.729。

在所建立的关系模型中，航线长度 x 的系数大于零，为正，表示植保无人机飞行速度与航线长度之间呈正相关，即说明航线越长，植保无人机的平均飞行速度越大，这与实际作业过程是相符的。

（三）小结

在植保无人机飞行参数和飞行质量的评价与分析试验中，通过航空用微型机载北斗导航定位系统对市场上半自主飞行控制模式下的单旋翼油动植保无人机、单旋翼电动植保无人机和四旋翼电动植保无人机的飞行参数和飞行质量进行比较和评价，并对应用全自主飞行控制模式下四旋翼电动植保无人机的飞行参数和飞行质量也进行了初步测试和评价。结果如下：

在整个作业过程中，半自主控制方式下单旋翼油动植保无人机和四旋翼电动植保无人机、全自主控制方式下四旋翼电动植保无人机回程的平均速度大于去程的平均速度，而半自主控制方式下单旋翼电动植保无人机去程的平均速度大于回程的平均速度。另外，半自主控制方式下

单旋翼油动植保无人机、单旋翼电动植保无人机、四旋翼电动植保无人机和全自主控制方式下四旋翼电动植保无人机去程的平均高度均小于回程的平均高度。

四旋翼植保无人机飞行参数的变化均匀性、飞行航线精度和飞行航线长度均匀性均优于单旋翼植保无人机，且全自主控制方式下四旋翼植保无人机飞行参数的变化均匀性、飞行航线精度和飞行航线长度均匀性均优于半自主控制方式下四旋翼植保无人机；全自主控制方式下四旋翼电动植保无人机在整个作业区域内的平均飞行航线偏差最小，为 0.172 m；半自主控制方式下单旋翼电动植保无人机在整个作业区域内的平均飞行航线偏差最大，为 0.338 m。

飞行方向对半自主控制方式下植保无人机的飞行参数存在一定程度的影响，对全自主控制方式下四旋翼电动植保无人机的飞行参数不存在显著性影响；航线长度对半自主控制方式下植保无人机的飞行参数不存在显著性影响，而对全自主控制方式下四旋翼电动植保无人机的飞行速度存在显著性影响。

第三节　航空喷施作业有效喷幅的评定与分析

目前，国内关于植保无人机喷施应用的研究，主要集中在航空喷施作业参数对雾滴沉积分布特性的影响上，而忽略了对植保无人机航空喷施作业有效喷幅宽度的评定。植保无人机有效喷幅宽度的准确评定对其作业航线的规划及喷施作业质量的提升具有重要意义。茹煜和范庆妮等在实验室通过雾滴分布试验台测试了单个不同类型的航空雾化喷头在不同作业参数条件下的有效喷幅宽度等性能参数；张海星曾通过雾滴沉积密度判定法对喷杆喷雾机进行了有效喷幅宽度的性能测试；Zhang 曾对有人驾驶飞机 M-18B 和画眉鸟 510G 在不同作业参数下进行了喷施试验，通过不同的评定方法对其有效喷幅宽度进行了评定。而对植保无人机航空喷施作业中有效喷幅宽度的评定及研究却鲜有报道。因此，本节以单旋翼植保无人机和多旋翼植保无人机为例，通过不同飞行参数下的航空喷施试验及目前国内常用的各种有效喷幅宽度评定方法，评定不同植保无人机的有效喷幅宽度，以期在评定植保无人机有效喷幅宽度的同时，为不同参数和类型的植保无人机选择较优的有效喷幅宽度评定方法，降低航空喷施作业的重喷率和漏喷率，提高植保无人机航空喷施作业质量，为植保无人机的精准航空作业提供理论指导和数据支持。

（一）材料与方法

1. 试验设备

本次测定试验使用的植保无人机分别是全丰 3WQF120-12 植保无人机（简称全丰 3WQF120-12）和极飞 P20 植保无人机（简称极飞 P20），如图 4-3-1 所示，主要技术参数见表 4-3-1。

（a）全丰 3WQF120-12

（b）极飞 P20

图 4-3-1　试验机型

表 4-3-1　植保无人机主要技术参数

主要技术参数	全丰 3WQF120-12	极飞 P20
机型	单旋翼油动无人直升机	四旋翼电动无人直升机
作业速度（m/s）	0～15	5
作业高度（m）	2～6	1～3
有效喷幅（m）	4～6	2.5～5
总喷施流量（mL/min）	800～1600	340
最大载药（L）	12	6
喷头数量（个）	2	2
喷头间距（cm）	120	118

定位系统为航空用北斗定位系统 UB351，具有 RTK 差分定位功能，平面精度达 $(10+5 \times D \times 10^{-7})$ mm，高程精度达 $(20+1 \times D \times 10^{-6})$ mm，其中，D 表示该系统实际测量的距离，单位为 km。在无人机上搭载该系统，可给作业航线绘制轨迹及给各个风场采集点和雾滴采集点进行坐标定位，通过绘制的作业航线轨迹来观察实际作业航线与各采集点之间的关系，并获取无人机喷施作业的飞行参数。

环境监测系统包括便携式风速风向仪和试验用数字温湿度表，风速风向仪用于监测和记录试验时的风速和风向，温湿度表用于测量试验时的温度及湿度。

雾滴收集处理设备包括三脚架、扫描仪、夹子、橡胶手套、密封袋、标签纸等。

2. 试验方法

（1）试验场地。全丰 3WQF120-12 无人机测试试验于河南省新乡市七里营镇中国农业科学院实验基地进行，极飞 P20 无人机测试试验于河南省周口市西华县奉母镇小麦地进行。小麦生长期为冬小麦扬花灌浆期。

（2）采样点布置。如图 4-3-2 所示，在足够大的地块中设置一条雾滴采集带，根据无人机厂家给出的无人机有效喷幅参数来布置采集带上的采集点。图 4-3-2（a）为全丰 3WQF120-12 测试试验方案图，中心航线处记为 0，左右对称布置 8 个采集点，采集点分别依次记为 –1 m、–1.5 m、–2 m、–2.5 m、–3 m、–3.5 m、–4 m、–4.5 m 和 1 m、1.5 m、2 m、2.5 m、3 m、3.5 m、4 m、4.5 m。图 4-3-2（b）为极飞 P20 测试试验方案图，中心航线处记为 0 m，左右对称布置 8 个采集点，采集点分别依次记为 –0.5 m、–1 m、–1.5 m、–2 m、–2.5 m、–3 m、–3.5 m、–4 m 和 0.5 m、1 m、1.5 m、2 m、2.5 m、3 m、3.5 m、4 m。

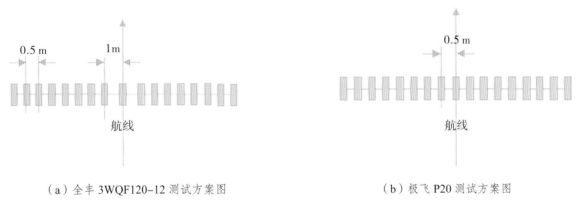

（a）全丰 3WQF120-12 测试方案图　　　　　　（b）极飞 P20 测试方案图

图 4-3-2　试验方案示意图

（3）作业参数设计。由于此次试验是为了判定植保无人机喷施作业时的有效喷幅宽度，因此试验作业参数应在正常作业范围内。根据之前的喷施作业经验，推荐较佳的作业高度为 2 m 左右，作业速度为 4 m/s 左右，考虑到操作误差，因此，将作业参数设置为作业高度 1 ～ 3 m、作业速度 2 ～ 5 m/s。在此作业参数范围内每种机型重复进行 12 个架次的飞行试验。

3. 数据处理

（1）作业参数及轨迹处理。如图 4-3-3 所示，图（a）（b）分别表示试验时由北斗定位系统 UB351 对全丰 3WQF120-12、极飞 P20 其中一次测试试验所绘制成的布点图及飞行轨迹图，其中，北斗定位系统 UB351 在喷施作业时的轨迹定位频率为 1 Hz。由于无人机的飞行操作存在误差，全丰 3WQF120-12 的第 5 次、第 7 次飞行航线在采集位置 –1 m 处上方，其余架次均通过采集位置 0 m 处上方；极飞 P20 的第 5 次飞行航线在采集位置 0 m 处上方，其余架次均通过采

集位置 –0.5 m 处上方。

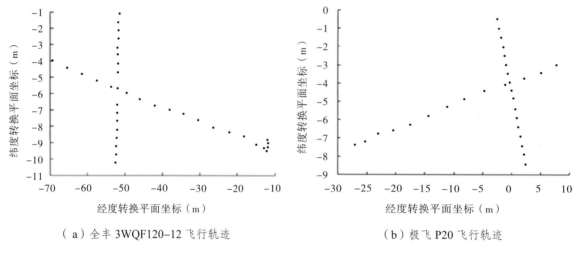

（a）全丰 3WQF120-12 飞行轨迹　　　　　　（b）极飞 P20 飞行轨迹

图 4-3-3　试验飞行轨迹

表 4-3-2 分别为全丰 3WQF120-12 无人机 12 次飞行试验的飞行参数和环境参数（试验当天上午的温度为 21 ℃左右，湿度为 58% 左右，环境风向为东北风向）及极飞 P20 型无人机 12 次飞行试验的飞行参数和环境参数（试验当天上午的温度为 30 ℃左右，湿度为 54% 左右，环境风向为西南风向）。风速采集高度约为 2 m。

表 4-3-2　试验参数

试验架次	全丰 3WQF120-12 作业参数			极飞 P20 作业参数		
	飞行速度（m/s）	飞行高度（m）	环境风速（m/s）	飞行速度（m/s）	飞行高度（m）	环境风速（m/s）
1#	4.91	1.85	1.2	3.22	1.84	1.5
2#	3.77	1.72	1.0	4.60	1.42	1.2
3#	3.90	2.27	0.8	3.85	1.44	1.6
4#	3.84	1.05	1.4	3.31	1.72	2.2
5#	2.98	1.70	0.5	3.90	1.70	1.8
6#	2.94	2.04	1.5	4.75	1.60	1.9
7#	2.90	1.02	0.8	3.42	2.21	2.0
8#	2.86	3.43	2.2	3.45	2.06	0.8
9#	4.76	2.36	1.5	4.71	2.19	2.0
10#	4.88	1.12	0.8	4.45	1.72	1.5
11#	5.01	3.60	0.5	4.55	2.05	1.6
12#	3.92	2.35	1.2	3.87	1.49	2.5

（2）数据采集与处理。每次试验完成，待采集卡上的雾滴干燥后，按照序号收集雾滴采集卡，并逐一放入相对应的密封袋中，带回实验室进行数据处理。将收集到的雾滴采集卡逐一用扫描仪扫描，扫描后的图像通过图像处理软件 DepositScan 进行分析，得出在不同的航空施药参数下雾滴的覆盖密度、沉积量及雾滴粒径等参数。

4. 有效喷幅判定方法

（1）雾滴密度判定法。根据《中华人民共和国民用航空行业标准》中《农业航空作业质量技术指标》规定，在飞机进行超低容量的农业喷洒作业时，作业对象的雾滴覆盖密度为 15 个 /cm² 以上就达到有效喷幅。

（2）50% 沉积量判定法。根据《中华人民共和国民用航空行业标准》中《航空喷施设备的喷施率和分布模式测定》规定，以沉积率为纵坐标，以航空设备飞行路线两侧的采样点为横坐标绘制分布曲线，曲线两侧各有一点的沉积率为最大沉积率的一半，这两点之间的距离可作为有效喷幅。

（二）结果与分析

1. 全丰 3WQF120-12 航空喷施雾滴沉积分布与有效喷幅测定

（1）雾滴沉积结果。表 4-3-3、表 4-3-4，分别表示全丰 3WQF120-12 在 12 个架次喷施试验中不同采样位置的雾滴沉积密度、雾滴沉积量。

表 4-3-3　雾滴沉积密度　　　　　　　　单位：个 /cm²

采集位置（m）	试验架次											
	1#	2#	3#	4#	5#	6#	7#	8#	9#	10#	11#	12#
4.5	1.1	1.4	1.3	2.0	1.8	4.9	1.4	12.0	4.6	2.8	2.7	4.1
4.0	1.3	3.3	2.1	2.5	2.5	8.6	1.3	18.3	6.0	2.1	4.0	4.2
3.5	3.7	5.2	2.1	1.7	2.1	14.6	1.5	22.2	9.2	2.8	4.5	4.8
3.0	9.4	18.4	5.7	1.3	1.8	15.0	1.7	21.7	10.7	5.8	2.9	11.4
2.5	14.9	13.9	14.4	2.3	1.7	35.2	1.1	16.1	9.9	4.5	4.8	17.1
2.0	15.3	14.3	21.3	2.5	8.9	47.9	4.2	15.3	10.9	10.8	7.1	40.3
1.5	8.9	30.8	40.4	26.0	22.1	34.6	14.9	22.3	17.6	20.6	5.6	9.9
1.0	13.7	30.6	20.0	48.0	42.0	39.6	30.3	30.3	16.1	49.5	7.5	13.1
0	10.5	15.1	19.9	15.6	38.4	46.0	43.1	11.1	16.3	39.6	11.1	12.9
-1.0	9.8	27.7	22.3	11.5	24.2	30.2	55.3	3.4	7.9	35.1	6.8	29.3
-1.5	8.6	4.6	17.2	3.7	38.0	26.4	33.0	0.9	8.2	4.5	4.7	14.0

续表

采集位置	试验架次											
（m）	1#	2#	3#	4#	5#	6#	7#	8#	9#	10#	11#	12#
-2.0	3.2	4.4	5.0	2.9	26.1	14.1	5.6	0	11.7	3.5	5.3	4.5
-2.5	1.3	4.7	3.1	2.9	17.2	5.6	2.3	0	4.8	4.8	5.2	7.0
-3.0	0	4.6	4.4	1.8	11.3	3.3	3.1	0	2.1	4.3	1.5	3.5
-3.5	0	1.2	3.9	0	5.8	0	0	0	0	6.0	0.9	2.3
-4.0	0	0	2.5	0	0	0	0	0	0	0	0	0
-4.5	0	0	0	0	0	0	0	0	0	0	0	0

表 4-3-4　雾滴沉积量　　　　　　　　　　　　　　　　　　　　单位：μL/cm^2

采集位置	试验架次											
（m）	1#	2#	3#	4#	5#	6#	7#	8#	9#	10#	11#	12#
4.5	0.007	0.009	0.011	0.005	0.006	0.023	0.004	0.112	0.024	0.017	0.009	0.044
4.0	0.007	0.028	0.033	0.004	0.012	0.058	0.004	0.129	0.024	0.01	0.016	0.043
3.5	0.040	0.061	0.044	0.005	0.013	0.081	0.004	0.181	0.057	0.012	0.021	0.039
3.0	0.096	0.146	0.07	0.006	0.011	0.109	0.006	0.152	0.065	0.021	0.031	0.086
2.5	0.153	0.144	0.156	0.007	0.009	0.201	0.004	0.114	0.062	0.027	0.045	0.096
2.0	0.184	0.145	0.180	0.006	0.074	0.325	0.051	0.110	0.071	0.081	0.062	0.142
1.5	0.125	0.224	0.286	0.237	0.175	0.233	0.142	0.174	0.106	0.162	0.059	0.093
1.0	0.154	0.267	0.206	0.332	0.328	0.272	0.215	0.217	0.106	0.342	0.068	0.085
0	0.112	0.164	0.198	0.265	0.234	0.301	0.273	0.109	0.095	0.281	0.088	0.087
-1.0	0.105	0.239	0.202	0.095	0.202	0.203	0.314	0.021	0.086	0.226	0.052	0.128
-1.5	0.092	0.064	0.163	0.023	0.231	0.158	0.213	0.003	0.095	0.024	0.046	0.079
-2.0	0.054	0.054	0.068	0.023	0.185	0.078	0.062	0	0.095	0.025	0.069	0.035
-2.5	0.008	0.057	0.03	0.032	0.165	0.026	0.016	0	0.031	0.025	0.058	0.034
-3.0	0	0.043	0.039	0.001	0.121	0.013	0.029	0	0.023	0.014	0.007	0.019
-3.5	0	0.012	0.033	0	0.032	0	0	0	0	0.038	0.007	0.007
-4.0	0	0	0.013	0	0	0	0	0	0	0	0	0
-4.5	0	0	0	0	0	0	0	0	0	0	0	0

根据表4-3-3的雾滴密度沉积结果与雾滴密度判定法对全丰3WQF120-12的有效喷幅进行评定，12个架次的有效喷幅分布范围分别为2.0～2.5 m、-1.0～1.5 m、-1.5～2.0 m、0～1.5 m、-2.5～1.5 m、-1.5～3.0 m、-1.5～1.5 m、1.0～4.0 m、0～1.5 m、-1.0～1.5 m、0 m、2.0～2.5 m。根据表4-3-4的雾滴沉积量结果与50%沉积量判定法对全丰3WQF120-12的有效喷幅进行评定，12个架次的有效喷幅分布范围分别为-1.5～3.0 m、-1.0～3.0 m、-1.5～2.5 m、0～1.5 m、-2.5～1.5 m、-1.0～2.5 m、-1.5～1.0 m、0～4.5 m、-2.0～3.5 m、-1.0～1.0 m、-2.5～2.5 m、-1.5～3.0 m。根据上述有效喷幅的判定结果可得表4-3-5。

表4-3-5　全丰3WQF120-12有效喷幅判定结果　　　　　　　单位：m

判定方法	试验架次											
	1#	2#	3#	4#	5#	6#	7#	8#	9#	10#	11#	12#
雾滴密度判定法	≥ 0.5	≥ 2.5	≥ 3.5	≥ 1.5	≥ 4.0	≥ 4.5	≥ 3.0	≥ 3.0	≥ 1.5	≥ 2.5	≥ 0	≥ 0.5
50%沉积量判定法	≥ 4.5	≥ 4.0	≥ 4.0	≥ 1.5	≥ 4.0	≥ 4.0	≥ 2.5	≥ 4.5	≥ 5.5	≥ 1.0	≥ 5.0	≥ 4.5

从表4-3-5可以看出，对于全丰3WQF120-12来说，雾滴密度判定法评定的有效喷幅宽度其波动范围从≥ 0.5 m到≥ 4.5 m，结果极不稳定。且11#架次飞行试验的有效喷幅宽度结果为0，难以评定，而这一架次的飞行速度为5.01 m/s，飞行高度为3.60 m。出现这一情况，可能是无人机在这一架次的飞行参数过大，导致雾滴在农作物冠层的沉积量达不到评定要求。

与雾滴密度判定法评定的结果相比，50%沉积量判定法评定的有效喷幅宽度范围更稳定，剔除4#、7#、10#架次出现的异常值，其喷幅宽度结果均在提供参考的有效喷幅宽度4.0～6.0 m范围之内，平均有效喷幅宽度≥ 4.44 m。

因此，根据全丰3WQF120-12的有效喷幅宽度评定结果，50%沉积量判定法更适合全丰3WQF120-12的有效喷幅宽度的评定。而4#、7#、10#架次的飞行速度分别为3.84 m/s、2.90 m/s、4.88 m/s，飞行高度分别为1.05 m、1.02 m、1.12 m，飞行高度均明显低于其他架次的飞行高度，飞行高度是影响植保无人机喷幅宽度的重要因素，出现这一情况，可能是这3个架次的飞行高度过低，造成喷幅宽度低于正常值。

另外，从图4-3-3（a）可以看出，植保无人机的飞行航线经过采集位置0 m处附近，即表明此处为无人机的中心航线。从表4-3-4的雾滴沉积量结果来看，航空喷施雾滴的沉积中线均发生了偏移，除5#、7#架次外，有效喷幅区内中心航线下风向的雾滴沉积量都大于上风向的雾滴沉积量，且下风向的雾滴沉积飘移距离也大于上风向的雾滴沉积飘移距离。而造成5#、7#架次雾滴沉积结果不同于其他架次的主要原因是，这两个架次的飞行航线中线经过采集位置-1 m处，航线发生了较大偏差，且这两个架次作业时的环境风速较小，使雾滴在沉积过程中发生了较小范围的飘移。

（2）雾滴粒径分布。图4-3-4为全丰3WQF120-12在12个架次喷施作业中不同采样位置的平均雾滴粒径分布情况。由图4-3-4可以看出，全丰3WQF120-12喷施作业的雾滴体积中径（$Dv_{0.5}$）主要分布在270～380 μm之间，且较大粒径的雾滴（雾滴体积中径在370 μm左右）主要沉积在中心航线附近，较小粒径的雾滴（雾滴体积中径在300 μm左右）主要分布在中心航线远处的两侧，出现这一现象的主要原因是，粒径较大的雾滴受环境侧向风场的影响较小，更容易沉降；粒径较小的雾滴受环境侧向风场的影响较大而发生较大范围的飘移。

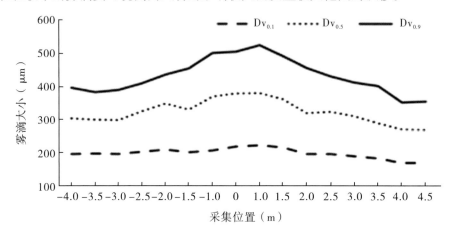

图4-3-4 全丰3WQF120-12平均雾滴粒径分布

2. 极飞P20航空喷施雾滴沉积分布与有效喷幅测定

（1）雾滴沉积结果。表4-3-6和表4-3-7分别表示极飞P20在12个架次喷施试验中不同采样位置的雾滴沉积密度和雾滴沉积量。

根据表4-3-6的雾滴密度沉积结果及雾滴密度判定法对极飞P20的有效喷幅进行评定，12个架次的有效喷幅分布范围分别为 −1.0～2.0 m、−1.0～1.5 m、−1.0～1.5 m、−0.5～2.0 m、−1.0～1.5 m、−0.5～1.5 m、−0.5～2.0 m、−1.5～2.0 m、−0.5～2.0 m、−0.5～2.0 m、0～2.0 m、−0.5～2.5 m。根据表4-3-7的雾滴沉积量结果及50%沉积量判定法对极飞P20的有效喷幅进行评定，12个架次的有效喷幅分布范围分别为 −0.5～1.5 m、−1.0～1.0 m、−0.5～1.0 m、0～1.5 m、0.5～1.0 m、0～0.5 m、0～1.5 m、−0.5～1.0 m、0～1.5 m、0～1.5 m、0.5～1.5 m、0～1.5 m。根据上述有效喷幅的判定结果可得表4-3-8。

表4-3-6 雾滴沉积密度　　　　　　　　　　　　　　　　单位：个/cm²

采集位置（m）	试验架次											
	1#	2#	3#	4#	5#	6#	7#	8#	9#	10#	11#	12#
4.0	1.8	0.8	2.2	1.3	2.7	0.8	1.7	0.3	1.4	1.3	1.3	2.1
3.5	2.0	2.4	2.3	1.3	0.6	2.0	1.5	0.3	1.5	1.6	0.9	2.2
3.0	1.8	2.8	1.1	1.0	0.8	3.2	1.4	1.4	7.9	1.4	2.9	6.1

续表

采集位置（m）	试验架次											
	1#	2#	3#	4#	5#	6#	7#	8#	9#	10#	11#	12#
2.5	7.2	2.5	0.9	9.7	3.1	2.7	2.2	9.3	8.6	4.2	13.7	15.6
2.0	16.2	3.9	10.3	22.5	6.8	12.2	19.3	21.7	15.7	16.9	22.3	33.5
1.5	26.0	17.5	24.3	33.4	26.8	25.1	34.2	33.4	24.3	33.2	44.9	36.3
1.0	40.3	41.8	49.4	41.8	46.8	40.6	54.2	39.8	38.5	41.9	68.3	45.6
0.5	38.7	50.2	53.5	59.3	62.3	47.7	51.1	52.1	41.8	55.3	47.5	52.1
0	62.4	62.5	55.3	57.0	45.9	61.8	63.0	58.3	49.4	66.6	20.5	42.3
−0.5	35.3	57.7	46.8	20.9	33.6	36.3	30.1	37.3	15.4	33.9	11.2	34.9
−1.0	26.1	31.0	17.9	6.1	23.9	13.3	11.2	32.2	8.5	10.8	3.8	12.1
−1.5	8.7	12.1	7.1	1.7	12.8	0.5	3.5	16.2	5.5	5.9	1.5	4.8
−2.0	1.4	1.9	1.6	0.7	1.0	2.5	1.0	6.2	4.5	2.3	0.6	3.8
−2.5	0	2.0	0	0	0	3.3	0	2.8	2.1	1.2	0	1.6
−3.0	0	0	0	0	0	0	0	0	1.9	0	0	0
−3.5	0	0	0	0	0	0	0	0	1.3	0	0	0
−4.0	0	0	0	0	0	0	0	0	1.5	0	0	0

表 4-3-7　雾滴沉积量　　　　　　　　　　　　　　　　　　　　单位：μL/cm²

采集位置（m）	试验架次											
	1#	2#	3#	4#	5#	6#	7#	8#	9#	10#	11#	12#
4.0	0.001	0.001	0.002	0.002	0.003	0.001	0.001	0.001	0.003	0.001	0.002	0.002
3.5	0.001	0.001	0.004	0.001	0.001	0.003	0.002	0.001	0.002	0.001	0.001	0.002
3.0	0.001	0.004	0.001	0.001	0.001	0.006	0.003	0.002	0.008	0.002	0.003	0.012
2.5	0.007	0.003	0.002	0.011	0.004	0.004	0.002	0.015	0.013	0.008	0.021	0.029
2.0	0.027	0.008	0.016	0.034	0.011	0.020	0.025	0.028	0.026	0.020	0.032	0.044
1.5	0.045	0.026	0.035	0.066	0.032	0.028	0.056	0.046	0.037	0.043	0.058	0.065
1.0	0.072	0.062	0.102	0.088	0.910	0.039	0.091	0.055	0.042	0.079	0.107	0.078
0.5	0.046	0.048	0.088	0.122	0.112	0.070	0.091	0.085	0.050	0.073	0.066	0.101
0	0.091	0.073	0.094	0.103	0.042	0.096	0.107	0.105	0.062	0.087	0.038	0.073
−0.5	0.046	0.066	0.084	0.037	0.046	0.042	0.044	0.061	0.028	0.038	0.021	0.046
−1.0	0.035	0.036	0.027	0.011	0.046	0.030	0.021	0.043	0.010	0.018	0.006	0.022
−1.5	0.008	0.017	0.008	0.002	0.025	0.001	0.004	0.027	0.009	0.010	0.002	0.009

续表

采集位置 （m）	试验架次											
	1#	2#	3#	4#	5#	6#	7#	8#	9#	10#	11#	12#
−2.0	0.001	0.002	0.002	0.001	0.002	0.003	0.002	0.010	0.007	0.003	0.001	0.007
−2.5	0	0.001	0	0	0	0.004	0	0.004	0.005	0.002	0	0.002
−3.0	0	0	0	0	0	0	0	0	0.002	0	0	0
−3.5	0	0	0	0	0	0	0	0	0.002	0	0	0
−4.0	0	0	0	0	0	0	0	0	0.002	0	0	0

表 4-3-8　极飞 P20 有效喷幅判定结果　　　　　　　　　　单位：m

判定方法	试验架次											
	1#	2#	3#	4#	5#	6#	7#	8#	9#	10#	11#	12#
雾滴密度 判定法	≥ 3.0	≥ 2.5	≥ 2.5	≥ 2.5	≥ 2.5	≥ 2.0	≥ 2.5	≥ 3.5	≥ 2.5	≥ 2.5	≥ 2.0	≥ 3.0
50% 沉积 量判定法	≥ 2.0	≥ 2.0	≥ 1.5	≥ 1.5	≥ 1.0	≥ 1.0	≥ 1.5	≥ 1.5	≥ 1.5	≥ 1.5	≥ 1.0	≥ 1.5

从表 4-3-8 可以看出，雾滴密度判定法评定的有效喷幅宽度其波动范围从 ≥ 2.0 m 到 ≥ 3.5 m，平均有效喷幅宽度 ≥ 2.58 m；50% 沉积量判定法评定的有效喷幅宽度其波动范围从 ≥ 1.0 m 到 ≥ 2.0 m，平均有效喷幅宽度大于等于 1.46 m。对于极飞 P20 来说，与 50% 有效沉积量判定法相比，雾滴密度判定法评定的有效喷幅宽度更接近参考的有效喷幅宽度，且在参考范围 2.5 ～ 5.0 m 之内。因此，评定结果表明雾滴密度判定法更适合极飞 P20 的有效喷幅宽度的评定。

与全丰 3WQF120-12 的雾滴沉积结果一样，极飞 P20 的雾滴沉积中线也发生了偏移。从图 4-3-3（b）可以看出，植保机的飞行航线经过采集位置 −0.5 m 处，即表明此处为无人机的中心航线。从表 4-3-6 的雾滴沉积密度结果来看，有效喷幅区内中心航线下风向的雾滴沉积数量远远大于上风向的雾滴沉积数量，且下风向的雾滴沉积飘移距离也远远大于上风向的雾滴沉积飘移距离。

（2）雾滴粒径分布。图 4-3-5 为极飞 P20 在 12 个架次喷施作业中不同采样位置的平均雾滴粒径分布情况。由图 4-3-5 可以看出，极飞 P20 喷施作业的雾滴粒径体积中径（$Dv_{0.5}$）主要分布在 130 ～ 175 μm 之间；其次，无人机的中心航线在雾滴采集位置 −0.5 m 处附近，而较大粒径的雾滴（雾滴体积中径大于 160 μm）主要沉积在中心航线下风向的 0.5 ～ 1.0 m 附近，较小粒径的雾滴（雾滴体积中径在 130 μm 左右）主要分布在中心航线远处的两侧。这主要是由于极飞 P20 的雾滴粒径的整体值较小，相对较大粒径的雾滴受环境侧向风场的影响而向下风向发生了小范围的飘移，而相对较小粒径的雾滴受环境侧向风场的影响而发生了较大范围的飘移。

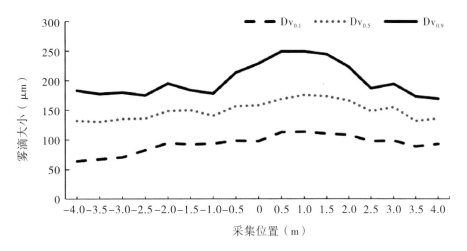

图 4-3-5　极飞 P20 平均雾滴粒径分布

（三）讨论

植保无人机有效喷幅宽度的准确评定是精准农业航空作业的前提，其对作业效率和作业质量的保证和提升具有重要作用。本节通过雾滴密度判定法和 50% 沉积量判定法分别对单旋翼植保无人机和多旋翼植保无人机进行多次试验及重复测定。

评定结果表明，不同参数的植保无人机适于评定其有效喷幅宽度的方法不一样，对全丰 3WQF120-12 而言，更适用 50% 沉积量判定法；对极飞 P20 而言，则更适用雾滴密度判定法。从雾滴粒径分布结果来看，全丰 3WQF120-12 的雾滴粒径范围要远远大于极飞 P20 的雾滴粒径范围。

因此，我们推断不同参数的植保无人机适用不同的有效喷幅宽度判定方法，可能是由其雾滴粒径大小不同造成的。首先，对于较大粒径的雾滴来说，有效喷幅内雾滴数量较多，极易造成沉积在水敏纸表面的雾滴铺展后发生部分雾滴斑点重叠现象，而当前雾滴图像处理技术难以分割和识别重叠雾滴，无法准确计数，导致产生较大的误差，从而造成雾滴密度判定法不适用于雾滴粒径较大的植保无人机的有效喷幅宽度的评定。进一步地，通过图像处理软件 DepositScan 对水敏纸上的雾滴沉积量进行计算，计算公式为

$$V = \frac{\pi}{6} d^3 \tag{4.3.1}$$

式中，V 为单个雾滴的体积，μm^3；d 为雾滴的直径，μm。

由公式（4.3.1）可知，雾滴沉积量主要是通过雾滴斑点的直径计算得到的。根据 Zhu 对标准粒径大小为 50 μm、100 μm、250 μm、500 μm、1000 μm 的斑点测量结果可知，软件

DepositScan 测量的结果与标准值相比，相对偏差分别为 34.1%、16.3%、7.8%、1.4%、1.2%，表明软件 DepositScan 对雾滴尺寸的测量误差会随着雾滴粒径的减小而增大。因此，对于雾滴粒径体积中径为 370 μm 左右的全丰 3WQF120-12 来说，雾滴粒径测量误差为 1.4% ～ 7.8%，从而对雾滴沉积量的计算误差影响较小，即 50% 沉积量判定法更适用于雾滴粒径相对较大的全丰 3WQF120-12 的有效喷幅宽度的评定。对于雾滴粒径体积中径为 150 μm 左右的极飞 P20 来说，雾滴粒径的测量误差在 10% 以上，从而对雾滴沉积量的计算影响较大。

单位采样面积内雾滴的累积沉积量计算公式为

$$V_t = \sum_{i=1}^{n} V_i \tag{4.3.2}$$

式中，V_t 为单位采样面积内的雾滴累积沉积量，μm^3；V_i 为第 i 个雾滴沉积量，μm^3；n 为单位采样面积内的雾滴个数。

由公式（4.3.2）可知，当雾滴粒径缩小为原来的 1/2，雾滴沉积量的计算结果就会缩小为原来的 1/8。

由于计算结果中有效数字位数的限制，会导致忽略掉粒径较小的雾滴沉积量，因此对于极小的雾滴来说，雾滴沉积量计算公式也会造成雾滴沉积量的计算结果偏小，产生计算误差。可从图 4-3-5 看出，粒径较大的雾滴基本上沉积在采集位置 0.5 ～ 1.0 m 附近，极小的雾滴则沉积在两侧，且从表 4-3-6、表 4-3-7 可以看出，雾滴的沉积中线也在采集位置 0.5 ～ 1.0 m 附近，随着两侧雾滴粒径的减小，两侧的雾滴沉积量也发生骤减，导致 50% 沉积量判定法评定的有效喷幅宽度值较给出的参考值偏小；而较小粒径的雾滴在水敏纸表面不容易发生重叠等现象，单位面积内的雾滴个数的计算结果误差较小。因此，与 50% 沉积量判定法相比，雾滴密度判定法更适用于雾滴粒径相对较小的极飞 P20 的有效喷幅宽度的评定。

另外，目前对雾滴沉积效果的检测方法主要有图像测量法和示踪剂洗脱测量法，其中图像测量法对雾滴沉积量的检测具有简单快速、成本低等特点，因此，对雾滴斑点重叠或部分重叠图像处理技术的改进应作为未来农业航空领域的另一研究重点。

（四）小结

在植保无人机航空喷施作业有效喷幅的评定与分析的试验中，以单旋翼植保无人直升机和多旋翼植保无人直升机为例，通过不同飞行参数下的航空喷施试验及目前国内常用的不同有效喷幅评定方法来评定植保无人机的有效喷幅宽度，以期在评定植保无人机有效喷幅宽度的同时，为植保和不同类型的植保无人机选择较优的有效喷幅宽度评定方法，结果如下：

50% 沉积量判定法适用于单旋翼植保无人机有效喷幅宽度的评定，且评定的平均有效喷幅宽度 ≥ 4.44 m。

雾滴密度判定法适用于多旋翼植保无人机有效喷幅宽度的评定，且评定的平均有效喷幅宽

度 ≥ 2.58 m。

对于通过雾滴在水敏纸等采集卡上的图像来计算雾滴沉积结果的方法而言，由于当前图像处理技术的限制，不同雾滴粒径参数的植保无人机应选择适合其有效喷幅宽度的评定方法。50%沉积量判定法适用于雾滴粒径相对较大的植保无人机，雾滴密度判定法则适用于雾滴粒径相对较小的植保无人机。

第四节　航空喷施与人工喷施施药效果比较

（一）材料与方法

1. 试验设备

试验采用的喷施设备分别是湖南大方植保有限公司提供的 80-2 型单旋翼油动无人机、深圳高科新农技术有限公司提供的 HY-B-15L 型单旋翼电动无人机及常用的 3WBD-16 型背负式电动喷雾器，三种喷施设备的喷施现场如图 4-4-1 所示，喷施设备参数见表 4-4-1。采用便携式风速风向仪 Kestrel 4500（美国 NK 公司）监测和记录试验时的环境风速和风向，采用数字温湿度表 LS-204（中山市朗信电子有限公司）测量试验时的环境温度及湿度。

（a）80-2 型单旋翼油动无人机　（b）HY-B-15L 型单旋翼电动无人机　（c）人工喷施

图 4-4-1　三种喷施设备的喷施现场

定位系统为航空用北斗定位系统 UB351，具有 RTK 差分定位功能，平面精度达（$10+5D \times 10^{-7}$）mm，高程精度达（$20+D \times 10^{-6}$）mm，其中，D 表示该系统实际测量的距离，单位为 km。无人机搭载的该系统移动站可绘制作业航线轨迹、获取无人机作业参数及给各个雾滴采样点定位，通过该系统绘制的作业轨迹可观察实际作业航线与各雾滴采集点之间的关系。

表 4-4-1 喷施设备主要参数

喷施设备	最大载药量（L）	喷杆长度（mm）	喷头类型	喷头数量（个）	喷施流量（mL/min）	喷施压力（MPa）	有效喷幅（m）
80-2 型单旋翼油动无人机	16	1800	离心喷雾头	4	2400	0.60	4～6
HY-B-15L 型单旋翼电动无人机	15	1800	扇形雾喷头	5	2400	0.60	4～6
3WBD-16 型背负式电动喷雾器	16	1200	圆锥雾喷头	1	1400	0.15～0.40	——

2. 试验设计

（1）试验场地。该试验于湖南省武冈市隆平种业公司杂交水稻制种基地进行，作物生育期为开花结实期，水稻平均高度为 120～140 cm，水稻采用机械插秧，植株之间的行列间距为 17 cm × 14.5 cm。

（2）雾滴采集点布置。如图 4-4-2 所示，根据无人机的有效喷幅，选取长宽为 60 m × 12 m 的试验田进行喷雾试验，在采集区内每隔 1 m 设置一处雾滴采集点，每处采集点分别在水稻上层、中层、下层放置雾滴采集卡用以收集雾滴（图 4-4-3）。

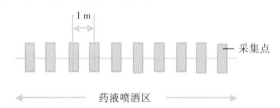

图 4-4-2 雾滴采集点布置

图 4-4-3 雾滴采集卡布置

（3）作业方式设计。无人机喷施作业方式选定较低和较高2种飞行高度、较慢和较快2种飞行速度进行喷施试验，人工喷施方式按照普通的喷施方式进行，喷施方式如图4-4-1所示。

3. 数据处理

（1）作业参数及轨迹处理。表4-4-2为北斗定位系统UB351获取的无人机喷施作业的飞行参数。

表4-4-2 无人机喷施作业的飞行参数

试验号	喷施设备	飞行高度（m）	飞行速度（m/s）
1#	80-2型单旋翼油动无人机	1.21	2.46
2#	80-2型单旋翼油动无人机	1.21	4.24
3#	80-2型单旋翼油动无人机	2.86	2.58
4#	80-2型单旋翼油动无人机	2.84	3.78
5#	HY-B-15L型单旋翼电动无人机	1.34	2.21
6#	HY-B-15L型单旋翼电动无人机	1.49	3.61
7#	HY-B-15L型单旋翼电动无人机	3.75	1.68
8#	HY-B-15L型单旋翼电动无人机	4.08	3.89

图4-4-4（a）由北斗定位系统UB351对布置的10个采集点进行定位、获取地理数据后绘制所得，图4-4-4（b）无人机飞行时搭载北斗定位系统UB351获取的无人机喷施作业的飞行轨迹。

（2）数据采集与处理。每次试验完毕，待采集卡上的雾滴干燥后，收集、密封，带回实验室进行数据处理。

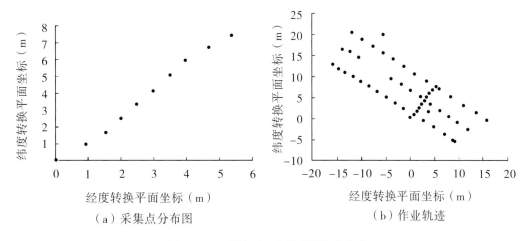

（a）采集点分布图　　　　　　　　（b）作业轨迹

图4-4-4 雾滴采集点分布及作业轨迹

将收集到的雾滴采集卡逐一用HP Scanjet 200扫描仪扫描，扫描后的图像通过图像处理软DepositScan（V1.2）进行处理分析，得出不同喷施作业参数下的雾滴覆盖率、覆盖密度及单位面积上的雾滴沉积量。

为了表征试验中各采集点之间的雾滴沉积均匀性和沉积穿透性，本节以无人机有效喷幅区内每层不同采集点上雾滴沉积量的变异系数（CV）来衡量 3 组试验中雾滴的沉积均匀性，以无人机有效喷幅区内每个采集点上、中、下层雾滴沉积量的变异系数（CV）来衡量雾滴沉积穿透性，变异系数越小表示雾滴沉积越均匀。

$$CV = \frac{S}{\overline{X}} \times 100\% \qquad (4.4.1)$$

$$S = \sqrt{\sum_{i=1}^{n}\left(X_i - \overline{X}\right)^2 / (n-1)} \qquad (4.4.2)$$

式中，S 为同组试验采集样本标准差；X_i 为各采集点单位面积上的雾滴沉积量，$\mu L/cm^2$；$\overline{X}$ 为各组试验采集点的平均雾滴量，$\mu L/cm^2$；n 为各组试验采集点个数。

（二）结果与分析

1. 雾滴沉积量分析

雾滴在水稻植株上、中、下 3 层的沉积结果见表 4-4-3。结合表 4-4-2 的喷施作业参数与表 4-4-3 的雾滴沉积结果，可以看出以下 3 方面的影响。

（1）无人机飞行速度对雾滴沉积量的影响。对于小型单旋翼油动无人机的试验组，作业高度为 1.21 m、作业速度为 2.46 m/s 的试验 1 在水稻植株上、中、下 3 层的雾滴沉积量最大。其中，试验 1 在水稻植株上、中、下 3 层的雾滴沉积量分别高于作业高度为 1.29 m、作业速度为 4.24 m/s 的试验 2 的 63.78%、157.24%、119.05%，作业高度为 2.86 m、作业速度为 2.58 m/s 的试验 3 在水稻植株上、中、下 3 层的雾滴沉积总量高于作业高度为 2.84 m、作业速度为 3.78 m/s 的试验 4 的 6.01%。

表 4-4-3　雾滴沉积结果分析

试验号	平均雾滴沉积量（μL/cm²）			均匀性（%）			穿透性（%）
	上层	中层	下层	上层	中层	下层	
1#	0.2871	0.1492	0.1012	95.18	83.89	110.63	43.98
2#	0.1753	0.0580	0.0462	123.73	82.84	54.46	62.55
3#	0.2040	0.0810	0.0623	50.63	42.20	60.75	54.30
4#	0.1616	0.0928	0.0732	56.67	34.67	41.43	34.71
5#	1.7098	1.3413	0.5583	116.51	115.55	43.21	39.91
6#	0.6673	0.3586	0.2298	64.83	42.81	47.97	43.86
7#	0.9969	0.7081	0.6816	95.87	89.16	110.49	17.95

续表

试验号	平均雾滴沉积量（μL/cm²）			均匀性（%）			穿透性（%）
	上层	中层	下层	上层	中层	下层	
8#	0.2277	0.1093	0.1175	64.43	63.28	61.07	35.63
9#	75.7961	10.2994	2.9063	89.42	151.18	129.95	110.42

注：作业环境参数为平均风速 0.8 m/s，平均温度 30.2 ℃，平均相对湿度 71.4%。

对于小型单旋翼电动无人机试验组，作业高度为 1.34 m、作业速度为 2.21 m/s 的试验 5 在水稻植株上、中、下 3 层的雾滴沉积量最大，作业高度为 4.08 m、作业速度为 3.89 m/s 的试验 8 雾滴沉积量最小，且航空喷施作业参数对雾滴沉积分布的影响趋势与小型单旋翼油动无人机相同。试验 5 在水稻植株上、中、下 3 层的雾滴沉积量分别高于作业高度为 1.49 m、作业速度为 3.61 m/s 的试验 6 的 156.23%、274.04%、142.95%，作业高度为 3.75 m、作业速度为 1.68 m/s 的试验 7 在水稻植株上、中、下 3 层的雾滴沉积量分别高于试验 8 的 337.81%、547.85%、480.09%。说明航空喷施雾滴在水稻植株上的沉积量受无人机作业速度的影响，作业速度越慢，雾滴在植株间的沉积量越多。

（2）无人机飞行高度对雾滴沉积量的影响。对于小型单旋翼油动无人机的试验组来说，试验 1 在水稻植株上、中、下 3 层的雾滴沉积量最大。其中，试验 1 在水稻植株上、中、下 3 层的雾滴沉积量分别高于试验 3 的 40.71%、84.20%、62.44%；而试验 4 在水稻植株上、中、下 3 层的雾滴沉积量与试验 2 相比，除了作业高度不同，作业速度也不同，导致航空喷施雾滴在水稻植株中层、下层的沉积量有较大的差异。

对于小型单旋翼电动无人机试验组来说，试验 5 在水稻植株上、中、下 3 层的雾滴沉积量最大，试验 8 的雾滴沉积量最小，且航空喷施作业参数对雾滴沉积分布的影响趋势与小型单旋翼油动无人机相同。试验 5 在水稻植株上层、中层的雾滴沉积量分别高于试验 7 的 71.51%、89.42%，下层低于试验 7 的 18.09%，试验 6 在水稻植株上、中、层 3 层的雾滴沉积量分别高于试验 8 的 193.06%、228.09%、95.57%，说明航空喷施雾滴在水稻植株上的沉积量亦受到无人机作业高度的影响，作业高度越低，雾滴在植株间的沉积量越多。

（3）人工施药方式下雾滴沉积量的分析。对于人工施药，沉积在水稻植株上层的雾滴沉积量远高于中层、下层的雾滴沉积量，说明人工喷施作业的药液雾滴大部分都沉积在植株冠层，只有 3.27% 的药液量到达植株底部，而航空喷施作业有 10%～30% 的药液量到达植株底部，高于人工喷施作业方式。

2. 雾滴沉积均匀性结果与分析

根据表 4-4-3 对每次试验结果进行分析，得出雾滴沉积在水稻上、中、下 3 层的雾滴沉积均匀性，用变异系数表示，变异系数值越小，说明雾滴沉积分布均匀性越好。结合表4-4-2的喷施作业参数与表4-4-3的雾滴沉积结果可知，对于小型单旋翼油动无人机试验组来说，试验4在水稻植株上、中、下3层的雾滴沉积均匀性最好，分别为56.67%、34.67%、41.43%，且试验3和试验4在水稻植株上、中、下3层的雾滴沉积均匀性均优于试验1和试验2，说明当航空喷施作业高度较高时，雾滴沉积均匀性优于作业高度较低时的雾滴沉积均匀性，而在同一作业高度下，作业速度的不同导致雾滴沉积均匀性差异并不明显。

对于小型单旋翼电动无人机试验组来说，试验6在水稻植株上、中、下3层的雾滴沉积均匀性最好，分别为64.83%、42.81%、47.97%，且试验6和试验8在水稻植株上、中、下3层的雾滴沉积均匀性均优于试验5和试验7，说明航空喷施作业速度较快时的雾滴沉积均匀性优于作业高度较低时的雾滴沉积均匀性，而在作业速度接近的情况下，作业高度的不同导致雾滴沉积均匀性差异并不明显。

分析2种不同机型无人机的喷施作业参数对雾滴沉积均匀性的影响，小型单旋翼油动无人机喷施作业时作业高度对雾滴的沉积均匀性影响明显，而小型单旋翼电动无人机喷施作业时作业速度对雾滴的沉积均匀性影响明显。推断出现这一差别的原因是，小型单旋翼油动无人机产生的旋翼风场强于小型单旋翼电动无人机，当小型单旋翼油动无人机飞行高度过低时，其产生的旋翼风场太强而出现紊流，导致下方的雾滴沉积不均匀。

人工喷施雾滴在水稻植株上、中、下3层的沉积均匀性最差，分别为89.42%、151.18%、129.95%，说明人工喷施作业时，雾滴沉积均匀性在很大程度上主要是由作业人员的施药路线决定的，而人工喷施作业很难保证作业路线的一致性，因而容易导致人工喷施作业的雾滴沉积均匀性比航空喷施作业的雾滴沉积均匀性差。

3. 雾滴沉积穿透性结果与分析

通过对沉积在水稻植株上、中、下3层的平均雾滴沉积量的分析，可以得出雾滴在水稻植株间的穿透性，用变异系数表示，变异系数值越小，说明雾滴沉积穿透性越好。表4-4-3表明，对于小型单旋翼油动无人机来说，试验4在水稻植株间的穿透性较好，达到34.71%，而小型单旋翼电动无人机的试验7在水稻植株间的穿透性最好，达到17.95%。结合2种无人机的喷施雾滴沉积结果及喷施作业参数，可以发现，不同作业参数对不同无人机喷施作业的雾滴沉积穿透性有着相同的影响趋势。无人机航空喷施作业高度较高时的雾滴穿透性优于作业高度较低时的雾滴穿透性，说明作业高度影响雾滴在植株间的沉积穿透性。因为当作业高度较低时，单旋翼无人机的垂直下旋气流较大，造成水稻植株倒伏，导致水稻植株的中下层不能很好地沉积雾滴，使雾滴在植株间的穿透性较差。另外，无人机航空喷施作业速度较慢时的雾滴穿透性优于作业速度较快时的雾滴穿透性，说明作业速度也影响雾滴在植株间的沉积穿透性。因为当作业速度较快时，药液经过喷头雾化后变成微小雾滴，在水平方向上的气流作用下，主要以飘落的形式沉积分布在水稻植株的冠层，而当作业速度较慢时，在无人机旋翼下旋气流的作用下，微小雾滴会沉积到水稻植株的中下层。

对于人工施药，雾滴在水稻植株间的沉积穿透性最差，为110.42%。因为人工施药方式与无人机施药方式相比，药液雾滴在没有飞机旋翼下旋气流的作用下很难到达水稻植株的中下层，故药液大部分都沉积在农作物的冠层。

4. 不同喷施方式效益分析

表4-4-4为无人机航空喷施作业方式与人工喷施作业方式的喷药效率及效益比较。在实际喷施作业中，无人机喷施的药液为高浓度的药液，用药量为 15～18 kg/hm²，人工费用为135 元/hm²；而人工喷施的药液其用药量和用水量分别为 0.30～0.45 kg/hm² 和 375～450 kg/hm²，人工费用为 180～225 元/hm²。通过无人机喷施方式与人工喷施方式的喷药效率及效益对比可以看出，无人机航空喷施的工作效率约为人工喷施的 10 倍左右，而且成本低、效益高。

表4-4-4　喷药效率及成本[1]

试验号	喷施效率（hm²/min）	用药量（kg/hm²）	用水量（kg/hm²）	人工费用（元/hm²）
1#	0.059	15.00～18.00	0	135
2#	0.102	15.00～18.00	0	135
3#	0.062	15.00～18.00	0	135
4#	0.091	15.00～18.00	0	135
5#	0.053	15.00～18.00	0	135
6#	0.087	15.00～18.00	0	135
7#	0.041	15.00～18.00	0	135
8#	0.093	15.00～18.00	0	135
9#	0.011	0.30～0.45	375～450	180[2] 225[3]

注：①无人机有效喷幅均以 4 m 计算；②前期；③后期。

（三）讨论与结论

1. 讨论

农业航空作为现代化农业的重要组成部分，是反映农业现代化水平的重要标志之一，目前在中国的应用尚处于起步阶段，潜力巨大。本节通过使用单旋翼油动植保无人机和单旋翼电动植保无人机与人工喷施方式对杂交水稻进行喷施试验，初步证实了航空喷施雾滴沉积效果和作业效益均优于人工喷施。航空喷施作业方式具有作业效率高、雾滴沉积效果好、成本低等优点，逐渐成为人们首选的植保作业方式。

根据已有的研究成果可知，植保无人机航空喷施的研究重点主要集中在不同作业参数对雾滴在作物冠层的沉积量和沉积均匀性上，而忽略了植保无人机与其他作业方式相比最独特的旋翼风场对雾滴沉积穿透性的影响。目前，关于植保无人机航空喷施对雾滴在作物植株间的穿透作用的研究鲜见报道。在已有的研究基础上，本节对雾滴沉积量和沉积均匀性进行了分析，还探讨了植保无人机航空喷施参数对雾滴在水稻植株间的穿透性影响。对比本节中不同类型的植保无人机的雾滴沉积结果可以看出，无人机旋翼下方风场可提高雾滴在作物植株间的穿透性，但同时也会造成航线两侧的农作物出现倾斜现象，从而减少雾滴在农作物中下层的有效沉积，故无人机旋翼下方不同强度的风场对雾滴在作物植株上的沉积有着不同程度的影响。因此，对航空喷施雾滴沉积规律的探寻，需要从根本上研究无人机旋翼下方风场对航空喷施雾滴沉积的影响机理，其影响机理应是未来农业航空喷施基础领域研究的重点。由于我国存在农用无人机机型多样、作业对象（农作物）品种繁多、作物倒伏程度不一、作业环境复杂多变等现状，植保无人机航空喷施雾滴沉积分布机理研究呈现出巨大的研究潜力。同时，为保证雾滴在作物植株不同位置上的有效沉积，我们应该合理地选择较好的作业参数（飞行高度、飞行速度）以提高喷施作业的效率和效益。

2. 结论

本节使用不同类型的农用无人机（小型单旋翼油动无人机和小型单旋翼电动无人机）对杂交水稻进行航空喷施和人工喷施试验，通过不同喷施方式及不同喷施作业参数下的雾滴沉积结果，分析和对比其喷施作业效果、效率及效益，得出如下结果：

（1）根据雾滴沉积结果，作业参数对不同机型的无人机的雾滴沉积量和穿透性有相同的影响趋势，均表现为作业速度越慢，雾滴在植株间的沉积量越多，穿透性越好；作业高度越低，沉积量越多，但穿透性越差。

（2）由于不同机型的无人机其旋翼风场强度不同，作业参数对雾滴沉积均匀性有不同的影响。小型单旋翼油动无人机喷施作业时，作业高度对雾滴沉积均匀性影响明显，而小型单旋翼电动无人机喷施作业时，作业速度对雾滴沉积均匀性影响明显。

（3）对人工施药来说，雾滴在水稻植株上、中、下3层的沉积均匀性及在水稻植株间的穿透性都很差，雾滴大部分都沉积在植株上层，只有3.27%的药液到达植株下层，而航空喷施作业有10%～30%的药液到达植株下层。

（4）从不同喷施作业方式的效果和效益来看，航空喷施的雾滴沉积效果优于人工喷施，同时，航空喷施的作业效率约为人工喷施的10倍，且成本低、效益高。

参考文献

[1] 陈盛德，兰玉彬，李继宇，等.植保无人机航空喷施作业有效喷幅的评定与试验 [J].农业工程学报，2017，33（7）：82-90.

[2] 宋坚利，刘杨，刘亚佳，等.无人旋翼机航空施药有效喷幅确定方法比较 [J].中国农业大学学报，2017，22（10）：126-132.

[3] 茹煜，金兰，周宏平，等.航空施药旋转液力雾化喷头性能试验 [J].农业工程学报，2014，30（3）：50-55.

[4] 姚伟祥，兰玉彬，郭爽，等.赣南山地柑桔园有人驾驶直升机喷雾作业雾滴沉积效果 [J].中国南方果树，2020，49（2）：13-18.

[5] CUNHA M，CARVALHO C，MARCAI A R S. Assessing the ability of image processing software to analyse spray quality on water-sensitive papers used as artificial targets [J]. Biosystems Engineering，2011，111（1）：11-23.

[6] ZHU H P，SALYANI M，FOX R D. A portable scanning system for evalution of spray deposit distribution [J]. Computers and Electronics in Agriculture，2011（76）：38-43.

[7] CHEN S D，LAN Y B，ZHOU Z Y，et al. Effect of droplet size parameters on droplet deposition and drift of aerial spraying by using plant protection UAV[J]. Agronomy，2020，10（2）：195.

第五章

植保无人机喷施雾滴沉积分布影响因素

第一节　飞行高度和机头方向对雾滴在小麦冠层沉积的影响

（一）试验设计

试验相关飞行参数见表 5-1-1。

表 5-1-1　植保无人机飞行参数

航线	施药液量 （L/ 亩）	飞行高度 （m）	飞行速度 （m/s）	总喷头流量 （L/min）
第一次飞行	0.8	2	5	1.44
第二次飞行	0.8	3	5	1.44

本节试验分别研究植保无人机不同飞行高度（距离地面 2 m 和 3 m）、机头朝前飞行（去程）和机尾朝前飞行（回程）对雾滴在小麦冠层沉积分布的影响。

在两个飞行高度下，每个高度均采用单喷幅方式飞行，分别采用去程为机头朝前、回程为机尾朝前的飞行方法。每一次飞行时，在距离地头 20 m、40 m 和 60 m 处，分别布置 3 条与飞机飞行方向垂直的采样带。在每条采样带上，以飞机飞行航线正中心为采样点 0.0，然后每隔 0.5 m 设置一个采样点，每条采样带共设置 17 个采样点，如图 5-1-1 所示。

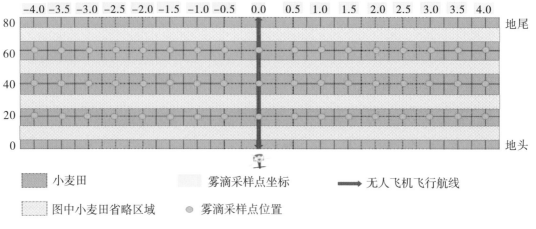

图 5-1-1　采样带、采样点布置图

飞机喷洒后约 10 min，在每个采样点取 10 株小麦，将小麦冠层平均分为上部、中部和下部 3 部分，分别装入已经标记好的自封袋中，带回室内进行洗脱。

（二）结果与分析

如图 5-1-2 所示，当无人机机头朝前飞行，在无风条件下，在飞机距离地面 2 m 高时，雾滴在所有采样点冠层上部的平均沉积量为 13.74 μg/ 株。雾滴在采样点 -2.0 和采样点 2.0 之间的沉积分布比较均匀，冠层上部平均沉积量大于 15.00 μg/ 株，最高为 23.16 μg/ 株。在采样点 -2.0 和采样点 2.0 之外，距离机身正中央位置 0.0 越远，雾滴在冠层上部的沉积越少。

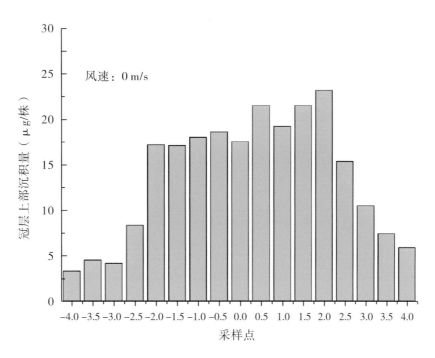

图 5-1-2　距离地面 2 m、机头朝前飞行时雾滴在小麦冠层上部的沉积量

如图 5-1-3 所示，在冠层中部，所有采样点雾滴的平均沉积量为 3.34 μg/ 株，显著比冠层上部少。在采样点 −1.5 至采样点 2.0 之间，平均沉积量大于 3.00 μg/ 株。

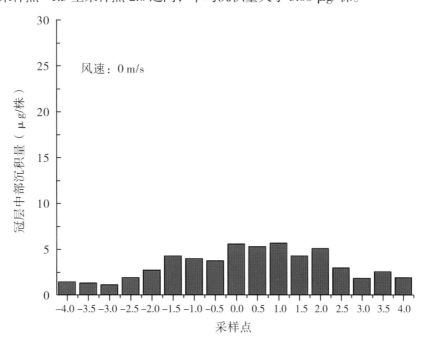

图 5-1-3　距离地面 2 m、机头朝前飞行时雾滴在小麦冠层中部的沉积量

如图 5-1-4 所示，冠层下部所有采样点的平均沉积量仅为 2.65 μg/ 株，和冠层中部所有采样点的平均沉积量相差不大，也显著比冠层上部少。在冠层下部也呈现出距离机身位置越近，其沉积量越多的现象。采样点 −1.0 至采样点 2.5 之间的平均沉积量比其余采样点多。

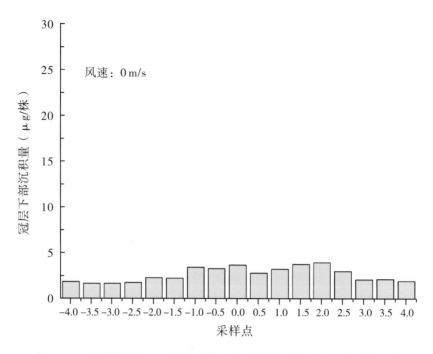

图 5-1-4　距离地面 2 m、机头朝前飞行时雾滴在小麦冠层下部的沉积量

如图 5-1-5 所示，当机尾朝前飞行时，小麦冠层上部所有采样点的平均沉积量为 11.84 μg/ 株，雾滴集中分布在采样点 -2.0 至采样点 2.0 之间，平均沉积量为 16.69 μg/ 株，而剩余采样点的平均沉积量仅为 6.38 μg/ 株。

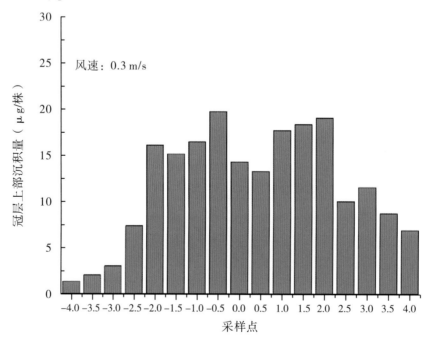

图 5-1-5　距离地面 2 m、机尾朝前飞行时雾滴在小麦冠层上部的沉积量

如图 5-1-6 所示，将所有采样点的雾滴沉积量进行平均，雾滴在冠层中部的沉积量为 3.04 μg/ 株，比冠层上部显著减少。采样点 -1.0 至采样点 2.0 之间的平均沉积量大于 3.50 μg/ 株。

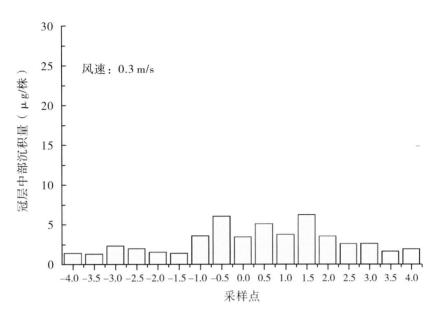

图 5-1-6　距离地面 2 m、机尾朝前飞行时雾滴在小麦冠层中部的沉积量

如图 5-1-7 所示，冠层下部所有采样点的平均沉积量为 2.33 μg/ 株，与冠层中部的差异不大。最大的沉积量位于采样点 -0.5 处，为 4.19 μg/ 株，最小的沉积量位于采样点 4.0 处，为 1.19 μg/ 株。

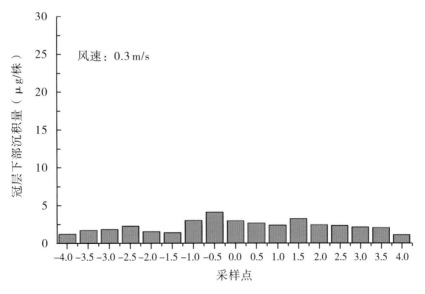

图 5-1-7　距离地面 2 m、机尾朝前飞行时雾滴在小麦冠层下部的沉积量

如图 5-1-8 所示，当无人机机头朝前飞行，风速为 1.3 m/s，距离地面 3 m 飞行时，所有采样点的雾滴平均沉积量为 12.41 μg/ 株，采样点 -3.0 至采样点 2.5 之间，雾滴的平均沉积量大于 11 μg/ 株，其中采样点 1.5 处的沉积量最高，为 19.98 μg/ 株。雾滴在采样点 -0.5、采样点 0.0 和采样点 0.5 的平均沉积量为 11.19 ～ 13.89 μg/ 株。相比距离地面 2 m、机头朝前飞行的处理，距离地面 3 m、机头朝前飞行的处理的所有采样点的平均沉积量略低，这可能是由于雾滴距离靶标较远，更容易造成雾滴飘移。

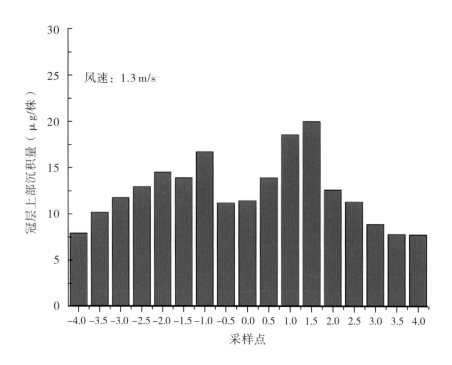

图5-1-8　距离地面3m、机头朝前飞行时雾滴在小麦冠层上部的沉积量

如图5-1-9所示，平均所有采样点的沉积量后，雾滴在冠层中部的沉积量为4.76 μg/株，其中采样点-2.0的沉积量最高，为8.38 μg/株，其次为采样点1.0和采样点1.5，其沉积量分别为7.94 μg/株和6.97 μg/株。与距离地面2 m、机头朝前飞行的处理相比，距离地面3 m、机头朝前飞行的处理在冠层中部的沉积量比较高，这可能是因为无人机在该高度飞行时，其下洗气流更利于搅动小麦冠层，使雾滴更好地沉积在冠层中下部。

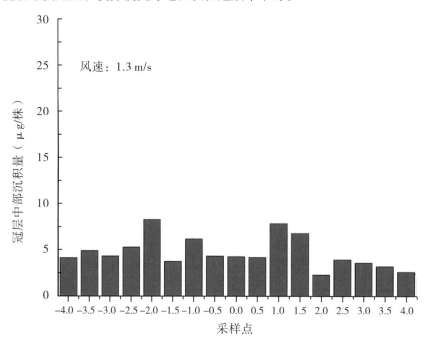

图5-1-9　距离地面3m、机头朝前飞行时雾滴在小麦冠层中部的沉积量

如图 5-1-10 所示，在冠层下部，雾滴在所有采样点的分布比较均匀，将所有采样点的沉积量平均，雾滴在冠层下部的平均沉积量为 3.72 μg/ 株，比距离地面 2 m、机头朝前飞行的沉积量高。分析其原因，可能是飞机在该高度飞行时能让无人机更好地搅动冠层，使雾滴更好地到达冠层中下部。

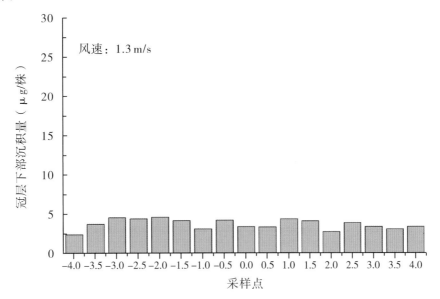

图 5-1-10　距离地面 3 m、机头朝前飞行时雾滴在小麦冠层下部的沉积量

如图 5-1-11 所示，当机尾朝前飞行时，雾滴在冠层上部的平均沉积量为 10.48 μg/ 株，其中，雾滴主要沉积在采样点 –2.0 至采样点 2.5 之间，在该区间内，平均沉积量大于 10 μg/ 株。该处理喷洒时的风速为 2.5 m/s，比机头朝前飞行时的风速 1.3 m/s 大，自然风速的增加，可能是造成其平均沉积量比机头朝前飞行时平均沉积量低的原因，也可能是由于飞机飞行方向不同、旋翼旋转方向不同造成的。

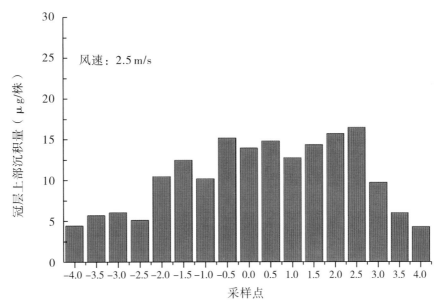

图 5-1-11　距离地面 3 m、机尾朝前飞行时雾滴在小麦冠层上部的沉积量

如图 5-1-12 所示，雾滴在冠层中部的平均沉积量比冠层上部的显著减少，为 3.34 μg/ 株，雾滴主要集中分布在采样点 –2.0 至采样点 2.5 之间，该区间的平均沉积量为 4.27 μg/ 株。

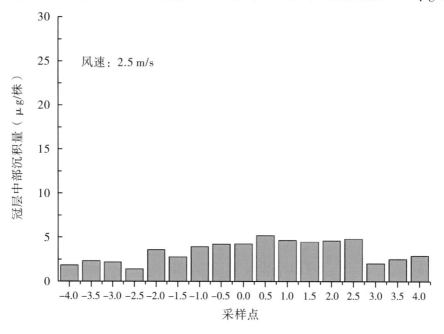

图 5-1-12　距离地面 3 m、机尾朝前飞行时雾滴在小麦冠层中部的沉积量

如图 5-1-13 所示，雾滴在冠层下部的平均沉积量为 3.25 μg/ 株，与冠层中部的差异不大，雾滴主要集中分布在采样点 –1.5 至采样点 2.5 之间，该区间内的平均沉积量为 4.11 μg/ 株。

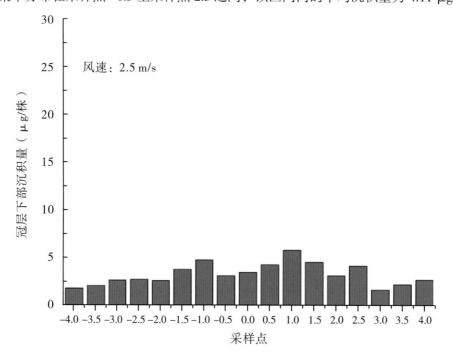

图 5-1-13　距离地面 3 m、机尾朝前飞行时雾滴在小麦冠层下部的沉积量

从本节试验结果可看出，飞行高度对雾滴在小麦冠层的分布具有显著影响，选择合适的飞行高度，可以使无人机的下洗气流更好地搅动小麦冠层，使雾滴更好地到达冠层中下部。本节试验中，由于处理间自然风的速度不一样，故无法分析无人机机头朝前飞和机尾朝前飞对雾滴沉积分布的影响。

第二节　作业速度、高度和喷头流量对雾滴在小麦冠层沉积的影响

（一）试验设计

试验地点为中国农业科学院新乡七里营综合试验基地。小麦田土壤肥力高，作物长势情况一致，灌溉条件良好，小麦品种为"矮抗58"，株高为 78 ～ 80 cm。

为探究作业高度、作业速度和喷头流量对雾滴在小麦冠层的沉积分布影响，首先对不同高度下的喷幅进行测定。在试验场地边上 10 m × 60 m（宽 × 长）的小麦地里对全丰 3WQF120–12 型植保无人机在 3 个作业高度下（距离小麦冠层顶部 1 m、1.5 m 和 2 m）进行喷幅测定，具体方法：在距离起飞点 20 m、30 m 和 40 m 处分别在小麦冠层上部布置 3 条雾滴采样带（采样带长 10 m），每个高度重复 3 次，作业速度均为 5 m/s。喷幅测试结束后，用扫描仪对雾滴采样带进行扫描，通过图像处理软件 DepositScan 得出不同飞行高度下的雾滴密度，根据相关标准，按低容量喷雾雾滴覆盖密度 ≥ 20 个 /cm² 来计算喷幅，作业高度和作业速度通过飞控系统进行控制，作业高度误差范围为 0.1 m，作业速度误差范围为 0.1 m/s，流量控制通过调节水泵压力来实现。

为选出植保无人机的最佳作业参数（所筛选参数均为该型植保无人机工作范围内的正常参数），试验安排了三因素三水平正交试验，对作业高度、作业速度和喷头流量进行多水平考察，考察各因素对单旋翼植保无人机施药后雾滴在小麦冠层上部、中部和下部的沉积分布情况的影响，试验因素与水平见表 5-2-1。

表 5-2-1　试验因素与水平

水平	因素 A	因素 B	因素 C
	作业高度（m）	作业速度（m/s）	喷头总流量（L/min）
1	1	3	1.3
2	1.5	4	1.5
3	2	5	1.7

试验处理根据喷幅划分试验区。喷幅测试结果：距离作物冠层高度 1 m、1.5 m 和 2 m 所对应的喷幅为（4±0.12）m，（4.5±0.15）m 和（5±0.14）m。根据试验因素和水平（表 5-2-1）设计了正交试验处理（表 5-2-2）。

表 5-2-2　作业速度、作业高度和喷头总流量对雾滴在小麦冠层沉积分布影响的试验处理

处理编号	作业高度（m）	作业速度（m/s）	喷洒总流量（L/min）
处理 1	1	3	1.7
处理 2	1.5	4	1.7
处理 3	2	5	1.7
处理 4	1.5	3	1.5
处理 5	2	4	1.5
处理 6	1	5	1.5
处理 7	2	3	1.3
处理 8	1	4	1.3
处理 9	1.5	5	1.3

每个试验处理的飞行航线长度为 100 m，宽度为 4 个喷幅的宽度，不设重复。处理间设置 6～8 m 的隔离带，考虑到处理间药液飘移的影响，每个处理的冠层雾滴采样点均设在第二和第三航线所覆盖的区域，即两个处理采样点距离有 10～12 m，在试验当天无风的气象条件下，各处理间的雾滴飘移可忽略。同时，为消除操控误差，以及飞机在起飞时加速阶段和返航时减速阶段对药液雾滴在冠层沉积分布的影响，雾滴采样点和药效调查点均设在距离起飞点 30 m、50 m 和 70 m 处，每个处理的雾滴采样点各设置 3 条采样带，每条采样带均设置 17 个雾滴采样点，如图 5-2-1 所示。雾滴采集卡（滤纸片）在小麦冠层的位置如图 5-2-2 所示。

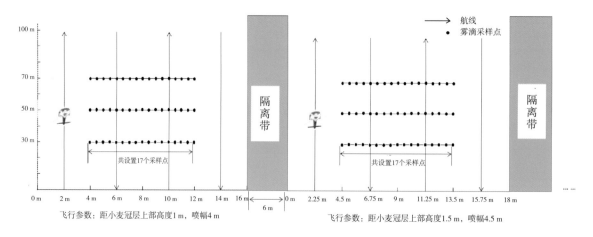

图 5-2-1　试验处理和采样点示意图

图 5-2-2　雾滴采集卡在小麦冠层中的位置

试验当天,植保无人机在对各处理喷施药液时,在药液中加入示踪剂诱惑红(浓度为 30 g/L)作为指示剂。在每次无人机施药处理后,待雾滴采集卡上的雾滴干燥后,将雾滴采集卡放入标记好的自封袋后密封,带回室内扫描处理。扫描后的图像通过图像处理软件 DepositScan进行分析,得出单位面积内的雾滴密度。利用 L_9(3^3)正交试验设计,对小麦冠层的雾滴密度进行相关调查和分析。

(二)结果与分析

正交试验雾滴沉积结果,见表 5-2-3。

表 5-2-3　正交试验雾滴沉积结果

处理	雾滴密度(个 /cm²)		
	冠层上部	冠层中部	冠层下部
处理 1	48.21 ± 4.87	21.97 ± 2.34	5.42 ± 0.67
处理 2	35.92 ± 2.71	16.62 ± 0.46	4.56 ± 0.33
处理 3	25.13 ± 0.92	12.51 ± 1.13	3.79 ± 0.56
处理 4	39.4 ± 4.93	18.66 ± 1.71	4.34 ± 0.04
处理 5	26.31 ± 2.87	15.47 ± 0.69	3.92 ± 0.03
处理 6	20.37 ± 3.18	18.20 ± 0.54	5.09 ± 0.01
处理 7	26.72 ± 2.04	14.33 ± 0.35	3.08 ± 0.37
处理 8	23.14 ± 2.83	16.72 ± 0.21	4.32 ± 0.04
处理 9	16.70 ± 1.14	12.92 ± 0.88	3.64 ± 0.14

注:表中雾滴密度数据以"平均值 ±SD"表示。

在 9 个正交试验处理中，小麦冠层上部的雾滴沉积密度以处理 1（作业高度 1 m，作业速度 3 m/s，喷施流量 1.7 L/min）最大，为 48.21 个 /cm²；处理 9（作业高度 1.5 m，作业速度 5 m/s，喷施流量 1.3 L/min）最小，为 16.7 个 /cm²，较处理 1 下降了 65.36%。冠层中部的雾滴沉积密度同样以处理 1 最大，为 21.97 个 /cm²；以处理 3 最小，仅为 12.51 个 /cm²，较处理 1 降低了 43.06%。冠层下部的雾滴沉积密度同样以处理 1 最大，为 5.42 个 /cm²；以处理 7 最小，仅为 3.08 个，较处理 1 下降了 43.17%。从表 5-2-4 还可以看出，单旋翼植保无人机进行施药作业时，作业速度越慢，喷头流量越大，冠层上部的雾滴沉积密度越大；作业高度越低，作业速度越慢，冠层中部雾滴沉积密度越大；喷头流量越大，冠层下部的雾滴沉积密度越大。

表 5-2-4　雾滴沉积密度极差分析

		作业高度 A	作业速度 B	喷头流量 C
上部	k_1	30.57	38.11	36.42
	k_2	30.67	28.46	28.69
	k_3	26.05	20.73	22.19
	极差 R	4.62	17.38	14.23
	较优水平	A2	B1	C1
	主次因素		BCA	
中部	k_1	18.96	18.32	17.03
	k_2	16.07	16.27	17.44
	k_3	14.10	14.54	14.66
	极差 R	4.86	3.78	2.79
	较优水平	A1	B1	C2
	主次因素		ABC	
下部	k_1	4.94	4.28	4.59
	k_2	4.18	4.27	4.45
	k_3	3.60	4.17	3.68
	极差 R	1.35	0.11	0.91
	较优水平	A1	B1	C1
	主次因素		ACB	

注：①表中 k_1、k_2、k_3 分别表示 A、B、C 三因素在 1、2、3 三水平下雾滴沉降密度的平均值；②极差 R 表示同一因素水平下雾滴密度之差（R = 平均雾滴密度最大值 − 平均雾滴密度最小值）；③较优水平一栏中，"1"代表水平 1，"2"代表水平 2，"3"代表水平 3。

正交试验设计可根据 k 值的大小确定各因素的较优水平、较优组合及因素主次。从表 5-2-4 可以看出，对小麦冠层上部的雾滴沉积密度影响最大的是作业速度，作业速度越慢，平均雾滴沉积密度越大，其次是喷头流量，影响最小的是作业高度。结合表5-2-1，较优组合是A2B1C1，即作业高度为1.5 m，作业速度为3 m/s，喷头流量为1.3 L/min时，小麦冠层上部的雾滴沉积效果最好。而冠层中部的雾滴沉积密度以作业高度对其影响最大，其次是作业速度，影响最小的是喷施流量，较优组合是A1B1C1，即作业高度为1 m，作业速度为3 m/s，喷头流量为1.3 L/min时，小麦冠层中部的雾滴沉积效果最好。对冠层底部雾滴沉积密度影响最大的是作业高度，其次是喷施流量，影响最小的是作业速度，较优组合同样是A1B1C1，即作业高度为1 m，作业速度为3 m/s，喷头流量为1.3 L/min时，小麦冠层底部的雾滴沉积密度最大。

正交试验极差分析法较直观、简便，但不能区分指标的差异究竟是由试验因子的变化引起的还是由试验的误差所引起，因此对试验结果进行方差分析，见表5-2-5。

表5-2-5　雾滴沉积密度方差分析

	方差来源	离差平方和	自由度	均方	概率密度分布（F）	显著性水平
	模型	801.20	6.00	133.53	23.63	0.041*
	A 作业高度	41.79	2.00	20.89	3.70	0.213
上部	B 作业速度	454.79	2.00	227.39	40.24	0.024*
	C 喷施流量	304.63	2.00	152.31	26.95	0.036*
	误差	11.30	2.00	5.65		
	模型	2484.98	7.00	355.00	698.16	0.001**
	A 作业高度	35.86	2.00	17.93	35.27	0.028*
中部	B 作业速度	21.45	2.00	10.72	21.09	0.045*
	C 喷施流量	13.58	2.00	6.79	13.36	0.070
	误差	1.02	2.00	0.51		
	模型	166.00	7.00	23.71	1011.96	0.001**
	A 作业高度	2.74	2.00	1.37	58.39	0.017*
下部	B 作业速度	0.02	2.00	0.01	0.43	0.698
	C 喷施流量	1.44	2.00	0.72	30.74	0.032*
	误差	0.05	2.00	0.02		

注："*"代表因素对试验结果有显著影响，"**"代表因素对试验结果有极显著影响。

从方差分析结果可以看出，作业速度和喷头流量对小麦冠层上部的雾滴沉积密度均具有显著影响，只有作业高度对小麦冠层上部的雾滴沉积密度影响不显著，可能是因为小麦冠层上部无遮挡，均能覆盖到一定量的雾滴。与冠层上部雾滴沉积规律不同，对小麦冠层中部雾滴沉积影响较大的是作业高度，达到显著水平，作业速度对小麦冠层中部雾滴沉积的影响也达到显著水平，这可能因为单旋翼植保无人机有强大的下压风力，风场搅动冠层后可以将雾滴吹到小麦冠层的中下部，作业高度越低，下压风力越强，结合较慢的作业速度，雾滴的穿透能力越强，能到达小麦植株的中下部。对小麦冠层中下部影响显著的是作业高度和喷头流量。雾滴在冠层下部的沉积可以在一定程度上反应喷施雾滴的流失情况。试验结果显示，作业速度越慢、作业高度越低、喷头流量越大，冠层下部的雾滴沉积密度就越大，且冠层下部雾滴沉积密度与作业高度及喷头流量显著相关，这可能也与单旋翼植保无人机下压风力较强相关，在作业高度较低时，容易将雾滴直接吹至地面，造成农药的流失，因此适当调高作业高度、减少喷头流量可以减少农药的流失，提高农药利用率。

从上述研究结果可看出，使用全丰 3WQF120-12 型植保无人机喷施农药防治小麦病虫害时，单就雾滴密度沉积情况来看，各作业参数因素对小麦不同部位的雾滴沉积效果影响不同。对冠层上部雾滴沉积影响较大的是作业速度，而对冠层中下部雾滴沉积影响较大的是作业高度，为了使冠层中下部接收到一定量的雾滴，且减少雾滴直接被吹至地面而造成的流失，建议作业时适当调高作业高度，使作业高度在 1.5～2 m 范围内，并将喷头总流量适当调小至 1.5 L/min。

（三）小结

（1）施药液量：在作业速度和作业高度一样，即下压风场一样的情况下，施药液量对冠层上部和冠层下部的雾滴沉积具有显著影响，而对冠层中部没有显著影响。雾滴在小麦冠层上部和冠层下部的沉积量随着施药液量的增加而增加。在小麦中后期施药时，为使更多的雾滴沉积在靶标作物上，建议植保无人机的施药液量每亩应大于或等于 0.8 L。

（2）喷雾高度：喷雾高度对雾滴在小麦冠层的分布具有显著影响，一般情况下，飞机喷雾高度应该距离冠层 1.3～1.5 m 为宜；选择合适的喷雾高度，可以使无人飞机下洗气流更好地搅动小麦冠层，使雾滴更好地到达冠层中下部。

第三节　单旋翼、多旋翼无人机对小麦冠层雾滴沉积的影响

（一）试验材料

试验机型为 3WQF120-12 单旋翼植保无人机（油动）和 3WQFTX-10 多旋翼（四旋翼）植保无人机（电动），均由安阳全丰航空植保科技股份有限公司生产并提供。小麦品种为"豫麦158"，所处生育期为扬花灌浆期，小麦种植密度为 846 株 /m²。试验地点为河南省安阳市安阳县永和镇。

（二）试验设计

在统一施药液量的条件下，本节采用两种典型植保无人机机型（单旋翼和多旋翼）进行试验，旨在分析单旋翼和多旋翼植保无人机在喷施药液时，雾滴在小麦冠层的分布特点。试验处理见表5-3-1。

表5-3-1　试验处理信息表

机型	施药液量（L/亩）	距地飞行高度（m）	飞行速度（m/s）	喷头总流量（L/min）	喷头个数（个）
3WQF120-12（单旋翼）	0.8	2	5	1.44	3
3WQFTX-10（多旋翼）	0.8	2	5	1.08	4

注：两种植保无人机所用的喷头均为德国Lechler公司的压力喷头，型号为LU120-015。

根据在离地面2 m高时两种植保无人机的喷幅划定测试区域，3WQF120-12单旋翼植保无人机喷幅为4 m，3WQFTX-10多旋翼植保无人机喷幅为3 m。3WQF120-12测试区域的长为100 m、宽为16 m，3WQFTX-10测试区域的长为100 m、宽为12 m。测试区域内采样点布置如图5-3-1和图5-3-2所示。

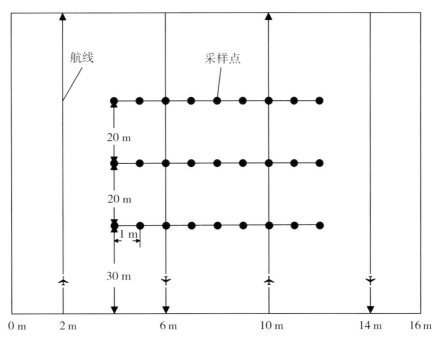

图5-3-1　3WQF120-12单旋翼植保无人机采样点示意图

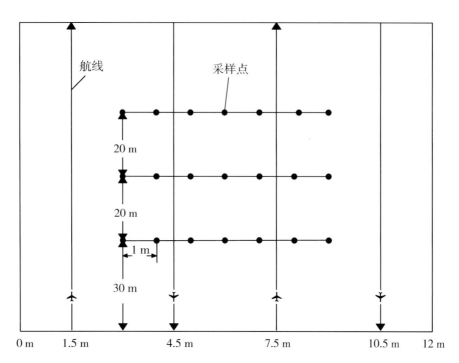

图 5-3-2　3WQFTX-10 多旋翼植保无人机采样点示意图

植保无人机喷施结束后约 10 min 开始采样。采样时，在每一个采样点采集 10 株小麦，将小麦冠层的穗部、上部、中部和下部（除去麦穗，剩下的小麦植株平均分为三部分，离穗最近的称为上部，离穗最远的称为下部，剩余部分为中部）分别装入标记好的自封袋中，田间试验结束后，将样品带回室内进行处理。

（三）结果与分析

将单旋翼无人机（本节特指 3WQF120-12）、多旋翼无人机（本节特指 3WQFX-10）喷施后，在单株上四部分的总沉积量分别称为"单旋翼总沉积量"和"多旋翼总沉积量"，并且将这些总沉积量视为 100%，则相应部位的沉积量与总沉积量相比所得的百分比，即为该部位的沉积量占总沉积量的百分比（下同）。如图 5-3-3（a）所示，单旋翼无人机、多旋翼无人机喷施过后，单株上的总沉积量分别为 28.78 μg/ 株和 27.74 μg/ 株。对于穗部而言，单旋翼无人机喷施后，其穗部的平均沉积量为 13.39 μg/ 株，占单旋翼总沉积量的 44%；多旋翼无人机喷施后，其穗部的平均沉积量为 12.65 μg/ 株，占多旋翼总沉积量的 46%。在相同施药液量和相同飞行速度的情况下，两种无人机喷施过后，单旋翼无人机在穗部的沉积量略高于多旋翼无人机，这有可能是单旋翼无人机和多旋翼无人机的下压风场不同造成的，也有可能是单旋翼无人机和多旋翼无人机的喷洒系统差异造成的。

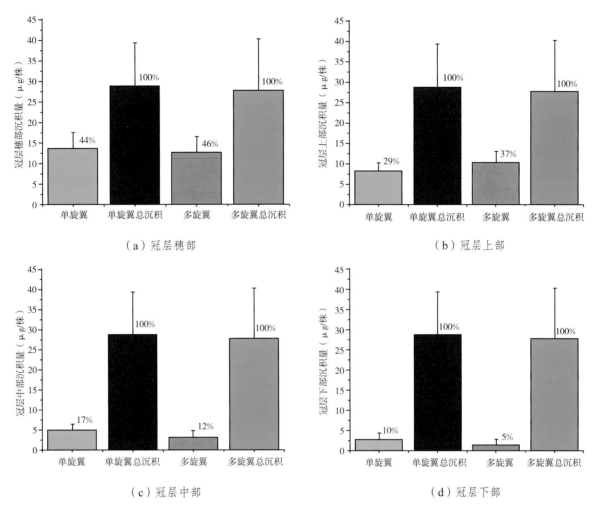

（a）冠层穗部

（b）冠层上部

（c）冠层中部

（d）冠层下部

图 5-3-3 单旋翼无人机和多旋翼无人机喷施后雾滴在小麦冠层的沉积量

如图 5-3-3（b）所示，单旋翼无人机在冠层上部沉积量为 8.32 μg/ 株，占单旋翼总沉积量的 29%；多旋翼无人机在冠层上部的沉积量为 10.32 μg/ 株，占多旋翼总沉积量的 37%。多旋翼无人机在冠层上部的沉积量占比比单旋翼无人机的占比高 8%，沉积量多出 2.00 μg/ 株。这可能是两种无人机喷洒系统不同造成的。

如图 5-3-3（c）所示，雾滴在冠层中部的沉积量均比在冠层上部的少。单旋翼无人机在冠层中部的沉积量为 4.94 μg/ 株，占其总沉积量的 17%；多旋翼无人机在冠层中部的沉积量为 3.32 μg/ 株，占其总沉积量的 12%。多旋翼无人机在冠层中部的沉积量比单旋翼无人机的平均少 1.62 μg/ 株，这可能是两种机型的下压风场不同引起的。该试验所用单旋翼无人机的旋翼直径为 2410 mm，多旋翼无人机的旋翼直径为 710 mm，因此，单旋翼无人机的下压风场大，搅动冠层的能力也比多旋翼无人机强。在喷施过程中，由于风场的搅动，小麦冠层会发生位置移动，在冠层摆动过程中，摆动越多，越利于雾滴沉降到冠层中下部。

如图 5-3-3（d）所示，雾滴在小麦冠层下部的沉积量明显比穗部和上部的少，也比中部的少。单旋翼无人机在冠层下部的沉积量为 2.93 μg/ 株，占其总沉积量的 10%；多旋翼无人机在冠层下部的沉积量为 1.45 μg/ 株，仅占其总沉积量的 5%。雾滴在冠层下部沉积很少，可能也是下压风场引起的。单旋翼无人机的下压风场比多旋翼无人机的大，其雾滴在冠层下部的沉积量也比多旋翼无人机的多。

两种类型的无人机其雾滴在小麦穗部的沉积量差异不大。在冠层上部，单旋翼无人机的雾滴沉积量比多旋翼无人机的少，而在冠层中下部，单旋翼无人机的雾滴沉积量比多旋翼无人机的多，这可能是因为单旋翼无人机的下洗气流比多旋翼无人机的大，下洗气流搅动冠层后，雾滴更容易达到冠层中下部。因此，若病虫害的发生位置在冠层中下部，使用单旋翼无人机喷施更合适。

（四）小结

从机型来说，单旋翼无人机和多旋翼无人机由于其机型构造和喷洒系统不同，雾滴在小麦冠层中的沉积分布也具有不同的特点。多旋翼无人机的雾滴更容易沉积在冠层上部，而单旋翼无人机的雾滴在冠层中下部的沉积量比多旋翼无人机的多。

第四节　植保无人机旋翼下方风场对水稻冠层雾滴沉积分布的影响

目前，国内关于植保无人机喷施应用的研究主要集中在航空喷施作业参数对雾滴沉积分布特性影响的层面上，研究结论可以回答"需要飞多快、需要飞多高、需要什么样的喷雾参数"等问题，但尚不能回答"为什么飞这么快、为什么飞这么高、为什么选这样的喷雾参数"等问题。事实上，影响航空喷施雾滴沉积分布特性的主要因素是无人机旋翼下方的风场，其由旋翼风场和外界环境风场共同构成，对航空喷施雾滴沉积规律的研究，需要从根本上考虑旋翼下方风场的影响。张宋超曾通过计算流体力学的方法，在约束条件下对作业过程中的 N-3 型无人直升机的旋翼风场和农药喷洒的两相流进行模拟，来分析雾滴沉积分布情况，但是在实际作业环境中，由于受到外界环境的干扰，模拟作业与实际田间作业有较大区别。而对于植保无人机在田间实际作业时旋翼下方的风场对航空喷施雾滴沉积分布特性影响的研究还未见相关报道。因此，本节试验以单旋翼植保无人机和多旋翼植保无人机为例，通过无人机风场无线传感器网络测量系统测得无人机作业时旋翼下方的风场分布，同时结合雾滴在水稻冠层的沉积情况来研究旋翼下方 X、Y、Z 三个方向的风场对雾滴沉积分布特性的影响，以期揭示植保无人机航空喷施雾滴沉积机理，为优化喷施作业参数和减少航空喷施药液飘移提供理论指导和数据支持。

（一）材料与方法

1. 试验设备

本节试验采用的是深圳高科新农技术有限公司提供的主流机型——HY-B-15L 单旋翼植保无人机（电动）和 M234-AT 四旋翼植保无人机（电动），外形如图 5-4-1 所示，主要性能指标见表 5-4-1。

（a）HY-B-15L 无人机　　　　　　　　　　（b）M234-AT 无人机

图 5-4-1　试验机型

表 5-4-1　无人机主要性能指标

主要参数	规格及数值	
机型型号	HY-B-15L 单旋翼植保无人机	M234-AT 四旋翼植保无人机
外形尺寸（mm×mm×mm）	1760×580×750	950×950×530
主旋翼/尾旋翼直径（mm）	2080/350	768
最大载药量（L）	15	10
作业速度（m/s）	0～8	0～8
作业高度（m）	0.5～3	0.5～3
有效喷幅（m）	4～6	3～5

喷雾系统由 U 形药箱、微型水泵、喷杆、管路、喷头等构成，喷头为扇形喷头，单旋翼无人机喷头数量为 5 个，多旋翼无人机喷头数量为 4 个，喷头沿喷杆方向垂直于飞机中轴线等间距分布，喷头方向朝下，喷洒总流量为 2.4 L/min。

微轻型无人机机载北斗定位系统 UB351 由北斗 UB351 板卡和高速调频双向电台组成，具有 RTK 差分定位功能，其平面精度达（$10+5\times D\times 10^{-7}$）mm，高程精度达（$20+1\times D\times 10^{-6}$）mm，其中，D 表示该系统实际测量的距离，单位为 km。无人机搭载的该系统移动站可绘制作业航线轨迹及给各个风场采样点和雾滴采样点定位坐标，通过北斗定位系统 UB351 绘制的作业轨迹来观察实际作业航线与各采样点之间的关系，并获取无人机喷施作业的飞行参数。

无人机风场测量采用的是无人机风场无线传感器网络测量系统，该系统包括叶轮式风速传感器、风速传感器无线测量节点。叶轮式风速传感器测量每一个采样点处无人机喷施作业时产生的立体三向风速，测量范围为 0 ～ 45 m/s，精度为 ±3%，分辨率为 0.1 m/s。风速传感器无线测量节点由 490 mHz 无线数传模块、微控制器及供电模块组成，实现将风速数据传输到计算机的智能总控汇聚节点。

　　环境监测系统包括便携式风速风向仪和试验用数字温湿度表，便携式风速风向仪用于监测和记录试验时环境的风速和风向，数字温湿度表用于测量试验时环境的温度及湿度。

　　雾滴收集处理设备包括三脚架、扫描仪、夹子、橡胶手套、密封袋、标签纸等。

2. 试验方法

　　（1）试验场地。该试验于湖南省武冈市隆平种业公司杂交水稻制种基地进行，作物生育期为拔节孕穗期，平均高度为 80 cm，水稻采用机械插秧，水稻植株之间的行列间距为 17 cm×14.5 cm。

　　（2）风场测量系统布置。风速传感器无线测量节点的田间布置参照汪沛介绍的三向线阵风场测量方法。风速传感器无线测量节点两两间隔 1 m，沿垂直于无人机航线排列成一行，依次编号 1# ～ 10#，10# 节点用于同步测量对应方向的自然风风速，放置在距离 9# 节点约 15 m 处的远端，且无人机沿 5# 节点正上方进行喷施作业。如图 5-4-2 所示，每个节点上布置 3 个风速传感器，风速传感器轴心的安装方向分别为 X 向，平行于飞行方向；Y 向，垂直于飞行方向；Z 向，垂直于地面方向。

（a）单个测量系统　　　　　　　　（b）整套测量系统

图 5-4-2　风场测量系统现场布点图

　　（3）雾滴采样点布置。如图 5-4-3 所示，雾滴采样带与风场测量带为同一条采样带，即在风速传感器无线测量节点（1# ～ 9#）处设置雾滴采样点，雾滴采样点两两间隔 1 m，且在每个雾滴采样点的竖直方向上，沿水稻植株冠层分上、中、下 3 层布置雾滴采样点，其中，上层与中层、中层与下层均间距 25 cm 左右，下层与地面间距 20 cm 左右。

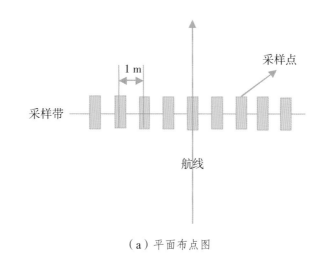

（a）平面布点图

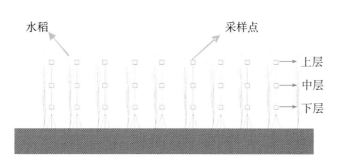

（b）立面布点图

图 5-4-3　雾滴采样点布点示意图

（4）试验设计。此次试验以清水代替药液进行喷施作业，每次试验的液体体积为 5 L，试验采用水敏纸作为雾滴采集卡，尺寸为 26 mm×76 mm。

为保障试验数据的有效性和可对比性，根据已有经验和建议，作业速度选取在 2.5～5.0 m/s 范围内，作业高度选取在 1.5 m 左右，且单旋翼无人机喷施试验分成 6 次进行，多旋翼无人机喷施试验分成 4 次进行。

3. 数据处理

（1）作业参数及轨迹处理。如图 5-4-4 所示，由北斗定位系统 UB351 对布置的各采样点进行定位，获取地理数据后绘制采样点及无人机喷施作业的飞行轨迹。其中，北斗定位系统 UB351 在喷施作业时的轨迹定位频率为 1 Hz。

表 5-4-2 和表 5-4-3 分别为由单旋翼无人机和多旋翼无人机搭载北斗定位系统 UB351 获取的无人机喷施作业参数（飞行高度及不同航线段的飞行速度），试验时间为 16:00～18:00，环境温度为 30 ℃左右，环境湿度为 65% 左右。

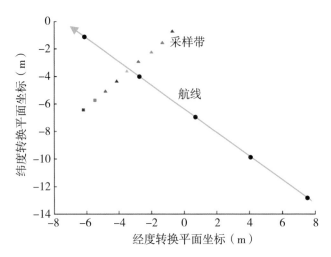

图 5-4-4 雾滴采样带及无人机飞行轨迹图

注：图中不同颜色的小三角和小方块代表采样带上不同位置的采样点，
图中小圆点代表无人机在不同时刻的位置。

表 5-4-2 单旋翼无人机飞行参数

作业参数	第1次	第2次	第3次	第4次	第5次	第6次
飞行速度（m/s）	4.48	4.96	3.53	2.50	3.20	4.12
飞行高度（m）	1.04	1.17	1.44	0.88	0.98	1.25

表 5-4-3 多旋翼无人机飞行参数

作业参数	第1次	第2次	第3次	第4次
飞行速度（m/s）	3.42	3.11	2.80	2.86
飞行高度（m）	1.43	1.08	1.01	2.28

（2）雾滴数据采集与处理。每次飞行完成，待采集卡上的雾滴干燥后，按照序号收集雾滴采集卡，并逐一放入相对应的密封袋中，带回实验室进行数据处理。将收集到的雾滴采集卡逐一用扫描仪扫描，扫描后的图像通过图像处理软件 DepositScan 进行分析，得出不同航空施药参数下的雾滴覆盖率、覆盖密度及沉积量。

为了表征试验中各采样点之间的雾滴沉积均匀性及雾滴在水稻植株间的穿透性，本节采用变异系数（CV）来衡量试验中各采样点之间的雾滴沉积均匀性及雾滴沉积穿透性。在无人机风场无线传感器网络测量系统采集时间段内所采集到的 X、Y、Z 三向风速值中，选取最大的风速值用来表征无人机旋翼下方的风场强度。

为进一步表明无人机旋翼下方风场对水稻冠层雾滴沉积的影响，揭示雾滴沉积分布与旋翼下方三向风场分布之间的关系，对所有试验结果（雾滴沉积结果及风场分布结果）通过 SPSS 16.0 软件，采用逐步回归法进行方差分析和回归分析，建立雾滴沉积分布与风场分布之间的回归方程，并检验其显著性（显著性水平 $P < 0.05$）。

（二）单旋翼无人机喷施试验结果与分析

1. 数据结果与处理

（1）雾滴沉积数据。如图5-4-5所示，分别表示单旋翼无人机6次喷施作业时雾滴在水稻植株上层、中层、下层的雾滴沉积分布情况。

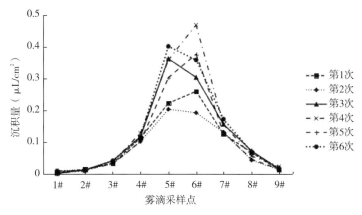

（a）植株上层雾滴沉积分布

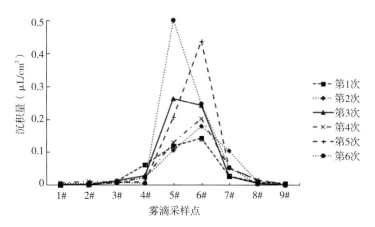

（b）植株中层雾滴沉积分布

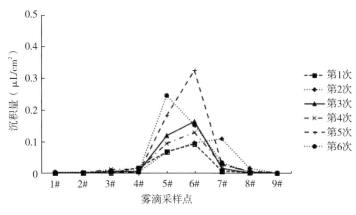

（c）植株下层雾滴沉积分布

图5-4-5　雾滴沉积分布

从图中雾滴在水稻植株各层的分布情况可以看出，航空喷施雾滴在植株各层的沉积趋势基本相同，沉积量从上层到下层依次减少，上层沉积量远高于中层沉积量，而中层沉积量略高于下层沉积量。且雾滴主要沉积在水稻植株上层的4#、5#、6#、7#采样点和中下层的5#、6#采集点，根据雾滴密度评价无人机有效喷幅的方法，4#、5#、6#、7#这4个雾滴采样点上层的雾滴沉积密度均满足评价要求，因此，可以将雾滴采集带上的4# ～ 7#采样点作为本次喷施试验无人机有效喷幅宽度内的采样点。

（2）风场分布数据。如图5-4-6所示，分别表示单旋翼无人机6次喷施作业时风场测量系统测得的水稻冠层上方 X、Y、Z 方向上的三向风场分布情况。

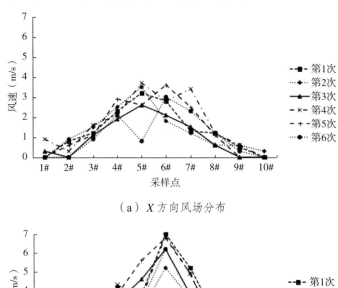

（a） X 方向风场分布

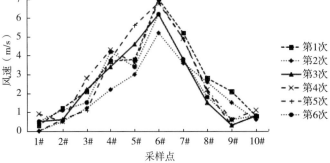

（b） Y 方向风场分布

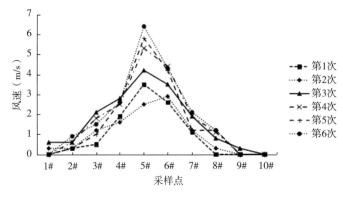

（c） Z 方向风场分布

图 5-4-6　三向风场分布

从图中水稻冠层上方 X、Y、Z 方向的三向风场分布情况可以看出，由于喷施作业飞行参数的不同，每次试验的风场分布情况也存在差异，但风速值大小总体表现出 Y 向 > Z 向 > X 向的趋势，且由于外界环境风场的影响，水平方向上 X、Y 方向的风场随着外界环境风场的方向略有偏移。

2. 风场对有效喷幅区内雾滴沉积的影响

表 5-4-4 为雾滴在有效喷幅区内的沉积分布情况。

表5-4-4　雾滴在有效喷幅区内的沉积分布

试验组号	采集点	平均沉积量（μL/cm²）	穿透性（%）	均匀性（%）
第1次	4#	0.064	60.95	
	5#	0.136	47.54	45.33
	6#	0.164	42.59	
	7#	0.053	98.47	
第2次	4#	0.042	101.03	
	5#	0.125	46.23	38.05
	6#	0.155	27.62	
	7#	0.114	10.41	
第3次	4#	0.049	97.60	
	5#	0.247	40.49	61.72
	6#	0.236	24.31	
	7#	0.066	97.51	
第4次	4#	0.055	95.15	
	5#	0.193	60.70	58.07
	6#	0.266	55.01	
	7#	0.078	71.22	
第5次	4#	0.037	122.81	
	5#	0.230	22.64	76.45
	6#	0.379	12.09	
	7#	0.069	62.34	
第6次	4#	0.041	127.75	
	5#	0.386	28.37	71.65
	6#	0.252	33.42	
	7#	0.086	71.35	

对以上试验结果进行逐步回归分析，可得无人机旋翼下方风场对有效喷幅区内雾滴沉积量影响的方差分析及回归分析结果（表5-4-5）。由方差分析结果可知，因素 Y 向风速对应的显

著性水平值 $P < 0.05$，表明 Y 向风速对有效喷幅区内雾滴沉积量的影响显著；因素 Z 向风速对应的显著性水平值 $P < 0.01$，表明 Z 向风速对有效喷幅区内雾滴沉积量的影响极显著；且回归方程显著性检验的概率 $P=0.011 < 0.05$，因此被解释变量与解释变量全体的线性关系是显著的，可建立线性方程。

表 5-4-5　雾滴沉积量方差分析及回归分析

差异源	回归系数	标准误差	P	显著性	R	R^2
常数项	−0.386	0.130	0.007	**		
Y 向	0.075	0.027	0.011	*	0.869	0.755
Z 向	0.159	0.024	0.000	**		

注：表中 P 表示因素对结果影响的显著性水平值，本研究取显著性水平 $\alpha =0.05$；"**"代表因素对试验结果有极显著影响；"*"代表因素对试验结果有显著影响。

对于雾滴沉积量而言，由回归分析结果可知，回归方程的回归系数依次为 −0.386、0.075、0.159，因此，指标有效喷幅区内雾滴沉积量 y_1 与因素 Y 向风速 v_Y、Z 向风速 v_Z 之间的关系模型为

$$y_1=0.075v_Y+0.159v_Z-0.386 \tag{5.4.1}$$

其中，回归模型的决定系数 R^2 为 0.755。

从所建立的关系模型可以知道，因素 Y 向风速和 Z 向风速的系数均大于 0，为正，表示旋翼下方的 Y 向风速和 Z 向风速与有效喷幅区内雾滴沉积量均呈正相关，采样点上方的 Y 向风速值和 Z 向风速值越大，采样点上的雾滴沉积量就越多。这与实际作业情况是相符的。

3. 风场对有效喷幅区内雾滴沉积穿透性的影响

表 5-4-6 为单旋翼无人机旋翼下方三向风场对有效喷幅区内雾滴在水稻植株冠层沉积穿透性影响的方差分析及回归分析结果。由方差分析结果可知，因素 Z 向风速对应的显著性水平值 $P < 0.05$，表明 Z 向风速对有效喷幅区内雾滴沉积穿透性的影响显著；且回归方程显著性检验的概率 $P=0.025 < 0.05$，因此被解释变量与解释变量全体的线性关系是显著的，可建立线性方程。

表 5-4-6　雾滴沉积穿透性方差分析及回归分析

差异源	回归系数	标准误差	P	显著性	R	R^2
常数项	0.934	0.150	0.000	**	0.456	0.208
Z 向	−0.107	0.045	0.025	*		

对于雾滴沉积穿透性而言，由回归分析结果可知，回归方程的回归系数依次为 0.934、−0.107，因此，指标有效喷幅区内雾滴沉积穿透性 y_2 与 Z 向风速 v_Z 之间的关系模型为

$$y_2=-0.107v_Z+0.934 \tag{5.4.2}$$

其中，回归模型的决定系数 R^2 为 0.208。

4. 风场对有效喷幅区内雾滴沉积均匀性的影响

为表明无人机旋翼下方风场对有效喷幅区内雾滴沉积均匀性的影响，取每次试验中旋翼下方风场 X 向、Y 向、Z 向 3 个方向的峰值来研究三向风场与雾滴沉积均匀性之间的关系。表 5-4-7 为无人机旋翼下方三向风场峰值对有效喷幅区内雾滴在水稻植株冠层沉积均匀性影响的方差分析及回归分析结果。由方差分析结果可知，因素 Z 向峰值风速对应的显著性水平值 $P < 0.05$，表明 Z 向峰值风速对有效喷幅区内雾滴沉积均匀性的影响显著；且回归方程显著性检验的概率 $P=0.011 < 0.05$，因此被解释变量与解释变量全体的线性关系是显著的，可建立线性方程。

表 5-4-7　雾滴沉积均匀性方差分析及回归分析

差异源	回归系数	标准误差	P	显著性	R	R^2
常数项	0.122	0.106	0.031	*	0.915	0.837
Z 向	0.099	0.022	0.011	*		

对于雾滴沉积均匀性而言，由回归分析结果可知，回归方程的回归系数依次为 0.122、0.099，因此，指标有效喷幅区内雾滴沉积均匀性 y_3 与 Z 向峰值风速 $v_{Z\text{-max}}$ 之间的关系模型为

$$y_3=-0.099v_{Z\text{-max}}+0.122 \qquad (5.4.3)$$

其中，回归模型的决定系数 R^2 为 0.837。

在所建立的关系模型中，因素 Z 向峰值风速的系数大于 0，为正，表示 Z 向峰值风速与有效喷幅区内的雾滴沉积均匀性亦呈正相关；在实际喷施作业中，较大的 Z 向垂直风速可以减弱旋翼下方水平风速对雾滴沉积的影响，提高雾滴沉积均匀性。因此，这一模型与雾滴沉积机理分析是相一致的。

5. 风场对雾滴飘移的影响

表 5-4-8 为左、右飘移区内雾滴的飘移量及风场在有效喷幅区边缘的分布情况。表中，从雾滴飘移的角度来看，每次试验右边飘移区的雾滴飘移量均多于左边飘移区的雾滴沉积量；另外，从有效喷幅区边缘风场分布的角度来看，左边缘处（4# 采样点）的 X 向风速值和 Z 向风速值基本上都大于右边缘处（7# 采样点）的风速值，而左边缘处（4# 采样点）的 Y 向风速值基本上都小于右边缘处（7# 采样点）的风速值，刚好与左右两边飘移区内雾滴飘移量的差异相吻合，在一定程度上说明雾滴在沉积过程中容易受到 Y 向风场的影响而发生飘移。

表5-4-8 左、右飘移区内雾滴飘移量及有效喷幅区边缘处风场分布情况

试验组号		有效喷幅区边缘风速（m/s）			雾滴飘移量 （μL/cm²）
		X向	Y向	Z向	
第1次	左边	2.30	3.70	1.90	0.069
	右边	1.30	5.20	1.10	0.096
第2次	左边	2.50	2.20	1.60	0.064
	右边	1.20	3.60	1.20	0.081
第3次	左边	1.90	3.40	2.80	0.074
	右边	1.50	3.80	1.90	0.093
第4次	左边	2.10	4.30	2.50	0.094
	右边	3.40	4.90	1.90	0.102
第5次	左边	2.90	3.80	2.60	0.054
	右边	2.50	4.90	1.20	0.085
第6次	左边	2.10	4.20	2.60	0.088
	右边	2.30	3.80	2.10	0.093

为了更清楚地揭示单旋翼无人机旋翼下方风场对雾滴沉积飘移的影响，取每次试验中有效喷幅边缘处旋翼下方风场 X 向、Y 向、Z 向风速值来研究风场与雾滴沉积飘移之间的关系。表5-4-9 为有效喷幅区内左右边缘处的三向风场对左右飘移区雾滴飘移影响的方差分析及回归分析结果。由方差分析结果可知，因素 Y 向风速对应的显著性水平值 $P < 0.05$，表明有效喷幅内边缘处 Y 向风速对雾滴沉积飘移的影响显著，即无人机旋翼下方 Y 向风场对雾滴沉积飘移的影响显著，且回归方程显著性检验的概率 $P < 0.05$，因此被解释变量与解释变量全体的线性关系是显著的，可建立线性方程。

表5-4-9 雾滴飘移方差分析及回归分析结果

差异源	回归系数	标准误差	P	显著性	R	R^2
常数项	0.035	0.018	0.043	*	0.655	0.429
Y向	0.012	0.004	0.021	*		

对于雾滴沉积飘移而言，由回归分析结果可知，回归方程的回归系数依次为 0.035、0.012，因此，雾滴沉积飘移量 y_4 与 Y 向风速 v_Y 之间的关系模型为

$$y_4 = 0.012v_Y + 0.035 \qquad (5.4.4)$$

其中，回归模型的决定系数 R^2 为 0.429。

6.讨论

风场是影响航空喷施雾滴沉积分布特性的重要因素之一。揭示无人机旋翼下方风场对航空喷施雾滴沉积分布的影响机理，对在实际应用中减少航空喷施药液飘移、提高农药利用率具有重要的指导意义。本研究通过风场测量系统测得单旋翼无人机（电动）旋翼下方的风场分布情况，结合航空喷施雾滴在水稻冠层的沉积情况来分析单旋翼无人机旋翼下方 X 向、Y 向、Z 向风场对雾滴沉积分布的影响，并建立相关模型。

值得注意的是，在所建模型中，风场对有效喷幅区内雾滴沉积量的影响模型和风场对有效喷幅区内雾滴沉积均匀性的影响模型的决定系数 R^2 分别为 0.755 和 0.837，而风场对有效喷幅区内雾滴沉积穿透性的影响模型和有效喷幅区边缘处风场对雾滴飘移的影响模型的决定系数 R^2 分别为 0.208 和 0.429。前两个模型的决定系数 R^2 均大于 0.7，所建立的回归方程在实践中有预测和控制的意义，可以为实际作业应用提供指导，但是后两个模型的决定系数 R^2 均小于 0.5。通过观察雾滴在水稻植株间的沉积分布图可以看出，沉积在水稻植株上层的雾滴主要分布在采样点 4#、5#、6#、7# 上；沉积在水稻植株中层、下层的雾滴主要分布在采样点 5#、6# 上，且两侧采样点上的雾滴沉积量骤减。分析造成这一现象的主要原因是，无人机旋翼下方的垂直方向风场（Z 向风场）较强而导致航线中心区域的水稻向两侧倒伏，使植株中层、下层的采样点不能正常收集雾滴。这一现象与正常作业情况基本吻合。

另外，在模型分析中，风场对有效喷幅区内雾滴沉积量的影响模型和风场对有效喷幅区内雾滴沉积均匀性的影响模型，其中的雾滴沉积量以水稻植株上层的为主，从雾滴在水稻植株间的沉积分布图可以看出，水稻倒伏现象对植株上层的雾滴沉积量的影响较小，因此，这两个模型受到的影响亦较小。而风场对有效喷幅区内雾滴沉积穿透性的影响模型和有效喷幅区边缘处风场对雾滴飘移的影响模型，考虑的是植株上、中、下 3 层的雾滴沉积量，且从表 5-4-4 中可以看出，有效喷幅边缘两侧采样点 4# 和 7# 的雾滴穿透性明显高于航线中间采样点 5# 和 6# 的雾滴穿透性，这两个模型受水稻植株倒伏的影响明显，因此导致这两个模型的决定系数 R^2 较小。这也从理论的角度为风场对雾滴沉积分布的影响模型提供了理论支撑。

（三）多旋翼无人机喷施试验结果与分析

1.数据处理结果

（1）雾滴沉积数据。如图 5-4-7 所示，分别表示多旋翼无人机 4 次喷施作业时雾滴在水稻植株上层、中层、下层的沉积分布情况。

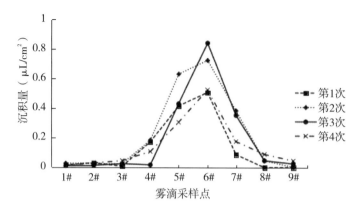

（a）植株上层雾滴沉积分布

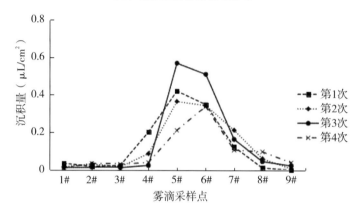

（b）植株中层雾滴沉积分布

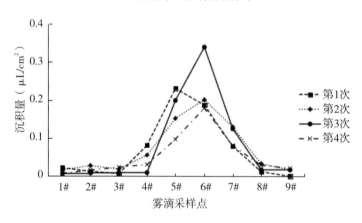

（c）植株下层雾滴沉积分布

图 5-4-7　雾滴在水稻植株上层、中层、下层的沉积分布情况

　　从图中雾滴在水稻植株各层的分布情况可以看出，航空喷施雾滴在植株各层的沉积趋势基本相同，沉积量从上层到下层依次减少，上层沉积量略高于中层沉积量，而中层沉积量高于下层沉积量；雾滴主要沉积在水稻植株上层的 4#、5#、6#、7# 采样点，根据雾滴密度评价无人机有效喷幅的方法，第 1 次试验和第 2 次试验中的 4#、5#、6#、7# 采样点、第 3 次试验中的 5#、6#、7# 采样点及第 4 次试验中的 4#、5#、6#、7#、8# 采样点上层的雾滴沉积密度均满足评价要

求，因此，可以将上述雾滴采样点作为本次喷施试验中无人机有效喷幅宽度内的采样点。

（2）风场分布数据。如图5-4-8所示，分别表示多旋翼无人机4次喷施作业时风场测量系统测得的水稻冠层上方 X、Y、Z 方向的风场分布情况。

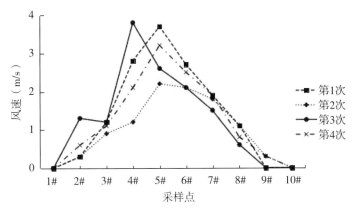

（a）X 方向风场分布

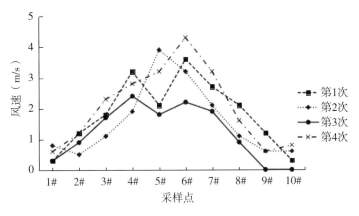

（b）Y 方向风场分布

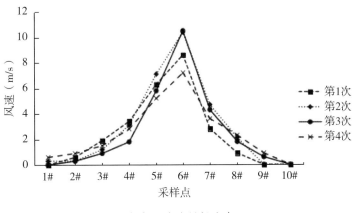

（c）Z 方向风场分布

图 5-4-8　水稻冠层上方 X、Y、Z 方向风场分布情况

从图中水稻冠层上方 X、Y、Z 方向的风场分布情况可以看出，由于喷施作业飞行参数不同，每次试验的风场分布情况也存在差异，但风速值大小总体表现出 Z 向＞ Y 向＞ X 向的趋势。

2. 风场对有效喷幅区内雾滴沉积的影响

表 5-4-10 为雾滴在有效喷幅区内的沉积分布情况。

表 5-4-10 有效喷幅区内雾滴沉积分布情况

试验组号	采集点	平均沉积量（μL/cm²）	下层沉积量（μL/cm²）
第 1 次	4#	0.151	0.081
	5#	0.356	0.231
	6#	0.348	0.187
	7#	0.096	0.079
第 2 次	4#	0.108	0.055
	5#	0.383	0.152
	6#	0.423	0.201
	7#	0.242	0.13
第 3 次	5#	0.400	0.199
	6#	0.564	0.340
	7#	0.214	0.125
第 4 次	4#	0.059	0.030
	5#	0.204	0.097
	6#	0.347	0.179
	7#	0.121	0.081
	8#	0.072	0.029

对以上试验结果进行逐步回归分析，可得多旋翼无人机旋翼下方风场对有效喷幅区内雾滴沉积量影响的方差分析及回归分析结果（表 5-4-11）。由方差分析结果可知，因素 X 向和 Y 向风速对应的显著性水平值分别为 0.477 和 0.114，因素 Z 向风速对应的显著性水平值 $P < 0.01$，表明 X 向和 Y 向风速对有效喷幅区内雾滴沉积量的影响不显著，Z 向风速对有效喷幅区内雾滴沉积量的影响极显著；且回归方程显著性检验的概率 $P < 0.01$，因此被解释变量与解释变量全体的线性关系是极显著的，可建立线性方程。

表 5-4-11 有效喷幅区内雾滴沉积量方差分析及回归分析结果

差异源	回归系数	标准误差	P	显著性	R	R^2
常数项	−0.036	0.033	0.301	—	0.932	0.868
Z 向	0.053	0.006	0.000	**		

注：表中 P 表示因素对结果影响的显著性水平值，本研究取显著性水平 $\alpha =0.05$；表中"**"代表因素对试验结果有极显著影响；表中"*"代表因素对试验结果有显著影响；表中"—"代表因素对试验结果无显著影响。

对于雾滴沉积量而言，由回归分析结果可知，回归方程的回归系数依次为 −0.036、0.053，但常数项的显著性水平值 $P > 0.05$，应予以剔除，因此，指标有效喷幅区雾滴沉积量 y_1 与因素

Z 向风速 v_Z 之间的关系模型为

$$y_1=0.053v_Z \tag{5.4.5}$$

其中，回归模型的决定系数 R^2 为 0.868。

在所建立的关系模型中，因素 Z 向风速的系数大于 0，为正，表示旋翼下方 Z 向垂直风速与有效喷幅区内的雾滴沉积量是正相关，Z 向风速越大，有效喷幅区内雾滴受垂直下旋风场的影响沉积的越多。这与雾滴沉积机理分析、实际作业情况是相一致的。

3. 风场对有效喷幅区内雾滴沉积穿透性的影响

为表示多旋翼无人机旋翼下方风场对有效喷幅区内雾滴沉积穿透性的影响，取雾滴在有效喷幅区内采样点下层的沉积量来表示雾滴穿透性的好坏。表 5-4-12 为无人机旋翼下方三向风场对有效喷幅区内雾滴在水稻植株冠层沉积穿透性影响的方差分析及回归分析结果。由方差分析结果可知，因素 X 向风速对应的显著性水平值为 0.056，因素 Y 向风速对应的显著性水平值 $P < 0.05$，因素 Z 向风速对应的显著性水平值 $P < 0.01$，表明 X 向风速对有效喷幅区内雾滴沉积穿透性的影响不显著，Y 向风速对有效喷幅区内雾滴沉积穿透性的影响显著，Z 向风速对有效喷幅区内雾滴沉积穿透性的影响极显著。回归方程显著性检验的概率 $P < 0.01$，因此被解释变量与解释变量全体的线性关系是极显著的，可建立线性方程。

表 5-4-12　沉积穿透性方差分析及回归分析

差异源	回归系数	标准误差	P	显著性	R	R^2
常数项	0.045	0.033	0.200	—		
Y 向	−0.028	0.004	0.037	*	0.918	0.842
Z 向	0.031	0.045	0.000	**		

对于雾滴沉积穿透性而言，由回归分析结果可知，回归方程的回归系数依次为 0.045、−0.028、0.031，但常数项的显著性水平值 $P > 0.05$，应予以剔除。因此，指标有效喷幅区雾滴沉积穿透性 y_2 与因素 Y 向风速 v_Y 和 Z 向风速 v_Z 之间的关系模型为

$$y_2=-0.028v_Y+0.031v_Z \tag{5.4.6}$$

其中，回归模型的决定系数 R^2 为 0.842。

在所建立的关系模型中，因素 Y 向风速的系数小于 0，为负，表示有效喷幅区内雾滴沉积穿透性与 Y 向风速呈负相关；因素 Z 向风速的系数大于 0，为正，表示有效喷幅区内雾滴沉积穿透性与 Z 向风速呈正相关。水平方向上的风场会阻碍雾滴在植株间的穿透，垂直方向上的风场会促进雾滴在植株间的穿透，即 Y 向风速值越大、Z 向风速值越小，有效喷幅区内雾滴沉积穿透性越差；Y 向风速值越小、Z 向风速值越大，有效喷幅区内雾滴沉积穿透性越好。此模型与雾滴沉积机理分析互为补充。

4. 风场对有效喷幅区内雾滴沉积均匀性的影响

为表明多旋翼无人机旋翼下方风场对有效喷幅区内雾滴沉积均匀性的影响，取每次试验中旋翼下方风场 X 向、Y 向、Z 向的峰值来研究三向风场与雾滴沉积均匀性之间的关系。表5-4-13为多旋翼无人机旋翼下方有效喷幅区内三向风场峰值与雾滴在水稻植株冠层沉积均匀性结果。由表中数据可以看出，当 X 向、Y 向、Z 向风速分别为2.60 m/s、2.20 m/s、10.50 m/s时，有效喷幅区内的雾滴沉积均匀性达到最佳，为36.44%；当 X 向、Y 向、Z 向风速分别为3.20 m/s、4.30 m/s、7.20 m/s时，有效喷幅区内的雾滴沉积均匀性最差，为66.28%。这说明旋翼下方水平方向上的 X 向、Y 向风速和垂直方向上的 Z 向风速共同影响着有效喷幅区内的雾滴沉积均匀性，当水平方向上的 X 向、Y 向风速峰值越大、垂直方向上的 Z 向风速峰值越小时，雾滴沉积均匀性越差；当 X 向、Y 向风速峰值越小、Z 向风速峰值越大时，雾滴沉积均匀性越好。这表明当水平方向上的风场较大时，会扰乱垂直方向上的风场而造成旋翼下方出现紊流，从而降低雾滴沉积均匀性；而垂直方向上的 Z 向风场较大时，则会减弱其他方向上风场的影响，从而提高雾滴沉积均匀性。此现象与实际作业情况是相吻合的。

表5-4-13　有效喷幅区内三向风场最大值及雾滴沉积均匀性

试验组号	最大风速值（m/s）			沉积均匀性（%）
	X 向	Y 向	Z 向	
第1次	3.70	3.60	8.60	48.64
第2次	2.20	3.90	10.40	42.97
第3次	2.60	2.20	10.50	36.44
第4次	3.20	4.30	7.20	66.28

5. 风场对雾滴飘移的影响

表5-4-14为左、右飘移区内雾滴飘移量及风场在有效喷幅区两侧边缘采样点处的分布情况。

表5-4-14　左、右飘移区内雾滴飘移量及有效喷幅区两侧边缘采样点处风场分布情况

试验组号		有效喷幅区边缘风速（m/s）			雾滴飘移量（μL/cm²）
		X 向	Y 向	Z 向	
第1次	左边	2.80	3.20	3.40	0.166
	右边	1.90	2.70	2.80	0.230
第2次	左边	1.20	1.90	3.10	0.197
	右边	1.80	2.10	4.70	0.164
第3次	左边	2.60	1.80	5.80	0.156
	右边	1.50	1.90	4.30	0.172
第4次	左边	2.10	2.80	2.80	0.203
	右边	0.80	1.60	2.30	0.320

为了清楚地揭示多旋翼无人机旋翼下方风场对雾滴沉积飘移的影响，取每次试验中有效喷幅两侧边缘处旋翼下方风场 X 向、Y 向、Z 向的风速值来研究风场与雾滴沉积飘移之间的关系。表 5-4-15 为有效喷幅区内左右边缘处的三向风场对左右飘移区雾滴飘移影响的方差分析及回归分析结果。由方差分析结果可知，因素 X 向风速对应的显著性水平值为 0.179，因素 Y 向风速对应的显著性水平值为 0.051，因素 Z 向风速对应的显著性水平值 $P < 0.05$。这表明有效喷幅内边缘处 X 向和 Y 向风速对有效喷幅区内雾滴沉积飘移的影响均不显著，有效喷幅内边缘处 Z 向风速对雾滴沉积飘移的影响显著，即多旋翼无人机旋翼下方 Z 向风场对雾滴沉积飘移的影响显著，且回归方程显著性检验的概率 $P < 0.05$，因此被解释变量与解释变量全体的线性关系是显著的，可建立线性方程。

表 5-4-15　雾滴飘移方差分析及回归分析结果

差异源	回归系数	标准误差	P	显著性	R	R^2
常数项	0.324	0.048	0.001	**		
Z 向	−0.034	0.013	0.036	*	0.738	0.545

对于雾滴沉积飘移而言，由回归分析结果可知，回归方程的回归系数依次为 0.324、−0.034，因此，雾滴沉积飘移量 y_3 与 Z 向风速 v_z 之间的关系模型为

$$y_3 = -0.034 v_z + 0.324 \tag{5.4.7}$$

其中，回归模型的决定系数 R^2 为 0.545。

在雾滴沉积飘移模型中，因素 Z 向风速的系数小于 0，为负，表示雾滴沉积飘移量与 Z 向风速呈负相关，即说明旋翼下方垂直方向上的风场对雾滴飘移有抑制作用。垂直风场越强，雾滴飘移量越少，此现象与雾滴沉积机理是极其吻合的。

另外值得注意的是，此回归模型的决定系数 R^2 为 0.545，低于标准值 0.7。已有的试验研究表明，在实际航空喷施作业中，垂直于飞行方向的水平 Y 向风速对雾滴飘移有一定程度的影响。但在此次模型中，因素 Y 向风速并没有包含在此回归模型之中，而 Y 向风速对应的显著性水平值 P 为 0.051，因此，我们认为是由于航线中心两侧采样点的距离不同及一定试验误差的影响，从而造成此回归模型的相关系数较低。

（四）讨论

本研究通过航空喷施试验初步证实了无人机旋翼下方风场对航空喷施雾滴沉积分布的影响作用是真实存在的，即无人机旋翼下方风场对雾滴在作物植株上的沉积有着不同程度的影响。需注意的是，风场会造成航线两侧的农作物出现倒伏现象，从而减少雾滴在农作物中下层的有效沉积，由于我国无人机机型多样、作业对象（农作物）品种繁多、作物倒伏程度不一、作业环境复杂多变，因此无人机旋翼下方风场对航空喷施雾滴沉积分布的影响机理研究在未来将会

有巨大的研究潜力。同时，为保证雾滴在作物植株不同位置上的有效沉积，我们应该合理地选择较好的作业参数来提高喷施作业的效率和效益。

另外，需要指出的是，本次试验采用的雾滴沉积采集范围为9 m。为揭示出无人机旋翼下方风场对雾滴沉积飘移的影响，故取有效喷幅区外左、右飘移区内的雾滴沉积量来表征其影响关系。通过雾滴沉积分布结果可以看出，离有效喷幅区越远，雾滴沉积量越少，较远处的雾滴飘移量占雾滴飘移总量很少的一部分；本研究所采取的此种研究方法会对试验结果产生一定的误差，但在一定程度上反映出了无人机旋翼下方风场对雾滴沉积飘移的影响关系。因此，将来的研究工作需要扩大雾滴采集范围及增加试验次数，在大样本量数据采集的基础上，建立准确的无人机旋翼下方风场对雾滴沉积分布的影响模型，以进一步为优化喷施作业产生的风场参数和减少航空喷施药液飘移提供理论指导和数据支持。

（五）小结

本次试验以单旋翼植保无人机和多旋翼植保无人机为例，通过无人机风场无线传感器网络测量系统测得无人机在不同飞行参数下喷施作业时旋翼下方的风场分布，同时结合雾滴在水稻冠层的沉积情况来研究旋翼下方 X、Y、Z 三个方向的风场对雾滴沉积分布特性的影响，结果如下：

（1）对于单旋翼植保无人机而言

①无人机旋翼下方风场 Y 向风速对有效喷幅区内雾滴沉积量的影响显著，Z 向风速对有效喷幅区内雾滴沉积量的影响极显著，有效喷幅区内雾滴沉积量与因素 Y 向风速和 Z 向风速之间的回归模型的决定系数 R^2 为 0.755，可以为实际作业提供指导。

②在无人机旋翼下方的三向风场中，仅 Z 向风场对有效喷幅区内雾滴沉积穿透性和雾滴沉积均匀性的影响显著，有效喷幅区内雾滴沉积均匀性与因素 Z 向风场之间的回归模型的决定系数 R^2 为 0.837，可以为实际作业提供指导。

③有效喷幅内边缘处的 Y 向风速对雾滴沉积飘移的影响显著，表明单旋翼无人机旋翼下方 Y 向风场对雾滴沉积飘移的影响显著。

④在无人机航空喷施作业过程中，垂直方向上的下旋风场（Z 向风场）对有效喷幅区内的雾滴沉积量及雾滴在作物冠层间的穿透性均有影响，需注意的是，下旋风场同时会造成航线两侧的农作物出现倒伏现象，从而减少雾滴在农作物中下层的有效沉积。

（2）对于多旋翼植保无人机而言

①旋翼下方 X 向和 Y 向风场对有效喷幅区内雾滴沉积量的影响不显著，Z 向风场的影响极显著，且有效喷幅区内雾滴沉积量与 Z 向风场之间的回归模型的决定系数 R^2 为 0.868，可以为实际作业提供指导。

②旋翼下方 X 向风场对有效喷幅区内雾滴沉积穿透性的影响不显著，Y 向风场的影响显著，Z 向风场的影响极显著，有效喷幅区内雾滴沉积穿透性与 Y 向和 Z 向风场之间的回归模型的决

定系数 R^2 为 0.842，可以为实际作业提供指导。

③旋翼下方水平方向上的风场和垂直方向上的风场共同影响着有效喷幅区内的雾滴沉积均匀性，当水平方向上的 X 向、Y 向风速峰值越大，垂直方向上的 Z 向风速峰值越小时，雾滴沉积均匀性越差；当 X 向、Y 向风速峰值越小，Z 向风速峰值越大时，雾滴沉积均匀性越好。

④旋翼下方 Z 向风场对雾滴沉积飘移的影响显著，且对雾滴飘移有一定的抑制作用，即垂直风场越强，雾滴飘移量越少。

第五节　作业高度对槟榔雾滴沉积分布与飘移的影响

槟榔主要分布在我国海南、台湾和云南。2018 年，海南种植槟榔面积达 15.5 万 hm^2，大部分集中在丘陵坡地上，占全国槟榔种植面积的 95% 以上。我国槟榔病虫害主要有槟榔黄化病、细菌性叶斑病、果腐病、红脉穗螟、椰心叶甲、红棕象甲等。其中槟榔黄化病目前尚没有根治办法，实际生产中主要以预防为主，该病的发病部位主要集中在叶片及花茎部位，可危害槟榔植株任何生长阶段，一般槟榔园发病率为 10% ～ 30%，重病区可达 90%，造成减产 70% ～ 80%。细菌性叶斑病和果腐病主要集中在叶片、果实、心叶及茎秆上。槟榔褐根病及黑纹根腐病则主要集中在根部及根茎部位，其他槟榔常见病亦主要集中在这些部位。研究者在当地农户中调查得知，一般槟榔的发病部位多集中在叶面、叶心及花果。槟榔树在进入成熟期后，树高可达 10 ～ 20 m，近几年新槟榔品种培育的 7 ～ 8 年树龄树高可控制在 8 ～ 9 m。槟榔树在幼苗时期可人工施药，树高超过 2 m 时人工施药难度大大增加，且槟榔树大部分生长在丘陵地带，施药就更加困难，果农对 3 m 以上的槟榔树大都采用粗放式管理，槟榔树急性患病时会带来灾难性损失。

目前，植保无人机在低矮作物的喷施应用中已经取得较好的效果，对高秆作物的喷施效果还在研究中。国内一些学者如秦维彩等已在玉米、甘蔗等高秆作物上使用单旋翼无人机喷施并对不同作业参数下的雾滴沉积分布规律进行了总结，得出玉米生长后期喷施高度与雾滴沉积效果的关系并给出了最佳作业高度。

目前，海南岛槟榔病虫害防治已经开始采用无人机作业，但由于受槟榔树外形和生长高度的限制，研究难度大，故关于槟榔树的无人机飞防试验还未有报道。本研究基于 3WQF120-12 单旋翼无人机在不同作业高度下，从提高冠层沉积分布和沉积穿透性、降低地面流失等角度出发，筛选出适合槟榔喷施作业的单旋翼无人机作业参数，以期为单旋翼无人机在槟榔树上的飞防应用提供数据和理论支撑。

（一）材料与方法

1. 试验设备

本次试验采用安阳全丰生物科技有限公司生产的3WQF120-12单旋翼无人机（简称全丰3WQF120-12），飞控系统为全自主方式，可定高、定速作业。喷洒杆长度为1.25 m，最大起飞质量为47 kg，喷施现场如图5-5-1所示。无人机主要参数见表5-5-1，喷头为德国Lechler公司生产的LU120-015型扇形喷嘴。

试验环境监测系统使用Kestrel气象计（美国NK公司），型号为NK-5500，用于监测和记录环境风速、风向、温度、湿度等。气象计放置在上风向距离槟榔田5 m的空地上，采集数据时间间隔为5 s。气象计从试验预备活动时即启动直至所有试验测试完毕，每个架次的精准作业时刻由北斗系统记录，根据北斗系统记录的时刻从全部气象数据中截取试验时间段的环境气象数据。北斗定位系统为航空用北斗定位系统UB351，具有RTK差分定位功能，平面精度达 $(10+5 \times D \times 10^{-7})$ mm，高程精度达 $(20+1 \times D \times 10^{-6})$ mm，其中D表示该系统实际测量的距离，单位为km，数据采集间隔0.1 s，实时记录无人机飞行轨迹。

图 5-5-1　全丰 3WQF120-12 喷施槟榔现场

表 5-5-1　全丰 3WQF120-12 无人机主要参数

主要参数	数值
整机尺寸（mm×mm×mm）	2130×700×670
主旋翼直径（mm）	2410
最大载药量（L）	12
喷头数量（个）	3
喷洒幅宽（m）	4～6
续航时间（min）	≥25

2. 试验方法

（1）试验场地。试验场地位于海南省澄迈县国家精准农业航空施药技术国际联合研究中心槟榔示范基地。

槟榔树树龄 6 年，处于花果期（树干上即将鼓包开花）。树高范围为 4.7 ～ 6.3 m，种植密度为 1800 株 /hm²，郁闭度约为 0.4，叶面积指数范围为 1.01 ～ 1.91，槟榔树之间的行列间距为 2.0 m×2.5 m。采样槟榔植株及采样点布置如图 5-5-2 所示。

（a）采样槟榔植株　　　　　　　　　　　　　　　（b）采样点布置

图 5-5-2　采样槟榔植株及采样点布置图

（2）采样点设计。由于槟榔树种植方式、生长习性、植株外形、冠层结构与水稻等大田作物不同，预试验显示雾滴沉积量测试结果变异系数较大，为了保证试验数据的准确性，在槟榔园的前、中、后区域各取 3 排、每排 3 棵，树形、树高、叶面积指数均相近的共 9 棵树作为布点对象，以便获取更客观和更具有参考价值的数据。平均树高为 4.9 m，叶面积指数表示植物叶片总面积与土地面积的比值，它与植被的密度、树木的生物学特性和环境条件有关，使用 CI-110 植物冠层图像分析仪（美国 CID 公司）测得采样植株平均叶面积指数为 1.27，平均叶面积指数为 9 棵采样植株叶面积指数的平均值。如图 5-5-3 所示，采样分为 3 部分：第 1 部分为槟榔树冠层和树果层雾滴采样，第 2 部分为地面流失雾滴采样，第 3 部分为飘移带雾滴采样。

①槟榔树冠层和树果层雾滴采样布置方式。槟榔树冠层顶部横向面积较小，树叶与树干夹角较小，属于容易发生病虫害的叶心部位；中部横向面积较大，树叶与树干夹角增大且数量密集，是槟榔树叶片易发生病虫害的重要部位；槟榔树结果的树干部分为病虫害重点防治部位。树上采样共分为 3 层，冠层雾滴采样分为 2 层，第 1 层布置在距离树顶约 0.5 m 的上层位置，叶面与树干夹角 30° ～ 50°，圆形布置，直径约 1.2 m，包括圆心 1 个点和圆周等间距布置 8 个点，共 9 个采样点；第 2 层布置在距离第 1 层约 0.5 m 的树冠下层位置，从树顶数约第 3 个叶片，圆形布置，直径约 1.5 m，叶面与树干夹角 60° ～ 80°，包括圆心 1 个点和圆周等间

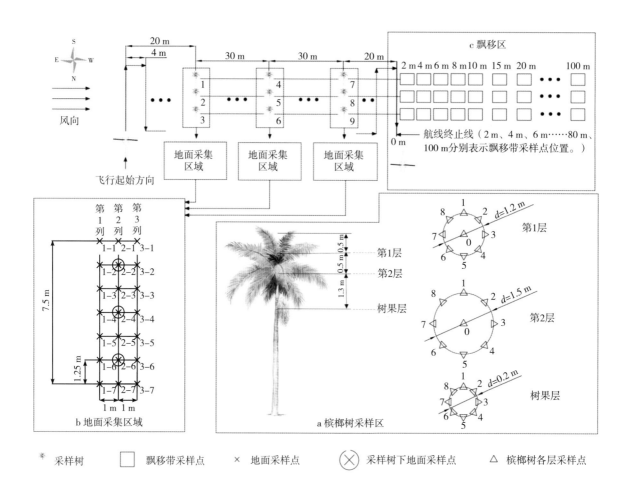

图 5-5-3　试验方案示意图

距布置 8 个点, 共 9 个采样点; 第 3 层布置在树果层, 距离第 2 层约 1.3 m 的位置, 直接用图钉布点在树干上, 圆形布置, 直径约 0.2 m, 圆周等间距布置 8 个采样点。此次试验, 圆周等间距布置 8 个采样点, 圆心 1 个采样点, 较传统病虫害取样东、南、西、北、中 5 个取样位置多 3 个采样点。每棵树共计布置采样点 26 个, 9 棵树共计 234 个采样点。每个采样点事先用已编号的白色滤纸钉在树上做好标记, 以便准确收取样本和放置样本。

②地面流失雾滴采样布置方式。地面采样分为 A、B、C 3 块, 作为 3 个重复。每块地面雾滴采样区域包含 3 棵槟榔树, 布置 3 列, 每列 7 个, 共 21 个采样点。第 1 列为上风向位置, 第 2 列包含了槟榔树根部的 3 个采样点, 第 3 列为下风向位置。采样点的布置, 综合考虑了槟榔树之间空隙的地面雾滴流失和受槟榔树冠层截取雾滴后槟榔树根部区域的地面流失。雾滴采集卡布置在万向夹上, 万向夹固定在插入地里的 PVC 管上, 万向夹距离地面约 30 cm 处, 每个架次飞过共计 63 个地面流失雾滴采样点。

③飘移带雾滴采样布置方式。航线终止位置右侧 2m 处为累积飘移起始位置, 航线终止线设为 0 点, 依次在 2 m、4 m、6 m、8 m、10 m、15 m、20 m、30 m、40 m、50 m、60 m、80 m、100 m 共 13 处设置采样点。雾滴采集卡布置在万向夹上, 万向夹固定在插入地里的 PVC 管上,

万向夹距离地面约 30 cm 处。飘移采样带共 3 条，每个架次飞过共计 39 个飘移雾滴采样点。

（3）作业参数。受槟榔树树高及重复 9 棵样本的限制，试验布点难度大，危险性高，每次试验布点消耗时间约为 2.5 h，为获得客观稳定的测试结果，需要在同一天、环境气象相近的条件下作业，结合农户喷施槟榔及文献中的经验，发现作业高度对喷施效果的影响较大，故本次试验在保持喷量相同的条件下，通过改变作业高度对雾滴的沉积分布与飘移规律进行研究。无人机作业速度与田间实际作业时一致，定为 1.5 m/s。无人机作业模式与田间实际作业模式一致，即从地头第 1 列槟榔树上方开始起飞，飞行间距为 4 m，往复式作业，飞行区域总宽度为 100 m，飞行长度为 30 m。为了保证试验样本采集雾滴的准确性，无人机每个架次起落都在采样区域 20 m 以外。作业高度定为 10.5 m、11.5 m 和 12.0 m（距离地面高度），每公顷喷量定为 75 L。由于需要在同一个采样位置进行重复喷施试验，为避免因重复喷施农药而产生药害，故用质量分数为 0.5% 诱惑红染色剂代替农药进行喷施。雾滴采集卡为铜版纸，卡片尺寸为 75 mm × 25 mm。无人机作业完毕后根据北斗实时轨迹图处理得到 3 个架次的最终作业参数（表 5-5-2）。

表 5-5-2　3 个架次的最终作业参数

参数	第 1 架次	第 2 架次	第 3 架次
平均作业速度（m/s）	1.46	1.43	1.42
平均作业高度（m）	12.09	11.46	10.40
每公顷喷量（L/hm²）	79.05	80.70	81.30
喷头总流量（L/min）	2.77	2.77	2.77
平均温度（℃）	26.35	27.20	24.89
平均湿度（%）	57.65	59.86	65.50
平均风速（m/s）/风向	2.48/ 东南	1.78/ 东南	1.89/ 东南

（二）数据处理方法

无人机作业每个架次执行完毕后，待采集卡完全干燥后，试验人员戴一次性手套将各采样位置的采集卡收入指定信封中，收齐后再用自封袋封装放入冰盒保存。试验结束后，将收集到的采集卡带回实验室，用扫描仪按照规定设置相应参数逐一扫描。扫描后的图像通过图像处理软件 DepositScan 进行分析，即可得出雾滴沉积量、雾滴粒径及雾滴覆盖率等数据。

1. 变异系数

变异系数可以描述一组数据的均匀性，在本研究中，可以描述每个样本数据之间的变异程度，变异系数越大，代表数据变化幅度越大，均匀性越差。

2.沉积水平

沉积水平是指雾滴沉积量占喷雾量的百分比（%），即沉积量与设定每公顷喷量计算的平均理论沉积量之比，沉积水平越高则回收率越高。沉积水平（k）计算公式为

$$k=\frac{\beta_{dep}}{\beta_v} \times 10000 \tag{5.5.1}$$

式中，β_{dep} 为雾滴沉积量，$\mu L/cm^2$；β_v 为喷雾量，L/hm^2。

（三）结果与分析

1.槟榔树冠层雾滴沉积量分布

试验时将雾滴采集卡按照叶片生长角度布置，雾滴在雾滴采集卡的分布能够近似表达雾滴在叶面的沉积量状况，且各个架次之间的差异能够说明作业参数对沉积量的影响。雾滴采集卡扫描图及数据测试界面如图 5-5-4 所示。

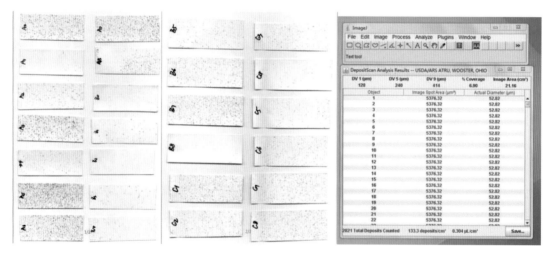

图 5-5-4　雾滴采集卡扫描图及数据测试界面

利用 Dunn-Sidak（Pro）及 Tukey 检验法对试验数据进行数理统计分析，结果显示：3 个高度对槟榔树同一层雾滴沉积量没有显著性影响，但是同一架次下各层之间的雾滴沉积量分布具有显著性差异。

将同一架次各层的平均沉积量和雾滴分布均匀性进行统计（表 5-5-3），雾滴分布均匀性用变异系数表示，变异系数越小，说明雾滴分布均匀性越好。从表 5-5-3 中可以看出，各个架次在各层的雾滴沉积量显著性差异情况相同，均为第 1 层与第 2 层有显著性差异（$P < 0.05$），第 1 层与树果层有极显著性差异（$P < 0.01$），第 2 层与树果层无显著性差异（$P > 0.05$）。

表5-5-3　槟榔树各层的平均沉积量和雾滴分布均匀性

作业高度（m）	采样位置	沉积量均值（μL/cm²）	沉积量分布均匀性（%）	单位面积覆盖率均值（%）	单位面积覆盖率分布均匀性（%）	雾滴体积中径均值（μm）	雾滴体积中径分布均匀性（%）
第1架次12.09	第1层	（0.267±0.034）a	38.18	（5.13±0.58）a	33.68	（272±13）a	14.16
	第2层	（0.152±0.025）b	49.51	（3.68±0.70）ab	57.26	（276±11）a	11.70
	树果层	（0.117±0.020）b	47.40	（2.52±0.40）b	44.51	（245±7）a	8.18
第2架次11.46	第1层	（0.397±0.088）a	66.45	（4.78±0.61）a	38.27	（309±11）a	10.61
	第2层	（0.162±0.016）b	30.09	（4.16±0.78）a	56.08	（277±15）a	16.62
	树果层	（0.076±0.016）b	57.92	（1.56±0.29）b	53.24	（226±8）b	9.74
第3架次10.40	第1层	（0.433±0.042）a	29.07	（6.62±0.53）a	23.84	（368±15）a	11.86
	第2层	（0.256±0.047）b	55.72	（4.28±0.75）b	52.59	（318±13）b	12.46
	树果层	（0.121±0.025）b	59.32	（2.40±0.44）b	51.42	（230±7）c	8.74

注：表中数据为"均值 ± 标准差"，数值后不同小写字母表示经 Dunn-Sidak（Pro）及 Tukey 检验法在 0.05 水平上的差异显著不同。

图 5-5-5 为不同架次下各采样层的雾滴沉积分布情况，不同作业高度对槟榔树上同一采样层的雾滴沉积量影响十分明显。第 3 架次在 3 个采样层的平均雾滴沉积量最大，在第 1 层的雾滴沉积量均匀性最好，变异系数为 29.07%；第 2 架次雾滴沉积量在第 1 层各个采样点的变异系数最大，分布最不均匀，变异系数达到 66.45%；第 1 架次总雾滴沉积量最小，第 1 层平均雾滴沉积量比其他 2 个架次明显减小。计算各个架次 3 层雾滴沉积量平均值的变异系数并以此来反映雾滴沉积穿透性，由计算结果可知，3 个架次中，第 1 架次穿透性最好，变异系数为 43.92%；第 2 架次穿透性最差，变异系数为 78.50%；第 3 架次穿透性居中，变异系数为 57.95%。第 2 架次和第 3 架次环境风速基本相同，雾滴沉积量数值差异主要由无人机作业高度决定，作业高度为 10.40 m 时，雾滴沉积量明显增加，总体均值提高 25% 以上，特别是第 2 层和树果层的雾滴沉积量均值分别提高 58.02% 和 59.21%，穿透性提高约 20%。由于无人机作业速度很慢，约为 1.43 m/s，旋翼风场作用时间相对较长，在 11.46 m 的作业高度，环境风速 2 m/s 以下，垂直向下的旋翼风场能够显著提高平均雾滴沉积量和穿透性水平，同样由于旋翼风场的下洗气流影响，第 2 层雾滴沉积量分布不均性也明显增加，树果层的雾滴沉积分布均匀性相差不大，由于树果层距离第 1 层高度约 1.8 m 且上层空间被叶面覆盖，着药主要依靠树叶间隙中的细小雾滴。对比第 1 架次和第 2 架次，第 1 架次环境风速相对较大，作业高度相对第 2 架次增加约 60 cm，第 1 架次第 1 层雾滴沉积量虽较第 2 架次有所减少，但均匀性更好；第 2 层雾滴沉积量 2 个架次相差不多。第 1 架次树果层雾滴沉积量较第 2 架次增加，与第 3 架次相近。第 1 架次总的雾滴分布均匀性与穿透性在 3 个架次中最好，主要为旋翼风场与自然风速的联合作用。图 5-5-5 中

（d）为 3 个架次雾滴沉积量的沉积水平，3 个架次在第 1 层的沉积水平分别为 33.70%、49.21% 和 53.27%。第 1 架次在第 2 层和树果层的沉积水平分别为第 1 层的 56.93% 和 43.82%；第 2 架次在第 2 层和树果层的沉积水平分别为第 1 层的 40.81% 和 19.14%；第 3 架次的第 2 层沉积水平达到第 1 层的 59.19%，树果层达第 1 层的 27.91%。综上所述，作业高度越低，雾滴在第 1 层的沉积量越大。

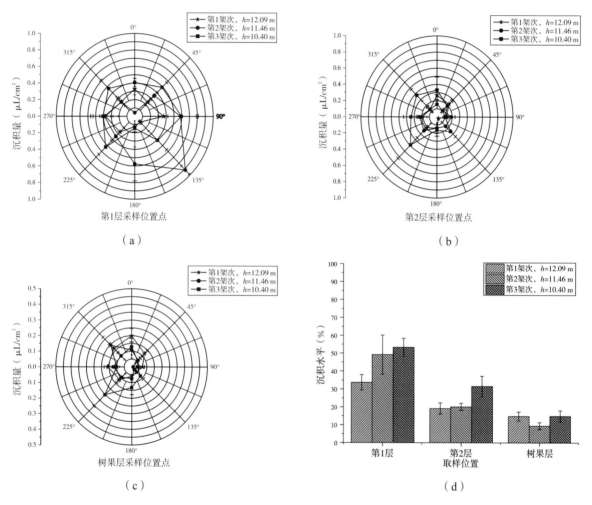

图 5-5-5　不同架次下各采样层的雾滴沉积分布情况

环境风速小于 2 m/s、作业高度为 10.40 m 时的雾滴沉积水平最高，平均雾滴沉积量最大。环境风速大于 2.5 m/s 时，在旋翼风场、环境风速的联合作用下，作业高度为 12.09 m 的雾滴穿透性和雾滴分布均匀性更好，但是总体雾滴沉积量及沉积水平都有所下降。

2. 覆盖率分布

3 个架次下槟榔树各层采样位置的单位面积覆盖率分布情况如图 5-5-6 所示。利用 Dunn-Sidak（Pro）及 Tukey 检验法对试验数据进行数理统计分析，结果显示：3 个架次对槟榔树同一层雾滴单位面积覆盖率没有显著性差异，3 个架次均显示在同一作业高度下第 1 层和树果层的单位面积覆盖率均具有显著性差异，见表 5-5-3。第 3 架次在第 1 层和第 2 层的平均单位面积覆盖率最高，树果层的略低于第 1 架次，分别为 6.62%、4.28% 和 2.40%，第 1 层的覆盖率分布均匀性最好，变异系数为 23.84%，其他层覆盖率数值分布均匀性和其他架次相近，第 1 层与其他两层的覆盖率有显著性差异。第 2 架次和第 3 架次环境风速相近，覆盖率变化主要由作业高度不同引起，在 2 m/s 以下的风速下，作业高度为 10.40 m 的较作业高度为 11.46 m 的在第 1 层的覆盖率均值提高了 38.49%，第 2 层相差不大，树果层提高了 53.84%。3 个架次总平均覆盖率大小：第 2 架次最小，为 3.50%；第 1 架次为 3.78%；第 3 架次最高，为 4.43%。第 1 架次和第 2 架次相比，第 1 架次第 1 层和树果层的平均覆盖率均高于第 2 架次，特别是树果层平均覆盖率比第 2 架次提高了约 61.53%，与前述研究沉积量均值对比，第 1 层覆盖率的提高主要与雾滴粒径及环境风速有关。

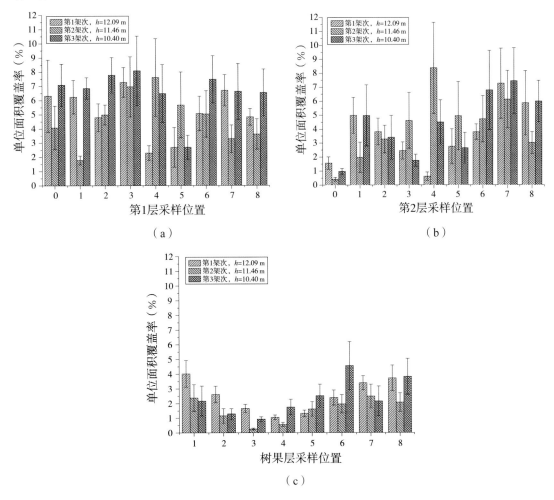

（a） （b）

（c）

图 5-5-6　3 个架次下槟榔树各层采样位置的单位面积覆盖率分布情况

3. 雾滴粒径分布

利用 Dunn-Sidak（Pro）及 Tukey 检验法对试验数据进行数理统计分析，结果显示：第 1 架次和第 3 架次在槟榔树第 1 层的雾滴体积中径有极显著性差异（$P < 0.01$），$Dv_{0.5}$ 平均分别为 272 μm 和 368 μm，即作业高度和风速同时变化时对槟榔树上层雾滴体积中径的影响非常显著。第 2 架次和第 3 架次在槟榔树第 1 层的雾滴体积中径有显著性差异，$Dv_{0.5}$ 平均分别为 309 μm 和 368 μm，即作业高度对槟榔树上层雾滴体积中径的影响显著。第 1 架次和第 2 架次在槟榔树第 1 层的雾滴体积中径则没有显著性差异（$P > 0.05$）。3 个架次在第 2 层和树果层的雾滴体积中径没有显著性差异，3 个架次在槟榔树第 2 层的 $Dv_{0.5}$ 平均分别为 276 μm、277 μm 和 318 μm。同一架次下不同采样层的雾滴体积中径有显著性差异，对各层的雾滴体积中径分布均匀性及差异性进行统计，见表 5-5-3。在作业高度为 12.09 m 时，3 个采样层的雾滴粒径没有显著性差异，与此时自然风速、旋翼风场与自然侧风的综合作用有关，雾滴飘散更均匀且雾滴穿透性也较好。作业高度为 11.46 m 时，树果层与第 1 层、第 2 层的雾滴体积中径均值有显著性不同。作业高度为 10.40 m 时，3 个采样层的雾滴体积中径均值有显著性差异，且在 3 个架次中，此架次所得雾滴体积中径数值最大。值得注意的是，3 个架次在树果层的雾滴体积中径均值相差不大，在 226 ～ 245 μm 之间，树果层距离树冠约 2.3 m，要提高树果层的着药率，雾滴粒径应控制在 240 μm 左右，此时雾滴具有更高的穿透性。

4. 地面流失雾滴分布

3 个架次地面流失采样位置的雾滴沉积量分布情况如图 5-5-7 所示。从图中可以看出，前 2 个架次总雾滴沉积量基本趋势相同，处于上风向的第 1 列总雾滴沉积量较小，处于下风向的第 3 列总雾滴沉积量高于前 2 列。第 3 架次的雾滴沉积量在各列相差不大。利用 Dunn-Sidak（Pro）及 Tukey 检验法对试验数据进行数理统计分析，结果显示：作业高度为 11.46 m 时对第 1 列和第 2 列间、第 1 列和第 3 列间地面采样点雾滴沉积量有显著性影响，对第 2 列和第 3 列间地面采样点雾滴沉积量没有显著性影响；作业高度为 12.09 m 和 10.40 m 时，作业高度对各列的雾滴沉积量均没有显著性影响。作业高度越高，风速越大，下风向地面雾滴沉积量越大。不同架次对同一列的地面流失雾滴沉积量显著性影响见表 5-5-4。数据显示，作业高度分别为 12.09 m 和 10.40 m 时对第 1 列地面雾滴沉积有显著性影响，作业高度越高，上风向位置的第 1 列地面流失雾滴沉积量越大，作业高度分别为 12.09 m 和 11.46 m 时，第 1 列的雾滴沉积量分别为作业高度为 10.40 m 时的 1.72 倍和 1.30 倍；作业高度为 12.09 m、11.46 m 与作业高度为 10.40 m 相比，对第 2 列的雾滴沉积量有显著性影响，作业高度为 10.40 m 时第 2 列的地面雾滴沉积量最小，约为作业高度为 12.09 m 时的 50%，约为作业高度为 11.46 m 时的 58%，第 2 列布置在槟榔树根部，间接反映了槟榔树冠层截取雾滴的程度；作业高度为 12.09 m、11.46 m 与作业高度为 10.40 m 相比，对第 3 列的雾滴沉积量有显著性影响，即风速 2 m/s 以下时，第 2 架次相对第 3 架次作业高度增加约 1 m 对下风向地面沉积有显著性影响，作业高度为 10.40 m 在第 3 列雾滴沉积量约为作业高度为 11.46 m 时的 42%，作业高度为 12.09 m 的较作业高度为 11.46 m 的对下风向地面沉积没有显著性影响，两者相差不大。3 个架次的地面沉积水平区别很大，平均沉积水平分别为 40.3%、35.7% 和 19.9%。

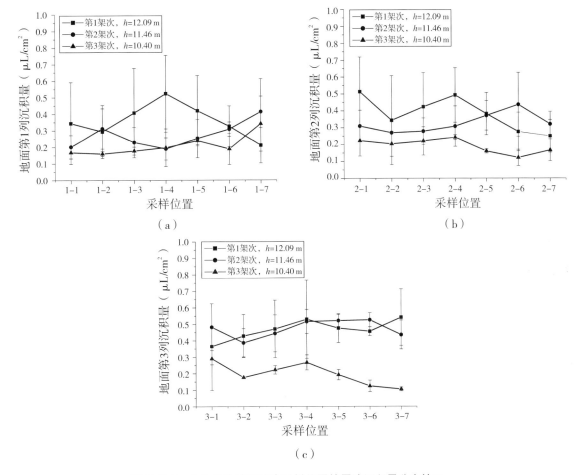

图 5-5-7　3 个架次地面流失采样位置的雾滴沉积量分布情况

表 5-5-4　地面流失雾滴沉积量均值及分布均匀性

采样位置（m）	作业架次	雾滴沉积量均值（μL/cm²）	沉积量分布均匀性（%）
第 1 列	第 1 架次	（0.360±0.038）a	27.93
	第 2 架次	（0.272±0.030）ab	28.80
	第 3 架次	（0.210±0.024）b	30.14
第 2 列	第 1 架次	（0.383±0.038）a	26.44
	第 2 架次	（0.328±0.022）a	17.72
	第 3 架次	（0.191±0.016）b	22.38
第 3 列	第 1 架次	（0.466±0.023）a	12.77
	第 2 架次	（0.473±0.020）a	11.09
	第 3 架次	（0.196±0.026）b	35.18

5. 飘移采样带雾滴分布

3 个架次的雾滴飘移分布情况如图 5-5-8 所示。图 5-5-8（a）为 3 个架次在飘移带各采样点的雾滴沉积量均值，3 个架次在 50 m 以外均没有测出飘移沉积量。通过 Dunn–Sidak（Pro）及 Tukey 检验法对 3 个架次的飘移带数据进行统计分析，发现 3 个架次飘移带的雾滴沉积量没有显著性影响。经计算得知，第 1 架次的雾滴飘移总量最大，第 2 架次的雾滴飘移总量为第 1 架次的 80.36%，第 3 架次的雾滴飘移总量为第 1 架次的 41.38%。计算 3 个架次飘移带采样点沉积量沉积水平和累积飘移占测试总飘移量 90% 的位置，如图 5-5-8 所示，图中数值表示 90% 飘移累积量所对应的下风向距离。3 个架次的测试总飘移量 90% 位置分别发生在 26.60 m、36.35 m、27.40 m。第 1 架次和第 3 架次的 90% 飘移量的位置距离相差不大，第 2 架次的 90% 飘移量的位置最远，达 36.35 m。Xue 等研究发现水稻等低矮作物在风速 5 m/s 以下、飞行高度 5 m 以下时，90% 飘移量的位置发生在 8 m 以内，槟榔树飞防作业结果与之相比差异较大。

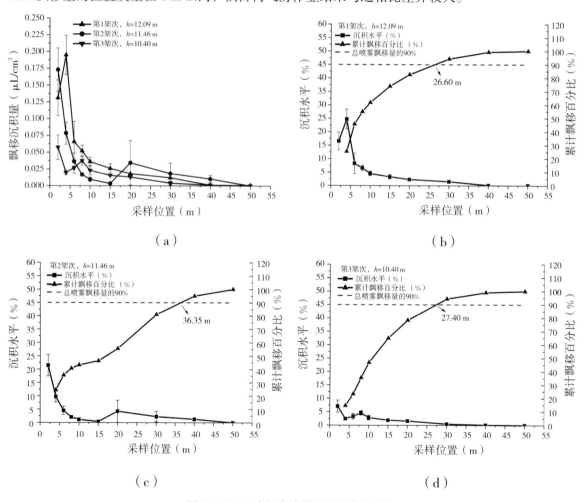

（a）

（b）

（c）

（d）

图 5-5-8　3 个架次的雾滴飘移分布情况

（四）CFD 模拟槟榔飞防试验结果

将全丰 3WQF120-12 无人机的作业参数输入 CFD 中，飞行速度为 1.5 m/s，由于实际作业时风向为东南方向，风向与航线夹角约为 60°，风速变化较为平稳，CFD 模拟中风向垂直于航线，故将对应风速适当减小以降低风向影响。按照不同高度获取雾滴沉积浓度云图，如图 5-5-9 所示。

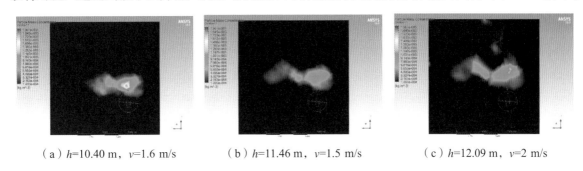

（a）h=10.40 m，v=1.6 m/s　　（b）h=11.46 m，v=1.5 m/s　　（c）h=12.09 m，v=2 m/s

图 5-5-9　CFD 模拟不同高度获取的雾滴沉积浓度云图

由图 5-5-9 可知，随着无人机作业高度的增加，受前风和侧风影响，雾滴沉积浓度区域越来越滞后于无人机尾部，（b）图相对于（a）图沉积区域后移约 1 m，（c）图相对于（a）图后移约 1.5 m，且沉积区域逐渐增大，从（a）图到（c）图，雾滴最远分别可达 6.7 m、8.4 m 和 9.0 m。有效区雾滴沉积浓度降低，（a）图中，雾滴沉积浓度约为（1.03×10^{-3}）kg/m³，最高可达（1.96×10^{-3}）kg/m³，（b）图和（c）图为（7.98×10^{-4}）～（9.14×10^{-4}）kg/m³，约为（a）图的 77.0% ～ 88.7%，分布不均性增加。在（c）图中，无人机后方某些区域已有少许雾滴出现。田间试验时，3 个架次在第 1 层的沉积水平分别为 53.27%、49.21% 和 33.70%，后 2 个高度约为前者沉积量的 63.26% ～ 92.37%。由于田间作业不可控制因素较多，受冠层结构、LAI 等影响，CFD 雾滴沉积量分布为一个不规则且不均匀的区域，结果证明 CFD 模拟可近似预计田间槟榔情况。再对模型增加侧风至 3 m/s，得雾滴沉积浓度云图如图 5-5-10 所示，可以看出此时雾滴已运动至计算域边界，设置此壁面为吸收，可观察到雾滴累积情况，喷幅区域已严重偏离航线方向，实际中应注意防止重喷、漏喷，可结合作业速度 1 m/s 时的运动情况合理选择参数。

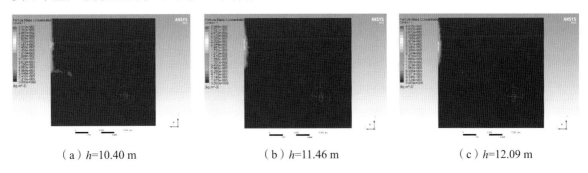

（a）h=10.40 m　　　　（b）h=11.46 m　　　　（c）h=12.09 m

图 5-5-10　CFD 模拟无人机不同高度获取的雾滴沉积浓度云图

（五）小结

由旋翼动量理论可知，单旋翼无人机运行时通过旋翼拍击空气并将空气推向下方，空气加给旋翼的反作用力，即旋翼产生的拉力提供了无人机飞行时的升力、推进力和操控力，此种独特的升力产生方式是单旋翼无人机与其他飞行器最根本的区别。单旋翼无人机旋翼风场较为稳定，风场横向面积大，下压风场更强，有利于提高雾滴沉积穿透性，瞬时飞行姿态直接影响旋翼风场分布和雾滴沉积，如何保持高精度的飞行姿态是亟待解决的问题。旋翼风场受作业参数、机型和环境气象等影响，与不同喷头类型相结合时，雾滴粒径及运动规律亦不同，是影响作物喷施效果的重要因素。在不同作业高度时，旋翼通过桨叶旋转运动与空气相互干扰产生升力，桨叶的不同半径处来流速度不同，螺旋线尾涡亦不同，进而改变雾滴运动轨迹，使雾滴沉积量、雾滴粒径、单位面积覆盖率等均产生变化。无人机作业速度较慢时，旋翼风场对雾滴沉积到作物的影响时间较长，旋翼风场的下洗气流和侧风共同作用能明显提高雾滴穿透性。

文晟等研究发现，单旋翼植保无人机的翼尖涡流形成尾涡之后对雾滴飘移影响较大，速度越大，尾涡高度越高，越易引起雾滴飘移，作业高度越高，尾涡向无人机后方的雾滴飘移扩散也越明显，槟榔飞防高度 10 m 以上，尾涡主要由高度影响。此外，常规的飞防测试试验主要关注雾滴在作物冠层的沉积、穿透性和飘移等，鲜有地面流失雾滴报道，槟榔飞防时雾滴在冠层的分布均匀性和沉积分布均匀性还有待提高。飞防喷施效果与作业机型、作业参数、喷头型号、叶面积指数、种植密度、环境条件等相关，本次测试中无人机作业参数及作业方式均从实际出发，确保能够得到更客观、更接近实际喷施的数据。根据试验及模拟结果，推荐槟榔飞防作业参数如下：

（1）环境侧风和作业高度对雾滴体积中径均值影响显著，雾滴沉积量和覆盖率最大可增加53.75% 和 62.20%，应根据病虫害发生位置选择合适的作业参数，雾滴体积中径为 240 μm 左右更有利于雾滴穿透到树干位置。

（2）作业高度为 10.40 m 时，作物冠层顶部和树冠直径最大处的雾滴沉积水平分别可达53.27% 和 31.53%，地面流失雾滴沉积水平为 19.9%，应优先选用此作业参数。作业高度增加至12.09 m 时，地面流失雾滴沉积与其他作业高度有显著性差异，且此时冠层雾滴沉积量最低。

（3）飘移带测试结果显示，无人机作业高度大于 10 m、风速低于 2.5 m/s 时，飘移距离最远可达 36.35 m，因此在槟榔飞防实际作业中必须设置足够的缓冲区。

（4）模拟结果证明 CFD 模拟可近似预计田间槟榔情况。将模型侧风增加至 3 m/s，得此时雾滴量沉积浓度云图，从图中可以看出，此时雾滴已运动至计算域边界，喷幅区域已严重偏离航线方向，实际中应注意防止重喷、漏喷，由于槟榔飞防时作业高度较高，环境风速在 3 m/s 以上时不推荐作业。

第六节 雾滴粒径参数对航空喷施雾滴沉积分布的影响

大量研究表明，在农药喷施领域，雾滴粒径是影响农药雾滴沉积与飘移的最主要因素；对于植保无人机而言，在旋翼风场的作用下，雾滴粒径更是成为影响农药雾滴沉积分布的重要因素。因此，精准农业航空施药技术研究需要考虑雾滴粒径大小对雾滴沉积分布特性的影响。

目前，雾滴粒径对雾滴沉积分布特性影响的研究主要在室内风洞中进行，且主要针对地面作业机械和有人驾驶飞机，而在田间实际作业条件下探究雾滴粒径大小对植保无人机航空喷施雾滴沉积分布特性影响的研究还未见报道。另外，由于风洞尺寸有限，风洞试验方法只能研究喷头出口附近的雾滴沉积分布，难以反映航空施药后雾滴到达靶标的雾滴沉积与飘移情况。为此，本试验通过大疆 MG-1S 植保无人机，采用 4 种不同孔径的 TeeJet 系列喷头，对水稻植株进行相同喷施流量、不同粒径雾滴的田间航空喷施试验，通过对比相同喷施流量的情况下不同粒径的雾滴在水稻冠层的沉积与飘移情况，分析雾滴粒径参数对航空喷施雾滴沉积分布的影响，以期为减少农药用量，降低农药残留，提升农药防效，实现精准农业航空喷施提供理论指导和数据支持。

（一）材料与方法

1. 试验设备

（1）植保无人机及喷施系统。本次喷雾作业采用的是深圳大疆创新科技有限公司提供的 MG-1S 八旋翼电动无人机（图 5-6-1），其主要性能指标见表 5-6-1。

图 5-6-1 MG-1S 八旋翼电动无人机

表 5-6-1　无人机主要性能参数

主要参数	规格及数值
机型型号	MG-1S 八旋翼电动无人机
外形尺寸（mm×mm×mm）	1471×1471×482
旋翼直径（mm）	543
最大载药量（L）	10
作业速度（m/s）	0～8
作业高度（m）	1～5
有效喷幅（m）	5

该机型喷头数量为 4 个，喷头对称分布在机身两侧，喷施作业时采用前进方向的后 2 个喷头进行喷施。试验喷头选用 TeeJet 系列 4 种不同孔径的扇形喷雾喷头，分别为 TeeJet 11001VS、TeeJet 11015VS、TeeJet 11002VS、TeeJet 11003VS。

（2）取样及分析装置。取样装置主要由采样支架、万向夹和 Mylar 卡构成，其中，Mylar 卡用于收集雾滴进行定量分析，尺寸为 100 mm×80 mm。

雾滴沉积分析装置为 UV755B 型紫外分光光度计（上海佑科仪器仪表有限公司），其波长范围为 190～1100 nm，波长准确度为 ±1 nm，主要用于对试验溶液进行光度测量。

（3）环境监测装置。试验用环境监测装置为 Hberw6-3 型便携式超声波微型自动气象站（深圳市虹源博科技有限公司），测量精度为 ±2%，用来监测试验时外界环境的风速、风向、温度、湿度。

2. 试验方法

（1）试验场地。该试验于吉林省德惠市朝阳镇水稻种植基地进行，水稻品种为"吉粳 85"，水稻生育期为分蘖期，平均高度为 55 cm 左右，水稻植株之间的行列间距为 30 cm×17 cm。

（2）采样点布置。如图 5-6-2 所示，在足够大的田块中设置等间距、相同布点方式的 3 条雾滴采集带，采集带之间间隔 10 m。将无人机航线经过处设置为 0 m，并在航线的 0 m、航线上风向的 -1 m、-2 m、-3 m、-4 m 和航线下风向的 1 m、2 m、3 m、4 m、5 m、7 m、9 m、11 m、13 m、15 m 处的植株上层布置 Mylar 卡用以收集雾滴。根据地面站提供的植保无人机有效喷幅宽度，在 -2 m、-1 m、0 m、1 m、2 m 采样点处的上下两层分别布置 Mylar 卡用以收集雾滴，同时，记下风向的 3 m 处为飘移区的起点，即为 0 m。

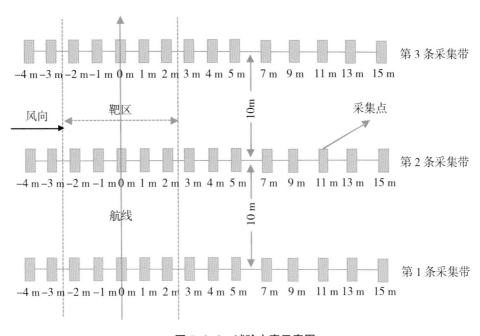

图 5-6-2　试验方案示意图

（3）试剂配制与作业参数。试剂采用诱惑红食品添加剂进行现场配制，配制浓度为 10 g/L 的诱惑红溶液代替农药进行喷洒。

植保无人机的飞行作业参数均选用正常作业参数，作业速度为 5 m/s，作业高度为 1.5 m，作业方式为全自主飞行作业。试验时间为上午 7:00 ～ 9:00，环境温度为 25 ℃左右，环境湿度为 60% 左右，自然风速为 1.6 ～ 2.1 m/s。

3. 喷头粒径测量

（1）相同流量下不同喷雾压力的测定。为保证喷施试验雾滴沉积结果具有可对比性，需要通过改变泵的喷雾压力，使得 4 种不同孔径的喷头在喷施试验时的喷施流量相同。

如图 5-6-3 所示，通过自行搭建的喷施测试系统测量喷头的流量范围，系统所采用的流量计为 FLR1000 型低流量涡轮流量计（美国 OMEGA 公司），液体测量精度为 ±1%；系统所采用的水泵为普兰迪 1205 微型隔膜泵（石家庄市普兰迪机电设备有限公司），精度为 ±3%。根据该系统测得 4 种不同孔径喷头的喷施流量范围分别为 0 ～ 0.78 L/min、0 ～ 0.98 L/min、0 ～ 1.20 L/min 和 0 ～ 1.39 L/min。

根据流量范围，选定试验所用单个喷头流量为 0.7 L/min。在保证每个喷头流量均为 0.7 L/min 的情况下，喷头 TeeJet 11001VS、TeeJet 11015VS、TeeJet 11002VS、TeeJet 11003VS 所对应的喷雾压力分别为 0.50 MPa、0.38 MPa、0.25 MPa、0.15 MPa。

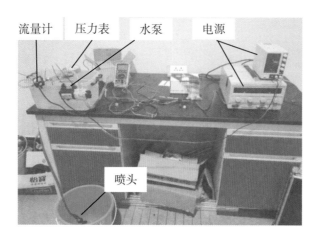

图 5-6-3　喷施测试系统

（2）雾滴粒径测量。根据前面所测得不同孔径喷头在相同喷施流量的情况下所对应的不同喷雾压力，需对不同孔径喷头喷施的雾滴粒径通过激光粒度仪进行测量，测量现场如图 5-6-4 所示。其中，喷头距地面高度为 150 cm。测量结果见表 5-6-2，并根据美国农业工程师学会（ASAE）S-572 号标准对雾滴粒径大小测量结果进行分类。

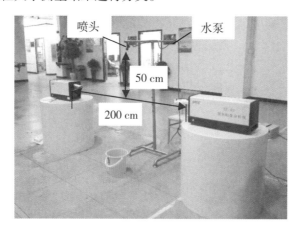

图 5-6-4　雾滴粒径测量现场

表 5-6-2　雾滴粒径测量结果

喷头类型	喷雾压力（MPa）	雾滴体积中径（μm）	雾滴粒径大小分类
TeeJet 11001VS	0.50	95.21	细小雾滴
TeeJet 11015VS	0.38	121.43	小雾滴
TeeJet 11002VS	0.25	147.28	小雾滴
TeeJet 11003VS	0.15	185.09	中等雾滴

4. 样本处理及统计

每次喷施作业完成后，将单个采样点的 Mylar 卡收集到已标号的自封袋中，带回实验室，取 10 mL 的蒸馏水作为采样基液对 Mylar 卡进行洗脱，对洗脱后的溶液通过分光光度计测定其浓度。

为了保证测量精度，在紫外分光光度计吸光度量程范围内设置 6 个浓度的诱惑红标准溶液进行标定，并对诱惑红溶液浓度 – 吸光度测量结果进行线性回归拟合。通过拟合，其决定系数 R^2 为 0.999，表明在测定范围内，诱惑红浓度与吸光度具有较好的线性关系。

在所有样本浓度值均测定完成后，根据 ISO 22866 标准 MH/T 1050—2012《飞机喷雾飘移现场测量方法》计算雾滴在各采样点的沉积量及沉积率。

$$\beta_{dep}\% = \frac{\beta_{dep}}{\beta_v} \times 10000 \qquad (5.6.1)$$

其中

$$\beta_v = \frac{Q}{10ws} \qquad (5.6.2)$$

式中，β_{dep} 为单位面积雾滴沉积量，$\mu L/cm^2$；$\beta_{dep}\%$ 为沉积率或飘移率，%；β_v 为施药液量，L/hm^2；Q 为喷雾流量，mL/s；w 为喷幅，m；s 为作业速度，m/s。

为了表征靶区内各采集点雾滴沉积穿透性，本试验采用下层雾滴沉积率占采集点上层和下层雾滴沉积率之和的比例 P 作为各采集点雾滴沉积穿透性的度量，其计算公式为

$$P = \frac{\beta_{dep2}\%}{\beta_{dep1}\% + \beta_{dep2}\%} \times 100\% \qquad (5.6.3)$$

式中，$\beta_{dep1}\%$ 和 $\beta_{dep2}\%$ 分别为采集点上、下两层的雾滴沉积率，%。

根据 ISO 22866 标准，累积飘移率 β_T 的计算公式为

$$\beta_T\% = \int_0^x \beta_{dep1}\%(x)\,dx \qquad (5.6.4)$$

式中，$\beta_T\%$ 为雾滴累积飘移率，%；x 为雾滴飘移距离，m。

为进一步表明不同雾滴粒径参数对航空喷施雾滴在水稻冠层沉积与飘移的影响，对试验结果通过 SPSS 16.0 软件进行差异显著性分析和单因素方差分析，并检验其差异显著性（$P < 0.05$）。

（二）结果与分析

1. 靶区内雾滴沉积结果

图 5-6-5 为 4 种不同孔径喷头喷施的雾滴在水稻植株上层和下层的沉积分布情况。从图中可以看出，雾滴在靶区内水稻植株上层和下层的沉积率随着雾滴粒径的增大而增大。这主要是由于粒径较小的雾滴在外界环境风的影响下容易飘移至靶区外，粒径较大的雾滴由于重力作用受环境风的影响较小而容易沉降。

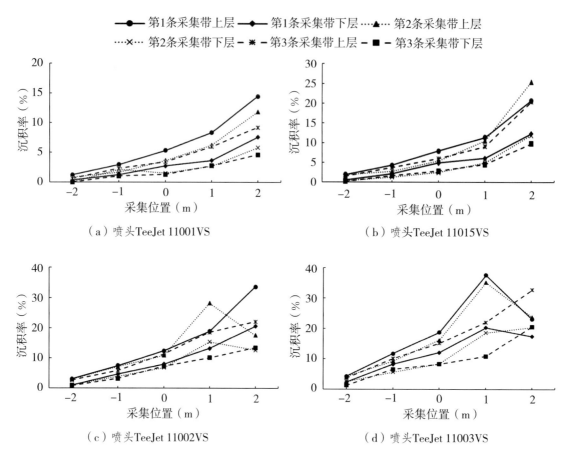

图 5-6-5　4 种不同孔径喷头喷施的雾滴沉积分布情况

通过对沉积率结果进行单因素方差分析可得表 5-6-3。从表 5-6-3 可以看出，4 种不同粒径的雾滴在靶区内水稻植株冠层上层的雾滴沉积率均存在极显著性差异。体积中径为 95.21 μm 和 121.43 μm 的雾滴、体积中径为 147.28 μm 和 185.09 μm 的雾滴在水稻植株冠层下层沉积率的差异显著性水平值分别为 0.047 和 0.011，均小于 0.05，表明这 2 组不同粒径的雾滴在水稻植株冠层下层的沉积率存在显著性差异。同时，4 种不同粒径的雾滴在水稻植株冠层上层和冠层下层沉积率的差异显著性水平值均小于 0.01，表明雾滴粒径对靶区内水稻植株冠层上层和冠层下层的雾滴沉积率的影响极显著。

另外，由于外界环境风的影响，靶区内的雾滴沉积率从上风向到下风向逐渐增大，雾滴均发生了一定程度的飘移。根据雾滴沉积结果可知，体积中径为 147.28 μm 和 185.09 μm 的较大雾滴的沉积峰值主要在靶区内采集位置的 1 ～ 2 m 处，而粒径较小的雾滴其沉积峰值随着风向偏移至飘移区域。

表 5-6-3　不同粒径雾滴沉积与飘移方差分析结果

喷头型号	雾滴体积中径（μm）	靶区内雾滴沉积率（%）		沉积穿透性（%）	累积飘移率（%）
		上层	下层		
TeeJet 11001VS	95.21	（5.19±0.65）D	（2.48±0.34）Bd	（32.01±1.55）Bb	（73.87±4.58）Aa
TeeJet 11015VS	121.43	（8.89±0.36）C	（4.43±0.42）Bc	（33.48±1.31）ABb	（50.26±4.15）Bb
TeeJet 11002VS	147.28	（13.48±0.86）B	（8.09±0.73）Ab	（37.82±0.72）Aa	（35.91±2.21）BCc
TeeJet 11003VS	185.09	（17.81±0.68）A	（10.89±0.74）Aa	（38.13±0.88）Aa	（23.06±2.61）Cd

注：表中字母 A、B、C、D 和 a、b、c、d 为方差分析中的字母标记法，以字母 A、B、C、D 表示 α=0.01 显著水平，以字母 a、b、c、d 表示 α=0.05 显著水平。

2. 靶区内雾滴沉积穿透性

图 5-6-6 为 4 种不同孔径喷头喷施的雾滴在水稻植株间的沉积穿透结果。其中，4 种不同体积中径的雾滴在水稻植株间的沉积穿透性平均值分别为 32.01%、33.48%、37.82% 和 38.13%，其雾滴沉积穿透性随着雾滴粒径的增大而提高。这说明对于植保无人机喷施作业而言，旋翼风场的存在可以吹动作物冠层叶片，且可以加速雾滴的沉积速度，使得粒径较大的雾滴具有较大的下降速度，能在旋翼风场作用时间段内抵达水稻植株下层，从而使雾滴沉积穿透性随着雾滴粒径的增大而提高。

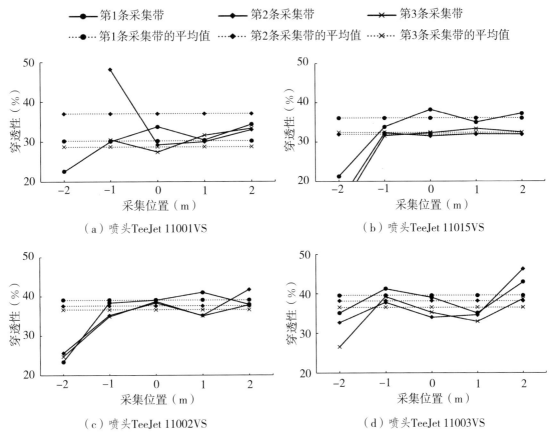

图 5-6-6　4 种不同孔径喷头喷施的雾滴沉积穿透结果

通过对雾滴沉积穿透性结果进行单因素方差分析可知（表5-6-3），体积中径为95.21 μm 和121.43 μm 的雾滴、体积中径为147.28 μm 和185.09 μm 的雾滴在水稻植株间的沉积穿透性没有显著性差异，体积中径为95.21 μm 的雾滴与体积中径为147.28 μm、185.09 μm 的雾滴在水稻植株间的沉积穿透性存在极显著性差异，体积中径为121.43 μm 的雾滴与体积中径为147.28 μm 和185.09 μm 的雾滴在水稻植株间的沉积穿透性存在显著性差异。且表5-6-3 中的方差分析结果表明，在一定的粒径范围内，不同粒径的雾滴在水稻植株冠层的沉积穿透性存在显著性差异。同时，4 种不同粒径雾滴在水稻植株间的沉积穿透性的差异显著性水平值为0.012，小于0.05，表明雾滴粒径对靶区内水稻植株间的雾滴沉积穿透性的影响显著。

3. 雾滴飘移结果

图5-6-7 为不同孔径喷头喷施的雾滴飘移分布情况。由图5-6-7（a）可以看出，在喷头为 TeeJet 11001VS 的航空喷施试验中，第 2 条采集带和第 3 条采集带上的雾滴飘移率峰值分别出现在下风向飘移区的 1 m 和 2 m 处，结合雾滴在沉积区的沉积结果可知，由于雾滴粒径较小，且存在外界环境风，导致小雾滴的沉积随着风向发生了较大的飘移。

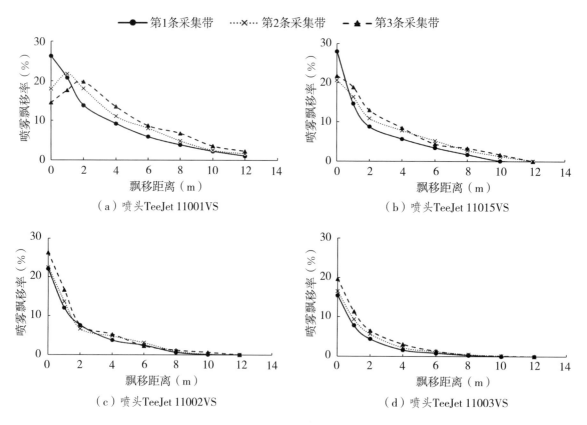

图5-6-7 飘移区不同孔径喷头喷施的雾滴飘移分布

由公式（5.6.4）计算可得，体积中径为95.21 μm、121.43 μm、147.28 μm 和185.09 μm 的 4 种不同粒径的雾滴在 3 条采集带上的累积飘移率分别为65.46%、74.91%、81.23%，42.47%、

51.69%、56.63%，32.32%、35.49%、39.93% 和 18.47%、23.19%、27.51%，其平均值分别为 73.87%、50.26%、35.91% 和 23.06%；从图 5-6-7 中可以看出，4 种不同粒径的雾滴在水稻冠层的飘移距离范围分别为大于 12 m、10～12 m、10～12 m 和 8～10 m。结果表明，在一定的外界环境风的影响下，雾滴飘移结果随着雾滴粒径的不同而存在差异，雾滴飘移率和雾滴飘移距离总体表现出随着雾滴粒径的增大而减小的趋势。

通过对雾滴飘移结果进行单因素方差分析可知，表 5-6-3 中体积中径为 95.21 μm 的雾滴与体积中径为 121.43 μm、147.28 μm 和 185.09 μm 的雾滴在水稻植株冠层飘移的差异性水平值均小于 0.01，为极显著；体积中径为 121.43 μm 与 147.28 μm 的雾滴、体积中径为 147.28 μm 与 185.09 μm 的雾滴在水稻植株冠层飘移的差异性均为显著，表明不同粒径的雾滴在水稻植株冠层飘移存在显著性差异。同时，4 种不同粒径的雾滴在水稻植株冠层飘移结果的差异显著性水平值小于 0.01，表明雾滴粒径对水稻植株冠层雾滴飘移的影响极显著。

另外，将雾滴累积飘移率和雾滴体积中径进行相关和回归分析，其关系模型为

$$y=0.0047x^2-1.8701x+209.27（R^2=0.999）\tag{5.6.5}$$

结果表明，雾滴累积飘移率 y 与一定范围内的雾滴体积中径 x 呈显著性负相关关系（$P < 0.05$），因此，为减少植保无人机航空喷施的药液飘移，提高沉积效果，根据中国民用航空作业标准 MHT 1002—1995《农业航空作业质量技术指标　喷洒作业》可知，应避免使用体积中径小于 150 μm 的雾滴，且应预留 10 m 以上的缓冲区以避免农药飘移产生的药害。

（三）讨论

植保无人机区别于其他农用机械的显著标志是旋翼，旋翼的存在令无人机在空中作业时附带有一种特殊参数——旋翼风场。在植保无人机旋翼风场的作用下，雾滴粒径参数成为影响农药雾滴沉积分布的重要因素。本研究采用 4 种不同孔径的 TeeJet 系列喷头，在实现相同喷施流量、不同雾滴粒径的条件下，对田间水稻植株进行航空喷施试验，结果证实了雾滴粒径参数对航空喷施雾滴在靶区内水稻植株冠层的雾滴沉积率和飘移均有着极显著影响。在一定的粒径范围内，雾滴粒径越大，雾滴沉积率越高，雾滴飘移率和雾滴飘移距离越小，这一结果与 Bird、Bradley 和 Hoffmann 等的试验结果是相一致的。

同时，本次试验结果还说明了雾滴粒径参数对航空喷施时雾滴在靶区内水稻植株冠层的雾滴沉积穿透性有着显著性影响；在一定的雾滴粒径范围内，随着雾滴粒径的增大，雾滴沉积穿透性也逐渐增大。而 Ferguson 和 Wolf 等采用不同粒径参数的雾滴通过地面喷施设备分别对不同作物进行雾滴在植株冠层间的穿透性试验，试验结果表明，粒径较小的雾滴有助于改善雾滴在作物冠层间的穿透性。这与本次试验结果是相悖的。推断产生这一现象的原因主要是作业设备的不同。地面机械进行喷施作业时，较大雾滴在自身重力作用下，下降速度快，能较快到达作物冠层，但雾滴容易被作物上层捕获，主要沉积在作物上层；小雾滴由于质量轻，在空气阻力下，

下降速度不断降低，大部分小雾滴游离在空气中，经过游走更容易到达作物下层。因此，对于地面喷施设备而言，较小雾滴相比于较大雾滴其穿透能力可能会更好。但是对于植保无人机而言，旋翼风场的存在可以吹动作物冠层的叶片，可以加速雾滴的沉积速度，使得一部分下降速度较快的大雾滴能在旋翼风场作用时间段内抵达作物植株下层。因此，对于植保无人机喷施作业而言，在一定的雾滴粒径范围内，较大粒径的雾滴相比于较小粒径的雾滴，穿透能力可能会更好。

另外，从每次喷施试验不同粒径的雾滴在 3 条采集带上的沉积结果还可以看出，第 2 条和第 3 条采集带上的雾滴沉积与飘移结果接近，第 1 条采集带上的雾滴沉积与飘移结果和第 2 条、第 3 条采集带的相差较大；靶区内雾滴在第 1 条采集带上的沉积率和穿透性均大于第 2 条和第 3 条采集带，而雾滴在第 1 条采集带上的飘移率也小于第 2 条和第 3 条采集带。推断出现这一现象的原因，是植保无人机经过 3 条采集带上的飞行速度不同。由于第 1 条采集带离无人机喷施作业的起点较近，缓冲距离过短，不足以使无人机加速到正常作业速度。根据已有的研究结果可知，不同的飞行速度，其旋翼风场也不同，对雾滴沉积与飘移的影响也会不同。无人机飞行速度越慢，旋翼下方风场越强，靶区内雾滴沉积率和穿透性越好，雾滴飘移越少，此现象与植保无人机航空喷施雾滴沉积机理是相一致的。

通过对试验结果的分析可知，雾滴粒径参数对植保无人机喷施雾滴沉积与飘移特性的影响显著，是影响航空喷施雾滴沉积分布的重要因素；同时，由于无人机旋翼风场的存在，植保无人机喷施的雾滴运动与传统地面机械喷施的雾滴运动有较大的不同。因此，为减少农药用量，降低农药残留，提升农药防效，在未来的航空喷雾应用中，应着重研究无人机旋翼风场与不同粒径参数的雾滴的运动及沉积分布规律之间的关系，以实现精准农业航空喷施。

（四）小结

本节通过 MG-1S 植保无人机，采用 4 种不同孔径的 TeeJet 系列喷头，在相同喷施流量、不同雾滴粒径的条件下，对田间水稻植株进行航空喷施试验，通过对比不同粒径的雾滴在水稻冠层的沉积与飘移情况，得出如下结论：

（1）4 种不同粒径的雾滴在水稻植株冠层上层和冠层下层的沉积率差异显著性水平值均小于 0.01，表明雾滴粒径对靶区内水稻植株冠层上层和冠层下层的雾滴沉积率的影响极显著，且雾滴在靶区内水稻植株冠层上层和冠层下层的沉积率随着雾滴粒径的增大而增大。

（2）4 种不同粒径的雾滴在水稻植株间的沉积穿透性平均值分别为 32.01%、33.48%、37.82% 和 38.13%，其雾滴沉积穿透性随着雾滴粒径的增大而提高，且 4 种不同粒径的雾滴在水稻植株间的沉积穿透性的差异显著性水平值为 0.012，小于 0.05，表明雾滴粒径对靶区内水稻植株间的雾滴沉积穿透性的影响显著。

（3）4 种不同粒径的雾滴在 3 条采集带上的平均飘移率分别为 73.87%、50.26%、35.91% 和 23.06%，飘移距离范围分别为大于 12 m、10～12 m、10～12 m 和 8～10 m，表明在一定的外界环境风的影响下，雾滴飘移率和雾滴飘移距离总体表现出随着雾滴粒径的增大而减小的趋势。4 种不同粒径的雾滴在水稻植株冠层飘移结果的差异显著性水平值小于 0.01，表明雾滴粒径对水稻植株冠层雾滴飘移的影响极显著。

（4）对于植保无人机超低量喷施技术而言，由于旋翼风场的存在，为减少药液飘移和提高沉积效果，应避免使用体积中径小于 150 μm 的雾滴，且应预留 10 m 以上的缓冲区以避免药液飘移产生的药害。

第七节　喷液量对雾滴沉积及棉花脱叶效果的影响

（一）材料与方法

1. 试验设备

试验选用 P30 四旋翼植保无人机及牵引式喷杆喷雾机（图 5-7-1）。

图 5-7-1　P30 植保无人机及喷杆喷雾机

试验时，植保无人机喷头喷洒的雾滴粒径为 150 μm，飞行的精准度依靠 RTK 可以达到厘米级。牵引式喷杆喷雾机由水平喷杆和垂直喷杆组成，一共有 16 组垂直喷杆悬挂在水平喷杆下方。水平喷杆的喷头之间、悬挂喷杆的喷头之间的间隔都是 76 cm，在每一个悬挂喷杆上都有 3 对双边对称喷头，分别距离悬挂喷杆的高度位置为 60 cm、90 cm、120 cm。喷杆喷雾机的喷洒系统及采样点布置如图 5-7-2 所示，喷杆喷雾机与无人机的技术参数见表 5-7-1。喷杆喷雾机的喷液量基于当地服务公司的建议，设定为 450 L/hm²。

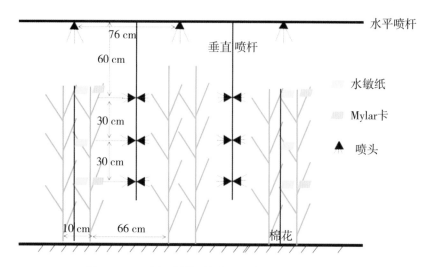

图 5-7-2　喷杆喷雾机的喷洒系统及采样点的布置

表 5-7-1　喷杆喷雾机和无人机的技术参数

参数	喷杆喷雾机	无人机
喷杆长度（m）	12	—
喷嘴数（个）	111	4
喷嘴类型	空心雾喷嘴	离心转盘喷嘴
喷嘴间距（mm）	760（水平间距）	1050
喷嘴方向	水平及垂直向下	垂直向下
药箱容量（L）	400	12
喷雾压力（MPa）	0.3	—
流量（L/min）	54	0.47～3.16
喷洒幅宽（m）	12	3.5
喷洒高度（m）	0.5	2
喷雾类型	高容量低浓度	低容量高浓度

2. 试验设计

两个棉花脱叶剂试验在新疆进行。第一个试验在试验田 1，第二个试验在试验田 2。试验地位于新疆建设兵团 150 团场，试验田 2 毗邻试验田 1。

两个试验田棉花种植品种为"新陆早 64"，种植时间为 2017 年 4 月 27 日。除种植密度外，两个田块的种植时间、水肥管理方式都一样。试验田的叶面积指数 LAI 通过 CI-110 植物冠层图像分析仪测定。因为两个试验田的种植密度不同，试验田 2 的叶面积指数低于试验田 1，作物参数见表 5-7-2。

表 5-7-2 两个试验田的作物参数情况

试验田	植株高度（cm）	植株密度（株/hm²）	叶面积指数 LAI	行距（cm）	品种	试验位置
试验田 1	105.2±1.7	180000~195000	1.87±0.31	10＋66	新陆早 64	150 团
试验田 2	103.5±2.1	150000~165000	1.32±0.16			

注：叶面积指数 LAI 测定于棉花脱叶前，2017 年 9 月 5 日。

喷液量对无人机喷洒的雾滴沉积及棉花脱叶的影响研究在试验田 1。无人机有 5 种不同的喷液量（4.5 L/hm²、7.5 L/hm²、15.0 L/hm²、22.5 L/hm² 和 30.0 L/hm²），无人机通过改变作业速度和喷头流量来实现不同的喷液量。基于当地服务公司的建议，喷液量大于 30.0 L/hm² 的测试没有进行，主要考虑到作业效率与作业质量之间的平衡。喷液量低于 4.5 L/hm² 的测试也没有进行，主要是考虑到新疆高温干燥的环境会导致较高的蒸发量。

为了探索冠层密度对雾滴沉积及脱叶效果的影响，植保无人机在试验田 2 进行了喷液量为 15.0 L/hm² 的喷洒处理，喷杆喷雾机的喷液量仍保持 450.0 L/hm²，作为参考。两个田块都设置了空白对照，用于与药剂处理做对照。两个田块的试验安排见表 5-7-3。

表 5-7-3 试验田 1 和试验田 2 的试验安排情况

试验田	喷雾器类型	喷液量（L/hm²）	作业速度（km/h）	流量（L/min）
试验田 1	植保无人机	4.5	5.0	0.47
		7.5	5.0	0.79
		15.0	5.0	1.58
		22.5	5.0	2.36
		30.0	4.0	2.52
	喷杆喷雾器	450.0	6.0	54.0
	空白对照	0.0	—	—
试验田 2	植保无人机	15.0	5.0	1.58
	喷杆喷雾器	450.0	6.0	54.0
	空白对照	0.0	—	—

两个田块中分别有一个面积为 1200 m²（12 m×100 m）的试验田，用于测定雾滴的沉积情况，雾滴的沉积测定在 2017 年 9 月 5 日第一次喷洒脱叶剂时测定。由于要重复采样，因此应当注意在采样过程中避免对棉花冠层造成损伤。在药剂喷洒前，药箱中添加 60 g/hm² 的罗丹明 B。

对于脱叶试验，所有处理采用随机区组试验设计，每个处理重复 3 次。每个重复试验安排作业面积为 1500 m²（30 m×50 m）。

3. 雾滴沉积的测定

不同喷液量对雾滴沉积的影响在试验田 1 中进行。为探索冠层密度对雾滴沉积的影响，无人机喷液量为 15.0 L/hm² 的处理在试验田 2 中进行。两个田块都采用喷杆喷雾机喷液量为 450.0 L/hm² 的试验作为对照。

在喷洒试验前，一共有 3 组 24 个采样点安排在喷洒方向上。每一组包括 8 个等间距的采样点，航线穿过每组的正中心。为避免污染，每组采样点之间间隔 30 m，每个采样点之间间隔 0.5 m，每组共长 3.5 m。每个采样点包括 3 张水敏纸和 2 张 Mylar 卡，通过双头夹固定在采样杆上，其中 Mylar 卡固定在上部和下部，分别距离地面 100 cm 和 40 cm。水敏纸分别位于棉花冠层上、中、下 3 个位置，分别距离地面 100 cm、70 cm 和 40 cm。在喷洒完成后将水敏纸和 Mylar 卡取回分别放置到自封袋中，并标记处理时间及样点位置等信息。每个处理一共有 72 张水敏纸和 48 张 Mylar 卡。采样点的布置情况如图 5-7-3 所示。

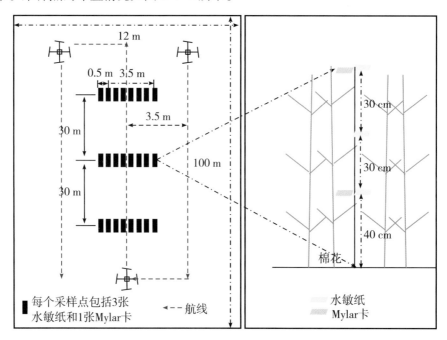

图 5-7-3 采样点布置

Mylar 卡（50 mm×80 mm）用于评估雾滴沉积情况，水敏纸（25 mm×30 mm）用于评估雾滴沉积参数特点（图 5-7-4）。

图 5-7-4　采样物在每个采样点冠层的布置情况

气象参数的测定采用 Kestrel 5500 气象站，测定试验时温度范围在 32.9 ～ 36.0 ℃，湿度范围在 32.9% ～ 36.0%，风速范围在 1.4 ～ 2.1 m/s。试验时风向与采样线平行范围在 52°±11°。试验在 2017 年 9 月进行，具体日期、温度及降水变化如图 5-7-5 所示。

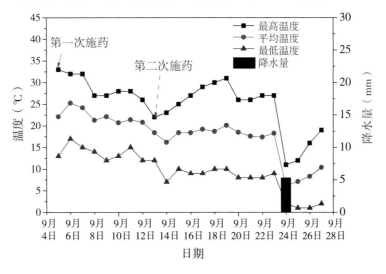

图 5-7-5　试验时温度及降水变化

4. 棉花脱叶及吐絮效果的调查

不同喷液量对棉花脱叶效果的影响也在试验田 1 中进行。为了探索冠层密度对脱叶效果的影响，植保无人机在试验田 2 中进行了喷液量为 15.0 L/hm² 的喷洒处理，传统的喷杆喷雾机的喷液量仍保持 450.0 L/hm²，同时有一个空白处理作为对照。

基于当地的棉花种植情况，棉花脱叶剂共喷洒两次，分别在 2017 年 9 月 5 日及 13 日。因为冠层较厚，一次喷洒很难满足棉花脱叶的要求，因此喷洒两次。第一次喷洒的药剂为 540 g/L 噻苯隆·敌草隆悬浮剂（180 g a.i./hm²）、40% 乙烯利 AS（450 g a.i./hm²）、280 g/L 烷基乙基磺酸盐助剂（720 g a.i./hm²），第二次喷洒将40%乙烯利AS的使用量提高到1050 g a.i./hm²。使用药剂及使用时间是基于当地的使用标准执行的（表5-7-4）。

表5-7-4　棉花脱叶剂用量及喷洒日期

喷洒日期	脱叶剂成分	用量	喷洒设备
2017年9月5日（第一次喷洒）	540g/L 噻苯隆·敌草隆 SC +	180g a.i./hm²+	
	40% 乙烯利 AS +	450g a.i./hm²+	
	280g/L 烷基乙基磺酸盐助剂	720g a.i./hm²	无人机及喷杆喷雾机
2017年9月13日（第二次喷洒）	540g/L 噻苯隆·敌草隆 SC +	180g a.i./hm²+	
	40% 乙烯利 AS +	1050g a.i./hm²+	
	280g/L 烷基乙基磺酸盐助剂	720g a.i./hm²	

注：SC代表悬浮剂，AS代表水剂，a.i.代表有效成分。

在喷洒药剂前，棉花脱叶情况及吐絮率调查采用5点取样法。每个点调查10株，并用红绳记录。为避免污染，这些调查的植株只在试验田中心，且距离棉田边缘5 m处。采用红绳标记棉花上、中、下不同位置。与沉积试验类似，上、中、下分别距离地面100 cm、60 cm、40 cm。三个不同高度的棉花叶片数、吐絮率及总的棉铃数都进行了实际调查。在第一次喷洒后，棉花叶片数、吐絮率及总的棉铃数共记录了4次，分别是喷洒后的第4天、第7天、第11天及第13天。棉花脱叶率通过公式（5.7.1）计算，吐絮率通过公式（5.7.2）计算。

$$D_P = (L_b - L_a)/L_b \times 100\% \tag{5.7.1}$$

$$B_O = O_b/T_b \times 100\% \tag{5.7.2}$$

式中，D_P为脱叶率，L_b为处理前叶片数，L_a为处理后叶片数，B_O为吐絮率，O_b为棉花吐絮数，T_b为总的棉桃数。

在喷洒后第15天，将试验田1中不同位置的棉花样本采集到实验室中进行纤维质量分析。每个重复称取子样本200 g用于分析纤维质量。试验在原农业部棉花质量检测中心完成。测试项目包括纤维长度、均匀度、马克隆值、纤维质量、成熟度及伸长率。

试验期内22天的温度、降水情况见图5-7-5。最高温度变化较大，平均温度和最低温度相对稳定。棉花于9月22日前进行机械采摘。

5. 试验结果统计分析

试验结果采用SPSS进行单因素方差分析。在试验结果分析之前，部分数据需要转化以稳定变异性、满足正态性。以百分数表示的数据需要Arcsine-转化，以满足数据的正态性，其他数据通过log（x+1）转换。转化后的数据通过K-S检验，分析其是否满足正态分布。正态化数据包括雾滴沉积、棉花脱叶数据、吐絮数据及纤维质量。冠层密度对沉积和脱叶的影响通过两因素T检验分析。Duncan新复极差分析用于分析多因素处理的显著性，检验水平为 $\alpha = 0.05$。

（二）试验结果

1. 喷液量对雾滴沉积及棉花脱叶效果的影响

（1）喷液量对雾滴沉积的影响。

喷液量显著影响（$P < 0.01$）无人机在 Mylar 卡上的沉积量，结果如图 5-7-6 所示。植保无人机喷液量为 15.0 L/hm² 和 30.0 L/hm² 的处理显著高于 4.5 L/hm² 和 7.5 L/hm² 的处理。当喷液量为 4.5 L/hm² 时，冠层上部的沉积量为 0.16 μg/cm²，仅为最大沉积量（30.0 L/hm²）的 63.2%。对比无人机处理，喷杆喷雾机在冠层上部的沉积量显著小于无人机，但是在冠层下部，喷杆喷雾机的沉积量大于无人机，这主要是因为两个喷洒设备的喷洒系统不同，喷杆喷雾机的吊杆可以深入冠层内部，因此雾滴可以在冠层的中下部实现较好的沉积。无人机喷洒高度为 2 m，并且无喷杆深入冠层内部，因此雾滴主要沉积在冠层上部，冠层下部的沉积显著受到冠层遮挡的影响。

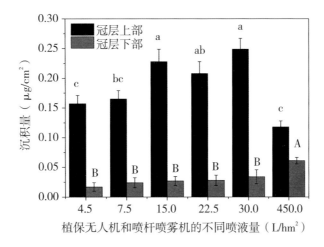

图 5-7-6　不同喷液量处理下雾滴在 Mylar 卡上的沉积情况

注：在相同冠层结果上的相同字母表示差异不显著（$P < 0.05$）。

水敏纸上的雾滴密度和覆盖度结果，雾滴覆盖度与雾滴粒径、雾滴密度及水敏纸上的扩散系数相关。在相同的雾滴粒径和扩散系数的前提下，覆盖度的变化规律与雾滴密度一致，且与喷液量呈线性相关性（$R^2 > 0.95$）。当无人机喷液量为 4.5 L/hm²、7.5 L/hm²、15.0 L/hm²、22.5 L/hm² 和 30.0 L/hm² 时，雾滴在冠层上部、下部的密度分别是 4.4 个 /cm²、7.2 个 /cm²、15.9 个 /cm²、20.7 个 /cm²、28.4 个 /cm²，以及 0.3 个 /cm²、0.8 个 /cm²、1.8 个 /cm²、2.5 个 /cm²、3.1 个 /cm²（图 5-7-7）。与无人机不同，喷杆喷雾机的喷液量显著较高，这对于雾滴密度和覆盖度有显著影响。受到棉花叶片和枝干的影响，雾滴密度及覆盖度从冠层上部到冠层下部递减。与冠层上部相比，喷杆喷雾机在冠层中部、下部的覆盖度仅为 17.3% 和 14.1%。对于无人机而言，雾滴在冠层中部、下部的覆盖度为冠层上部的 36.4% ~ 44.7 % 及 16.3% ~ 24.7%。由以上的对比结果可知，与喷杆喷雾机相比，无人机在冠层中的穿透性较低。

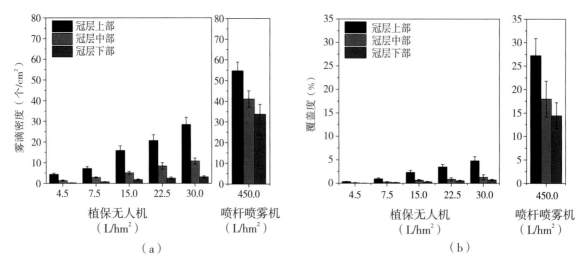

图 5-7-7 不同喷液量下雾滴在冠层的沉积密度及覆盖度结果

（2）喷液量对棉花脱叶效果的影响。

棉花脱叶率结果：试验田 1，无人机不同处理对脱叶效果的影响如图 5-7-8 所示。对于空白对照而言，在第 13 天，总脱叶率只有 20.0%，这显著低于药剂处理。在施药后第 13 天，不同处理之间也存在显著差异（$P < 0.01$）。当无人机喷液量为 4.5 L/hm^2 时，棉花冠层的脱叶率最低，仅为 64.1%，显著低于其他处理。当无人机喷液量大于 7.5 L/hm^2 时，不同喷液量对脱叶率没有显著影响。喷杆喷雾机总的脱叶率为 85.6%，这显著高于除喷液量为 15.0 L/hm^2 的无人机处理。

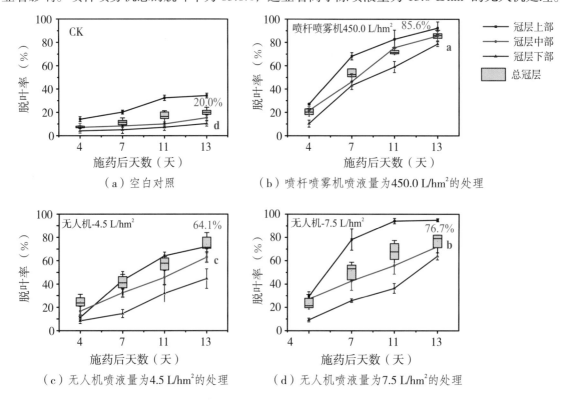

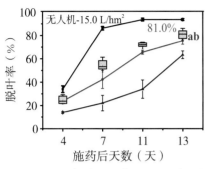
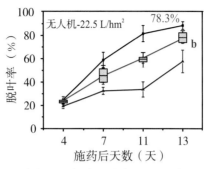

（e）无人机喷液量为15.0 L/hm²的处理　　　　（f）无人机喷液量为22.5 L/hm²的处理

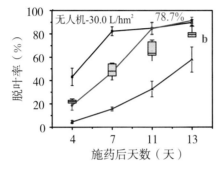

（g）无人机喷液量为30.0 L/hm²的处理

图 5-7-8　不同喷液量处理下的棉花脱叶率

注：①图为喷杆喷雾机与无人机施药后第 4 天、第 7 天、第 11 天、第 13 天棉花冠层不同位置的脱叶率及总脱叶率情况；②图中红色百分数表示在第 13 天的脱叶率情况；③不同的喷液量在第 13 天的相同字母表示结果差异不显著（$P <$ 0.05）。

不同位置的棉花脱叶率是不同的。棉花冠层上部的棉花脱叶率最大，随后为冠层中部，冠层下部脱叶率最低。这主要是因为雾滴沉积从上至下不断减少，另外，冠层上部的叶片对于脱叶剂更为敏感。这个现象对于无人机和喷杆喷雾机都是如此，且对于无人机更为显著。当喷液量为 7.5 ～ 30.0 L/hm² 时，无人机在冠层上、中、下部的脱叶率分别为 88.5% ～ 94.9%、72.1% ～ 91.5% 和 57.7% ～ 63.9%。在冠层的上、中部，喷杆喷雾机的脱叶率分别为 92.3% 和 85.5%，这与无人机的脱叶率相近，但是在冠层下部，喷杆喷雾机的脱叶率为 78.6%，这显著优于无人机处理。

棉花吐絮率结果：在试验田 1，无人机不同喷液量对棉花吐絮率的影响如图 5-7-9 所示。

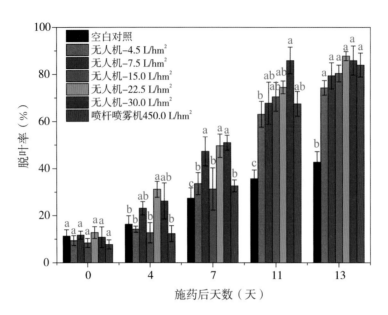

图 5-7-9　不同喷液量处理下的棉花吐絮率情况

注：①图为喷杆喷雾机与无人机在不同喷液量下，施药前及施药后第 4 天、第 7 天、第 11 天、第 13 天吐絮率情况；②图中相同施药天数上的不同字母表示施药液量对试验结果的影响显著（$P < 0.05$）。

在施药前，棉花吐絮率为 7.7% ～ 12.8%。与空白对照相比，喷洒药剂后，棉花的吐絮率显著提高。棉花吐絮率随着施药后时间的增加而增加。无人机不同喷液量下的显著差异性在喷洒后第 4 天开始显现。无人机各处理中，当喷液量为 22.5 L/hm² 时，在第 4 天的吐絮率为 31.2%。第 7 天和第 11 天的变化趋势跟第 4 天相似。在第 13 天，无人机的吐絮率为 74.3% ～ 85.9%，这与喷杆喷雾机的 84.0% 差异不显著。结合沉积结果，不同喷洒设备及不同喷液量对棉花吐絮率没有显著影响，可能是由乙烯利的过量喷洒导致的。

棉花纤维质量：喷施不同液量的脱叶剂对纤维质量没有显著的影响（表 5-7-5）。

表 5-7-5　不同喷液量对棉花纤维质量的影响

	无人机 4.5 L/hm²	无人机 7.5 L/hm²	无人机 15.0 L/hm²	无人机 22.5 L/hm²	无人机 30.0 L/hm²	喷杆喷雾机 450.0 L/hm²
纤维长度（mm）	24.3 a	23.7 a	23.5 a	24.0 a	23.8 a	23.1 a
均匀度（%）	81.7 ab	85.6 a	83.8 a	84.3 a	84.1 a	82.4 a
马克隆值	5.1 a	5.4 a	4.9 a	5.4 a	5.3 a	4.76 a
纤维强度（cN/tex）	27.5 a	27.4 a	27.4 a	27.4 a	27.4 a	27.6 a
成熟度	0.83 a	0.85 a	0.84 a	0.85 a	0.85 a	0.84 a
伸长率（%）	6.6 a	6.6 a	6.6 a	6.7 a	6.7 a	6.7 a

注：相同行相同的字母表示差异不显著，$P < 0.05$。

试验结果表明，纤维长度、纤维均匀度、马克隆值、纤维强度、成熟度和伸长率分别在23.1～24.3 mm、81.7%～85.6%、4.76～5.4、27.4～27.6 cN/tex、0.83～0.85 和 6.6%～6.7%范围内。试验结果表明，喷洒高浓度药剂不会对棉花纤维质量产生显著影响。

2. 棉花冠层对雾滴沉积及棉花脱叶效果的影响

雾滴覆盖度及雾滴密度情况：对比两个试验田的雾滴沉积及覆盖度，结果如图 5-7-10 所示。由于试验田 2 棉花冠层密度较低（叶面积指数 LAI=1.32），喷液量相同时，在相同冠层中，试验田 2 的雾滴密度和雾滴覆盖度要显著高于试验田 1（叶面积指数 LAI = 1.87）。对于无人机而言，试验田 2 的冠层中、下部的雾滴密度比试验田 1 分别提高了 74.5% 和 160.9%。对于喷杆喷雾机，试验田 2 的冠层中、下部的雾滴密度比试验田 1 分别提高了 6.3% 和 8.7%，这与覆盖度的结果基本类似。与喷杆喷雾机相比，冠层的厚度对无人机雾滴在冠层中、下部的穿透有更大的影响。

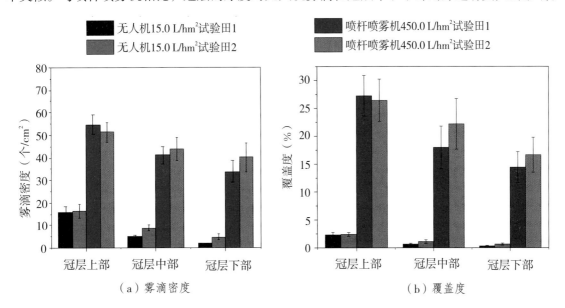

图 5-7-10　不同叶面积指数 LAI 条件下雾滴覆盖度情况

注：对比两个田块不同叶面积指数 LAI 情况下，喷杆喷雾机与植保无人机喷洒雾滴沉积及覆盖度情况。

棉花脱叶率：不同试验田块不同脱叶时间下，棉花不同冠层的脱叶率结果如图 5-7-11 所示。

在第 13 天，试验田 2 的棉花脱叶率结果要优于试验田 1，但是统计结果不显著。两个田块的叶面积指数不同是造成脱叶率差异的重要原因。从试验田 2 的沉积结果来看，中、下部的雾滴密度及覆盖度显著小于试验田 1，较高的雾滴密度和覆盖度有助于提高脱叶率。在试验田 2，无人机在冠层中、下部的脱叶率分别是 88.1% 和 88.7%，这显著高于试验田 1 的 75.4% 和63.4%。喷杆喷雾机在试验田 2 的脱叶率与无人机相比差异不显著。

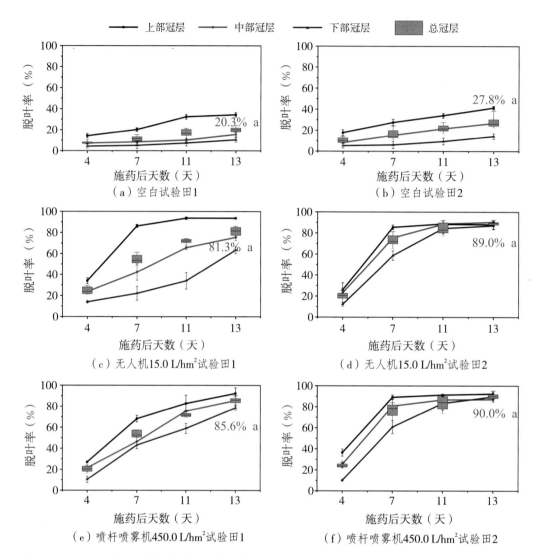

图 5-7-11 不同叶面积指数的试验田在施药后第 4 天、第 7 天、第 11 天、第 13 天的脱叶率情况

注：相同喷洒设备误差棒上的相同字母表示差异不显著（$P < 0.05$）。

吐絮率结果：试验田 2 在施药前和施药后的时间里其吐絮率都显著高于试验田 1。随着药剂的喷洒，两个田块的吐絮率都有所增加。在施药后第 13 天，两个田块的吐絮率没有显著差异。尽管两个田块在冠层下部的沉积显著不同，但是这并没有导致吐絮率的显著差异。与之前的分析类似，过量喷洒乙烯利会导致测试卡上沉积过多，数据识别不准确（图 5-7-12）。

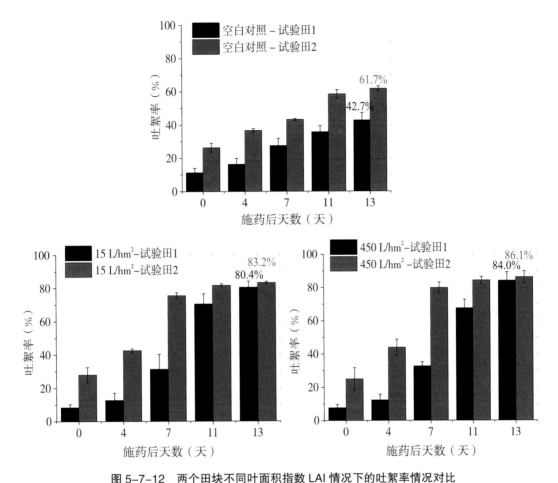

图 5-7-12 两个田块不同叶面积指数 LAI 情况下的吐絮率情况对比

注：①图为两个不同叶面积指数的田块施药前和施药后第 4 天、第 7 天、第 11 天、第 13 天的吐絮率
　　情况对比；②相同喷洒设备误差棒上的相同字母表示差异不显著（$P < 0.05$）。

（三）讨论

试验结果表明，植保无人机喷液量对雾滴沉积、雾滴密度、雾滴覆盖度及冠层穿透性都有显著的影响，这些因素也进一步影响了棉花脱叶效果。总体来说，雾滴沉积的变化趋势与棉花脱叶的趋势基本一致，当达到一定的喷液量后，雾滴沉积量和脱叶率都不会随着喷液量的变化而变化。与雾滴沉积不同，雾滴密度和覆盖度会随着喷液量的变化持续变化。当喷液量高于一定值以后，即使雾滴密度和覆盖度会随着喷液量的增加而增大，但不会对棉花脱叶率和吐絮率产生影响。这可能是因为棉花脱叶剂都是内吸性药剂，雾滴沉积在叶片上会疏导到叶柄处，一定量的覆盖度可以实现焦枯及良好的脱叶效果。当喷液量为 4.5 L/hm² 时，雾滴沉积和脱叶率显著低于其他处理，剂量传递理论认为雾滴的损失来源于蒸发、飘移、反弹及流失。基于测试结果，雾滴的流失可能会对低容量喷洒（< 15 L/hm²）产生更大的影响。另外，过低的喷液量很难将有效成分分散到较大的面积区域内及较深的冠层内。最佳的喷液量带来经济效益及生态效益。在保证脱叶效果的同时，喷液量越低，喷洒成本越低，施药越高效。但是当喷液量低于推荐值时，

就会给生产者带来低脱叶率及高含杂量的风险，进而影响棉花纤维质量及经济收益。

从冠层下部的沉积结果来看，与喷杆喷雾机相比，无人机表现出了较差的冠层穿透性，这一现象在试验田 1 冠层密度较高时更为显著。这一研究结论与其他研究相似。尽管无人机的下旋翼风会促进雾滴的穿透，但是棉花冠层较厚，仍会阻止雾滴进一步穿透到冠层下部，这就导致下部产生较差的脱叶率。

两个不同冠层密度的试验田试验结果表明，当叶面积较指数小时具有较好的脱叶效果。尽管 LAI 也常在精准农业中应用于控制喷液量，但是试验结果表明，当试验田 1 的喷液量大于 7.5 L/hm² 时，喷液量的增加对脱叶效果没有显著影响。冠层密度对产量有显著的影响，但是结论往往不一致。如何通过合理密植提高棉花产量、脱叶率及纤维质量还需要进一步研究。

只有当叶片全部脱落或者吐絮率达到 85% 以上时，机械采收才有更好的效果。但是试验中叶片的脱落率低于 90%。导致脱叶率较低的主要原因可能是环境因素。棉花脱叶剂如噻苯隆、敌草隆、乙烯利及环丙酰草胺在环境温度为 10 ～ 27 ℃时会有更好的效果。然而试验在新疆进行，新疆的棉花生长期较短，且 9 月份新疆降温很快。为避免低温对脱叶效果的影响，第一次喷洒往往较早，棉花吐絮率较低，当吐絮率达到 40% ～ 60% 时再喷洒，更有利于脱叶剂发挥作用，但是新疆的环境条件往往不允许，这也是导致脱叶效果较差的主要原因。

（四）小结

本节我们在新疆石河子进行了不同喷液量对 P30 植保无人机雾滴沉积及对棉花脱叶效果的影响的试验研究。试验采用水敏纸获取雾滴沉积参数，包括雾滴粒径、覆盖度及雾滴密度等，采用 Mylar 卡洗脱的方式获取雾滴在冠层内的沉积情况。在喷液量及冠层密度对脱叶效果的试验研究中，在试验田 1，叶面积指数为 1.87，无人机的脱叶率基本与喷杆喷雾机相近或者略低于喷杆喷雾机。脱叶效果相对较差主要是由于雾滴在冠层下部的沉积效果较差。综合考虑雾滴沉积、脱叶效果和作业效率，进行棉花脱叶时应当按照 15.0 L/hm² 的喷液量喷洒。当喷液量为 15.0 L/hm²、脱叶率为 81.0% 时，作业效率最高，成本相对最低。无人机不同喷液量对棉花纤维质量和吐絮率没有显著的影响。另外，冠层密度对雾滴沉积和脱叶率有显著的影响。在试验田 2 中，棉花更容易穿透到冠层内部实现更好的脱叶效果。

第八节　田间无人机喷雾粒径与沉积效果的关系研究

本节利用无人机进行水稻田间喷施试验，采用丽春红 2R 为示踪剂检测了 4 种体积中径不同的雾滴（218 μm、200 μm、178 μm、145 μm）在水稻冠层叶面的沉积量，对比分析了其雾滴分布的均匀性及冠层穿透性，得到无人机喷施作业时喷雾粒径与沉积效果的关系。

（一）试验材料、试验条件与方法

1. 试验材料

（1）指示剂：丽春红 2R。

（2）试验仪器与设备：汉和 CD-15 油动单旋翼植保无人机［无锡汉和航空技术有限公司，图 5-8-1（a），相关参数见表 5-8-1］、德美特 M234-AT 电动四旋翼植保无人机［深圳高科新农技术有限公司，图 5-8-1（b），相关参数见表 5-8-2］、UV755B 紫外分光光度计（上海佑科仪器仪表有限公司，图 5-8-2）、轻型机载北斗 RTK 差分系统（国家精准农业航空施药技术国际联合研究中心研制）、电子精密天平（福州华科电子仪器有限公司）、NK-5500 Kestrel 微型气象站（图 5-8-3，相关参数见表 5-8-3）、移液枪等。

（a）汉和 CD-15 油动单旋翼植保无人机　　　　（b）德美特 M234-AT 电动四旋翼植保无人机

图 5-8-1　植保无人机作业图

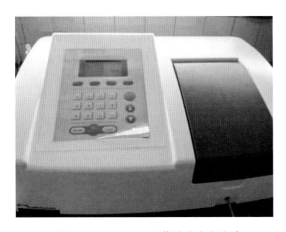

图 5-8-2　UV755B 紫外分光光度计　　　　**图 5-8-3　NK-5500 Kestrel 微型气象站**

表 5-8-1 汉和 CD-15 油动单旋翼植保无人机主要性能指标

主要技术参数	规格及数值
最大载药量	15 kg
最大起飞重量	35 kg
喷头个数	7 个
作业速度	0 ～ 6 m/s
有效喷幅	4 ～ 6 m
喷洒量	0.3 ～ 2 L/ 亩
喷洒效率	2 亩 / min
抗风	5 级

表 5-8-2 德美特 M234-AT 电动四旋翼植保无人机主要性能指标

主要技术参数	规格及数值
最大载药量	10 L
喷头个数	4 个
作业速度	0 ～ 6 m/s
有效喷幅	4 m
喷洒流量	1.2 L/min

表 5-8-3 NK-5500 Kestrel 微型气象站基本参数

测量项目	测量范围	精度	分辨率
风速	0.4 ～ 40 m/s	—	0.1 m/s
空气温度	−29 ～ 70 ℃	1 ℃	0.1 ℃
相对湿度	5% ～ 95%	3%	0.1

2. 试验条件

本试验于 2016 年 7 月 22 日在湖南武冈水稻科研基地（图 5-8-4）进行，试验时温度为 30 ℃，相对湿度为 75%，平均风速为 0.53 m/s，试验区域种植水稻，生长期为授粉期。

图 5-8-4　湖南武冈水稻科研基地

3. 试验方法

（1）预先试验：绘制丽春红 2R 标准曲线。

①称取丽春红 2R 粉末 0.01 g，用蒸馏水将其溶解并转移至 10 mL 容量瓶中，定容，配成质量浓度为 1000 mg/L 的母液。用移液枪分别移取母液 0.05 mL、0.10 mL、0.15 mL、0.20 mL、0.25 mL、0.30 mL、0.35 mL 至 7 个 10 mL 比色管中，定容，配制成浓度为 5 mg/L、10 mg/L、15 mg/L、20 mg/L、25 mg/L、30 mg/L、35 mg/L 的系列梯度浓度丽春红 2R 水溶液（图 5-8-5）。

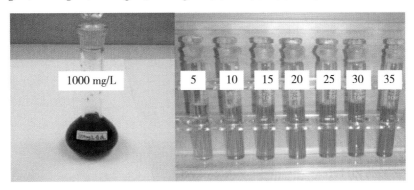

图 5-8-5　丽春红 2R 标准溶液配制

②用紫外分光光度计分别对质量浓度为 5 mg/L、10 mg/L、15 mg/L、20 mg/L、25 mg/L、30 mg/L、35 mg/L 的丽春红 2R 水溶液进行光度测量，波长设置为 510 nm（丽春红 2R 的最大吸收波长），并用蒸馏水（即浓度为 0 mg/L）做对比。

③根据标定的不同质量浓度丽春红 2R 水溶液的吸光度，以丽春红溶液的质量浓度为横坐标，吸光度为纵坐标绘制标准曲线。

（2）雾滴沉积量及冠层穿透性的测定。

①将试验田块划分为 4 个试验区，分别编号为 A、B、C、D，每个试验区的长为 17 m、宽为 3 m，相邻两个试验区之间间隔 5 m，在每个试验区内按棋盘式取 5 个采样点，依次标号

为①、②、③、④、⑤，在各标号采样点位置处的水稻植株的上、中、下三层各标记 3 片合适的叶片，作为取样叶片。图 5-8-6 为每个试验区布点示意图。

②将丽春红 2R 染色剂与清水按比例混合，配制成浓度为 1000 mg/L 的水溶液，装入无人机药箱后进行喷施，飞机上搭载北斗定位系统记录试验时的飞行速度、高度等。

③待喷施完毕，用剪刀剪下采样点处事先标记的叶片，装入密封袋中。

④将收集到的每一叶片用 20 mL 蒸馏水进行洗脱，用紫外分光光度计对洗脱液进行光度测量，根据测得的吸光度与预先试验中得到的标准曲线计算出叶片上的药液沉积量；用图像处理方法分析出叶片面积，计算出单位面积药液沉积量。

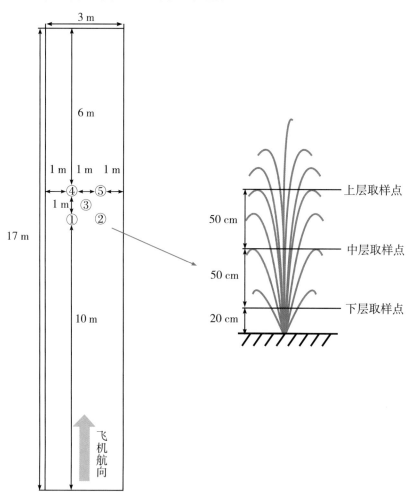

图 5-8-6 试验地块及采样点布置示意图

（二）试验结果与分析

1. 丽春红 2R 溶液的标准曲线

经测试，得到不同浓度丽春红 2R 溶液的吸光度值（表 5-8-4），根据测量数据拟合得到丽春红 2R 溶液的质量浓度 x（mg/L）与吸光度 y 之间的线性回归方程为：

$$y=0.0951x-0.0129 \tag{5.8.1}$$

相关系数 $R^2=0.9992$，表明在测定范围内，丽春红 2R 溶液的质量浓度与吸光度具有较好的线性关系（图 5-8-7）。

表 5-8-4　不同浓度丽春红 2R 溶液的吸光度值

浓度（mg/L）	0	5	10	15	20	25	30
吸光度	0.000	0.435	0.955	1.410	1.912	2.403	2.795

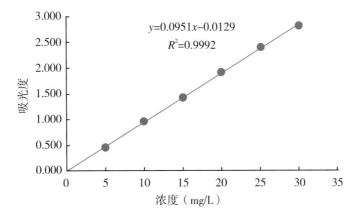

图 5-8-7　丽春红 2R 溶液标准曲线图

2. 采样叶片数据检测

（1）作业参数。各试验区所采用的喷雾粒径及作业时的基本作业参数见表 5-8-5。

表 5-8-5　基本作业参数表

机型	地块	泵压（MPa）	喷雾粒径（μm）	平均飞行高度（m）	平均飞行速度（m/s）
	A	0.18	218	1.70	1.87
汉和 CD-15	B	0.20	200	1.72	1.77
	C	0.30	178	1.65	1.80
德美特 M234-AT	D	0.60	145	1.70	1.82

（2）采样叶片药液沉积量检测。

①检测吸光度。将收集到的叶片用镊子取出，放入试管中，加入 20 mL 蒸馏水震荡 3 min 左右洗脱，用紫外分光光度计对洗脱液进行吸光度测量（图 5-8-8），根据测得的吸光度与预先试验中得到的标准曲线计算出叶片上的药液沉积量。测量数据见表 5-8-6。

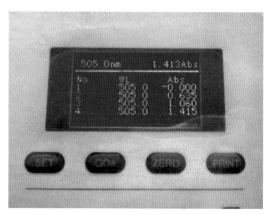

图 5-8-8　叶片吸光度检测示意图

表 5-8-6　叶片沉积染色剂吸光度值

试验小区	叶片垂直采样位置	采样点				
		①	②	③	④	⑤
A	上	0.026	0.012	0.038	0.027	0.027
	中	0.016	0.014	0.024	0.026	0.022
	下	0.012	0.011	0.018	0.011	0.012
B	上	0.030	0.024	0.027	0.038	0.033
	中	0.023	0.016	0.034	0.019	0.019
	下	0.014	0.023	0.023	0.020	0.018
C	上	0.039	0.019	0.020	0.033	0.026
	中	0.023	0.024	0.021	0.024	0.024
	下	0.031	0.021	0.033	0.021	0.025
D	上	0.029	0.031	0.047	0.020	0.026
	中	0.042	0.032	0.025	0.022	0.022
	下	0.041	0.025	0.028	0.019	0.023

②计算药液沉积量。根据预先试验测得的丽春红2R溶液标准曲线方程（5.8.1），对照表5-8-6的吸光度值，计算得出叶片洗脱液的浓度 x，根据洗脱时的兑水比例计算得出叶面的药液沉积量，计算公式为（5.8.2），结果见表5-8-7。

$$v = \frac{x \times (20 \times 10^{-3}) \times 10^{3}}{1000 \times 10^{3}} \times 10^{6} = 20x \qquad (5.8.2)$$

式中，v 为叶片药液沉积量，μL；x 为叶片洗脱液浓度，mg/L。

表5-8-7 叶面药液沉积量 单位：μL

试验小区	叶片垂直采样位置	采样点				
		①	②	③	④	⑤
A	上	8.18	5.24	10.70	8.39	8.39
	中	6.08	5.66	7.76	8.18	7.34
	下	5.24	5.03	6.50	5.03	5.24
B	上	9.02	7.76	8.39	10.70	9.65
	中	7.55	6.08	9.86	6.71	6.71
	下	5.66	7.55	7.55	6.92	6.50
C	上	10.91	6.71	6.92	9.65	8.18
	中	7.55	7.76	7.13	7.76	7.76
	下	9.23	7.13	9.65	7.13	7.97
D	上	8.81	9.23	12.60	6.92	8.18
	中	11.55	9.44	7.97	7.34	7.34
	下	11.34	7.97	8.60	6.71	7.55

③检测叶片叶面积。将采集的叶片样本进行扫描，采用图像处理的方法计算出采样叶片的叶面积，测量结果见表5-8-8。

表5-8-8 采样叶片叶面积 单位：cm²

试验小区	叶片垂直采样位置	采样点				
		①	②	③	④	⑤
A	上	18.60	12.97	13.15	16.10	10.22
	中	14.61	15.32	14.57	10.21	14.58
	下	11.35	8.86	5.86	7.03	6.42
B	上	15.54	7.34	10.11	14.89	15.92
	中	13.32	7.73	12.23	10.52	11.68
	下	7.49	7.34	8.84	9.76	7.39
C	上	12.51	6.58	11.88	12.94	10.74
	中	8.55	13.13	6.26	7.77	10.47
	下	11.49	6.34	10.94	11.08	7.66
D	上	9.58	9.68	11.31	7.57	8.15
	中	12.83	13.85	10.60	10.33	7.15
	下	11.18	7.55	7.35	7.38	9.64

④计算单位面积药液沉积量。根据药液沉积量与叶面积，计算出单位面积药液沉积量，计算结果见表5-8-9。

表5-8-9　单位面积药液沉积量　　　　　　　　单位：μL/cm²

试验小区	叶片垂直采样位置	采样点					
		①	②	③	④	⑤	平均值
A	上	0.44	0.40	0.81	0.52	0.82	0.60
	中	0.42	0.37	0.53	0.80	0.50	0.52
	下	0.46	0.57	1.11	0.71	0.82	0.73
B	上	0.58	1.06	0.83	0.72	0.61	0.76
	中	0.57	0.79	0.81	0.64	0.57	0.68
	下	0.76	1.03	0.85	0.71	0.88	0.85
C	上	0.87	1.02	0.58	0.75	0.76	0.80
	中	0.88	0.59	1.14	1.00	0.74	0.87
	下	0.80	1.12	0.88	0.64	1.04	0.90
D	上	0.92	0.95	1.11	0.91	1.00	0.98
	中	0.90	0.68	0.75	0.71	1.03	0.81
	下	1.01	1.06	1.17	0.91	0.78	0.99

（3）雾滴沉积量与穿透性分析。

①显著性分析。表5-8-10得出了A、B、C、D区各采样点上、中、下层采样叶片的单位面积药液沉积量，本研究采用SPSS数据分析软件，对各试验区、各层平均单位面积沉积量进行了显著性水平分析（表5-8-10），得出的因素垂直采样位置的差异显著性水平P值为0.032，小于0.05而大于0.01，说明上、中、下三层采样位置之间的雾滴沉积量存在显著差异；因素试验区的差异显著性水平P值为0.003，小于0.01，说明不同试验区之间的雾滴沉积量存在极显著差异，即雾滴粒径对雾滴沉积量具有极显著影响。

表5-8-10　各试验区、各层平均沉积量方差分析表

项目	平方和	df	均方	F	P
校正误差	0.201[①]	5	0.040	12.329	0.004
交互项	7.496	1	7.496	2.296×10^3	0.000
垂直采样位置	0.042	2	0.021	6.477	0.032
试验小区	0.159	3	0.053	16.231	0.003
误差	0.020	6	0.003		
总计	7.716	12			
总计校正	0.221	11			

注：①$R^2 = 0.911$（校正后$R^2 = 0.837$）；②因变量为平均单位面积沉积量（μL/cm²）。

②沉积量与穿透性分析。图 5-8-9 对比了各试验区、各层采样点平均单位面积药液沉积量，图中的变化趋势线呈上升趋势，即在这四个粒径范围内，雾滴的单位面积药液沉积量整体随粒径的减小而增大。其中，平均单位面积药液沉积量最少的为 A 区的冠层中层，为 0.52 μL/cm²；平均单位面积药液沉积量最多的为 D 区的下层，为 0.99 μL/cm²。

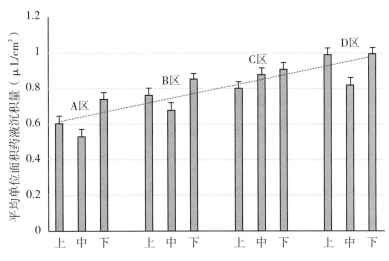

图 5-8-9　各试验区、各层平均单位面积药液沉积量对比图

注：图中虚线为整体单位面积沉积量的变化趋势线。

根据表 5-8-10 的数据计算出各试验区各冠层的沉积量变异系数，图 5-8-10 为各试验区各层采样点单位面积药液沉积量的变异系数的对比图，由图可以看出，各试验区之间的药液沉积量变异系数相差较为明显。总的来说，A 区的变异系数整体明显高于其他 3 个区，D 区的变异系数整体低于其他 3 个区，说明 4 个区中 A 的雾滴分布均匀性最差，D 区的雾滴分布均匀性最好。每个区各层之间的药液沉积量变异系数变化不大，其中，A 区三层雾滴单位面积药液沉积量的变异系数分别为 33.86%、32.04%、34.06%，变异系数最低点为中层；B 区各层的变异系数随高度降低而减小，分别为 25.59%、17.05%、14.67%，最低点为下层；C、D 两个区的变异系数最低点均为上层，C 区各层的变异系数分别为 20.36%、24.60%、21.22%，D 区各层的变异系数分别为 8.40%、17.86%、14.92%。

另外，由图 5-8-10 可见，作物上层药液沉积量变异系数依次减小，即上层药液沉积量变异系数随雾滴粒径的减小而减小，说明对于上层的雾滴其粒径越小，沉积均匀性越好；中、下层的沉积量变异系数与喷雾粒径并不存在线性关系，而是在 14% ～ 35% 范围内波动，且中层和下层的药液沉积量变异系数大小均为 B ＜ D ＜ C ＜ A。

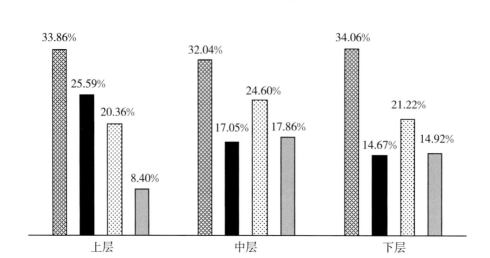

图 5-8-10 各试验区各层叶片单位面积药液沉积量变异系数对比图

（三）小结

本节检测了不同质量浓度丽春红 2R 溶液的吸光度，得到了丽春红 2R 溶液的质量浓度 x 与吸光度 y 之间的线性回归方程 $y=0.0951x-0.0129$。采用比色法检测了两种旋翼式无人机所形成的不同粒径雾滴的沉积效果及穿透性，结果表明，本试验中，同一试验区中各层的药液沉积量存在显著差异，各区之间的药液沉积量存在极显著差异。其中，平均单位面积药液沉积量最少的为 A 区的中层冠层，为 0.52 μL/cm²；平均单位面积药液沉积量最多的为 D 区下层，为 0.99 μL/cm²；药液沉积量变异系数最大的为 A 区下层，为 34.06%，最小的为 D 区上层，为 8.40%。

以上结果说明，喷雾粒径越小，单位面积药液沉积量越多，雾滴穿透性也越好；由各区各层单位面积药液沉积量变异系数对比分析可见，作物上层的药液沉积量变异系数随雾滴粒径的减小而减小，说明雾滴粒径越小，药液沉积均匀性越好，但中、下层药液沉积量变异系数与雾滴粒径并不存在线性关系，而是在 14% ～ 35% 范围内波动；采用无人机对水稻进行喷施作业时，雾滴的整体穿透性较好，雾滴的沉积量并非像人们常说的那样主要沉积在冠层表面，而是能够深入冠层内部，且冠层内部叶片的叶面药液沉积量甚至大于冠层外部的沉积量。出现这种结果的原因可能有两个：一是无人机旋翼产生的垂直向下的风力较大，能够将雾滴团吹送至冠层内部；二是无人机旋翼产生的风力过大，导致水稻植株成圆形向外倾斜，使得冠层内部完全暴露在喷雾下，从而让雾滴能直接抵达冠层深处甚至植株根部。

第九节　喷头类型及雾量分布研究

影响喷雾不均匀的因素有多种，包括喷头的选择、喷头的安装、作业参数（喷洒高度、作业速度等）及喷雾时的自然环境条件等。由已开展的田间试验结果可知，国内植保无人机雾滴沉积变异系数在50%左右，沉积均匀性较差，这很大程度是由喷洒系统安装不合理及旋翼风场的干扰导致的，喷洒系统中，喷头选择及喷头安装间距对雾滴的均匀性影响最大。

对喷头安装间隔及喷头雾量分布的研究，过去主要对喷杆喷雾机喷头的安装间距及喷头的安装高度进行试验，Wang对喷雾压力、喷嘴高度及喷头材料对喷雾均匀性的影响进行了试验研究，Butts对喷头类型、喷雾压力、PWM脉冲比对喷雾均匀性的影响进行了试验研究，Zhang等采用图像分析的方法分析喷头喷雾均匀性。然而植保无人机作业高度较高，喷头个数较少，这些都与地面喷洒设备不同，但针对植保无人机的喷头安装个数及喷头安装间隔的研究很少，因此，本研究针对植保无人机常用喷头对影响喷雾均匀性的因素（包括喷洒高度、喷雾压力及喷头类型）进行了试验研究，分析各因素对雾量分布及喷雾均匀性的影响，并通过模拟叠加的方法分析了喷头间距对喷雾均匀性的影响，以期为植保无人机喷洒系统的合理安装提供指导思路。

（一）材料与方法

1.试验材料

试验在根据ISO 5682-1标准自行研制的喷头综合性能试验台上进行，试验台结构如图5-9-1所示。试验台位于广西田园生化股份有限公司，喷头综合性能试验台包含水箱、调节阀、水泵、压力表、喷嘴、集雾槽、量杯及传动架等结构。由于受到试验台大小的影响，试验主要测定单个喷头的雾量分布情况，多喷头的试验结果通过模拟叠加的方式获取，并计算叠加后的均匀性（变异系数）。

其中，集雾台宽度为3 m，水箱总容积为60 L，可测试喷杆最大高度为1.5 m，可测试喷杆长度为3 m，最大测试流量为10 L/min，最大测试压力为5 MPa，试验台的工作压力变化量不超过试验压力值的 ±2.5%，环境温湿度为室内温湿度条件，试验药液为清水，试验台放置在稳固的地基上，左右高差不大于10 mm。

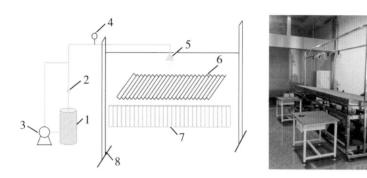

1.水箱；2.调节阀；3.水泵；4.压力表；5.喷嘴；6.集雾槽；7.量杯；8.传动架。

图 5-9-1　喷头综合性能试验台示意图（左）及试验图（右）

选择 Lechler 公司的 LU 系列、TR 系列和 IDK 系列植保无人机代表性液力式喷头进行试验，分别测定不同喷洒高度、喷雾压力及喷头类型对雾量分布的影响，试验参数设计见表 5-9-1。

表 5-9-1　不同喷洒高度、喷雾压力及喷头类型对液力式喷头雾量分布影响试验参数设计

试验处理	喷头类型	变化因素	固定因子
1		50 cm	
2	LU120-02	100 cm	不同喷洒高度
3		150 cm	（保持喷雾压力 0.3 MPa）
4		0.1 MPa	
5	LU120-02	0.2 MPa	不同喷雾压力
6		0.3 MPa	（保持喷洒高度 100 cm）
7		0.5 MPa	
8	LU120-02		
9	IDK120-02	0.3 MPa	不同类型喷头
10	TR8002		（保持喷洒高度 100 cm）

2. 数据处理方法

根据 ASAE S341.3 和 MH/T 1040—2011，采用模拟叠加法测定沉积变异系数，即根据单个喷头喷洒沉积情况，模拟设定不同的喷头个数或喷头间隔，并计算不同喷头个数或喷头间隔情况下的雾滴沉积变异系数。

变异系数（CV）的计算方法如下：

$$CV = \frac{S}{\overline{X}} \times 100\% \tag{5.9.1}$$

$$S = \sqrt{\sum_{i=1}^{n}\left(X_i - \overline{X}\right)^2 / (n-1)} \tag{5.9.2}$$

式中，S 为雾量分布标准差；X_i 为各采集点雾量分布情况，mL。

（二）结果与分析

1. 喷洒高度对雾滴分布的影响

通过研究不同喷洒高度（50 cm、100 cm、150 cm）对 LU120-02 喷头雾量分布的影响（图 5-9-2），可以发现喷洒高度对雾滴分布有显著影响。随着喷洒高度的增加，雾滴分布的正态分布性降低。

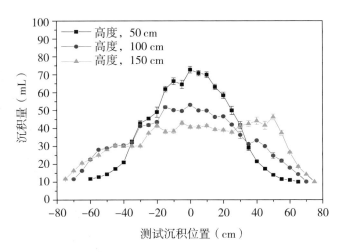

图 5-9-2　LU120-02 喷头不同喷洒高度下的雾滴沉积分布情况

根据单喷头的雾滴沉积情况，通过模拟叠加法获取不同喷头间距、不同喷洒高度下的沉积均匀性。以 3 个 LU120-02 喷头为例（如全丰植保无人机液力式喷头安装情况），利用模拟叠加法测定不同安装间距及喷洒高度对雾滴沉积均匀性的影响，根据模拟叠加的沉积结果求变异系数，试验结果如图 5-9-3 所示。

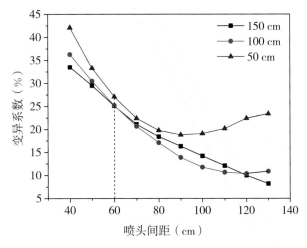

图 5-9-3　3 个 LU120-02 喷头不同安装间距及喷洒高度对雾滴沉积均匀性的影响

试验结果表明，在安装有 3 个 LU120-02 喷头的情况下，随着喷头安装间距的增加，雾滴沉积的变异系数降低，沉积均匀性增加。全丰植保无人机 3 个液力式喷头安装间距为 62.5 cm 时，经田间测定，其喷洒沉积的变异系数要大于理论测定值 25.1%。

2. 喷洒压力对雾滴分布的影响

试验测定了 4 个喷雾压力（0.1 MPa、0.2 MPa、0.3 MPa、0.5 MPa）对液力式 LU120–02 喷头雾滴分布的影响（图 5–9–4）。试验结果表明，随着喷雾压力的增加，雾滴沉积的正态分布性增加，沉积峰值降低。当喷雾压力为 0.5 MPa 时，由于压力较高，雾型较为紊乱，因此田间作业的植保无人机不宜喷雾压力过大，过大的喷雾压力会导致雾滴的分布紊乱，引起沉积的不均匀。

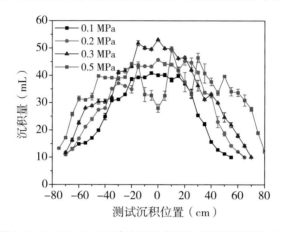

图 5–9–4　LU120–02 喷头不同喷雾压力下的雾滴分布情况

3. 喷头类型对雾滴分布的影响

试验选择 3 种不同类型的喷头 TR8002、LU120–02 和 IDK120–02，喷洒高度设定为 100 cm，测定不同位置的雾滴沉积情况，试验结果如图 5–9–5 所示。3 种喷头包含 2 种不同的喷雾角，分别为 80° 和 120°。喷雾角与雾滴分布直接相关，当喷雾角为 120° 时，雾滴分布的正态性降低，IDK 喷头与 LU 喷头雾滴分布基本一致，因此在植保无人机防飘移作业时，可以直接使用同型号的 IDK 喷头替换 LU 喷头达到防飘移的目的。

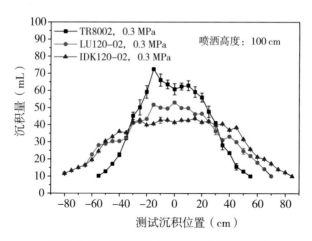

图 5–9–5　不同喷头类型对雾滴分布的影响

4. 模拟叠加法测定最佳喷头间距

在喷洒高度为 100 cm 的条件下，试验假定安装 2 个 LU120-02 喷头和 3 个 LU120-02 喷头两种情况，分别根据模拟叠加法拟合喷头间距为 40 ～ 140 cm 情况下的雾滴沉积均匀性。试验结果表明，当安装 3 个 LU120-02 喷头时，随喷头间距的增加，沉积的均匀性增加（表 5-9-2）；当安装 2 个 LU120-02 喷头时，随喷头间距的增加，雾滴分布变异系数先降低后增加，当喷头间距为 130 cm 时，具有最低的变异系数 9.0%（表 5-9-3）。当然喷头的安装还要考虑旋翼直径、喷头的流量等因素，本试验仅为喷洒系统的优化提供一种试验方案。

表 5-9-2　不同间距下 3 个 LU120-02 喷头的沉积叠加均匀性

喷头间距（cm）	40	50	60	70	80	90	100	110	120	130
变异系数（%）	33.5	29.5	25.1	21.1	18.4	16.3	14.2	12.1	10.0	8.2

表 5-9-3　不同间距下 2 个 LU120-02 喷头的沉积叠加均匀性

喷头间距（cm）	50	60	70	80	90	100	110	120	125	130	140
变异系数（%）	23.3	21.8	19.9	17.8	15.9	14.0	12.2	10.5	9.7	9.0	10.5

（三）讨论

试验设计缺少旋翼风场的影响，因此未来需要搭建整机测试平台，以评价植保无人机喷洒系统的均匀性。但是整机在飞行状态下，雾滴持续受到旋翼风场的影响，会导致雾滴处于最不均匀的状态，这与实际的喷洒也有一定的区别，如何在室内更为合理地评价植保无人机的喷雾均匀性还需要进一步考虑。

（四）小结

本节分析了喷洒高度、喷雾压力及喷头类型等因素对植保无人机常用的液力式喷头的雾量分布及雾滴分布均匀性的影响，并首次采用模拟叠加法计算不同喷头间隔和喷洒高度下的雾滴分布变异系数。试验结果表明，喷洒高度、喷头间距及喷头类型都对雾滴分布及喷雾的均匀性有显著的影响，在喷头选择与安装时，应当合理考虑各因素，保证喷洒的均匀性。其中，在喷洒高度为 100 cm，安装有 2 个 LU120-02 喷头时，随喷头间距增加，雾滴分布变异系数先降低后增加，当喷头间距为 130 cm 时，雾滴分布均匀性最佳。喷洒均匀性还要考虑旋翼直径、喷头的流量等因素，本试验仅为喷洒系统的优化提供了一种方案。

第十节　助剂对小麦冠层雾滴沉积分布的影响

本节试验在中国农业科学院植物保护研究所新乡基地进行。试验地地势平坦，田间土壤一致，小麦长势均匀，土壤肥力、栽培及施肥管理水平一致，符合当地的农业实践。主要气象条件：环境温度为 20.2～27.8 ℃，环境湿度为 56%～78%，风速为 0～2.6 m/s。

（一）试验材料

小麦品种为"豫麦 158"，试验时所处生育期为扬花灌浆期初期，小麦种植密度为 846 株/m²。植保无人机飞行参数见表 5-10-1。

表 5-10-1　植保无人机飞行参数

机型	亩施药液量（L）	距地飞行高度（m）	飞行速度（m/s）	喷头总流量（L/min）
全丰 3WQF120-12	0.8	2	5	1.44

本节试验选择了植物油类助剂和有机硅类助剂各一种来开展。植物油类助剂为 FFD（倍达通），由河北明顺农业科技有限公司生产并提供；有机硅类助剂为 QF-LY（鸳鹰飞防喷雾助剂），由安阳全丰生物科技有限公司生产并提供。

（二）试验设计

本节试验设计了 3 个处理，见表 5-10-2。

表 5-10-2　试验处理信息表

处理	飞防助剂	助剂使用量（mL/L）
1	—	—
2	FFD	12
3	QF-LY	1

雾滴密度和覆盖率测试取样。喷雾开始前，在距离飞机起飞点 30 m、40 m、50 m 处垂直于航线布置三条雾滴测试卡条带（图 5-10-1），喷雾结束后约 10 min，收取雾滴测试卡条带。雾滴密度和覆盖率使用 DepositScan 软件测定。在添加助剂与不添加助剂的情况下分别测定雾滴密度与覆盖率情况，分析助剂 FFD 和 QF-LY 对雾滴密度及覆盖率的影响。

图 5-10-1　麦田雾滴密度和覆盖率测试

沉积量测试取样。每个处理飞两个架次（飞机一来一回为一个架次），在两个架次的喷雾带和距飞机起飞点 20 m、40 m、60 m 交叉处分别取样，在纵向（与飞机飞行方向一致）取 5 列，每列相距 2 m。纵 5 列与横 3 排交叉点即为取样点。

试验结束后，在取样点分别取 10 株小麦的穗部、上部、中部、下部（取样时，除去麦穗，剩下的小麦植株平均分为三部分,离穗最近的称为上部,离穗最远的称为下部,剩余部分为中部），放入标有记号的自封袋中，带回室内进行洗脱处理，并进行药液雾滴沉积分布的测定。

1. 诱惑红标准曲线的建立

配制诱惑红标准溶液，标准溶液的质量浓度分别为 0.5 mg/L、1.0 mg/L、2.0 mg/L、5.0 mg/L、10.0 mg/L、20.0 mg/L。分别用酶标仪于波长 514 nm 处测定其吸光度值，每个浓度连续测定 3 次。取吸光度平均值对诱惑红标准溶液浓度作标准曲线（图 5-10-2）。在诱惑红的最大吸收波长（514 nm）下，其标准溶液质量浓度 x 与吸光度值 y 的线性回归方程为 $y =0.0218x+ 0.031$，决定系数 R^2 为 0. 9992，表明在测定范围内诱惑红的质量浓度与吸光度值呈线性相关。因此，在本试验中用诱惑红作为指示剂检测喷雾过程中的药剂沉积分布。

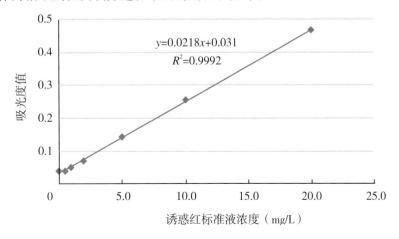

图 5-10-2　诱惑红的标准曲线图

2.样品处理与测量

进行样品测量时，向装有小麦穗部、上部、中部、下部的自封袋中分别加入 40 mL、40 mL、40 mL、20 mL蒸馏水,震荡洗涤约10 min,将洗涤液按照诱惑红洗涤液过滤方法进行过滤。使用和上述标准溶液一样的测试方法，测定过滤后洗涤液的吸光度值，将吸光度值代入标准曲线后，即可求出诱惑红的质量浓度，再根据洗脱时每部分添加的蒸馏水用量，即可求出每株冠层不同部位的诱惑红含量，衡量不同处理雾滴在小麦冠层中的沉积分布情况。

（三）结果与分析

如图 5-10-3 所示，未添加助剂（CK）前，小麦冠层上部的雾滴密度为 39.56 个 /cm²，分别添加植物油类助剂 FFD 和有机硅类助剂 QF-LY 后，雾滴密度比对照组显著降低，分别为 28.12 个 /cm²（FFD）和 26.73 个 /cm²（QF-LY）。

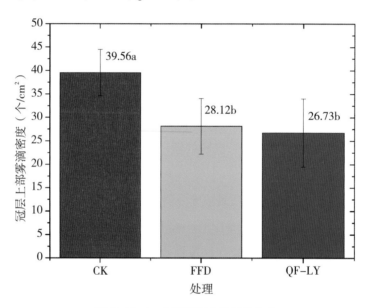

图 5-10-3　小麦冠层上部雾滴密度

由助剂对溶液表面张力和润湿铺展系数影响的研究结果可知，助剂可以降低药液的表面张力，增加溶液的铺展能力。溶液中增加助剂后雾滴覆盖密度降低的原因，可能是这两种助剂能使雾滴的表面张力降低，雾滴可以快速在靶标上润湿铺展，从而使有些雾滴在铺展过程中与相邻的雾滴粘连，如图 5-10-4 所示。

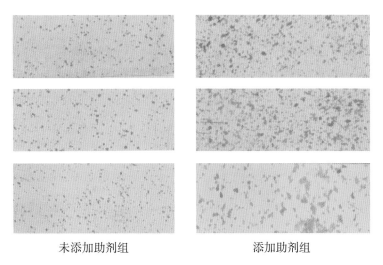

未添加助剂组　　　　　　　添加助剂组

图 5-10-4　添加助剂前后雾滴在水敏纸上的分布

如图 5-10-5 所示，未添加助剂（CK）前，冠层上部的雾滴覆盖率为 3.56%，添加助剂后，覆盖率均显著提高。其中添加植物油类助剂 FFD 后，其覆盖率为 6.65%，显著高于 CK 处理；添加有机硅类助剂 QF-LY 后，其覆盖率为 9.12%，显著高于 CK 处理和 FFD 处理。有机硅类助剂和植物油类助剂均可以降低溶液的表面张力，但是有机硅类助剂降低表面张力的作用比植物油类的强；此外，有机硅类助剂比植物油类助剂在增加铺展系数上作用更明显。因此，在本节试验中，添加有机硅类助剂的处理雾滴沉降到靶标后，迅速润湿铺展，且有些相邻雾滴发生粘连，因而覆盖率更高。

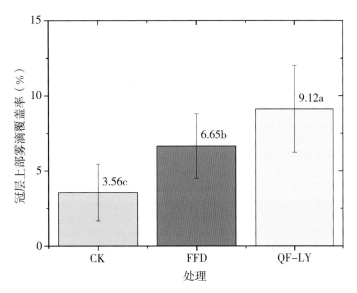

图 5-10-5　添加飞防助剂前后小麦冠层上部雾滴的覆盖率

如图 5-10-6 所示，添加助剂对雾滴在小麦冠层各部位的雾滴沉积量具有较显著的影响。对于麦穗，添加两种飞防助剂均能显著提高穗部的雾滴沉积量，其中 QF-LY 处理的沉积量显著高于 FFD 处理和 CK 处理，这可能是由于有机硅类助剂 QF-LY 使雾滴在麦穗上更容易附着。对于冠层上部、中部和下部，添加两种助剂后，均能显著提高雾滴的沉积量，但是两种助剂处理之间雾滴的沉积量没有显著区别。

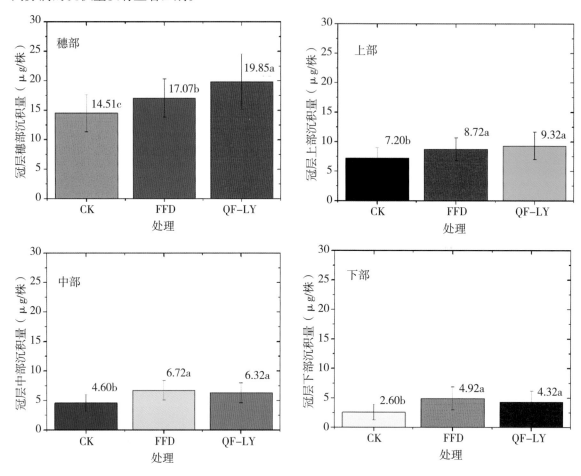

图 5-10-6　添加飞防喷雾助剂前后小麦冠层各部分雾滴沉积量

从上述结果可以看出，在使用植保无人机作业时，添加飞防喷雾助剂可以显著提高雾滴覆盖率和雾滴在小麦冠层各部分的沉积量。其中助剂种类对雾滴的沉积分布具有显著影响，有机硅类助剂对雾滴的润湿铺展作用更大，从而使添加有机硅类助剂处理组的覆盖率显著高于添加植物油类助剂组和空白对照组。

未添加助剂前，小麦冠层上部的雾滴密度和覆盖率分别为 39.56 个 /cm² 和 3.56%，分别添加植物油类助剂 FFD 和有机硅类助剂 QF-LY 后，雾滴密度比未添加前显著降低，分别为 28.12 个 /cm²（FFD）和 26.73 个 /cm²（QF-LY），但覆盖率比未添加前显著提高，分别为 6.65%（FFD）和 9.12%（QF-LY）。添加助剂还对雾滴在小麦冠层各部位的沉积分布具有较显著的影响。添加两种飞防助剂后，小麦冠层各部分的雾滴沉积量均显著提高。对于穗部，QF-LY 处理的沉积量显著高于 FFD 处理和 CK 处理；对于冠层上部、中部和下部，与 CK 处理相比，两种助剂对雾滴沉积量均具有显著的影响，但两种助剂对冠层上部、中部和下部雾滴沉积的影响没有显著区别。

第十一节　施药时间对雾滴在小麦冠层沉积的影响

（一）试验设计

为研究一天中哪个时间段施药最利于药液雾滴在小麦冠层中的沉积，在小麦生长中后期，将长 100 m、宽 48 m 的小麦田划分为三块长 100 m、宽 16 m 的小区，第一个小区的喷施时间段为早晨天亮后有露水时（6∶00 ～ 10∶00）、第二个小区的喷施时间段为中午（12∶00 ～ 14∶00），第三个小区的喷施时间段为傍晚（17∶00 ～ 19∶00）。三个试验时间段的气象条件见表 5–11–1。

表 5–11–1　试验时的环境条件

施药时间	平均温度（℃）	平均湿度（%）	平均风速（m/s）
早上（9∶10）	24.5±1.8	48.5±5.4	0.6±0.1
中午（13∶20）	32.3±2.1	43.6±3.6	0.9±0.3
傍晚（18∶00）	28.9±1.5	45.9±4.2	1.1±0.4

注：表中温度、湿度和风速以"平均值±SD"表示。

三个时间段使用相同飞行参数分别喷施添加了质量浓度为 30 g/L 的诱惑红药液。具体喷施时间和喷施参数见表 5–11–2。

表 5–11–2　一天中不同施药时间对雾滴沉积影响试验的飞行参数

施药时间	施药液量（L/ 亩）	喷幅（m）	距地高度（m）	飞行速度（m/s）	喷头流量（L/min）
早上（9∶10）	0.8	4	2	5	1.44
中午（13∶20）	0.8	4	2	5	1.44
傍晚（18∶00）	0.8	4	2	5	1.44

（二）试验结果与分析

如图 5–11–1 所示，在早上和傍晚施药时，雾滴在小麦冠层上部的沉积量分别为 19.50 μg/ 株和 18.65 μg/ 株，显著高于中午施药的沉积量 15.07 μg/ 株。这可能是由于早晚温度较低，小雾滴挥发少，无人机喷施后更多雾滴沉积在靶标上，从而使沉积量比中午的高。另外，早上田间有露水，露水使雾滴更好地在植物上润湿铺展，利于雾滴沉积。

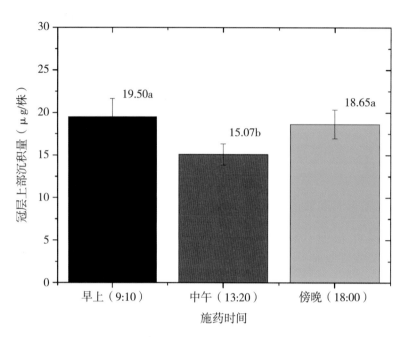

图 5-11-1　同一天内不同时间段施药小麦冠层上部的雾滴沉积

如图 5-11-2 所示，早上施药、中午施药和傍晚施药的冠层中部沉积量分别为 10.77 μg/ 株、8.65 μg/ 株和 9.43 μg/ 株，以早上施药在冠层中部的沉积最高，但这三个时间段施药对雾滴在冠层中部的沉积量在统计学上没有显著性影响。这可能是由于露水主要在作物上部形成，因此施药时间段对雾滴在中部的沉积没有显著性影响。

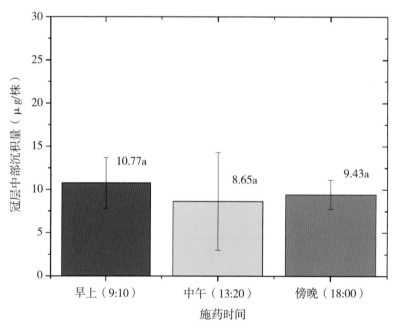

图 5-11-2　同一天内不同时间段施药小麦冠层中部的雾滴沉积

如图 5-11-3 所示，早上施药、中午施药和傍晚施药的冠层下部沉积量分别为 5.60 μg/ 株、4.72 μg/ 株和 5.82 μg/ 株。与冠层中部的沉积量一样，在统计学上，三个时间段施药对雾滴在冠层下部的沉积没有显著性影响。

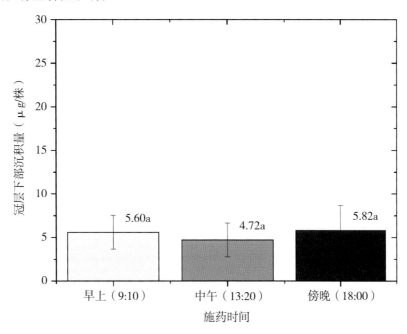

图 5-11-3　同一天内不同时间段施药小麦冠层下部的雾滴沉积

从上述研究结果可以看出，在同一天内，在飞行参数一样的情况下，植保无人机在早上施药、中午施药和傍晚施药对雾滴在冠层上部的沉积有显著性影响，但对冠层中部和冠层下部无显著性影响。由于冠层上部是小麦中后期病虫害防控的关键部位，因此在实际作业过程中，应选择早晚温度较低时施药，可以防止小雾滴挥发，增加药液雾滴在靶标上的沉积量。另外，早晚施药时，特别是早晨施药，作物表面通常有露水，药液雾滴能更好地沉积在靶标上，使农药的效力发挥最大化。

第十二节　多气象条件下喷施菠萝时的飘移和沉积规律田间试验研究

航空喷雾比地面机械喷雾施药有更好的机动性和施药效率，喷雾飘移及施药安全性一直是无人机喷施领域研究的关键问题之一。任何被释放到大气中的物质（喷雾、烟雾等），一部分都会向其他地方扩散。如果喷雾飘失具有足够量的活性成分飘移沉降在敏感的非目标区，就会造成伤害（对象如水、植物、人、动物），毒性因产品而异。美国的 Tom Dodge 指出，由于对环保的日益关注，控制农药飘移必然会驱动新的喷雾技术的研究和发展。农药飘移是指在施药过程中或者施药后一段时间，在非控制条件下，农药雾滴或颗粒在空中从靶标区迁移到非靶标区的一种物理运动，农药飘移包括蒸发飘移和随风飘移，蒸发飘移是农药的有效成分挥发造成的，随风飘移是喷雾中的细小雾滴被气流携带到非靶标区或者消失的过程。

影响飘移的因素很多，主要包括以下几个方面：①药液制剂的有效成分及类型、雾滴大小和挥发性等。②施药机具和使用技术、飞行器作业参数。③气象条件，如风速、风向、温度、湿度、大气稳定度和地形等。④操作人员的责任心和技能水平。对于杂草及病虫害的防治需要最优的农药剂量，最适合的雾滴粒径，最适宜的气象条件，使雾滴在靶标表面能够较好地覆盖、附着、铺展、吸收。在控制施药量不变的情况下，雾滴粒径越小覆盖越好，但是会有飘移的风险。

在无人机施药作业参数相对稳定的情况下，气象条件对药液沉积和飘移的影响就尤为重要。施药者必须了解喷洒农药时的天气情况，如风速和风向、温度、湿度等影响飘移的气候条件。在较高的风速下，雾滴的分散和稀释增加，使地面的药液浓度降低，风把雾滴或者颗粒中足量的有效成分吹到非靶标区域，雾滴颗粒不能被喷雾区和非靶标区域之间的障碍物或植被阻碍，飘移就此产生。雾滴沉积行为及飘移特性是表征喷雾效果的基本方面。

国内外已经有很多专家学者对无人机喷施作业效率进行了研究，根据《中华人民共和国民用航空行业标准》，测量雾滴飘移的材料通常有聚乙烯线、玻片、滤纸、水敏纸、色谱等。Franz 使用荧光分光光度计和光敏纸来检测棉花植株冠层特性和气候条件对雾滴沉积和飘移的影响。Fritz 提出在气象条件中风速的影响是最重要的。国外很多专家使用水敏纸和 Mylar 卡来分析沉积参数等，Hoffmann 等得出结论，USDA-ARS、Swath Kitcamera-based systems 和 DropletScan scanner-based system 等不同的测试方法具有相关性，且测试结果相近。Lan 等在固定翼飞机对棉花进行喷施试验时使用助剂，研究不同类型助剂对飘移的影响。Xue 等针对水稻进行了无人机喷施沉积和飘移测试，得出在限定条件针对特种无人机机型作业参数下的飘移区距离。

中国是全球第四大菠萝生产国，海南岛由于自然环境的先天优势，菠萝生产总量占全国的26% 左右，菠萝是海南岛第三大水果，仅次于香蕉、杧果。调查发现，危害海南菠萝生产的主要因素有病虫害、肥害和药害，其中病虫害尤为严重，病虫害主要有菠萝凋萎病、叶斑病、心腐病和菠萝粉蚧。心腐病主要危害新植园菠萝幼苗，凋萎病和叶斑病主要危害生产园和结果老园的菠萝，菠萝粉蚧主要危害生产园的菠萝。目前对菠萝植株无人机的飞防试验尚未见报道，由于海南岛属于热带季风气候，无人机施药作业时气象条件就尤为重要，本节介绍的试验正是基于多气象条件下的无人机菠萝飞防测试，试验结论可以为菠萝喷施控制飘移提供数据依据并为选择合适的无人机作业参数及为无人机喷施标准提供依据。

本试验研究目的：测试全丰 3WQF120-12 单旋翼植保无人机在多气象条件下喷施菠萝时的飘移和沉积规律，量化分析结果，给出合理的作业参数。

（一）材料和方法

1. 试验方案及气象条件

表 5-12-1 给出了全丰 3WQF120-12 单旋翼植保无人机和日本雅马哈单旋翼植保无人机的参数，菠萝种植密度为 22500 株/hm²，平均高度为 88 cm，试验地点位于海南省临高县波莲镇 5 hm² 的菠萝地。本次试验气象数据采集使用 Kestrel（美国 NK 公司生产）气象计，型号 NK-5500。Kestrel 气象计放置在上风向距离航线 5 m 的菠萝地，距离地面 105 cm 处，采集数据间隔时间为 5 s，数据处理段为作业时的实时数据和喷施结束后 30 s 内的气象数据平均值。风向方向以北为 0°，东为 90°，南为 180°，西为 270°，航线方向为从北朝南飞。

表 5-12-1　无人机参数

参数	全丰 3WQF120-12	雅马哈 RMAX
动力类型	油动单旋翼	油动单旋翼
喷嘴类型	LU120-02	扇形
外形尺寸（长 × 宽 × 高）	2.13 m×0.70 m×0.67 m	3.63 m×1.08 m×0.72 m
旋翼直径	2.10 m	3.13 m
转速/分钟（主旋翼）	1350 r/min	—
转速/分钟（尾翼）	6600 r/min	—
流量（单个喷头）	800 mL/min	333～677 mL/min
喷嘴个数	2	3
起飞重量（满载）	47 kg	93 kg
起飞重量（空载）	35 kg	87 kg
喷杆长度	1.10 m	0.72 m
喷嘴间距	1.10 m	0.24 m
药箱容量	12 L	16 L
有效喷幅	5～8 m	2～4 m

试验方案如图 5-12-1 和图 5-12-2 所示，两条采集带相距 40 m，垂直于无人机飞行方向布置，采集带长度 60 m。航线中心布点标记为 0，上风向位置从 0 点（包括 0）开始间隔 1 m，在 -1 m、-2 m、-3 m、-4 m 共 4 个点，间隔 2 m，在 -6 m、-8 m、-10 m 共 3 点布置 Mylar 卡。下风向从航线 0 点间隔 1 m，在 1 m、2 m、3 m、4 m 共 4 点布置 Mylar 卡，4 m 所在点的右方为预设飘移区，间隔 2 m，在 6 m、8 m、10 m，间隔 10 m，在 20 m、30 m、40 m、50 m 共 7 点处布置 Mylar 卡。Mylar 卡尺寸为 10 cm×8 cm，单条采集带上布置采样点 19 个，Mylar 卡布置在距地面 70 cm 处。在 -4～4 m 采样点处布置水敏纸（7.5 cm×2.5 cm），每处布置三层，高度分别为 0.7 m、0.5 m、0.2 m，用回形针固定在叶片上，距叶尖 0.15 m，三层高度倾角分别

为 70°、50° 和 35°。在平行中心航线，两条采集带中间依次布置 3 个飘移测试架。距中心航线的距离分别为 10 m、25 m、50 m。每个飘移测试架由两根可伸缩带地插不锈钢管和三条聚乙烯线组成，三条聚乙烯线的高度依次为 1 m、2 m、5 m。图 5-12-3 为调试北斗现场、布置采样卡、飘移测试架和实景喷施图。

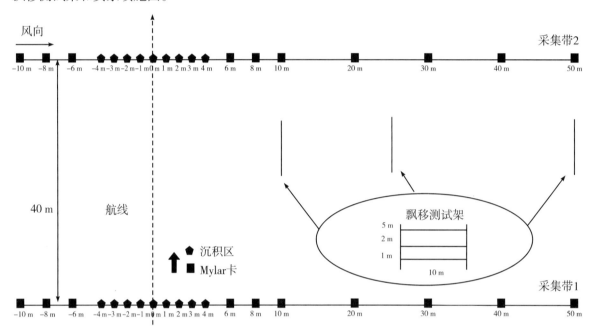

图 5-12-1　无人机喷施飘移试验采集带及采样位置布置图

图 5-12-2　无人机喷施飘移试验采集带及采样位置实景图

图 5-12-3　试验现场图

2. 喷施方法及药剂类型

按照试验方案设计，布置航线位置、Mylar 卡、水敏纸，组装飘移测试架，无人机调试完毕，搭载自主研发的北斗系统实时捕获无人机飞行轨迹。喷施药液由水、呋虫胺杀虫剂和罗丹明 B 示踪剂组成。配制比例杀虫剂为 10 g/L，罗丹明 B 示踪剂为 2 g/L。

3. 数据处理方法

每个架次无人机作业完毕，等到采样装置完全干燥后，戴上一次性手套收集采样样品，Mylar 卡和水敏纸用密封袋保存，飘移架聚乙烯线使用专用收集装置将其卷在塑料空心轴上放入密封袋。所有采样样品按顺序编号放入冰盒，带回实验室分析处理。水敏纸用处理软件 DepositScan 进行分析，Mylar 卡和聚乙烯线使用 20 mL 超纯水洗脱，再将洗脱水放入比色皿测量样品的荧光值进而计算样品的罗丹明 B 浓度值，使用仪器为分子荧光分光光度计，型号 F–7000（日本 HITACHI 公司生产），使用药液样品拟合荧光值 – 浓度曲线，相关度 99.9%，得出样品浓度值后根据公式（5.12.1）计算样品的沉积量，公式（5.12.2）为样品的沉积率百分比值。

$$\beta_{dep} = \frac{(\rho_{smpl} - \rho_{blk}) \times F_{ca1} \times V_{dii}}{\rho_{spray} \times A_{col}} \qquad (5.12.1)$$

$$\beta_{dep}\% = \frac{\beta_{dep} \times 10000}{\beta_v} \qquad (5.12.2)$$

式中，β_{dep} 为飘移沉积量，μL/cm^2；ρ_{smpl} 为荧光计读数；ρ_{blk} 为空白对比；F_{ca1} 为校准系数；V_{dii} 为稀释示踪剂的纯水体积，L；ρ_{spray} 为喷雾浓度，g/L；A_{col} 为采样卡面积，cm^2；$\beta_{dep}\%$ 为喷雾飘沉积移量百分比，%；β_v 为喷施量，L/hm^2。

（二）Mylar 卡数据处理与分析

1. Mylar 卡在采集带雾滴沉积量数据分析（–10 ～ 50 m）

试验控制参数为作业高度和环境风速，研究其雾滴沉积飘移特性，无人机作业速度保持为 3 m/s，飘移主要影响参数包括温度、湿度、风速、风向和无人机作业高度。虽然环境气象复杂多变，但是温度上下浮动值在（26±2）℃以内，相对湿度浮动值在（50±15）% 以内，影响不大。试验结果主要针对无人机作业风向相差 40° 以内时，无人机在不同作业高度和风速下进行喷施作业时的飘移特性研究。具体作业时的气象条件（无人机飞过采样带气象数据和 30 秒内平均气象数据）参数及架次简化缩写见表 5–12–2，作业高度指距离冠层高度。

将架次 a 和 b，c 和 d，e 和 f 在采样区域内的 Mylar 卡沉积分布曲线绘制成图 5–12–4。图 5–12–4（a）显示：当作业高度为 2.5 m 时，最大沉积量 a 架次发生在 1 m 处，b 架次在 –1 m 处，a 架次相对于 b 架次沉积量降低且有效喷幅右移，a 架次在 6 m、b 架次在 4 m 以后雾滴飘移量均锐减，上风向位置亦有飘移。图 5–12–4（b）显示：作业高度为 1.5 m 时，d 架次相对于风速较低的 c 架次有效喷幅相近，d 架次的峰值相对于 c 架次有所降低，c 架次在 8 m、d 架次在 6 m 以后雾滴飘移量均急剧降低。图 5-12-4（c）显示：在作业高度为 3.5 m 时，风速较高的 e 架次相对于 f 架次有效喷幅明显后移，两者的最大沉积量位置分别发生在 −1 m 和 3 m 处，上风向沉积量接近 0，e 架次在 20 m、f 架次在 3 m 后飘移量均锐减。

表 5-12-2　气象条件及无人机作业参数

参数	a 架次	b 架次	c 架次	d 架次	e 架次	f 架次
风速（m/s）	4.7	1.8	0.7	2.2	3.7	1.8
风向（°）	63	100	160	120	55	56
作业高度（m）	2.5	2.5	1.5	1.5	3.5	3.5
作业速度（m/s）	3	3	3	3	3	3
平均温度（℃）	27.2	26.1	27.8	25.9	24.9	26.5
平均相对湿度（%）	50.8	60.55	60.8	57.6	67.6	57.6

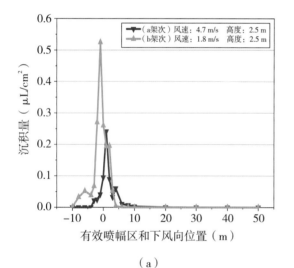

（a）

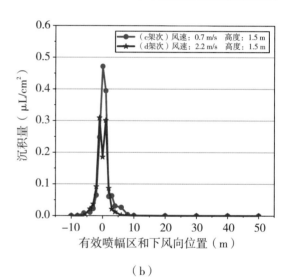

（b）

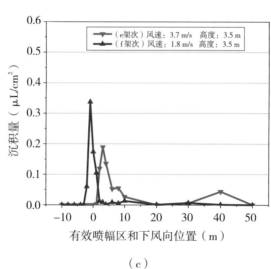

（c）

图 5-12-4　a ～ f 架次 Mylar 卡在有效喷幅区和下风向的沉积量

2. Mylar 卡在采集带雾滴飘移量数据分析（−10 ～ 50 m）

将 a ～ f 架次 Mylar 卡在下风向各采样点喷施飘移量百分比和各采样点所累积的飘移量占总飘移量比例绘制成图 5-12-5。图 5-12-5（a）和（b）为 a 架次和 b 架次在下风向各采样点的喷施飘移比例及各采样点所累积的飘移量占总飘移量的比例。作业高度为 2.5 m，风速分别为 4.7 m/s 和 1.8 m/s 时，a 架次的累积飘移量占总飘移量 90% 位置发生在约 10.05 m 处，a 架次在 10 m 位置处飘移喷施比例为 1.52%，总飘移量占总喷施量的 26.44%；b 架次 90% 总飘移量位置发生在 3.70 m 处，在 4 m 位置处飘移喷施百分比为 2.22%，6 m 位置以后飘移量几乎为 0，总飘移量占总喷施量的 23.20%；在 −3 ～ 3 m 段的风速变化对 a 架次和 b 架次沉积量有显著性影响（$P < 0.05$）。

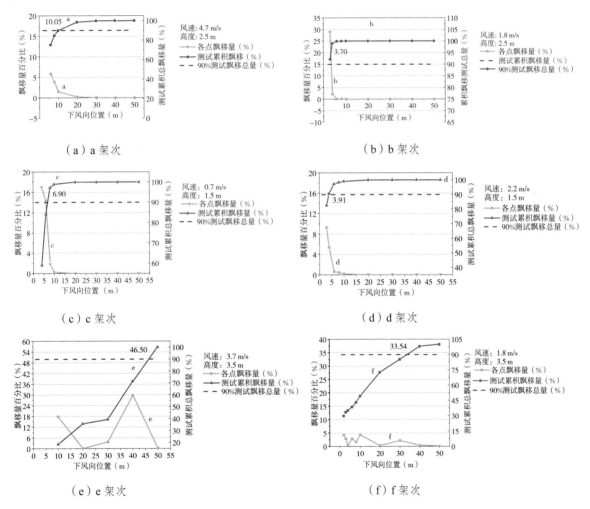

图 5-12-5　a ～ f 架次下风向各采样点喷施飘移量百分比和累积飘移量及 90% 飘移量位置

拟合 a（$R^2=0.995$）、b（$R^2=0.996$）、c（$R^2=0.999$）、d（$R^2=0.997$）曲线沉积量与飘移距离的曲线方程如公式（5.12.3）所示，各系数见表 5-12-3。

$$y = Y_0 + \frac{A}{\sqrt{2\pi} \times w \times x} \times exp\left(-\frac{[\ln(x/x_c)]^2}{2w^2}\right) \qquad (5.12.3)$$

表 5-12-3　a～d 架次飘移量与飘移距离拟合曲线系数

架次	Y_0	A	w	x_c
a	8.9037×10^{-5}	0.05867	0.3605	6.3860
b	3.3131×10^{-5}	0.00797	0.1787	3.6716
c	4.75863×10^{-5}	0.11813	0.2275	5.0522
d	1.8922×10^{-4}	0.04995	0.3175	3.1468

图 5-12-5（c）和（d）显示了 c 架次和 d 架次在下风向各个采样点的喷施飘移比例及各采样点所累积的飘移量占总飘移量的比例。从图 5-12-5 中可以看出，作业高度为 1.5 m，风速分别为 0.7 m/s 和 2.2 m/s 时，c 架次的累积飘移量占总飘移量 90% 位置发生在约 6.90 m 位置处，喷施比例约为 1.87%，在 6 m 位置处飘移喷施比例为 14.43%，8 m 位置处为 1.87%，10 m 位置以后几乎为 0，总飘移量占总喷施量的 15.42%；d 架次 90% 总飘移量发生在约 3.91 m 处，在 4 m 位置处飘移喷施比例为 5.33%，6 m 位置以后飘移几乎为 0，总飘移量占总喷施量的 18.82%。c 架次和 d 架次作业时，由于瞬时风向已变为 160° 和 120°，d 架次 90% 总飘移位置较 c 架次提前 3 m 左右，但是总飘移量占总喷施量比例依然略高于 c 架次，c 架次和 d 架次在采集带上风向 –3 m、–4 m、–6 m 位置处均有飘移量，上风向飘移总量占各自总飘移量的 38.38% 和 56.20%。对 c 架次和 d 架次进行风速对沉积量显著性分析得出，在 1.5 m 高度下，二者在整个采集带上的沉积量无显著性差异（$P = 0.66$）。

图 5-12-5（e）和（f）中给出了 e 架次和 f 架次在下风向雾滴飘移比例及各采样点所累积的飘移量占总测量飘移量的比例。在作业高度为 3.5 m，风速分别为 3.7 m/s 和 1.8 m/s，风向基本相同时，e 架次 90% 总飘移量位置发生在 46.50 m 处，在 10 m 位置处飘移喷施比例为 17.8%，在 20 m 处为 0.08%，30 m 处为 3.71%，但是在 40 m 位置处飘移喷施比例上升至 29.53%，50 m 处降为 0.25%。上风向飘移量几乎全为 0，有效喷施移至 2～8 m 位置，e 架次总飘移量占总喷施量的 55.76%；f 架次 90% 总飘移量位置发生在约 33.54 m 处，在 3 m 位置以后飘移喷施所占比例略有浮动，除 10 m 位置处为 4.29% 外，其余各点均不超过 3%，飘移量占总喷施量的 33.33%。风速变化对 e 架次和 f 架次在 2～8 m 位置处有显著影响（$P < 0.05$），飘移曲线可分段拟合，但数据较少，不适合给出拟合方程。各架次 90% 总飘移距离见表 5-12-4，各架次飘移量百分比三维图如图 5-12-6 所示。

表 5-12-4　a～f 架次飘移参数值

参数	a 架次	b 架次	c 架次	d 架次	e 架次	f 架次
90% 总飘移距离（m）	10.05	3.70	6.90	3.91	46.50	33.54
总飘移量（%）	26.44	23.20	15.42	18.82	55.70	33.33

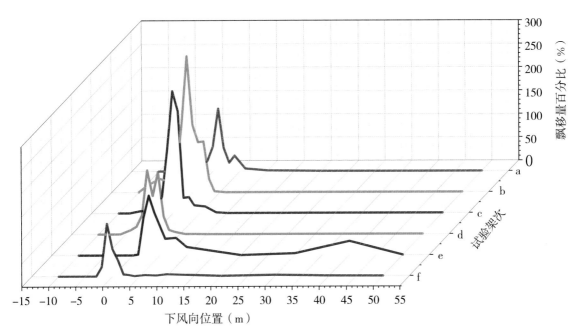

图 5-12-6　Mylar 卡测试处理 a ～ f 各采样点累积飘移量百分比三维图

3. 采样带内 Mylar 卡数据显著性分析

无人机作业高度为 2.5 m 时，分析采样带上 Mylar 卡的数据，结果显示，a 架次各采样点的数据有显著性差异（$P < 0.05$），b 架次没有显著性差异（$P=0.31$）。在 –3 ～ 3 m 沉积区域，风速对 a 架次和 b 架次的沉积量均有显著性差异（$P < 0.05$）。无人机作业高度为 1.5 m 时，c 架次和 d 架次各点的沉积量均没有显著性差异（分别为 $P=0.62$，$P=0.81$），风速改变时，c 架次和 d 架次采样带上的沉积量均没有显著性差异（$P=0.66$）。当无人机作业高度为 3.5 m 时，e 架次和 f 架次采样带上各点的沉积量均有显著性差异（$P < 0.05$）。

4. 飘移架雾滴飘移数据分析

（1）飘移架沉积量显著性分析。聚乙烯线沉积量测试数据显示，各架次随着飘移测试架位置距离增加逐渐减小，最大沉积量位置大部分发生在 2 m 高度。c 架次和 d 架次在 3 个测试架处、a 架次在 50 m 处、b 架次在 25 m 处、f 架次在 50 m 处基本测试不到雾滴飘移。e 架次在 3 个测试架处均测到雾滴飘移量，沉积量数值最大。通过分析聚乙烯线雾滴沉积数据，发现风速改变时仅对 a 架次和 b 架次有显著性影响（$P < 0.05$），当风速和作业高度同时改变时对 c 架次和 e 架次、b 架次和 e 架次、d 架次和 e 架次有显著性影响（$P < 0.05$）。b 架次在 10 m 和 25 m 处、10 m 和 50 m 处飘移量均有显著性差异（$P < 0.05$）；a 架次在各处均没有显著性差异；e 架次在 10 m、25 m 处各高度沉积量没有显著性差异（$P=0.40$），在 10 m 和 50 m 处、25 m 和 50 m 处均有显著性差异（$P < 0.05$）；d 架次在 10 m 和 25 m 处、10 m 和 50 m 处均有极显著性差异（$P < 0.01$），在 25 m 和 50 m 处则没有显著性差异（$P > 0.05$）。

（2）气象条件和飘移测试架数据分析。气象曲线图记录无人机从第一条采集带开始作业后 60 秒内的平均气象数据，如图 5-12-7 所示。图 5-12-7（a）显示，作业高度为 2.5 m 时，相较于 a 架次，b 架次在 10 m 飘移测试架 5 m、2 m 和 1 m 处的飘移沉积量分别下降了 90.70%、97.16% 和 97.67%；在 25 m 位置处，b 架次飘移沉积量几乎为 0；在 50 m 处，两者飘移沉积量几乎均为 0。a 架次在喷施瞬间，风速为 4.7 m/s，使飘移沉积量和飘移距离明显增加。

图 5-12-7（b）显示，c 架次和 d 架次作业参数基本相同。作业高度为 1.5 m 时，c 架次在 10 m，25 m、50 m 处的飘移沉积量几乎都为 0；d 架次在 10 m 位置处，作业高度 5 m、2 m 和 1 m 处聚乙烯线飘移沉积量都很低，分别为 0.000354 μL/cm²，0.00046 μL/cm² 和 0.000248 μL/cm²，在 25 m 和 50 m 处飘移沉积量几乎全为 0；c 架次喷施瞬间风速为 0.7 m/s，d 架次为 2.2 m/s，虽然风速增加明显，但是飘移沉积量和飘移距离并未明显增加。

图 5-12-7（c）显示，作业高度为 3.5 m 时，在 25 m 位置处，平均风速为 2.1 m/s 的 f 架次相对于平均风速为 4.1 m/s 的 e 架次，在 5 m、2 m 和 1 m 处飘移沉积量分别下降了 75.77%、85.47% 和 70.18%，e 架次的飘移沉积量在 25 m 处十分可观，高达 0.0149 μL/cm²。在 50 m 处两者均有飘移，且在 5 m 和 2 m 高度 f 架次的飘移沉积量是 e 架次的 3 倍，在 1 m 处两者的飘移沉积量相近。在作业高度增加至 3.5 m 时，风速在 2.1～4.1 m/s 范围内，50 m 处飘移架均有飘移且自然风速低者飘移沉积量高于自然风速高者。

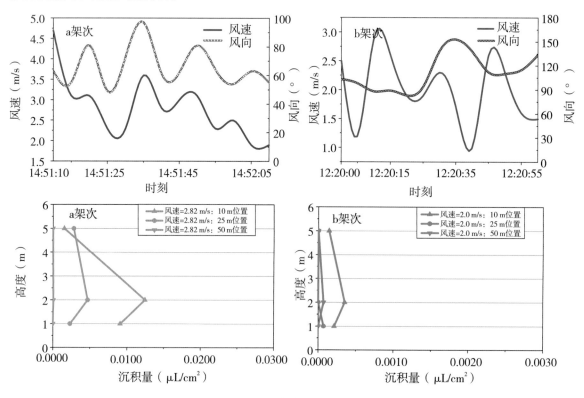

（a）

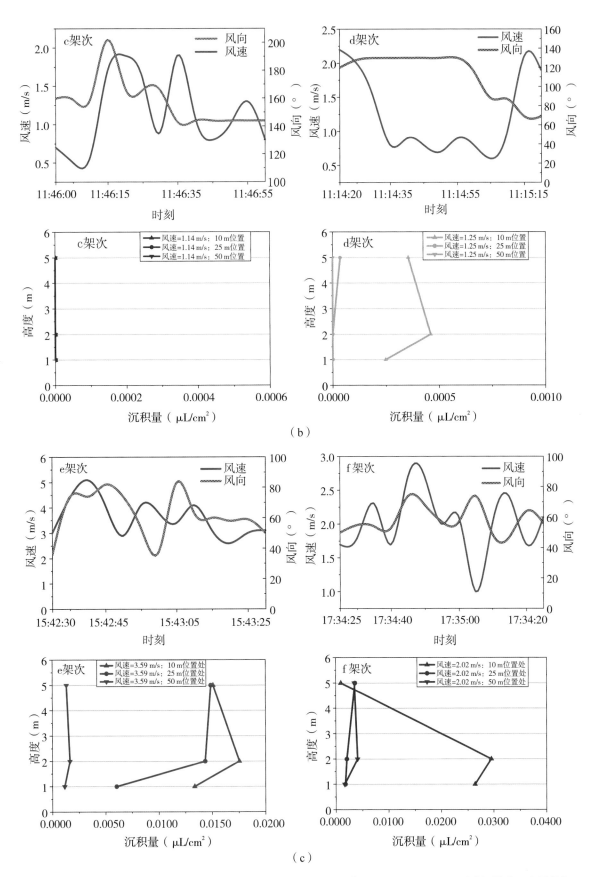

图 5-12-7　a～f 架次气象数据和 10 m、25 m、50 m 处三个高度 1 m、2 m、5 m 测试架雾滴沉积量数据

（三）结果和分析（水敏纸数据处理）

1. 喷嘴 LU120–02 雾滴分布 CFD 模拟

对 LU120–02 喷嘴进行测试，得到雾滴 $Dv_{0.5}$ 值为 129 μm，$Dv_{0.1}$ 值为 61 μm，$Dv_{0.9}$ 值为 226 μm，喷嘴流量为 0.92 L/min。在 CFD 中对该喷嘴进行模拟喷施并获得模拟数据，初始粒度分布适合测试要求。从表 5–12–5 可以看出，在相同的侧风下，随着喷雾高度的增加，雾滴中径逐渐增大，并且线性分布在 1.5 m 的高度（R^2 =0.95）。在相同的喷雾高度条件下，随着侧风风速的增加，雾滴中径逐渐增加。根据 Turkey 检验，风速在每个高度的雾滴粒径没有显著性差异（$P > 0.05$）。从图 5–12–8 可以看出，粒径较大的雾滴沉降速率较低，当侧风风速为 0 ～ 1 m/s 时，细小雾滴明显呈分散性；当风速大于 1 m/s 时，小雾滴被迅速吹出计算区域，分散性逐渐减弱；当侧风风速增加到 5 m/s 时，雾滴向下飘移。

表 5–12–5　雾滴中径数值随高度和侧风风速变化　　　　　　　　　　　　单位：μm

高度（m）	风速（m/s）					
	0	1	2	3	4	5
1.5	95	98	153	166	201	221
2.5	92	104	174	243	194	201
3.5	121	154	182	316	340	302

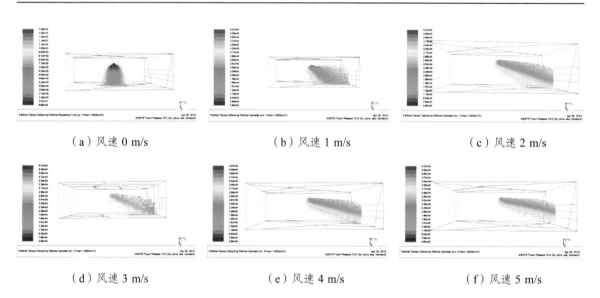

（a）风速 0 m/s　　　　　　（b）风速 1 m/s　　　　　　（c）风速 2 m/s

（d）风速 3 m/s　　　　　　（e）风速 4 m/s　　　　　　（f）风速 5 m/s

图 5–12–8　CFD 模拟 LU120–02 喷嘴雾滴粒径分布

在相同的喷雾高度下，当侧风风速增加时，沉积区域向下飘移。在相同的侧风条件下，喷雾高度增加，沉积区域亦向顺风方向飘移。CFD 模拟不同侧风风速和高度下 LU120–02 喷嘴的雾滴沉积分布，如图 5–12–9 所示。

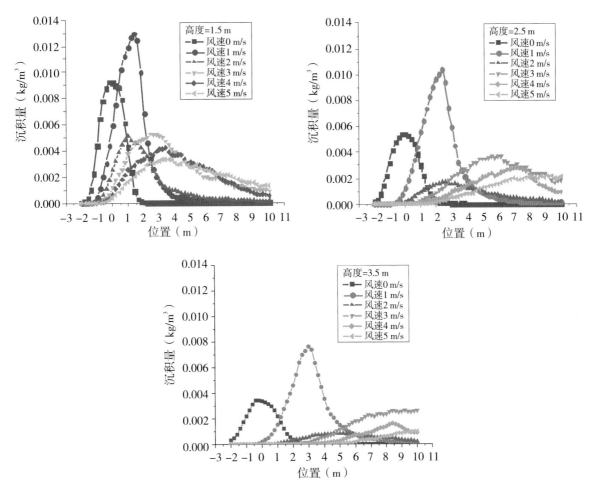

图 5-12-9　CFD 模拟不同侧风风速和高度下 LU120-02 喷嘴雾滴沉积分布

从图 5-12-9 可以看出，在 1.5 m 的高度处，当侧风速度为 1 m/s 时，沉积量最大，当风速增加时，沉积区域开始位置移至 4 m 处。在高度为 2.5 m，风速小于 2 m/s 时，沉积效果较好，风速继续增大时，沉积区域的起始位置可远至 8 m 处。在高度为 2.5 m 时，侧风风速大于 3 m/s，在预设的 -2 ～ 2 m 沉积区域内几乎没有雾滴沉积。在高度为 3.5 m 时，侧风风速大于 2 m/s，在预设区域内没有雾滴沉积。在实际操作中，当风速过高时，可以考虑通过调整喷雾幅度来纠正偏差，不建议在距冠层 3.5 m 的高度进行喷施作业。

2. 采样带 -4 ～ 4 m 段水敏纸数据分析

（1）各层雾滴粒径分析。上层水敏纸数据处理如图 5-12-10（a）所示，所有架次的 $Dv_{0.5}$ 均值如图 5-12-10（b）所示。a ～ e 架次各层雾滴粒径值见表 5-12-6。在本研究中，a ～ e 架次旁边的数字"1"代表上层，"2"代表中层，"3"代表下层。数据缺少一个架次是因为 f 组水敏纸受潮，数据无效。大部分架次的上层具有最大的 $Dv_{0.5}$ 均值，其次是下层，然后是中层。

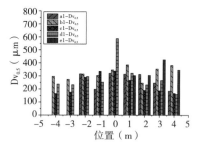
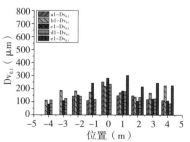
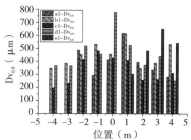

（a）a～e架次上层雾滴粒径

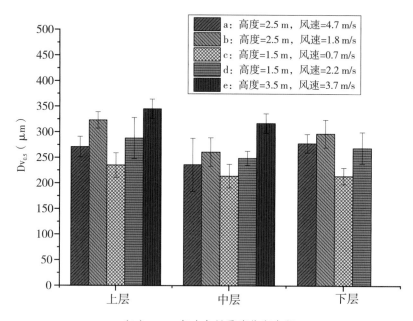

（b）a～e架次各层雾滴体积中径

图 5-12-10　上层水敏纸雾滴沉积数据

表 5-12-6　a～e架次各层雾滴粒径值

参数	均值	最大值（μm）	最小值（μm）	CV	SD	参数	均值	最大值（μm）	最小值（μm）	CV	SD
a1-Dv$_{0.1}$	148	253	111	0.33	49.24	c2-Dv$_{0.1}$	142	212	91	0.35	50.31
a1-Dv$_{0.5}$	271	321	185	0.22	59.77	c2-Dv$_{0.5}$	214	367	152	0.32	68.93
a1-Dv$_{0.9}$	404	618	283	0.29	118.65	c2-Dv$_{0.9}$	306	675	184	0.48	145.74
a2-Dv$_{0.1}$	128	282	66	0.54	68.80	c3-Dv$_{0.1}$	130	253	66	0.41	53.61
a2-Dv$_{0.5}$	236	577	124	0.65	154.17	c3-Dv$_{0.5}$	214	274	146	0.22	47.77
a2-Dv$_{0.9}$	318	622	153	0.56	177.70	c3-Dv$_{0.9}$	348	564	203	0.35	121.56
a3-Dv$_{0.1}$	177	228	153	0.17	29.65	d1-Dv$_{0.1}$	140	235	87	0.31	43.24
a3-Dv$_{0.5}$	278	345	203	0.20	56.46	d1-Dv$_{0.5}$	288	588	160	0.42	121.38
a3-Dv$_{0.9}$	373	470	247	0.26	98.52	d1-Dv$_{0.9}$	453	778	253	0.33	148.74
b1-Dv$_{0.1}$	176	225	113	0.20	32.26	d2-Dv$_{0.1}$	144	211	121	0.19	27.34
b1-Dv$_{0.5}$	323	386	246	0.15	48.06	d2-Dv$_{0.5}$	249	349	192	0.17	43.48
b1-Dv$_{0.9}$	452	615	347	0.21	93.69	d2-Dv$_{0.9}$	369	550	268	0.22	79.94

续表

参数	均值	最大值（μm）	最小值（μm）	CV	SD	参数	均值	最大值（μm）	最小值（μm）	CV	SD
b2-$Dv_{0.1}$	156	228	72	0.28	43.39	d3-$Dv_{0.1}$	161	307	118	0.36	58.63
b2-$Dv_{0.5}$	261	400	107	0.32	83.92	d3-$Dv_{0.5}$	269	457	178	0.35	94.70
b2-$Dv_{0.9}$	388	558	147	0.35	135.28	d3-$Dv_{0.9}$	383	547	237	0.27	105.16
b3-$Dv_{0.1}$	155	204	60	0.27	42.43	e1-$Dv_{0.1}$	248	303	217	0.16	38.64
b3-$Dv_{0.5}$	297	394	110	0.27	82.37	e1-$Dv_{0.5}$	345	425	303	0.16	56.82
b3-$Dv_{0.9}$	454	625	217	0.29	129.70	e1-$Dv_{0.9}$	496	651	303	0.29	145.74
c1-$Dv_{0.1}$	155	282	82	0.45	68.82	e2-$Dv_{0.1}$	212	237	169	0.18	37.65
c1-$Dv_{0.5}$	235	338	165	0.31	72.55	e2-$Dv_{0.5}$	317	382	275	0.18	56.89
c1-$Dv_{0.9}$	333	483	197	0.31	102.21	e2-$Dv_{0.9}$	491	649	350	0.31	150.28

注：CV 为变异系数，SD 为标准差。

a1 ～ e1 的 $Dv_{0.5}$ 均值无显著性影响（$P > 0.05$），a1 ～ e1（CV=0.148）的 $Dv_{0.5}$ 均值分别为 271 μm、323 μm、235 μm、288 μm 和 345 μm。e1 具有最大均值，为 345 μm，c1 最小，为 235 μm。在中层，a2 ～ e2（CV = 0.151）的 $Dv_{0.5}$ 均值分别为 236 μm、261 μm、214 μm、249 μm 和 317 μm。在下层，a3 ～ d3（CV=0.16）的 $Dv_{0.5}$ 均值分别为 278 μm、297 μm、214 μm 和 269 μm。风速对 c 架次和 d 架次的 $Dv_{0.5}$ 均值大小有显著性（$P < 0.05$）影响，c 架次的风速最低，无法帮助雾滴切割风场以再次聚集或分散雾滴。

（2）气象条件、雾滴粒径和沉积量之间的关系。雾滴粒径谱分布非常重要，粒径大小是提高喷施效果的重要参数。本研究中对雾滴不同粒径数量所占百分比进行分析，并绘制成图 5-12-11。图 5-12-11（a）给出了 a 架次的每一层雾滴粒径分布和沉积量百分比。分析表明，在 a2 和 a3 中，不同层对粒径小于 150 μm 的雾滴具有显著性（$P < 0.05$）影响，而对其他粒径大小的雾滴则无显著性（$P > 0.05$）影响。

从 a1 的柱状图（上层）可以看出，0 ～ 2 m 喷幅范围内的沉积量达到上层总沉积量的 96.5％，处于 50 ～ 100 μm、100 ～ 150 μm、150 ～ 250 μm、250 ～ 350 μm 和 350 ～ 450 μm 的雾滴粒径分别占 55.17％、17.59％、22.25%、4.14％和 0.85％。在 0 ～ 2 m 范围内粒径大于 350 μm 的雾滴仅占雾滴总量的 4.99％。

从 a2 的柱状图（中层）可以看出，0 ～ 3 m 喷幅范围内的沉积量达到中层总沉积量的 93.16％，粒径为 50 ～ 100 μm、100 ～ 150 μm、150 ～ 250 μm、250 ～ 350 μm 和 350 ～ 450 μm 的雾滴分别占 62.01%、22.64%、11.04%、0.68% 和 3.63%。在 0 ～ 3 m 范围内，粒径大于 350 μm 的雾滴仅占雾滴总量的 4.31％。

从 a3 的柱状图（下层）可以看出，0 ～ 2 m 喷幅范围内的沉积量达到底层总沉积量的 95.80％，粒径为 50 ～ 100 μm、100 ～ 150 μm、150 ～ 250 μm、250 ～ 350 μm 和 350 ～ 450 μm 的雾滴分别占 32.61%、45.31%、18.58%、2.82% 和 0.68%。在 0 ～ 2 m 范围内，粒径大于 350 μm 的雾滴仅占雾滴总量的 3.50％。

图 5-12-11（b）显示了 b 架次的每一层雾滴粒径分布和沉积量百分比。由于气象条件不同，b 架次上层和中层的雾滴粒径（＜150 μm）百分比分别比 a 架次减小了 8.43％和 22.95％。b 架次上层和中层的介于 150～250 μm 之间的雾滴数量分别比 a 架次增加了 6.93％和 11.28％。数据表明，风速越小，细小和中等尺寸的雾滴比例越大。b3 曲线的雾滴粒径（＜100 μm，＜150 μm）达到 b1、b2 和 b3 层的最大百分比，表明非常细小的雾滴具有更好的穿透能力和沉积性能。

图 5-12-11（c）为 c 架次每一层雾滴粒径分布和沉积量百分比。对于 c1、c2 和 c3 曲线，雾滴粒径小于 150 μm、小于 250 μm 和大于 350 μm 的分别占总雾滴粒径谱的 63.25％、89.14％和 2.20％。雾滴粒径（＜250 μm）在上层为 83.91％，在中层为 90.42％，在下层为 93.10％，雾滴粒径（＜100 μm）在中层中具有最高百分比（41.20％）。雾滴粒径（＞350 μm）在所有层中的比例最低，对应于 c1、c2 和 c3 曲线的百分比分别为 3.84％、1.55％、1.21％。

图 5-12-11（d）给出了 d 架次在每一层的雾滴粒径分布和沉积量百分比。上层和中层 d 曲线雾滴粒径（＜100 μm）分别比 c 曲线减小了 0.18％和 10.65％。d2 曲线雾滴粒径（150～250 μm）比 c2 曲线增加了 5.91％。该架次下，细小和中等的雾滴粒径百分比在总雾滴粒径谱中没有差异。d1 曲线的雾滴粒径（＜100 μm，＜150 μm）达到 d1、d2 和 d3 层的最大百分比，并且 b2 和 d2 曲线的 150～250 μm 之间的雾滴粒径占总分布谱的百分比最高。雾滴粒径（＜100 μm）分别占 c3 和 d3 曲线总雾滴粒径谱的 35.45％和 33.49％，再次表明非常细小的雾滴具有更好的穿透性能和沉积性能。

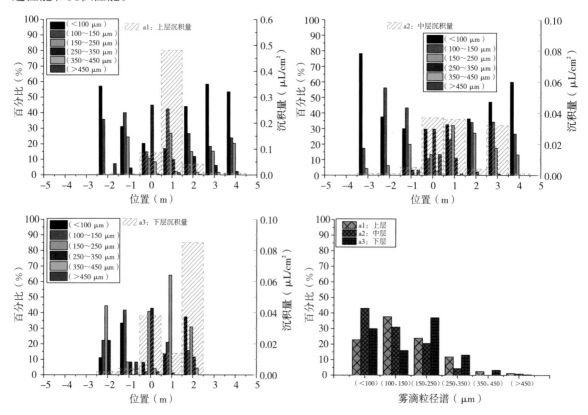

（a）a 架次雾滴粒径和沉积量分布

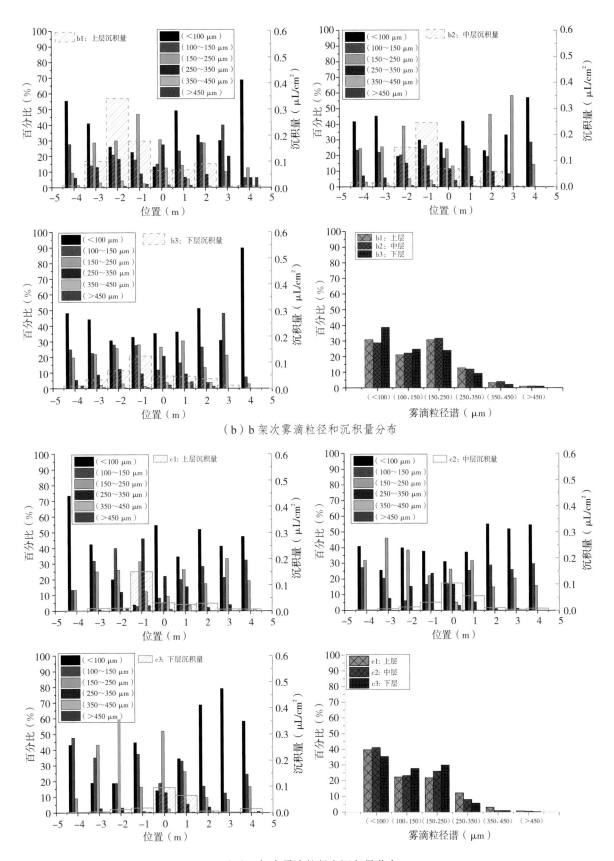

（b）b 架次雾滴粒径和沉积量分布

（c）c 架次雾滴粒径和沉积量分布

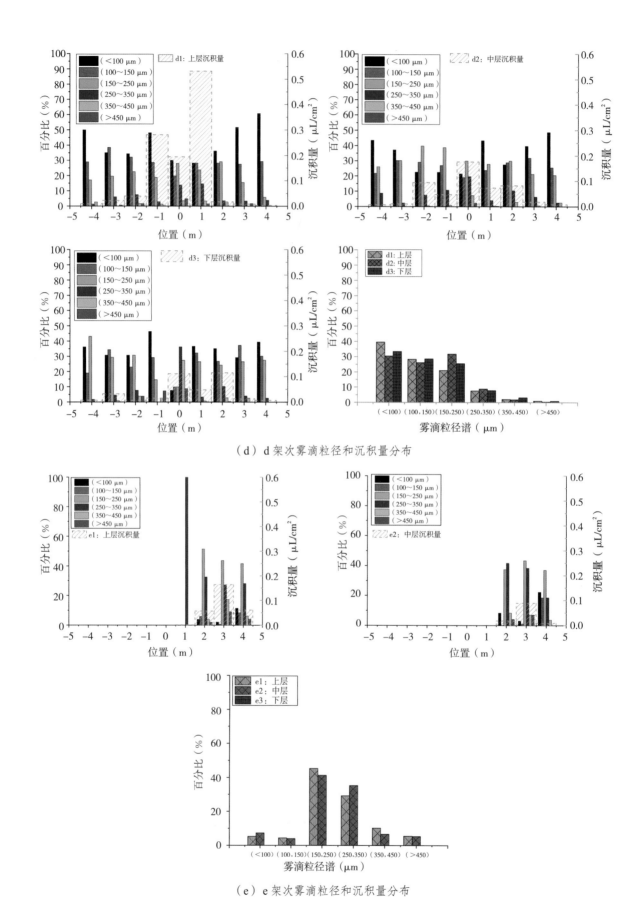

（d）d架次雾滴粒径和沉积量分布

（e）e架次雾滴粒径和沉积量分布

图 5-12-11　各架次雾滴粒径和沉积量分布

图 5-12-11（e）为 e 架次每一层雾滴粒径分布谱和沉积量百分比。对于 e1 和 e2 曲线，雾滴粒径小于 150 μm、150 ～ 250 μm、250 ～ 350 μm 和大于 350 μm 分别占所有雾滴粒径谱的 10.49％、53.82％、86.11％ 和 13.89％。雾滴粒径为 150 ～ 350 μm 约占在上层的 74.56％，约占中层的 76.67％。雾滴粒径大于 450 μm 在所有层中的比例最低，对应于 e1 和 e2 曲线的百分比分别为 5.56％ 和 5.33％。e1 和 e2 曲线的雾滴粒径小于 150 μm 的比例比 c1 和 c2 曲线分别减小了 52.44％ 和 53.10％。e1 和 e2 曲线 250 ～ 350 μm 的雾滴粒径比 c1 和 c2 曲线分别增加了 16.98％ 和 27.31％。由于风速变化和作业高度在 3.5 m，e 架次在所有架次中得到最差的雾滴粒径谱和沉积量，e3 曲线在该架次下基本没有获得雾滴沉降，同时，在所有架次中，该架次的穿透性和喷施效果均最差。

（3）雾滴沉积量和穿透性分析。有效喷幅区和飘移区水敏纸测试数据如图 5-12-12 所示，当作业高度为 2.5 m 时，风速和作业高度对整个采样带没有显著性影响（P=0.47）。a1 ～ e1 数据显示采样位置对沉积量没有显著性影响（P=0.32），b1 和 d1 具有最高的沉积量，c1 和 d1 具

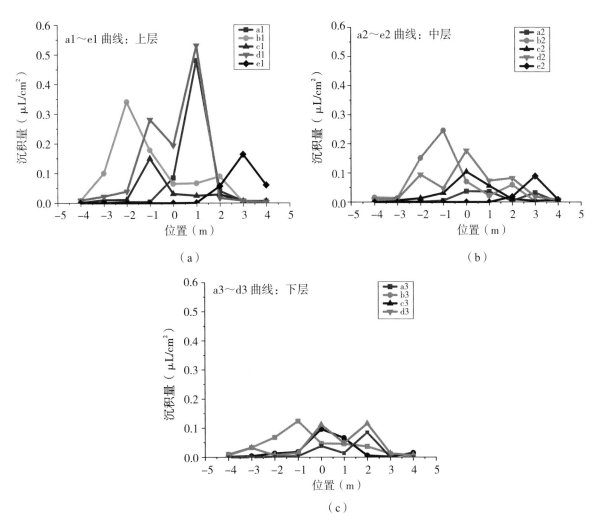

图 5-12-12 有效喷幅区和飘移区水敏纸测试数据

有最低的沉积量。a1 沉积区域的起始位置比 b1 落后 2 m，c 架次和 d 架次沉积区域的起始位置没有太大差别，风速对 c1 和 d1 没有显著性影响（$P=0.14$），水敏纸数据显示 d1 的沉积范围比 c1 明显增大并且具有更高的沉积量，Mylar 数据则没有明显区别。究其原因可能是两种测试方法的布置方式不同，水敏纸用回形针固定在叶片上，与叶片生长角度相同，Mylar 卡则是按水平方向布置在冠层，故更易于接收雾滴，同时 d 架次的风速（2.2 m/s）比 c 架次的（0.7 m/s）更有利于切割风场，使扩散雾滴沉积在冠层上。a～e 架次上层 a1～e1 的平均沉积量分别为 0.0699 μL/cm²、0.0956 μL/cm²、0.0301 μL/cm²、0.1227 μL/cm² 和 0.0314 μL/cm²，b 架次和 d 架次上层沉积量较高，c 架次和 e 架次上层沉积量较低。

从图 5-12-12 可以看出，b2～e2 的雾滴沉积量没有显著性差异（$P > 0.05$），在 a2 上有显著性差异（$P < 0.05$），d2 各采样点沉积量变异系数最低为 0.66，a2～c2 各采样点沉积量变异系数相差不大，约为 0.96。在 -4～4 m 预设沉积区域内，a～e 架次中层各采样点沉积量高于 0.01 μL/cm² 的沉积区域宽度分别为 1 m、6 m、4 m、6 m 和 1 m，e2 比 b2 和 d2 的起始沉积区域延后 6 m，a2～e2 的平均沉积量分别为 0.013 μL/cm²、0.0647 μL/cm²、0.026 μL/cm²、0.0572 μL/cm² 和 0.0129 μL/cm²，b2 和 d2 的沉积量较高，e2 的沉积量最低。b3～e3 沉积量没有显著性差异（$P > 0.05$），e3 基本没有雾滴沉积，a3～e3 的平均沉积量分别为 0.0159 μL/cm²、0.042 μL/cm²、0.0247 μL/cm²、0.0394 μL/cm² 和 0 μL/cm²，b3 和 d3 的沉积量较高，e3 的沉积量最低。

总体分析：对于 a1～e1，上层在各架次所有采样层的总沉积量百分比分别为 70.75%、47.25%、37.28%、55.93% 和 70.93%，a1 和 e1 在各自架次的百分比最高，c1 最低；对于 a2～e2，中层在各架次所有采样层的总沉积量百分比分别为 13.16%、31.98%、32.19%、26.09% 和 29.07%，b2 和 c2 在各自架次的百分比最高，a2 最低；对于 b3～e3，下层在各架次所有采样层的总沉积量百分比分别为 16.09%、20.77%、30.54%、17.98% 和 0%。b 架次和 d 架次在所有层中的平均沉积量最高，分别为 0.2022 μL/cm² 和 0.2200 μL/cm²，e 架次的平均沉积量最低，为 0.0443 μL/cm²；气象条件对雾滴分布均匀性有明显影响，特别是在上层，a1 的风速最大，沉积量 CV 值也最大；风速影响喷幅区域的起始位置，a1 曲线比 b1 曲线落后 2 m；e 架次在全部架次中具有最低平均沉积量和最差穿透性；b 架次和 d 架次无人机作业高度和风速不同，但是沉积量和喷雾分布均匀性在所有架次中更好。这表明，无人机的作业高度低于 2.5 m 且风速低于 2.0 m/s 时，喷雾效果较好。同时，试验数据发现，并不是风速越小，喷雾质量就越好，作物冠层结构会影响沉积，c 架次实时风速和无人机作业高度最低，该架次具有最好的穿透性但是沉积量较低。

（4）单位面积覆盖率。各架次雾滴单位面积覆盖率如图 5-12-13 所示，单位面积覆盖率与雾滴粒径、沉积量相关。单位面积覆盖率没有表现出明显的趋势，最大值发生在 -2～3 m 的位置。a2 和 e2 各采样点覆盖率有显著性差异（$P < 0.05$，$P < 0.01$），其他架次均没有显著性差

异。a1 和 d1 均在 1 m 位置处具有最大的覆盖率，此位置位于无人机下方。a～e 架次上层单位
面积覆盖率均值分别为 1.28%、1.76%、0.57%、2.26% 和 0.61%，a1 与 b1 覆盖率变异系数之比为
2.22：1.12，a1 实时风速相比 b1 大 2.9 m/s，a1 平均单位面积覆盖率比 b1 降低了 27.3%。d1 具
有最高的覆盖率均值，c1 由于风速较低和作物结构影响具有最低的覆盖率均值。a～e 架次中层
单位面积覆盖率均值分别为 0.27%、1.18%、0.53%、1.16% 和 0.25%，e 架次中层覆盖率变异系数
最大，b2 和 d2 平均覆盖率最高，e2 最低。a～e 架次下层单位面积覆盖率均值分别为 0.31%、0.79%、
0.55%、0.76% 和 0%，a3 覆盖率数值变异系数最大，e3 没有测试到雾滴沉积。b3 和 d3 具有
最高的覆盖率均值，e3 最低。b 架次和 d 架次覆盖率均值最高，变异系数最低，a 架次和 c 架
次覆盖率均值居中。e 架次覆盖率均值最低，变异系数最高，喷施效果最差，e 架次的作业参数
和对应的环境气象条件在现实作业中应该避免。

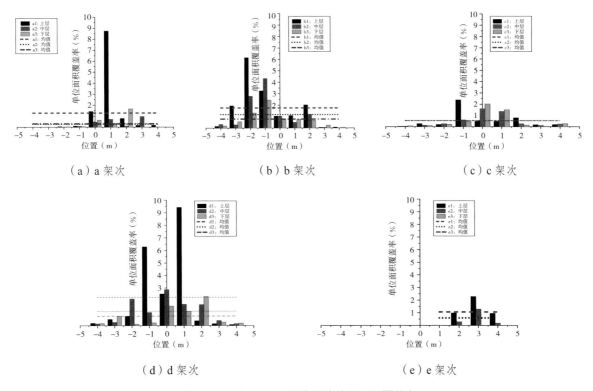

（a）a 架次　　　　　　　　（b）b 架次　　　　　　　　（c）c 架次

（d）d 架次　　　　　　　　　　　　　（e）e 架次

图 5-12-13　a～e 架次雾滴单位面积覆盖率

（四）CFD 中喷施模型模拟菠萝飞防试验及结果验证

按照菠萝田间试验时的作业参数在 CFD 软件里进行喷施模拟，由于作业时有风向影响，对
侧风风速进行适当调整，在喷杆下方不同高度提取类似田间试验采样线数据，绘制成图 5-12-14。
截取不同高度雾滴沉积浓度云图（图 5-12-15），将 CFD 模拟中侧风风速为 0 m/s、1 m/s、3 m/s、
6 m/s 时喷头下方不同高度采样线数据提取出来绘制成图 5-12-16，图中命名规则与本节第（三）
部分相同。

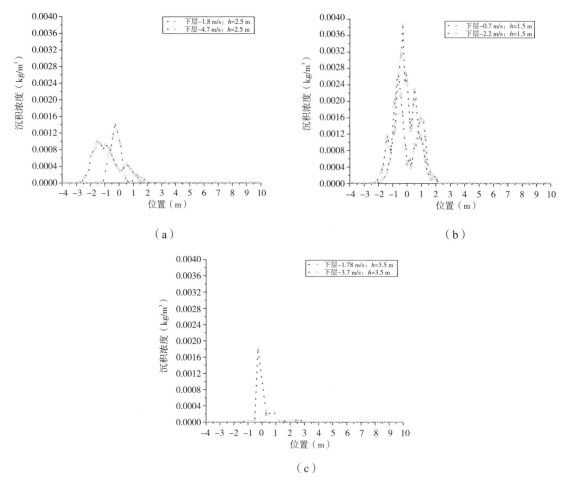

（a）

（b）

（c）

图 5-12-14　CFD 模拟喷头下方采样线雾滴沉积浓度云图

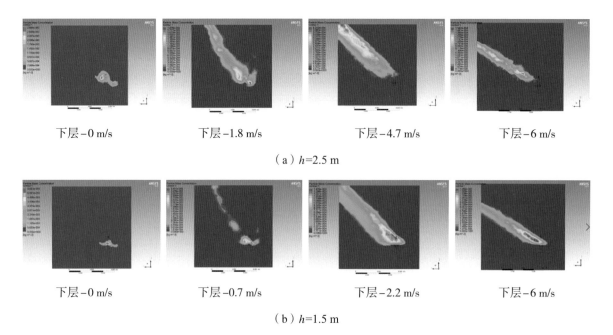

下层–0 m/s　　下层–1.8 m/s　　下层–4.7 m/s　　下层–6 m/s

（a）h=2.5 m

下层–0 m/s　　下层–0.7 m/s　　下层–2.2 m/s　　下层–6 m/s

（b）h=1.5 m

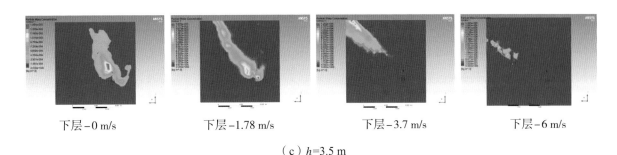

下层－0 m/s　　　　下层－1.78 m/s　　　　下层－3.7 m/s　　　　下层－6 m/s

（c）h=3.5 m

图 5-12-15　CFD 模拟不同侧风风速和高度时雾滴沉积浓度云图

比较图 5-12-14 和图 5-12-4，作业高度为 2.5 m 时，侧风风速增加，雾滴沉积区域均后移，最高浓度位置均后移了 2 m 左右，风速较低时 CFD 模拟显示沉积区域更大，沉积更为均匀，且峰值浓度低于风速高者；作业高度为 1.5 m 时，模拟图和田间试验图曲线相似，曲线喷幅区域相似，两者均说明当作业高度为 1.5 m，风速在 2 m/s 以下时，雾滴沉积较为相似，这主要是由于飞行高度较低时，雾滴没有完全飘散，与王昌陵等发现单旋翼无人机作业高度在一个特殊范围内时，提升作业高度可以提高雾滴沉积的均匀性结果相同；作业高度为 3.5 m、低风速时，模拟结果和田间试验结果基本类似，高风速时模拟结果几乎为 0，究其原因，田间试验是布置采样线进行采样点采样，作物冠层结构影响等导致采样结果有一定的随机性，实际沉积区域采样需要多样化，CFD 模拟可以截取某一高度的截面数据，结果更为客观，提取采样线位置不同也会导致数据结果有差异，此时可结合沉积浓度云图讨论雾滴沉积效果。

CFD 模拟的不同风速和高度时的雾滴沉积浓度云图与本节第（三）部分分析得出的规律基本相同，在此不再赘述，现主要将田间试验结果给出作业高度不高于 2.5 m，风速不高于 2 m/s 的结论与云图对比。观察图 5-12-15（a），风速 1.8 m/s 以下，作业高度为 2.5 m 时，雾滴沉积较为集中，沉积浓度较高，侧风风速增加至 4.7 m/s 时雾滴沉积区域偏离航线位置，沉积浓度值与低风速相比相差近 10 倍，沉积区域扩张，易引起飘移；作业高度为 1.5 m，侧风风速增加至 6 m/s 时，雾滴沉积区域变窄，沉积浓度急速降低；作业高度为 3.5 m，当没有侧风作用或侧风风速低于 1 m/s 时，沉积范围较大，雾滴沉积浓度相近，当侧风风速逐渐增加至 3 m/s 时，雾滴沉积区域已偏离无人机航向，雾滴不均匀性增大，沉积浓度降低数倍。结合图 5-12-4、图 5-12-14、图 5-12-15、图 5-12-16，证明前述研究给出的结论是可行的，也验证了 CFD 模拟结果的有效性且具有更客观和多角度数据供选择的优点。

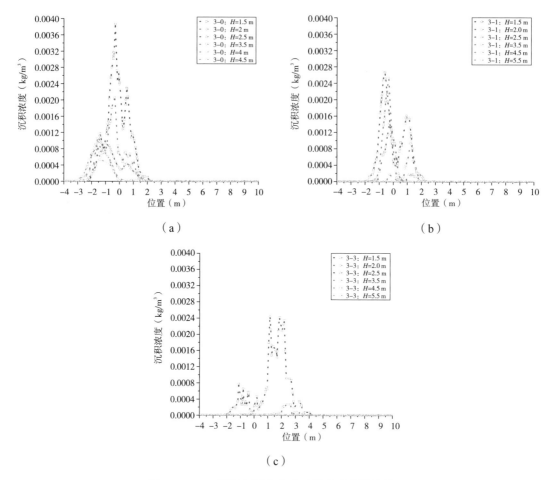

图 5-12-16　不同侧风和高度时雾滴喷施模拟结果

（五）小结

对田间试验结果与 CFD 模拟结果进行比较，证明 CFD 模拟结果具有可行性。单旋翼无人机在旋翼风场和侧风共同作用下，不同粒径的雾滴具有不同的动能，当雾滴粒径小于 50 μm 时，易发生飘移，大于 350 μm 时穿透性变差。小的雾滴更容易失去动能或者与其他雾滴融合，会在空中飘浮一段时间或者因为环境侧风发生飘移。大粒径雾滴倾向于沉积在叶面或者快速弹开。无人机喷施属于低空低容量作业，可能会引起覆盖率不足，为了提高雾滴单位面积覆盖率和穿透性能并减少飘移，合适的雾滴粒径范围为 50～300 μm，中等大小的雾滴粒径比例应该增加。大雾滴主要在有效喷幅区域的中心位置，这主要是因为该类型雾滴从喷头喷出后具有较大的动能，机身底部的旋翼气流比较稳定，旋翼风场的下洗气流和翼尖涡流影响了雾滴的初始直径和雾滴运动轨迹。由单旋翼无人机旋翼所产生的下洗风场相对简单，气流从旋翼呈螺旋状到地面。当无人机作业高度接近于作物冠层时，相邻喷头喷出的雾滴面不能完全重合，更多的雾滴分布于喷头正下方，相邻喷头之间区域的雾滴数目较少，导致雾滴沉积量分布不均匀。当作业高度逐渐提高时，相邻喷头喷射出的雾滴会更全面的覆盖。王昌陵等发现单旋翼无人机作业高度在一个特殊范围内时，提升作业高度可以提高雾滴沉积的均匀性，与本研究 CFD 模拟结果相同。无人机作业高度越高，垂直于地面的下洗气流越小，导致雾滴在下风向的压力降低，雾滴更易飘移，将无人机作业高度保持在合适的范围内非常重要。在喷头正下方及附近的雾滴较多，在相邻喷头的中间区域的雾滴较少，导致雾滴沉积分布不均匀。当飞行高度逐渐增加时，来自相邻喷头的雾滴会更加完全重叠。

无人机作业速度和旋翼风场的互动作用也是影响喷施效率的重要因素。如果飞行速度过快，则旋翼风场作用于农作物冠层的时间越短，侧风效应将越明显加强。张宋超等发现侧风风速对飘移的影响大于飞行高度，因此确定合理的飞行速度和高度需要充分考虑农作物特性、土地条件、飞机性能、天气条件、喷雾系统特性和其他因素。此外，当风速过高时，可以考虑通过调整喷雾幅度来纠正偏差，不建议采用 3.5 m 以上的作业高度。仅有少数研究测量了空气中的雾滴飘移，因为空气中的雾滴仍然难以收集和量化。Wang 等对其他类型的单旋翼无人机进行了相关研究，发现 90% 的飘移距离在 15 m 和 8 m 以内。本次研究发现 90% 的飘移距离为 3.7 ～ 46.5 m。推测这与测试高度、无人机速度、无人机类型和海南热带季风气候有关。建议在热带地区进行航空喷雾时，应注意风速的变化及变异系数，并保留足够的安全区域。

本次研究是首次基于多气象条件和不同作业高度对菠萝进行的飞防试验，测试了雾滴沉积量、单位面积覆盖率、雾滴粒径大小、穿透性和飘移性。结果表明，风速是影响空中雾滴运动轨迹的主要因素，在不同的风速和高度下，影响雾滴粒径大小和分布；随着作业高度和风速的增加，雾滴的沉积量减少，飘移距离增加；上层具有最大的 $Dv_{0.5}$ 平均值，其次是下层，然后是中层，几乎在所有处理中均如此；当无人机的作业高度和风速增加时，雾滴粒径增加到 300 μm 以上，风速越小，细小和中等雾滴粒径的比例越大；非常细小的雾滴具有更好的渗透能力和沉积。b 架次和 d 架次的雾滴沉积量最高，可达 0.1227 μL/cm²，平均单位面积覆盖率为 2.26%，总飘移量可低至 15.42%。当作业高度为 3.5 m 时，有效喷幅区域位置偏移。施药者在使用无人机喷雾时应注意不同气象条件下的有效喷幅区域调整问题。3.5 m 作业高度和 3.7 m/s 以上风速具有最差的喷雾质量，因此在实际应用中应避免使用。无人机的作业高度和风速越低，飘移距离越近。结合 CFD 模拟结果和田间试验，建议菠萝飞防时在风速小于 2 m/s、高度小于 2.5 m 的条件下工作，并且在工作中预留 15 m 以上的飘移区。下一步工作应该是研究如何更好地控制试验参数，并与 CFD 模拟结果相比对，做好标定，以更好地指导实际工作。

参考文献

［1］中国民用航空局.MH/T 1002.1—2016 农业航空作业质量技术指标［S］.北京：中国民用出版社，2016.

［2］陈盛德，展义龙，兰玉彬，等.侧向风对航空植保无人机平面扇形喷头雾滴飘移的影响［J］.华南农业大学学报，2021，42（4）：89-98.

［3］张宋超，薛新宇，秦维彩，等.N-3 型农用无人直升机航空施药飘移模拟与试验［J］.农业工程学报，2015，31（3）：87-93.

［4］中国民用航空总局运输管理司.MH/T 1002—1995 中华人民共和国民用航空行业标准［S］.北京：中国民用航空局，1995.

［5］郭志涛，马杰，曾叶伟.海南槟榔树高度测量及对输电线路的造价影响［J］.电子测试，2017（23）：102，99.

［6］王潇楠，何雄奎，王昌陵，等.油动单旋翼植保无人机雾滴飘移分布特性［J］.农业工程学报，2017，33（1）：117-123.

［7］姚伟祥，兰玉彬，王娟，等.AS350B3e 直升机航空喷施雾滴飘移分布特性［J］.农业工程学报，2017，33（22）：75-83.

［8］秦维彩，薛新宇，周立新，等.无人直升机喷雾参数对玉米冠层雾滴沉积分布的影响［J］.农业工程学报，2014，30（5）：50-56.

［9］文晟，韩杰，兰玉彬，等.单旋翼植保无人机翼尖涡流对雾滴飘移的影响［J］.农业机械学报，2018，49（8）：127-137，60.

［10］茹煜，朱传银，包瑞，等.航空植保作业用喷头在风洞和飞行条件下的雾滴粒径分布［J］.农业工程学报，2016，32（20）：94-98.

［11］陈盛德，兰玉彬，李继宇，等.小型无人直升机喷雾参数对杂交水稻冠层雾滴沉积分布的影响［J］.农业工程学报，2016，32（17）：40-46.

［12］王昌陵，何雄奎，王潇楠，等.基于空间质量平衡法的植保无人机施药雾滴沉积分布特性测试［J］.农业工程学报，2016，32（24）：89-97.

［13］FRITZ B K，HOFFMANN W C，BAGLEY W E，et al. Influence of air shear and adjuvants on spray atomization［J］.ASTM International，2014（33）：151-173.

［14］LAN Y B，QIAN S C，CHEN S D，et al. Influence of the Downwash Wind Field of Plant Protection UAV on Droplet Deposition Distribution Characteristics at Different Flight Heights［J］.Agronomy，2021，11（12）：2399.

［15］ TANG Y, HOU C J, LUO S M, et al. Effects of operation height and tree shape on droplet deposition in citrus trees using an unmanned aerial vehicle［J］. Computers and Electronics in Agriculture, 2018（148）: 1-7.

［16］ CREECH C F, HENRY R S, HEWITT A J, et al. Herbicide spray Penetration into corn and soybean canopies using air-induction nozzles and a drift control adjuvant［J］. Weed Technology, 2018, 32（1）: 72-79.

［17］ CHEN S D, LAN Y B, ZHOU Z Y, et al. Research advances of the drift reducing technologies in application of agricultural aviation spraying［J］. International Journal of Agricultural and Biological Engineering, 2021, 14（5）: 1-10.

［18］ PROKOP M, VEVERKA K. Influence of droplet spectra on the efficiency of contact fungicides and mixtures of contact and systemic fungicides［J］. Plant Protection Science, 2006, 42（1）: 26-33.

［19］ TIAN J S, ZHANG X Y, YANG Y L, et al. How to reduce cotton fiber damage in the Xinjiang China［J］. Industrial Crops and Products, 2017, 109（15）: 803-811.

［20］ DAMMER K H, WOLLNY J, GIEBEL A. Estimation of the leaf area index in cereal crops for variable rate fungicide spraying［J］. European Journal of Agronomy, 2007, 28（3）: 351-360.

［21］ BEDNARZ C W, SHURLEY W D, ANTHONY W S, et al. Yield, quality, and profitability of cotton produced at varying plant densities［J］. Agronomy Journal, 2005, 97（1）: 235-240.

［22］ ECHER F R, ROSOLEM C A. Cotton yield and fiber quality affected by row spacing and shading at different growth stages［J］. European Journal of Agronomy, 2015（65）: 18-26.

［23］ WRIGHT S D, HUTMACHER R B, BANUELOS G, et al. Impact of pima defoliation timings on lint yield and quality［J］. Journal of Cotton Science, 2014, 18（1）: 48-58.

［24］ ZHAN Y L, CHEN P C, XU W C, et al. Influence of the downwash airflow distribution characteristics of a plant protection UAV on spray deposit distribution［J］. Biosystems Engineering, 2022（216）: 32-45.

［25］ ZHANG P, WANG K J, QIANG L, et al. Droplet distribution and control against citrus leafminer with UAV spraying［J］. International Journal of Robotics and Automation, 2017, 32（3）: 299-307.

［26］ BUTTS T R, LUCK J D, FRITZ B K, et al. Evaluation of Spray Pattern Uniformity using Three Unique Analyses as Impacted by Nozzle, Pressure, and Pulse-Width Modulation Duty

Cycle [J]. Pest Management Science, 2019, 75 (7) : 1875-1886.

[27] HUANG Y B, HOFFMANN W C, LAN Y B, et al. Development of a spray system for an unmanned aerial vehicle platform [J] Applied Engineering in Agriculture, 2009, 25 (6) : 803-809.

[28] ZANDE J V D, HUIJSMANS J F M, PORSKAMP H A J, et al. Spray techniques: how to optimise spray deposition and minimize spray drift [J]. The Environmentalist, 2008, 28 (1) : 9-17.

[29] CHEN P C, XU W C, ZHAN Y L, et al. Determining application volume of unmanned aerial spraying systems for cotton defoliation using remote sensing images [J]. Computers and Electronics in Agriculture, 2022 (196) : 106912.

[30] LAN Y F, HOFFMANN W C, FRITZ B K, et al. Spray driftmitigation with spray mix adjuvants [J]. Applied Engineering in Agriculture, 2008, 24 (1) : 5-10.

[31] XUE X Y, TU K, QIN W C, et al. Drift and deposition of ultra-low altitude and low volume application in paddy field [J]. International Journal of Agricultural and Biological Engineering, 2014, 7 (4) : 23-28.

第六章

植保无人机喷施雾滴

沉积飘移影响因素

第一节　基于风洞试验的不同喷施参数对雾滴沉积飘移的影响

喷雾飘移主要受到以下四个方面因素的影响：环境参数、施药参数、周围施药环境特点和溶液的性质。其中环境参数包括环境温湿度、风速情况，施药参数包括施药设备、施药高度、施药速度等，周围施药环境特点主要包括施药周围作物及遮挡情况，溶液的性质主要包括溶液的黏度、表面张力、密度等。测定飘移的方法主要包括田间测定方法和风洞测定方法。田间试验结果可以获取不同作业条件及不同作业参数下的真实飘移结果，同时建立飘移模型。风洞试验可以更好地控制飘移条件，获取飘移结果，更好地对比不同的喷头及喷洒溶液。

过去的研究主要针对地面喷洒设备，包括典型液力式喷头的风洞飘移研究等，关于离心式喷头在风洞内的飘移特征及高浓度药剂和喷雾助剂对不同类型喷头的飘移特征的研究较少。当前国内植保无人机除采用液力式喷头外，部分还采用离心式雾化喷头。本节针对国内植保无人机安装的液力式喷头及离心式雾化喷头进行试验对比，分析不同类型、不同型号的喷头以及环境风速、喷雾助剂等对雾滴飘移的影响，以期为田间植保无人机施药沉积、飘移研究提供指导意见。

（一）试验材料和方法

1. 试验材料和设备

试验在华南农业大学国家精准农业航空中心风洞实验室进行。试验装置由欧美克 DP-02 型激光粒度分析仪、开路式风洞、喷洒系统组成。

试验喷洒溶液为 1% 罗丹明 B 水溶液，喷洒完成后取样采用 F-380 荧光分析仪测定各采样线的沉积量情况。试验中喷雾压力通过压力显示表盘调节，流量通过流量传感器监测，在每次变换试验参数时，都实时记录流量情况并与商家标定值对比，确保喷头正常工作。喷雾时间通过可定时的电磁阀控制，为避免喷洒取样时间过饱和，取样时间统一定为 10 s（即每次喷洒持续 10 s）。

试验采用聚乙烯线采集不同侧风条件下的雾滴飘移情况。聚乙烯线直径为 1 mm，水平横跨风洞，与风扇平面平行。垂直取样线与喷头的距离为 2 m，以分析距喷头 2 m 处不同高度上的雾滴沉积及评价飘失比例，垂直取样线的间隔为 10 cm，共有 10 根，总高度为 1 m，最高取样线高出喷头 0.2 m，以保证雾滴不会超出取样范围（图 6-1-1）。液力式喷头的取样间隔为 0.1 m，离心式喷头的取样间隔为 0.05 m，这主要是考虑到离心式喷头喷洒雾滴的初速度与风向平行，小的采样间隔可以避免相对集中的雾滴从水平线中间穿过，造成较大的试验误差。

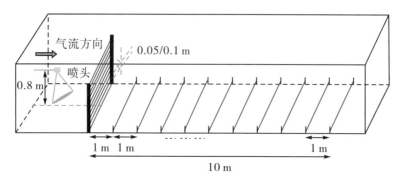

图 6-1-1　风洞及采样线布置情况

2. 喷头类型

试验选用的喷头为植保无人机上安装的常用喷头 Lechler LU120 系列（LU120-01、LU120-02、LU120-03）和 IDK 系列（IDK120-01、IDK120-02、IDK120-03）6 款液力式喷头，以及 4 款不同转速的离心雾化喷头（广州极飞科技股份有限公司）。用于试验的喷头参数见表 6-1-1。

表 6-1-1　用于试验的喷头及其参数

	喷头类型	旋转速度及电压 / 喷雾压力	理论流量（L/min）	雾滴体积中径 $Dv_{0.5}$（μm）
1	离心雾化喷头	4000 r/min（10.5 V）		277.3 ± 9.4
2	离心雾化喷头	6000 r/min（16.3 V）		194.9 ± 10.2
3	离心雾化喷头	8000 r/min（21.1 V）	0.5（30.1 V）	153.5 ± 6.6
4	离心雾化喷头	12000 r/min（31.1 V）		111.6 ± 0.9
5	液力式喷头 LU120-01	0.3 MPa	0.39	114.4 ± 0.4
6	液力式喷头 LU120-02	0.3 MPa	0.80	130.2 ± 0.4
7	液力式喷头 LU120-03	0.2 MPa	1.19	150.6 ± 0.2
8	液力式喷头 IDK120-01	0.3 MPa	0.39	266.3 ± 0.7
9	液力式喷头 IDK120-02	0.3 MPa	0.80	346.3 ± 1.3
10	液力式喷头 IDK120-03	0.2 MPa	1.19	385.2 ± 0.6

注：离心喷头主要通过电压控制转盘转速，液力式喷头主要通过液体压力控制流量；表格中离心喷头理论流量值后面括号内的数值代表理论电压。

试验设定风速分别为 1.0 m/s、2.5 m/s 和 3.5 m/s，测定不同位置不同喷头的飘移情况。试验共设计喷头类型 10 个，风速 3 个，共包含 30 个试验处理，每个处理重复 2 次，共采集样品 60 次。

3. 喷雾助剂

试验选择 2 款典型的喷头——液力式喷头 LU120-01 和转速为 12000 r/min 的离心雾化喷头，测定喷雾助剂对雾滴飘移的影响。试验时，风洞风速为 3.5 m/s。选择的喷雾助剂有北京广源益农化学有限公司的迈飞，河北明顺农业科技有限公司的倍达通、明顺 1 号，索尔维公司的瓜尔胶类助剂 Starguar4A。喷雾助剂的添加量为 1%，以清水作为对照。

4. 样品处理

试验完成后，当天将聚乙烯线样本存储在 –20 ℃避光环境下，1 个月之内进行洗脱测定处理，洗脱溶液采用乙醇洗脱，采用荧光分光光度计测定不同位置的沉积量情况。

2 m 处垂直取样面的累积飘移率可以通过以下公式计算：

$$Q_v\ (\%) = \left[\left(\sum_{i=1}^{n} A_i\right) \times \frac{s}{d}\right]/N \times 100 \qquad (6.1.1)$$

式中，Q_v 为累积飘移率，%；A_i 为某根取样线上测得的沉积量，μg；n 为取样线数；s 为取样间隔，cm；d 为取样线直径，cm；N 为示踪剂喷出量，μg。

喷头在水平取样面不同距离位置的飘移率（%）可通过以下公式计算：

$$Q_h\ (\%) = \left(A \times \frac{s}{d}\right)/N \times 100 \qquad (6.1.2)$$

式中，Q_h 为飘移率，%；A 为取样线上测得的沉积量，μg；s 为取样间隔，cm；d 为取样线直径，cm；N 为示踪剂喷出量，μg。

（二）试验结果

1. 不同类型喷头的飘移特征

（1）不同类型喷头在 2 m 处垂直面上的累积飘移率。

图 6-1-2 为不同类型的喷头在距离喷头 2 m 下风处测得的累积飘移率，对比不同类型喷头的喷施结果，可以得到以下结论：不同类型喷头产生的不同粒径大小的雾滴对于雾滴飘移具有显著影响。与 LU120-01、LU120-02 及 LU120-03 相比，IDK 系列喷头具有明显的抗飘移性能。相同流量前提下，IDK 系列喷头的雾滴粒径是 LU 系列的 2.3 ～ 2.8 倍。通过飘移试验测定，不同风速环境下，IDK 喷头在 2 m 处的雾滴垂直面累积飘移率仅为 LU 系列的 0.11 ～ 0.29 倍；与液力式喷头相比，离心式喷头在相同风速条件下，雾滴飘移率更高。对比 LU120-01 喷头和离心雾化喷头（12000 r/min），两者的 $Dv_{0.5}$ 相近，都在 110 ～ 115 μm 之间，但是 LU120-01 喷头在风速为 3.5 m/s 时的飘移率为 40.6%，而离心雾化喷头（12000 r/min）在风速为 3.5 m/s 时的飘移率为 90.1%，为同等粒径液力式喷头的 2.2 倍。分析原因可能是与液力式喷头相比，离心式喷头产生的雾滴具有水平速度而没有垂直向下的速度，更容易引起雾滴飘移。

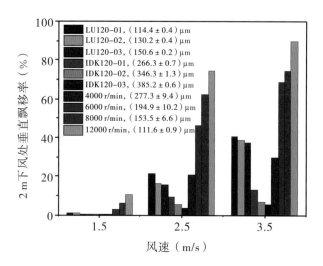

图 6-1-2　不同类型喷头、不同风速下 2 m 处垂直面累积飘移率对比

通过拟合雾滴粒径 $Dv_{0.5}$ 与下风向 2 m 处垂直飘移率的关系，得到的结果如图 6-1-3 所示。在粒径相同时，离心式喷头具有与液力式喷头不同的飘移特征，因此将两类喷头单独分析，其中液力式喷头包括 LU 系列喷头及 IDK 系列喷头。通过拟合分析可知，不论是液力式喷头还是离心式喷头，雾滴粒径 $Dv_{0.5}$ 与飘移率 Q_v 之间均存在着线性关系，且校正决定系数 $R^2 \geqslant 0.71$。

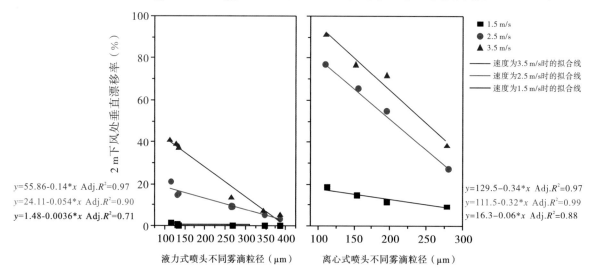

图 6-1-3　两种喷头雾滴粒径 $Dv_{0.5}$ 与 2 m 处累积飘移率的线性拟合

（2）雾滴飘移在 2 m 下风处垂直面的立体分布。

图 6-1-4 为距离喷头 2 m 下风处垂直面的飘移率分布情况。由飘移率随取样高度的分布试验结果可知，当雾滴粒径较大（液力式喷头），风速较低（1.5 m/s 和 2.5 m/s）时，雾滴飘移率随着取样高度的增加而降低，最大的雾滴飘移率出现在距地面高度 0.1 m 的取样线上，但是当风速较大同时雾滴粒径较小时，雾滴飘移率最大值所在的取样高度增加。例如，当风速为 3.5 m/s，采用离心雾化喷头转速为 12000 r/min 时，最大的飘移率值在取样高度为 0.55 m 处，即雾滴团主

要从高度为 0.55 m 处穿过，雾滴的飘移距离会更远。与 LU 系列喷头相比，IDK 系列喷头具有明显的抗飘移作用，且在各个高度上的飘移率都显著低于 LU 系列喷头。

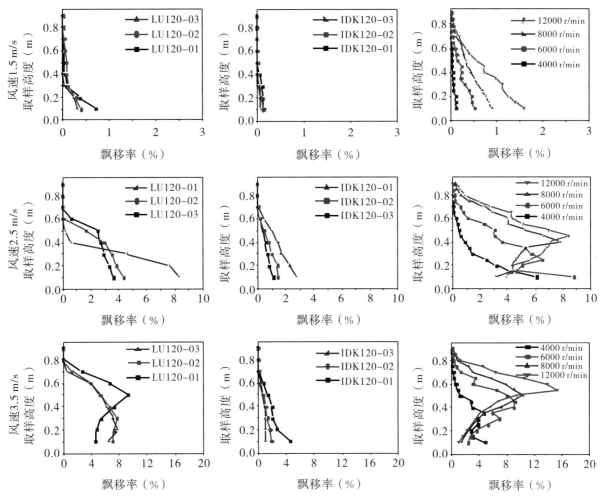

图 6-1-4　不同喷头、不同风速下垂直面不同高度飘移率分布情况

（3）不同类型喷头在水平面不同位置的飘移率。

除采集距喷头 2 m 处垂直面内的飘移量外，试验还采集了距喷头不同水平位置的飘移率，试验结果如图 6-1-5 所示，飘移量随飘移位置的增加而降低。

为进一步分析飘移位置和飘移率之间的关系，试验在不同风速条件下对两因素进行了指数函数拟合：

$$Q_h = a + b \times c^{D_1} \tag{6.1.3}$$

式中，a、b、c 为常数；D_1 为飘移位置，m；Q_h 为飘移率，%。决定系数 $R^2 > 0.84$（风速为 2.5 m/s，离心雾化喷头 12000 r/min 拟合结果除外）。

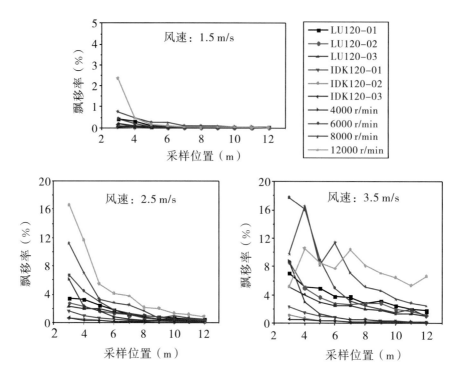

图 6-1-5 不同喷头及不同风速下雾滴在不同水平位置的飘移率

试验选取相同雾滴粒径的离心式喷头（转速为 4000 r/min、$Dv_{0.5}$ 为 277.3 μm 和转速为 120000 r/min、$Dv_{0.5}$ 为 111.6 μm）和液力式喷头（IDK120-01、$Dv_{0.5}$ 为 266.3 μm 和 LU120-01、$Dv_{0.5}$ 为 114.4 μm），对它们的水平飘移量进行分析，发现与垂直面试验结果类似，在水平面飘移各个位置处，相似雾滴粒径的离心式喷头的飘移量显著高于液力式喷头（图 6-1-6）。

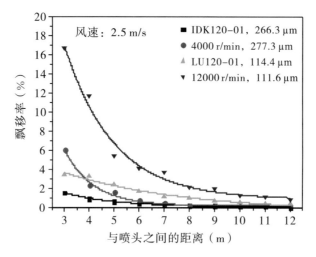

图 6-1-6 液力式喷头和离心式喷头不同水平位置飘移规律对比

（4）风洞喷雾飘移模型的建立。

通过以上试验分析，发现喷头类型（雾滴粒径）、风速、采样位置等都会对雾滴飘移率产生显著的影响，其中喷头类型（雾滴粒径）、风速对飘移率的影响呈线性关系，水平采样位置对雾滴飘移率的影响呈指数关系。

根据以上关系，对雾滴飘移率和液力式喷头雾滴粒径、采样位置及风速进行三元函数拟合：

$$Q_h=a+bc^{D_1}+dD_s+eW_s \tag{6.1.4}$$

式中，a、b、c、d、e 为常数；D_1 为水平飘移位置，m；D_s 为雾滴粒径，μm；W_s 为风速，m/s；Q_h 为飘移率，%。但是拟合结果不收敛，分析原因主要是指数函数关系中的 c 值不固定，导致无法使用指数函数关系拟合。

当拟合方程设定为对数函数时，按照以下的方程进行拟合：

$$Q_h=a-b\ln(D_1)-cD_s+dW_s \tag{6.1.5}$$

式中，D_1 为水平飘移位置，m；D_s 为雾滴粒径，μm；W_s 为风速，m/s；Q_h 为飘移率，%。拟合结果为 $Q_h=2.28-1.20\ln(D_1)-0.0057D_s+0.89W_s$，校正决定系数 Adj.$R^2$ 为 0.61（表 6-1-2）。

表 6-1-2　雾滴飘移率和雾滴粒径、采样位置及风速之间的非线性拟合

	参数	值	标准误差
飘移率	a	2.28	0.38
	b	−1.20	0.15
	c	$−5.7\times10^{-3}$	5.9×10^{-4}
	d	0.89	0.079

2. 不同类型喷雾助剂对雾滴飘移的影响

分析不同喷雾助剂对雾滴飘移的影响，结果如图 6-1-7、图 6-1-8 所示。飘移测定试验结果表明，喷雾助剂对于抗飘移具有显著作用，对于液力式喷头，添加喷雾助剂可以减少 24.10% ～ 66.40% 的飘移量，其中以改性植物油成分为主的明顺 1 号效果最好；当风速为 3.5 m/s 时，添加明顺 1 号的喷雾助剂与清水相比飘移率降低了 66.40%。尽管喷雾助剂对离心式喷头的雾滴粒径影响不大，但是通过分析喷雾助剂对飘移的影响结果可知，对于离心式喷头，添加喷雾助剂与清水相比可以减少飘移0.68% ～ 50.80%，其中以改性植物油成分为主的倍达通效果最好，抗飘移性能提高了 50.80%。关于喷雾助剂对于飘移的影响，还需要综合分析喷雾助剂对溶液的表面张力、抗蒸发性能及对溶液性质的影响。对喷雾助剂的研究表明，喷雾助剂的添加会显著降低溶液的表面张力，对喷雾溶液的雾滴粒径有一定的增加作用，但是在其他方面的影响还需要进一步研究分析。

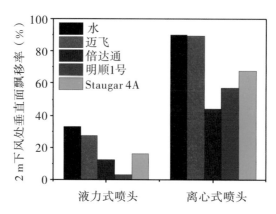

图 6-1-7　不同喷雾助剂对 2 m 下风处垂直面飘移率的影响（风速 3.5 m/s）

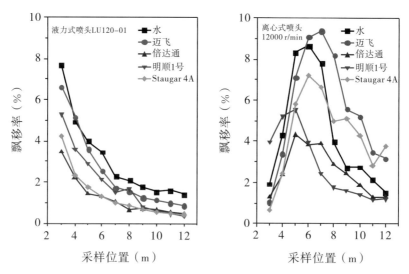

图 6-1-8　不同喷雾助剂对水平飘移率的影响（风速 3.5 m/s）

（三）小结

本节主要以风洞实验室为平台研究不同的喷头类型、风速及喷洒溶液对雾滴飘移的影响。雾滴在 2 m 处垂直面的累积飘移率结果表明，雾滴飘移率与风速和雾滴粒径之间存在线性关系。对于不同的喷头类型，IDK 系列喷头比 LU120-01、LU120-02 及 LU120-03 喷头具有明显的抗飘移性能，在相同流量情况下，LU 系列喷头 2 m 处雾滴垂直面累积飘移率是 IDK 系列喷头的2.4 ～ 8.4 倍。当雾滴粒径相近时，与液力式喷头相比，离心式喷头在相同风速条件下，雾滴飘移率更高，这主要是因为离心式喷头产生的雾滴具有水平速度而没有垂直向下的速度，更容易引起雾滴飘移。

分析雾滴在距喷头 2 m 下风处的立体分布可以发现，当雾滴粒径较大（液力式喷头），风速较低（1.5 m/s 和 2.5 m/s）时，雾滴飘移率随着取样高度的增加而降低，当风速较大且采用离心式喷头时，最大飘移高度会变高，当风速为 3.5 m/s，采用离心雾化喷头转速为 12000 r/min 时，最大的飘移率值在采样高度为 0.55 m 处，即雾滴团主要从高度为 0.55 m 处穿过，雾滴的飘移距离会更远。

分析不同距离水平采样线上的飘移量发现，距离喷头不同水平位置的雾滴飘移率随飘移距离的增加而降低，且飘移位置 D_1 和飘移率 Q_h 符合指数函数 $Q_h=a+b \times c^{D_1}$。对雾滴飘移率和液力式喷头雾滴粒径、采样位置及风速进行三元函数拟合，拟合结果为 $Q_h=2.28-1.20\ln（D_1）-0.0057D_s+0.89W_s$，校正决定系数 Adj.$R^2$ 为 0.61。

喷雾助剂对于抗飘移具有显著作用，对于液力式喷头，添加喷雾助剂可以减少飘移 24.1%～66.4%，其中以改性植物油成分为主的明顺 1 号效果最好；对于离心式喷头，添加喷雾助剂与清水相比可以减少飘移 0.68%～50.80%，其中以改性植物油成分为主的倍达通效果最好，抗飘移性能提高 50.80%。

第二节　雾滴粒径和环境风速对田间雾滴沉积飘移的影响

喷雾飘移是指在植保喷洒过程中雾滴受到环境因素的影响从靶标区域运动到非靶标区域。常用的飘移评价方法有风洞实验室评价法及田间评价法。美国环保署关于航空喷雾飘移的研究主要针对载人飞机，并且经过多年的研究开发了较为成熟的雾滴飘移预测模型软件 AGDISP。这个软件基于高斯色散原理及利用拉格朗日结合航空喷洒的尾迹效应原则建立，能够对固定翼或者直升机航空喷雾的全程进行模拟，包括雾滴沉降效果受风速、雾滴蒸发速度、空间气流等因素的影响等，并通过田间试验进行了验证，在随后的研究中，科学研究人员不断对软件进行了完善，如将不同喷雾剂型及施药参数对雾滴在叶片上的反弹、持留结果添加到 AGDISP 模型中。

植保无人机大多数采用超低容量喷洒，雾滴粒径处于非常细的范围，因此雾滴可能会更容易发生飘移。目前植保无人机的发展处于起步阶段，关于雾滴飘移的研究还相对较少，缺少系统的评价标准和评价方法，部分研究人员采用软件模拟的方式分析雾滴的旋流风场对雾滴飘移的影响，也有进行田间试验测定不同类型的植保无人机雾滴飘移分布情况。过去的研究主要针对无人直升机，关于多旋翼无人机雾滴飘移的研究较少，本节针对极飞 P20 多旋翼无人机，采用聚乙烯线和 Mylar 卡两种采样方式分别采集空中飘移、地面沉积与飘移的雾滴，分析不同的雾滴粒径及环境风速对雾滴飘移的影响。试验在新疆进行，主要是针对新疆高温干旱的施药环境，以期为类似环境下的植保无人机作业及飘移缓冲区的设置提供意见。

（一）材料与方法

1.试验设备

试验选用极飞 P20 电动四旋翼植保无人机（图 6-2-1），喷头为离心式喷头。试验时，设置喷液量为 800 mL/ 亩，飞行速度为 5 m/s。无人机采用 RTK 定位，自由航线模式，并进行仿地飞行，飞行高度为 4 m。

图 6-2-1　极飞 P20 电动四旋翼植保无人机

2.试验设计

（1）喷洒溶液。在飘移测试之前，每个处理在药箱中添加 5 g/L 的荧光示踪剂罗丹明 B。为保持与药液性质相近，溶液中还添加了 1‰ 聚氧乙烯辛基苯酚醚 –10（OP–10，$C_{34}H_{62}O_{11}$）水溶性表面活性剂。

（2）样本点布置。试验区位于新疆石河子市三分场二连棉花田附近的空地（图 6-2-2），试验区四周无遮挡。根据已知的文献，无人机的飘移距离要显著大于其有效作业喷幅，90% 的总飘移量在 9 ~ 40 m，因此单喷幅的飘移试验结果往往不能反映田间实际的飘移情况，故本次试验我们测定了 3 个喷幅的雾滴累积飘移情况。

沉积区和飘移区的地面沉积飘移和空中飘移数据分别通过 Mylar 卡及聚乙烯线来采集。Mylar 卡的布置方向与风向平行（图 6-2-2）。采样线 3 条，相互之间间隔 10 m。每一条采样线共有 9 个位于沉积区的 Mylar 卡和 7 个位于飘移区的 Mylar 卡。沉积区的 Mylar 卡采集沉积区的雾滴沉积情况，Mylar 卡之间的间隔为 1.5 m，各采样点根据其位置距离下风向有效喷幅边缘的位置定义为 –12 m、–10.5 m、–9 m、–7.5 m、–6 m、–4.5 m、–3 m、–1.5 m 和 0 m。飘移区的 Mylar 卡采集飘移区的雾滴沉积情况，分别距离下风向有效喷幅边缘 2 m、4 m、8 m、12 m、

20 m、30 m、50 m，根据其具体位置，分别将各采样点定义为 2 m、4 m、8 m、12 m、20 m、30 m、50 m。因此一共有 48 个 Mylar 卡用于采集地面沉积情况。为避免采样点受到旋翼气流地面效应的影响，Mylar 卡的采样高度设置为距离地面 1 m。因此，试验时无人机距离 Mylar 卡的高度为 3 m，这与实际作业的高度基本吻合。

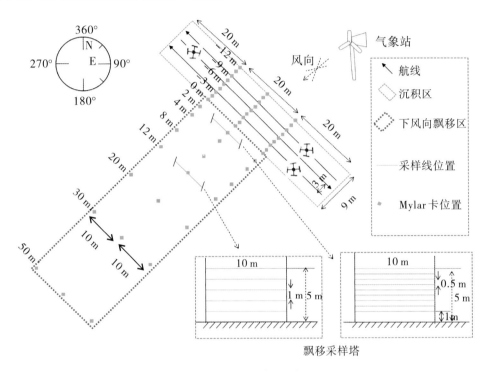

图 6-2-2　飘移试验田布置

除 Mylar 卡测定地面沉积外，在距离采样区下风向 2 m 及 12 m 处，有 2 个间隔 10 m 的飘移采样塔，飘移采样塔上布置了多根聚乙烯线以采集空中的飘移量。由于离心式喷头喷出的雾滴初速度水平，且位于 2 m 处的飘移采样塔距离采样边界较近，因此，为避免雾滴从采样间隔中飘移，采样间隔的设置较为密集，2 根采样线之间的间距为 0.5 m，采样高度距离地面 1～5 m。位于 12 m 处的采样塔距离采样边界较远，采样线之间的间隔为 1 m，采样高度同样距离地面 1～5 m。

Mylar 卡主要用于采集高度较低的靶标的污染，如池塘的飘移污染。聚乙烯线主要用于采集不同高度的污染，用以评估吸入风险及高秆作物的药害风险等。

（3）气象监测。由于环境温湿度及风速对于雾滴飘移具有重要的影响，试验采用 Kestrel Link 气象站每隔 2 s 记录气象情况，同时记录各处理作业时间段。试验共设置 3 种雾滴粒径（100 μm、150 μm 和 200 μm），并分析环境风速对植保无人机雾滴飘移的影响。试验时间为 2018 年 9 月 18 日至 10 月 2 日，共采集 45 组不同风速下的试验数据（本节只分析了 15 组数据）。

试验时应当保证风向与作业方向夹角在 90°±30°。由于试验时间较长，不同时间（天）风向不同，因此试验设置了 2 个不同方向的采样：采样带方向（西北风）为 345°，风向在

$15° \sim 315°$，航线方向为 $255°$；采样带方向（东北风）为 $45°$，风向在 $15° \sim 75°$，航线方向为 $135°$。

3. 样品处理及数据分析

样品处理与室内风洞试验一致。对每个样品点的样品编号，收集到自封袋中，采样线收集过程中切勿被污染。取样完成后冷藏保存，使用乙醇洗脱，并使用荧光分光光度计测定沉积飘移量情况。

沉积区沉积率的测定：

$$D_e（\%）= \frac{M/a_s}{N/a_d} \times 100 \qquad （6.2.1）$$

式中，D_e 为沉积率，%；M 为 Mylar 卡上的沉积量，μg；a_s 为 Mylar 卡面积，cm^2；N 为沉积区的罗丹明 B 喷洒量，μg；a_d 为沉积区面积，cm^2。

垂直取样面的飘移率可以通过以下公式计算：

$$Q（\%）= \left[\left(\sum_{i=1}^{n} A_i \right) \times \frac{s}{d} \right] / N \times 100 \qquad （6.2.2）$$

式中，Q 为飘移率，%；A_i 为某根取样线上测得的沉积量，μg；n 为取样线数；s 为取样间隔，cm；d 为取样线直径，cm；N 为示踪剂喷出量，μg。

水平取样面的飘移率（%）与沉积区的沉积率计算公式相同。

$$D_r（\%）= \frac{M/a_s}{N/a_d} \times 100 \qquad （6.2.3）$$

式中，D_r 为飘移率，%；M 为 Mylar 卡测得的沉积量，μg；a_s 为 Mylar 卡面积，cm^2；N 为沉积区的罗丹明 B 喷洒量，μg；a_d 为沉积区面积，cm^2。

根据 ISO 22866 标准，首先测得喷雾沿采样距离的衰减曲线 $f（x）=a+b\ln（x-c）$ 飘移，根据飘移曲线计算累积飘移率 D_t，飘移百分比 $D\%$，飘移区水平取样点累积飘移率 D_t：

$$D_t（\%）= \int_0^{50} f（x） dx \qquad （6.2.4）$$

$$D\% = \int_0^i f（x_i） dx / D_t \qquad （6.2.5）$$

90% 飘移位置定义为 $D\%$ 达到 90% 时的距离。

示踪剂回收率 R（%）：

$$R（\%）=（D_e+D_t）\times 100 \qquad （6.2.6）$$

飘移比率 D_o（%）：

$$D_o（\%）=D_r/R \times 100 \qquad （6.2.7）$$

（二）试验结果与分析

1.气象条件分析

试验从 45 组田间采集数据中筛选了 15 组数据，这 15 组数据包含 3 种不同的雾滴粒径 $Dv_{0.5}$ 以及相对一致的环境温度、湿度和变化的环境风速，表 6-2-1 反映了试验的环境参数情况。除了处理 8 温度较低（18.3 ℃）、湿度较高（41.6%）及处理 7 湿度较低（15.2%），其他处理的温度和湿度均较为稳定一致，温度在 20.7 ～ 28.5 ℃，湿度在 25.1% ～ 33.8%。试验环境属于典型的高温干燥环境，非常容易发生雾滴蒸发与飘移。试验的风速在 0 ～ 3.81 m/s。对于每个雾滴粒径 $Dv_{0.5}$ 都有 5 个不同风速的试验处理。风向与采样线的夹角的绝对值在 1.7 ～ 28.6°，满足 ASABE561.1（ASAE Standards，2005b）小于 30° 的要求。

表 6-2-1　试验环境参数

处理	$Dv_{0.5}$（μm）	环境温度（℃）	环境湿度（%）	风速（m/s）	风向（°）	风向与采样方向夹角（°）（绝对值）	试验处理日期
T1		28.5±0.03	29.7±0.12	0.00±0.00	—	—	10 月 2 日
T2		23.5±0.02	25.1±0.06	1.16±0.06	21.9±0.06	23.1	9 月 20 日
T3	100	20.7±0.07	31.2±0.14	2.30±0.14	54.9±0.90	9.9	9 月 20 日
T4		25.8±0.05	30.8±0.09	3.31±0.10	343.3±1.51	1.7	9 月 29 日
T5		24.7±0.05	28.4±0.07	3.52±0.08	323.5±1.24	19.9	9 月 29 日
T6		27.1±0.10	23.9±0.05	0.36±0.10	316.4±0.33	28.6	9 月 27 日
T7		25.8±0.01	15.2±0.04	1.30±0.05	319.1±0.17	25.9	9 月 21 日
T8	150	18.3±0.02	41.6±0.05	2.00±0.14	360.8±2.40	15.8	9 月 22 日
T9		27.7±0.03	28.3±0.05	3.40±0.14	37.8±2.10	7.2	9 月 30 日
T10		24.1±0.12	33.8±0.31	3.81±0.11	54.1±1.11	9.1	9 月 26 日
T11		26.4±0.25	31.2±0.14	0.19±0.06	356.1±0.18	11.1	9 月 28 日
T12		24.5±0.11	30.9±0.17	0.61±0.03	331.0±1.40	14.0	9 月 28 日
T13	200	27.9±0.07	25.5±0.03	2.35±0.07	330.7±1.89	14.3	10 月 2 日
T14		27.1±0.05	27.5±0.06	3.10±0.15	350.7±1.33	5.7	9 月 29 日
T15		26.4±0.04	29.4±0.06	3.62±0.13	48.3±1.04	3.3	9 月 26 日

注：温湿度每隔 2 s 记录一次，温湿度测定高度为 2 m。

2.地面沉积情况分析

（1）有效喷幅内的雾滴沉积情况。不同处理的沉积、飘移情况及质量平衡见表 6-2-2，有效喷幅内以及下风向不同位置的地面沉积结果如图 6-2-3 所示。总体而言，不同处理在各个采样位置的变化规律一致。有效喷幅内的雾滴沉积量在 0 ~ 0.69 $\mu g/cm^2$。受到环境风向的影响，所有处理都是在 -10 m 的位置具有沉积最低值。有效喷幅内的雾滴沉积均匀性为 37.4% ~ 77.7%。除 T8 和 T9 在 2 m 和 4 m 处略有增加外，飘移量随着距离下风向喷幅距离的增加不断降低。在下风向 12 m 的位置处，沉积量范围值在 0 ~ 0.021 $\mu g/cm^2$（低于设备检测限喷液量的 3.4%）。尽管在 12 m 位置的飘移量已经很低，但是飘移量仍然存在。除 T5 在 50 m 的沉积量为 0.0046 $\mu g/cm^2$（喷液量的 0.77%）外，所有处理在 50 m 位置的沉积量都低于检测限。值得注意的是即使在无风条件下，雾滴仍有部分飘移到沉积区以外（T1），这主要是受到旋翼风场的影响和雾滴布朗运动的影响产生的飘移。

表 6-2-2　不同处理的沉积、飘移情况及质量平衡

处理	雾滴粒径（μm）	风速（m/s）	沉积飘移情况及质量平衡体系（喷液量的比例，%）				90% 飘移位置（m）
			喷幅内沉积率	下风向飘移率	回收率	飘移比率	
T1		0.00±0.00	36.9±4.7	4.4±1.3	41.3	10.6	3.6
T2		1.16±0.06	38.0±6.5	12.4±3.1	50.4	24.5	13.2
T3	100	2.30±0.14	31.7±4.6	13.2±2.8	44.9	29.4	22.5
T4		3.31±0.10	27.1±3.7	19.7±7.1	46.9	42.1	19.6
T5		3.52±0.08	30.7±4.8	27.9±9.3	58.6	47.6	23.9
T6		0.36±0.10	53.7±9.8	3.5±0.7	57.2	6.1	7.0
T7		1.30±0.05	55.3±7.7	16.3±5.7	71.7	22.8	12.0
T8	150	2.00±0.14	50.0±9.0	25.0±6.1	75.0	33.3	15.8
T9		3.40±0.14	27.2±5.5	26.4±4.6	53.6	49.2	16.5
T10		3.81±0.11	23.0±4.4	26.0±7.3	49.0	53.0	14.3
T11		0.19±0.06	36.5±3.4	3.8±1.0	40.3	9.4	4.3
T12		0.61±0.03	41.5±5.2	5.9±1.4	47.4	12.5	5.7
T13	200	2.35±0.07	52.3±7.9	16.3±5.3	68.6	23.8	15.0
T14		3.10±0.15	39.5±4.6	21.8±6.3	61.3	35.5	19.1
T15		3.62±0.13	32.9±4.7	19.3±5.4	52.2	36.9	16.3

注：表中的数据是通过计算洗脱回收率后转化的数据。Mylar 卡的洗脱回收率为 73.5%；聚乙烯线的洗脱回收率为 62.4%。沉积区及飘移区的结果来源于 3 次重复。

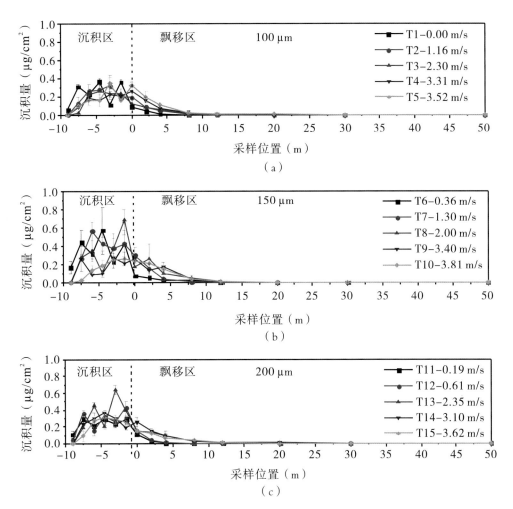

图 6-2-3 不同粒径的雾滴在沉积区以及飘移区的分布情况

通过计算沉积区以及飘移区的量，得到示踪剂的回收率在 40.3% ～ 75.0%（表 6-2-2）。受到采样时间及光照强度的影响，推断出采样回收率不同主要受到以下三个因素的影响：一是不同强度的紫外光照降解；二是雾滴的蒸发量不同也导致了不同量的回收率；三是有一定量的雾滴飘移到了无人机机体上，这部分飘移量可能是导致回收率较低的最主要原因。

通过计算飘移率及回收率来获取飘移比率，试验发现，飘移比率随着风速的增加而增加，在相似的风速条件下，增加雾滴粒径有利于减少雾滴飘移。在试验测试条件下，90% 的累积飘移量位于 25 m 范围内，随着风速的增加以及雾滴粒径的降低，90% 的累积飘移量随之降低。

（2）下风向飘移曲线。通过以上分析可知，风速和雾滴粒径对不同位置的飘移量具有显著的影响。对 15 组数据不同位置的沉积量与采样位置、雾滴粒径、风速进行非线性拟合，拟合结果如下：

$$D_p = \exp\left(-D_t/4.4\right) \times \left(0.042W_s - 7.2 \times 10^4 D_s + 0.20\right) \tag{6.2.8}$$

式中，D_p 为雾滴飘移量，$\mu g/cm^2$；D_t 为距离下风向有效喷幅边缘的距离，m；D_s 为雾滴粒径，μm；W_s 为风速，m/s。

表 6-2-3 为描述性统计量及方差分析表，其中决定系数 R^2=0.83，表明拟合效果较好。从拟合结果来看，下风向飘移量与环境风速具有正相关线性函数关系，与雾滴粒径具有负相关线性函数关系，这个结果与飘移比率以及 90% 飘移位置的结论基本吻合。值得注意的是，此飘移曲线只适用于试验无人机以及温湿度条件类似的环境（例如新疆地区）。

表 6-2-3　描述性统计量及方差分析表

变异来源	自由度	平方和	平均值	F 值	Prob ＞ F	自变量	系数	标准误
回归项	4	0.87	0.22	227.1	0	D_t	4.4	0.38
残差项	116	0.11	9.6×10^{-4}	—	—	W_s	4.3×10^{-2}	4.9×10^{-4}
未修正的总误差平方和	120	0.99	—	—	—	D_s	-7.2×10^{-4}	1.6×10^{-4}
修正的总误差平方和	119	0.68	—	—	—	常数	0.20	2.7×10^{-2}

对比测定值与预测值结果，如图 6-2-4 所示，不同采样位置的结果对比如图 6-2-4（a）所示，不同处理的试验结果对比如图 6-2-4（b）所示。根据试验结果得到拟合结果的 R^2=0.83，这表明测定结果和拟合结果具有较好的拟合性。单独分析不同采样位置对拟合结果的影响发现，当距离下风向边缘较近时（0 m 和 2 m），预测值要比实测结果大，这可能是由于在距离采样点较近的位置，雾滴的飘移受到了旋翼风的影响，旋翼风要比实际田间风造成更大的飘移量预测误差。单独分析不同处理时，飘移结果对 150 μm 的处理有略微的过高估计。

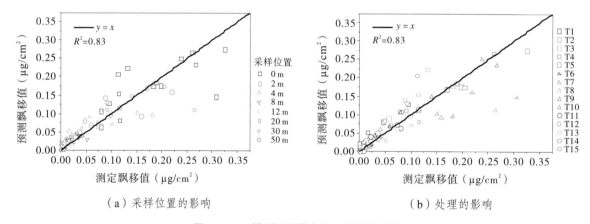

（a）采样位置的影响　　　　（b）处理的影响

图 6-2-4　模型飘移量与实际测定飘移量

3. 空中飘移情况

两个垂直采样塔在不同雾滴粒径以及不同风速条件下的累积飘移量结果见表 6-2-4。与水平采样的飘移量结果类似，尽管部分数据有波动，但是垂直采样塔上的累积飘移量基本随风速的增大而增加，随雾滴粒径的增大而降低。

当雾滴粒径为 100 μm，风速为 0 ～ 3.52 m/s 时，雾滴通过 2 m 飘移塔的累积飘移率在

14.8% ～ 37.5%，通过 12 m 飘移塔的累积飘移率为 0.6% ～ 17.7%；当雾滴粒径为 150 μm，风速为 1.30 ～ 3.81 m/s 时，雾滴通过 2 m 飘移采样塔的累积飘移率为 13.8% ～ 29.2%，通过 12 m 飘移采样塔的累积飘移率为 5.3% ～ 11.9%；当雾滴粒径为 200 μm，风速为 0.61 ～ 3.62 m/s 时，雾滴通过 2 m 飘移采样塔的累积飘移率为 8.3% ～ 25.8%，通过 12 m 飘移采样塔的累积飘移率在 1.8% ～ 7.1%。

表 6-2-4　飘移采样塔空中飘移采集量

处理	雾滴粒径（μm）	环境风速（m/s）	2 m 飘移采样塔累积飘移率（%）	12 m 飘移采样塔累积飘移率（%）
T1		0.00±0.00	14.8	0.6
T2		1.16±0.06	16.8	9.5
T3	100	2.30±0.14	21.8	11.1
T4		3.31±0.10	37.5	13.2
T5		3.52±0.08	35.3	17.7
T6		0.36±0.10	—	—
T7		1.30±0.05	13.8	5.3
T8	150	2.00±0.14	17.0	8.3
T9		3.40±0.14	27.7	9.2
T10		3.81±0.11	29.2	11.9
T11		0.19±0.06	—	—
T12		0.61±0.03	10.5	1.8
T13	200	2.35±0.07	8.3	3.8
T14		3.10±0.15	20.1	6.3
T15		3.62±0.13	25.8	7.1

不同采样高度雾滴的飘移量结果如图 6-2-5 所示。飘移雾滴在飘移采样塔上的分布随着采样点高度的增加而降低，试验时设置的飞行高度为 4 m，雾滴主要从 4 m 以下飘移，由卷扬引起的上部飘移较少。与 2 m 飘移采样塔处的飘移量随高度变化结果相比，12 m 飘移采样塔处飘移量随高度的变化斜率较小。

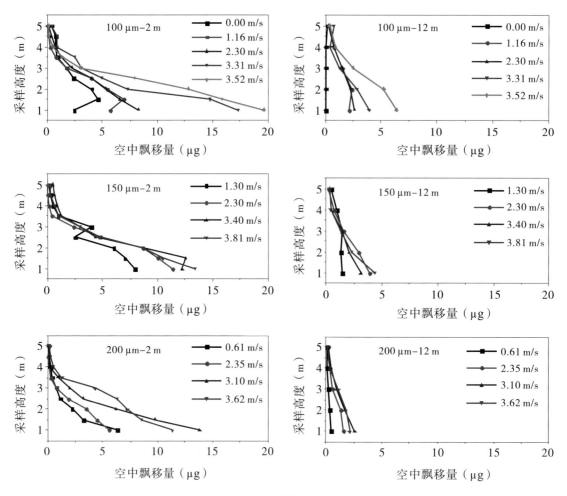

图 6-2-5　不同采样高度的飘移量结果

（三）小结

本节使用极飞 P20 电动四旋翼植保无人机，采用聚乙烯线和 Mylar 卡两种采样方式分析高温干燥环境下不同的雾滴粒径（100 μm、150 μm、200 μm）以及不同的环境风速（0.00 ~ 3.81 m/s）对空中雾滴飘移以及地面雾滴沉积与飘移的影响。试验结果表明，雾滴在下风向 12 m 位置处，飘移量在 0.000 ~ 0.021 μg/cm² （低于设备检测限喷液量的 3.4%），尽管飘移量很低，但是仍存在一定的飘移。雾滴飘移量与环境风速、雾滴粒径以及飘移位置之间符合 $D_p = \exp(-D_t/4.4) \times (0.042W_s - 7.2 \times 10^{-4}D_s + 0.20)$ 函数关系，表明拟合效果较好。从拟合函数结果来看，雾滴粒径与飘移率之间呈负线性函数关系，环境风速与飘移率之间呈正线性函数关系，这一结论与室内试验结果基本吻合。另外，从立体飘移采样塔获取的数据表明，雾滴在空中的飘移量随着采样点高度的增加而降低，试验时设置的飞行高度为 4 m，雾滴主要从 4 m 以下飘移，由卷扬引起的上部飘移较少。

第三节　麦田"一喷三防"时期环境风速对雾滴沉积飘移的影响

一、荧光示踪剂吸收曲线及洗脱回收率测定

在植保无人机喷施雾滴沉积与飘移试验中，常使用荧光示踪剂代替农药进行试验，并通过荧光分光光度计分析测定荧光物质在靶标上的荧光值，该方法是一种经济、安全、有效的方法。Xue等使用罗丹明B与水混合成浓度为5 g/L的溶液作为喷施液用于植保无人机喷施雾滴沉积与飘移试验。王潇楠利用风洞试验，在喷施液中加入可溶性荧光示踪剂水溶液Pyranine 120%，用于测试聚乙烯丝上的沉积量。荧光示踪剂作为喷雾试验的常用试剂，其回收率对试验结果至关重要。袁雪使用罗丹明WT和荧光素钠作为荧光示踪剂，在不同环境条件下测试了荧光示踪剂回收率的变化情况，结果表明，荧光示踪剂在阴天的回收率较高。秦维彩进行了罗丹明B在光照下的稳定性以及沉积载体洗脱和回收率测试，结果表明罗丹明B的回收率为93.5%～98.2%，可用作荧光示踪剂。

本研究使用罗丹明B作为荧光示踪剂，分析罗丹明B的吸收曲线以及在沉积载体Mylar卡和聚乙烯丝上的回收率。

（一）材料与方法

1. 试验材料

在室内进行荧光示踪剂吸收曲线及洗脱回收率测定试验，所需试验材料见表6-3-1、表6-3-2和表6-3-3。

表6-3-1　沉积载体的设置

试验材料	规格（mm）
Mylar卡	80×50
聚乙烯丝	直径0.8，长2000

表6-3-2　试验所用仪器

材料名称	型号	生产厂家
精密分析天平	ME204	瑞士梅特勒－托利多国际有限公司
电热鼓风干燥箱	DHG-9070A	余姚市星辰仪表厂
手动移液枪	1 mL、5 mL、10 mL	德国艾本德股份有限公司
荧光分光光度计	RF6000	日本岛津制作所

表 6-3-3　试验所用试剂

试剂名称	生产厂家
罗丹明 B	萨恩化学技术（上海）有限公司
酒精	山东万护洁医疗用品有限公司
去离子水	—

2. 试验方法设计

（1）荧光示踪剂吸收曲线的测定方法。准确称取一定质量的罗丹明 B 放入 100 mL 容量瓶中，用去离子水定容，分别配制浓度为 0.001 mg/L、0.002 mg/L、0.005 mg/L、0.02 mg/L、0.05 mg/L、0.1 mg/L、0.2 mg/L、0.5 mg/L、1 mg/L、2 mg/L、5 mg/L、10 mg/L 的罗丹明 B 溶液（图 6-3-1）。使用荧光分光光度计岛津 RF6000 测定罗丹明 B 的激发光波长和发射光波长，设置合适的参数。首先测定去离子水的荧光值，然后依次测量低浓度到高浓度的溶液，重复测量 3 次。表 6-3-4 为岛津 RF6000 参数设置。

图 6-3-1　罗丹明 B 母液的配制

表 6-3-4　岛津 RF6000 参数设置

主要性能	规格 / 数值
激发光带宽（nm）	3
灵敏度	高
测定方法	点
定量法	固定波长
激发光波长（nm）	553
发射光带宽（nm）	3
积分时间（ms）	10
吸收曲线法	多点检测法
单位	mg/L
发射光波长（nm）	576

（2）Mylar 卡和聚乙烯丝洗脱回收率的测定方法。试验在室内实验室进行，每个试验重复进行 3 次。试验步骤如下。

①配制母液。以去离子水为溶剂，首先配制一定浓度的罗丹明 B 母液，浓度为 0.01 g/L 和 0.1 g/L。

②确定沉积载体沉积量。在采样载体上根据载体面积直接滴加一定量的罗丹明 B 母液，确定载体 Mylar 卡上配制的罗丹明 B 溶液的浓度分别为 0.2 mg/L 和 2 mg/L，聚乙烯丝载体上配制的罗丹明 B 溶液的浓度分别为 0.5 mg/L 和 5 mg/L。

③确定洗脱液量。在室内常温环境下，待 Mylar 卡溶液风干后，对沉积溶液进行洗脱；对聚乙烯丝直接洗脱，并按照标准方法对洗脱液进行荧光值测定。

④计算洗脱回收率。Mylar 卡和聚乙烯丝的荧光示踪剂回收率计算公式为

$$R=\frac{C_w}{C_g}\times 100\% \qquad (6.3.1)$$

式中，C_w 为洗脱溶液质量浓度，$\mu g/L$；C_g 为回收溶液的参考浓度，$\mu g/L$。

洗脱溶液质量浓度为 Mylar 卡和聚乙烯丝洗脱后的溶液浓度，使用荧光分光光度计测得荧光值，再通过吸收曲线换算质量浓度。

（二）结果与分析

1. 荧光示踪剂吸收曲线

使用荧光分光光度计岛津 RF6000 测得的罗丹明 B 荧光值的极限检测范围为 0 ～ 10000，测得的罗丹明 B 浓度检测范围为 0.002 ～ 5 mg/L。试验结果表明浓度为 0.002 ～ 5 mg/L，测得的罗丹明 B 的吸收曲线为 $y=1626.5x-31.196$，单位为 mg/L。在该范围内，罗丹明 B 的浓度与相应值线性关系良好，相关系数 $R^2=0.9996$。如图 6-3-2 所示。

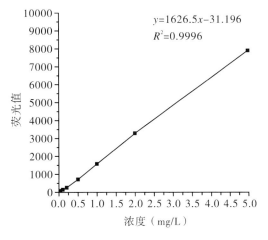

图 6-3-2　吸收曲线

2. 沉积载体 Mylar 卡

表 6-3-5 为罗丹明 B 溶液在沉积载体 Mylar 卡上的洗脱回收率。由表 6-3-5 可知，两种浓度的溶液在 Mylar 卡上的平均回收率分别为 85.25% 和 79.25%，变异系数分别为 3.30% 和 3.86%，说明 Mylar 卡可作为荧光示踪剂罗丹明 B 的沉积载体。

表 6-3-5　Mylar 卡洗脱回收率

序号	浓度（mg/L）	平均荧光值	检测浓度（mg/L）	回收率（%）	平均回收率（%）	变异系数（%）
1	2.0	2590	1.612	81		
2	2.0	2745	1.707	85		
3	2.0	2857	1.770	89	85.25	3.30
4	2.0	2758	1.715	86		
5	0.2	211	0.149	74		
6	0.2	227	0.159	79		
7	0.2	240	0.167	83	79.25	3.86
8	0.2	233	0.163	81		

3. 沉积载体聚乙烯丝

表 6-3-6 为罗丹明 B 溶液在沉积载体聚乙烯丝上的洗脱回收率。由表 6-3-6 可知，两种浓度的溶液在聚乙烯丝上的平均回收率分别为 60.24% 和 52.58%，变异系数分别为 6.86% 和 6.77%。说明聚乙烯丝可用作荧光示踪剂罗丹明 B 的沉积载体。

表 6-3-6　聚乙烯丝洗脱回收率

序号	浓度（mg/L）	平均荧光值	检测浓度（μg/L）	回收率（%）	平均回收率（%）	变异系数（%）
1	5.0	537	3.18	63.67		
2	5.0	401	2.99	59.72		
3	5.0	419	2.28	45.61	60.24	6.86
4	5.0	450	2.27	45.33		
5	5.0	486	2.43	48.60		
6	0.5	5149	0.35	70.09		
7	0.5	4835	0.26	52.88		
8	0.5	3683	0.28	55.52	52.58	6.77
9	0.5	3677	0.29	58.89		
10	0.5	3923	0.32	63.83		

（三）小结

本研究测定罗丹明 B 的吸收曲线、沉积载体 Mylar 卡和聚乙烯丝的洗脱回收率，试验结果如下。

（1）使用荧光分光光度计岛津 RF6000 测得的罗丹明 B 的浓度为 0.002 ～ 5 mg/L，吸收曲线为 $y=1626.5x-31.196$，相关系数 $R^2=0.9996$，单位为 mg/L。

（2）荧光示踪剂罗丹明 B 在沉积载体 Mylar 卡上的平均回收率为 79.25% ～ 85.25%，变异系数为 3.30% ～ 3.86%，结果表明 Mylar 卡可用作罗丹明 B 的沉积载体。

（3）荧光示踪剂罗丹明 B 在沉积载体聚乙烯丝上的平均回收率为 52.58% ～ 60.24%，变异系数为 6.77% ～ 6.86%，结果表明聚乙烯丝可用作罗丹明 B 的沉积载体。

二、麦田"一喷三防"时期环境风速对雾滴沉积的影响

目前，国内关于植保无人机喷施应用研究的主要方向为航空喷施作业参数对雾滴沉积分布特性的影响。事实上，影响航空喷施雾滴沉积分布特性的主要因素是环境风速，因此航空喷施雾滴的沉积规律需要考虑环境风速的影响。廖娟研究了 R-GSF06 四旋翼植保无人机在不同风速下作业时的雾滴分布均匀性，研究结果表明，风速越大，沉积区雾滴分布均匀性越差。陈盛德研究了 M234-AT 四旋翼无人直升机在不同风速下沉积区雾滴的沉积情况，结果表明，当风速较大时，会造成植保无人机旋翼下方出现紊流，从而降低雾滴分布均匀性。因此，环境风速对沉积区雾滴分布均匀性具有一定的影响。

针对四旋翼植保无人机，采用 Kromekote 卡和 Mylar 卡作为收集载体，分析麦田"一喷三防"时期（环境温度为 18.8 ～ 27.5 ℃），不同环境风速（0.1 ～ 4.0 m/s）下雾滴在沉积区的覆盖度、雾滴密度和沉积量的分布情况，为优化植保无人机喷施作业提供理论指导和数据支持。

（一）材料与方法

1. 试验设备

本次喷雾试验使用的是极飞 P30 电动四旋翼植保无人机（以下简称极飞 P30 植保无人机），如图 6-3-3 所示，主要技术参数见表 6-3-7。试验时，设置喷液量为 12 L/hm²，飞行速度为 5 m/s，飞行高度为 3 m。无人机采用 RTK 实时差分定位，自由航线模式。

图 6-3-3　极飞 P30 植保无人机

表 6-3-7　极飞 P30 植保无人机主要性能指标

主要参数	规格与数值
外形尺寸（含桨）（mm×mm×mm）	1945×1945×440
最大载药量（kg）	15
有效喷幅（m）	3.5
单次飞行最大面积（hm²）	2
喷头类型	离心雾化
喷头数量（个）	4
雾化颗粒（μm）	85～140
定位方式	GNSS RTK

2. 试验材料

本次试验需要的材料、仪器和试剂见表 6-3-8 至表 6-3-10。

表 6-3-8　试验材料

试验材料	试验用途
测试三脚架	采样架
Kromekote 卡	收集载体
Mylar 卡	收集载体
双头夹	固定 Kromekote 卡和 Mylar 卡

表 6-3-9　试验所用仪器

材料名称	型号	生产厂家
精密分析天平	ME204	瑞士梅特勒 - 托利多国际有限公司
便捷式气象站	Kestrel 5500 Link	美国 Kestrel 有限公司
扫描仪	DS-1610	爱普生（中国）有限公司
高精度测亩仪	D7	上海一恒科学仪器有限公司
荧光分光光度计	RF6000	日本岛津制作所
电热鼓风干燥箱	DHG-9070A	余姚市星辰仪表厂

表 6-3-10　试验所用试剂

试剂名称	生产厂家
罗丹明 B	萨恩化学技术（上海）有限公司
1‰ OP-10	国药集团化学试剂有限公司
酒精	山东万护洁医疗用品有限公司
去离子水	自制

3. 试验方法

（1）试验地点。试验地点为山东理工大学生态无人农场基地，选择一块 400 m×400 m 左右的区域，场地开阔，试验区域 500 m 内无遮挡，试验田种植苜蓿，苜蓿高 30 cm 左右。

（2）喷洒溶液与雾滴采集卡。在飘移测试之前，每个处理在药箱中添加 5 g/L 的荧光示踪剂罗丹明 B。为保持与药液性质相近，溶液中还添加了 1‰ OP-10 水溶性表面活性剂。雾滴采集卡为 Kromekote 卡（80 mm×50 mm）和 Mylar 卡（80 mm×50 mm）。

（3）采样点布置。试验方法参考标准 MH/T 1050—2012《飞机喷雾飘移现场测量方法》进行，该测试区域分为沉积区和飘移区，因植保无人机实际作业过程中多为往返式作业，且飘移范围超过最近的喷幅，因此试验设置了多喷幅雾滴沉积测定。根据广州极飞科技股份有限公司提供的作业参数，极飞 P30 植保无人机在飞行高度为 2 m 时，有效喷幅为 3.5 m，因此试验采集了 3 个有效喷幅的雾滴沉积情况，即沉积区为 10.5 m。在每一条采样带的沉积区布置 7 张 Kromekote 卡和 Mylar 卡。沉积区的 Kromekote 卡用于分析沉积区的雾滴覆盖度和雾滴密度情况，Mylar 卡用于分析沉积区雾滴沉积量的分布情况。采集点之间的间隔为 1.75 m，各采样点根据其与下风向有效喷幅边缘的距离远近定义为 –10.5 m、–8.75 m、–7 m、–5.25 m、–3.5 m、–1.75 m 和 0 m。为避免采样点受到旋翼气流地面效应的影响，采样点的采样高度设置为距离地面 1 m。因此试验时，极飞 P30 植保无人机的飞行高度为 3 m，距离 Kromekote 卡和 Mylar 卡高度为 2 m，这与实际作业的高度基本吻合。如图 6-3-4 所示。

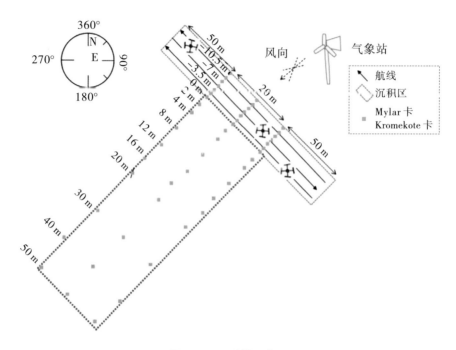

图 6-3-4　采样示意图

为避免植保无人机旋翼风的干扰，在上风向远离航线、离地 2 m 处布置 Kestrel 5500 Link 微型气象站（Model NK-5500），记录时间间隔为 2 s，实时记录试验过程中的温度、湿度、风速、风向等气象信息。如图 6-3-5 所示。

图 6-3-5　微型气象站

4. 样品处理及统计

（1）Kromekote 卡样品处理。试验结束后依次收集、编号 Kromekote 卡，并带回实验室进行数据处理。将收集到的 Kromekote 卡逐一扫描，扫描后的图像通过图像处理软件 DepositScan 进行分析，得到雾滴覆盖度和雾滴密度。

为了验证在不同风速条件下各采集点之间的雾滴分布均匀性，本文采用变异系数（CV）来表征，变异系数计算公式为

$$CV = \frac{S}{\bar{X}} \times 100\% \qquad (6.3.2)$$

$$S = \sqrt{\sum_{i=1}^{n}(X_i - \bar{X})^2 / (n-1)} \qquad (6.3.3)$$

式中，S 为同组试验采集样本标准差；X_i 为各采集点覆盖度，%；$\bar{X}$ 为各组试验采集卡的覆盖度平均值，%；n 为各组试验采集点个数。

（2）Mylar 卡样品处理。Mylar 卡样品处理流程和回收率分析根据 Fritz 等的处理流程进行处理。每架次测试完毕后，依次收集 Mylar 卡，分别装入自封袋中并进行编号。全部样品收集在含有冰块的保温箱中遮光冷藏保存，检测时取出。试验结束后，在装入 Mylar 卡的自封袋中加入去离子水缓慢震荡洗脱，再使用荧光分光光度计测试分析每个 Mylar 卡样品的荧光值。Mylar 卡沉积区沉积率的计算公式为

$$D_e = \frac{M/a_s}{N/a_d} \times 100 \qquad (6.3.4)$$

式中，D_e 为沉积率，%；M 为 Mylar 卡上的沉积量，μg；a_s 为 Mylar 卡面积，cm^2；N 为沉积区的罗丹明 B 喷洒量，μg；a_d 为沉积区面积，cm^2。

沉积率变异系数用于描述雾滴分布均匀性，其值越小表明沉积区雾滴分布均匀性越好，计算公式为

$$CV = \frac{S}{\bar{X}} \times 100\% \qquad (6.3.5)$$

$$S = \sqrt{\sum_{i=1}^{n}(X_i - \bar{X})^2 / (n-1)} \qquad (6.3.6)$$

公式（6.3.4）中，CV 为雾滴沉积率变异系数，%。公式（6.3.5）中，S 为沉积率标准差，%；$\bar{X}$ 为平均沉积率，%；n 为样本数目；X_i 为每个采集点的沉积率，%。

（二）结果与分析

1. 环境参数

如表 6-3-11 所示，根据风向，采样带布置方向为东北 55°，风速为 0.1 ~ 4.0 m/s，风向为 35° ~ 72°，风向虽有变化，但平均风向与飞机飞行方向的角度为 90° ± 30°，符合 MH/T 1050—

2012《飞机喷雾飘移现场测量方法》的雾滴飘移测试标准。

表6-3-11　各架次试验气象数据汇总

架次	风速（m/s）	温度（℃）	湿度（%）	风向（°）	风向偏差角（°）
1#	0.1	18.8	48.2	0	0
2#	2.4	23.7	43.0	35	21
3#	2.5	26.5	34.5	72	17
4#	3.1	27.5	40.0	70	15
5#	3.4	26.5	37.2	38	17
6#	4.0	25.7	39.2	43	12

2. 不同风速下的沉积区雾滴分布特性

表 6-3-12 为沉积区风速与雾滴覆盖度、雾滴密度分布结果方差分析表。由表 6-3-12 可知，风速对沉积区采集点上的雾滴覆盖度影响显著，而对雾滴密度的影响不显著。

表6-3-12　雾滴覆盖度和雾滴密度分布结果方差分析

因素	沉积区雾滴覆盖率		沉积区雾滴密度	
	P	显著性	P	显著性
风速	0.023	*	0.220	—

注：表中 P 表示因素对结果影响的显著性水平值，本研究取显著性水平值 $\alpha = 0.05$；"*"表示因素对试验结果有显著性影响；"—"表示因素对试验结果无显著性影响。

（1）雾滴覆盖度。图 6-3-6 为不同环境风速下沉积区雾滴覆盖度分布情况，表 6-3-13 为各架次试验沉积区平均雾滴覆盖度。由图 6-3-6 和表 6-3-13 可知，风速不同，沉积区的平均覆盖度和雾滴分布均匀性不同，当风速在 0.1 ～ 4.0 m/s 时，沉积区平均雾滴覆盖度在 1.5% ～ 2.5%，除架次 1# 外，随着风速的增大，沉积区雾滴分布均匀性越差。风速为 0.1 m/s 时，航线下方的雾滴覆盖度要高于两侧外置的雾滴覆盖度，各采集点之间的雾滴覆盖度变异系数为 80.2%，高于架次 2# 和 3# 的雾滴覆盖度变异系数，架次 1# 的雾滴平均覆盖度为 1.7%，低于架次 3# 的平均雾滴覆盖度，表明适当的风速有利于雾滴的沉积、提高雾滴分布均匀性。

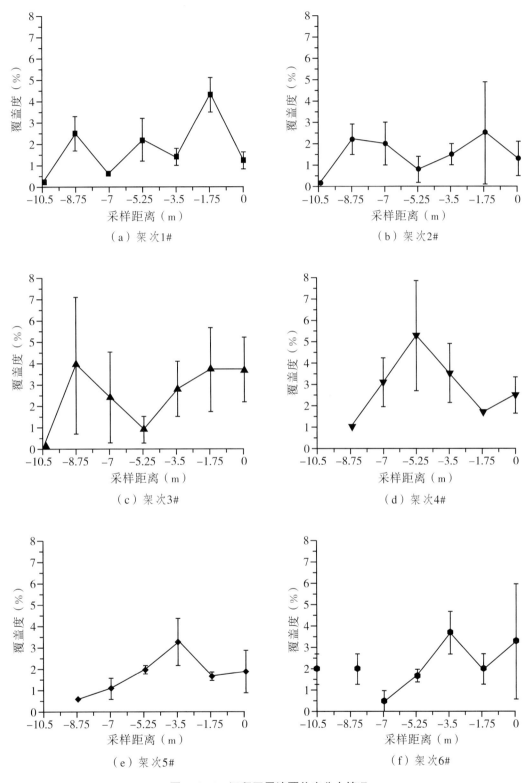

图 6-3-6　沉积区雾滴覆盖度分布情况

表 6-3-13　各架次试验沉积区平均雾滴覆盖度

架次	风速（m/s）	平均覆盖率（%）	变异系数（%）
1#	0.1	1.7	80.2
2#	2.4	1.5	57.6
3#	2.5	2.5	60.2
4#	3.1	2.5	70.4
5#	3.4	1.5	69.9
6#	4.0	1.7	94.6

（2）雾滴密度。图 6-3-7 为不同风速条件下沉积区雾滴密度的分布情况，表 6-3-14 为沉积区雾滴密度平均值和变异系数。由表 6-3-14 可知，风速为 0.1～4.0 m/s 时，平均雾滴密度为 9.2～15.9 个 /cm²。当风速为 0.1 m/s 时采集点上的平均雾滴密度为 10.6 个 /cm²，低于风速为 2.4～3.4 m/s 时的平均雾滴密度。其中，当风速为 2.5 m/s 和 3.1 m/s 时，沉积区平均雾滴密度较大，均大于 15 个 /cm²；当风速增大到 3.4 m/s、4.0 m/s 时，随着风速的增大，沉积区的平均雾滴密度降为 12.6 个 /cm²、9.2 个 /cm²。此结果与沉积区雾滴覆盖度的分布情况一致，表明风速为 2.5～3.1 m/s 时，沉积区雾滴数量最多。当风速大于或等于 3.1 m/s 时，沉积区雾滴沉积起始位置开始发生位移，会造成植保无人机在施药过程中无法全面覆盖作物；同时，风速越大，沉积区雾滴分布均匀性越差。

表 6-3-14　各架次试验沉积区平均雾滴密度

架次	风速（m/s）	平均雾滴密度（个 /cm²）	变异系数（%）
1#	0.1	10.6	58.8
2#	2.4	12.9	57.9
3#	2.5	15.9	56.1
4#	3.1	15.6	70.8
5#	3.4	12.6	80.9
6#	4.0	9.2	108.3

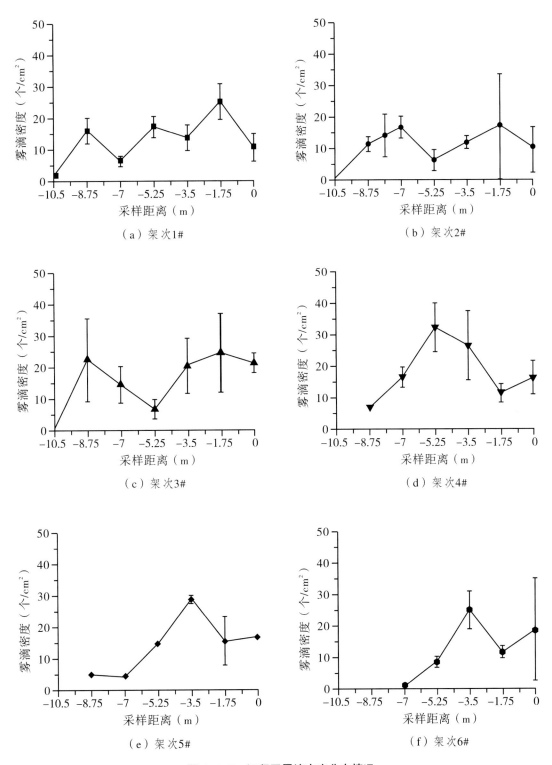

（a）架次1#

（b）架次2#

（c）架次3#

（d）架次4#

（e）架次5#

（f）架次6#

图 6-3-7 沉积区雾滴密度分布情况

3. 风速对沉积区内雾滴沉积量的影响

图 6-3-8 为不同风速下沉积区雾滴沉积量的分布情况，表 6-3-15 为不同风速下沉积区的平均沉积量和变异系数。由图 6-3-8 和表 6-3-15 可知，风速大于或等于 3.1 m/s 时，雾滴沉积起始位置发生位移，与沉积区雾滴覆盖度和雾滴密度的变化规律相同。

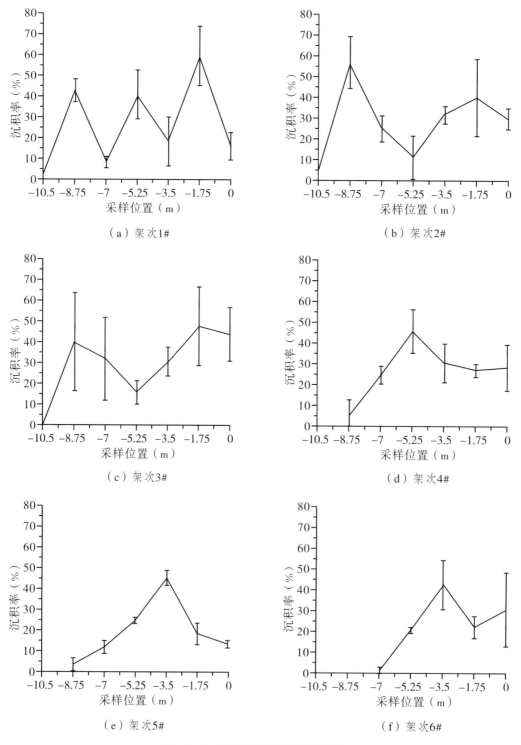

图 6-3-8　沉积区雾滴沉积量分布情况

由表 6-3-15 可知，风速为 0.1 ～ 4.0 m/s 时，沉积区的平均沉积量为 0.101 ～ 0.179 μL/cm²，平均沉积率为 16.90% ～ 29.91%。风速分别为 0.1 m/s、2.4 m/s 和 2.5 m/s 时，沉积区内的平均沉积量分别为 0.161 μL/cm²、0.169 μL/cm² 和 0.179 μL/cm²，架次 2# 和架次 3# 的沉积区平均沉积量明显高于架次 1#，这一现象说明，一定的风速有利于提高雾滴在靶标上的沉积量。当风速从 2.5 m/s 逐渐增大到 3.1 m/s、3.4 m/s、4.0 m/s 时，沉积区靶标上的平均沉积量和平均沉积率开始逐渐降低，这一现象说明，风速超过一定值后，沉积区的平均沉积量随风速的增大而降低。同时，除风速 0.1 m/s 外，风速越大，沉积区的雾滴分布越不均匀。

表 6-3-15 沉积区雾滴平均沉积量

架次	风速（m/s）	平均沉积率（%）	平均沉积量（μL/cm²）	变异系数（%）
1#	0.1	26.86	0.161	80.2
2#	2.4	28.11	0.169	60.9
3#	2.5	29.91	0.179	68.2
4#	3.1	23.27	0.140	77.1
5#	3.4	16.92	0.102	71.7
6#	4.0	16.90	0.101	94.6

（三）小结

本研究使用极飞 P30 植保无人机进行了麦田"一喷三防"时期（环境温度为 18.8 ～ 27.5 ℃）环境风速对雾滴沉积的影响研究，分析了在不同风速（0.1 ～ 4.0 m/s）条件下沉积区的雾滴覆盖度、雾滴密度和雾滴沉积量的分布情况。研究结论如下。

（1）风速为 2.4 ～ 3.1 m/s 时沉积区的雾滴覆盖度、雾滴密度和雾滴沉积量分别高于其他风速下沉积区的雾滴覆盖度、雾滴密度和雾滴沉积量。当风速大于或等于 2.5 m/s 时，沉积区的雾滴覆盖度、雾滴密度和雾滴沉积量将逐渐减少。表明当超过一定风速后，风速越大，沉积区的雾滴沉积量越少。

（2）风速为 3.1 m/s 时，雾滴位移了 1.75 m，风速增大到 4.0 m/s 时，雾滴位移了 3.5 m。表明随着风速的增大，沉积区雾滴的起始位置会产生位移，并且沉积区的雾滴分布均匀性越差。

（3）风速为 0.1 ～ 4.0 m/s 时，沉积区雾滴平均覆盖度为 1.5% ～ 2.5%，平均雾滴密度为 9.2 ～ 15.9 个 /cm²，平均沉积量为 0.101 ～ 0.179 μL/cm²，平均沉积率为 16.90% ～ 29.91%。

三、麦田"一喷三防"时期环境风速对雾滴飘移的影响

与传统施药方式相比，植保无人机大多采用超低容量喷雾，由于雾滴粒径较小，因此容易受到环境风速的影响，更容易产生飘移。雾滴飘移分为地面飘移和空中飘移。王潇楠使用3WQF80-10 植保无人机测试了小麦田间地面雾滴和空中雾滴飘移情况，试验结果表明，侧风风速与地面、空中的雾滴飘移率呈显著性相关。薛新宇研究了 Z-3 型植保无人机在水稻田间施药时的雾滴飘移情况，在侧风风速为 3 m/s，飞行高度为 5 m，飞行速度为 3 m/s 条件下进行试验，结果表明风速越大，雾滴飘移距离越远，且在该试验条件下，90% 雾滴累积飘移量在靶标区域下风向 8 m 内。

本研究使用极飞 P30 植保无人机，采用 Kromekote 卡、Mylar 卡和聚乙烯丝三种雾滴收集载体，分别采集地面飘移雾滴和空中飘移雾滴。通过飘移区各采样点的雾滴覆盖度、雾滴密度及飘移区飘移率来分析环境风速对雾滴飘移的影响，以期为类似环境下植保无人机作业以及飘移缓冲区的设置提供参考。

（一）材料与方法

1. 试验材料

本次试验所需要的材料见表 6-3-16。

表 6-3-16　试验材料

试验材料	试验用途
测试三脚架	采样架
Kromekote 卡	收集载体
Mylar 卡	收集载体
聚乙烯丝	收集载体
雾滴飘移测试框架	提供不同高度的空中采样
双头夹	固定 Kromekote 卡和 Mylar 卡

2. 试验方法

如图 6-3-9 所示，试验方法参考标准 MH/T 1050—2012《飞机喷雾飘移现场测量方法》进行，该测试区域分为沉积区和飘移区，因植保无人机实际作业过程中多为往返式作业，且飘移范围超出飘移区，根据一些参考资料的测试数据，植保无人机喷施雾滴飘移面积远大于喷雾目标区，并且测得总喷雾飘移量的 90% 在 9 ～ 12 m 范围内。单个喷幅的飘移结果并不能反映植保

无人机在田间的实际飘移结果，因此本试验测试了 3 个喷幅的飘移并计算了累积飘移。根据极飞 P30 植保无人机的最佳飞行参数，设置飞行高度为 2 m，此时有效喷幅为 3.5 m，沉积区宽度为 10.5 m，飘移测试区处于沉积区下风向，长宽为 50 m×20 m。

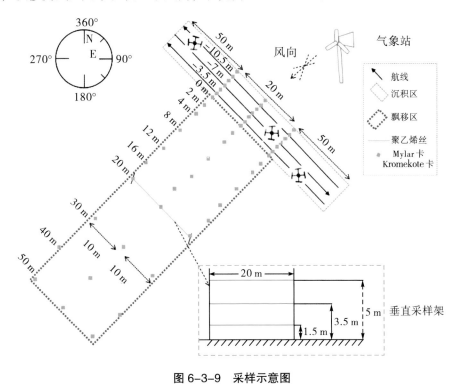

图 6-3-9　采样示意图

雾滴飘移测试时，使用 Mylar 卡收集地面飘移雾滴，用于评估低秆作物或池塘的飘移污染，使用聚乙烯丝收集空中飘移雾滴，用于评估吸入风险以及高秆作物的药害风险等，使用 Kromekote 卡测定飘移区雾滴分布信息。在足够大的区域设置 3 条间隔距离为 10 m 的采样线，布置方向与航线方向垂直。将 Mylar 卡和 Kromekote 卡通过双头夹固定在三脚架上，布置方向与风向平行，每一条采样线在沉积区内有 7 张 Mylar 卡和 Kromekote 卡，各采样点根据其位置距离下风向有效喷幅边缘的位置定义为 –10.5 m、–8.75 m、–7 m、–5.25 m、–3.5 m、–1.75 m 和 0 m。每一条采样线在飘移区内有 9 张 Mylar 卡和 Kromekote 卡。飘移区的 Mylar 卡用于采集飘移区的雾滴沉积量情况。飘移区的 Mylar 卡分别距离下风向有效喷幅边缘 2 m、4 m、8 m、12 m、16 m、20 m、30 m、40 m、50 m，根据其具体位置，分别将各采样点定义为 2 m、4 m、8 m、12 m、16 m、20 m、30 m、40 m、50 m。因此一共使用 48 个 Mylar 卡和 Kromekote 卡进行地面雾滴沉积与飘移测试。同时，为了避免采样点受到旋翼气流地面效应的影响，Mylar 卡和 Kromekote 卡的采样高度设置为距离地面 1 m。因此 Mylar 卡、Kromekote 卡与极飞 P30 植保无人机的垂直距离为 2 m，这与实际作业的高度基本吻合。

使用尼龙扎带将聚乙烯丝固定在距离下风向有效喷幅边缘 20 m 的雾滴飘移测试框架上，用于收集沉积区下风向 20 m 处的空中雾滴。聚乙烯丝距离地面的高度分别为 1.5 m、3.5 m 和 5 m。

每架次喷施试验完成后，戴一次性手套从有效喷幅边缘 50 m 处按照顺序依次收集 Mylar 卡，并逐一放入相对应的密封袋中。参考 Fritz 等的方法，使用充电式电钻夹持吸管收集聚乙烯丝，随着吸管的转动，聚乙烯丝在吸管上进行缠绕。测试试验结束后，为避免光解，应立即将 Mylar 卡和聚乙烯丝放入有冰盒的保温箱中，然后带回实验室进行样品处理。图 6-3-10 为 Mylar 卡和聚乙烯丝的布置与收集方法。

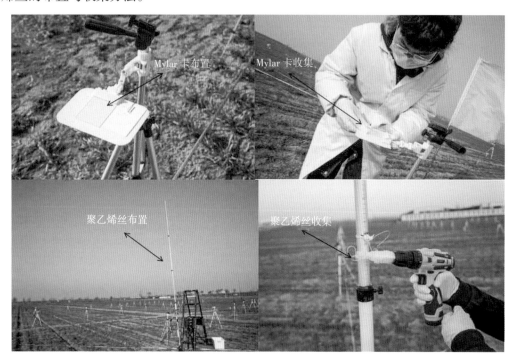

图 6-3-10　Mylar 卡、聚乙烯丝的布置与收集

3. 样品处理及数据分析

（1）飘移区 Kromekote 卡样品处理。试验结束后依次收集、编号 Kromekote 卡，并带回实验室进行数据处理。将收集到的 Kromekote 卡逐一用扫描仪（ENSOP DS-1610）扫描，将扫描后的图像通过图像处理软件 DepositScan 进行分析，得到雾滴覆盖度和雾滴密度。

（2）飘移区 Mylar 卡和聚乙烯丝样品处理。试验结束后，在装入 Mylar 卡和聚乙烯丝的自封袋中加入一定量的去离子水缓慢震荡洗脱。使用岛津 RF6000 荧光分光光度计测试每个样品的荧光值。

根据国际标准 ISO 22866 计算单位面积飘移量及飘移率。

$$\beta_{\text{dep}} = \frac{(\rho_{\text{smpl}} - \rho_{\text{blk}}) \times F_{\text{cal}} \times V_{\text{dil}}}{\rho_{\text{spray}} \times A_{\text{col}}} \quad (6.3.7)$$

$$\beta_{\text{dep}}\% = \frac{\beta_{\text{dep}} \times 10000}{\beta_{\text{v}}} \quad (6.3.8)$$

式中，β_{dep} 为喷雾飘移沉积量，$\mu L/cm^2$；ρ_{smpl} 为样品的荧光计读数；ρ_{blk} 为空白采样器的荧光计读数；F_{cal} 为荧光计读数和示踪剂浓度的关系系数（ug/L 荧光剂刻度单位）；V_{dil} 为加入稀释液的体积，L；ρ_{spray} 为喷雾液浓度，g/L；A_{col} 为雾滴收集器接收面积，cm^2；$\beta_{dep}\%$ 为用百分比表示的喷雾飘移量；β_v 为喷施量，L/hm^2。

雾滴飘移率可以通过以下公式计算

$$Q=\left[\left(\sum_{i=1}^{n}A_i\right)\times\frac{s}{d}\right]/N \qquad (6.3.9)$$

式中，Q 为飘移率，%；A_i 为某根取样线上测得的沉积量，μg；n 为取样线数；s 为取样间隔，cm；d 为取样线直径，cm；N 为示踪剂喷出量，μg。

根据 ISO 22866 标准，首先测得喷雾飘移量沿采样距离的衰减曲线 $f(x)=a+b\ln(x-c)$，根据飘移曲线计算累积飘移率 D_t，飘移百分比 $D\%$，飘移区水平取样点累积飘移率 D_t（%）：

$$D_t(\%)=\int_0^{50}f(x)\ dx \qquad (6.3.10)$$

$$D\%=\int_0^i f(x_i)\ dx/D_t \qquad (6.3.11)$$

90% 飘移位置定义为 D 达到 90% 时的距离，单位为 m；

示踪剂回收率 R 为

$$R=(D_e+D_t)\times100 \qquad (6.3.12)$$

飘移比率 D_0 为

$$D_0=D_r/R\times100 \qquad (6.3.13)$$

（二）数据分析

根据国际标准 ISO 22866，飘移区的沉积量表示为 $\mu L/cm^2$，飘移区每个采样点的沉积量是相同水平位置 3 个采样点沉积量的平均值。每架次试验的顺风飘移都从采样带的沉积区下风向边缘 0 m 处一直延伸到飘移区 50 m 处。在积分之前，使用最小二乘法拟合沉积量和沉积距离之间的关系。根据沿衰减曲线的累积投影计算总投影面积的 90% 所对应的位置，以确定与按照国际标准 ISO 22866 测得的喷雾飘移总量的 90% 的飘移值相对应的相同位置。使用收集到的 Mylar 卡沉积量，对每种处理进行质量平衡，方法是将沉积区的沉积率与飘移区的沉积率相加。将飘移比率定义为飘移区的飘移率与回收率的百分比。使用 Origin 软件进行数据整理、作图及分析等。

（三）结果与分析

1. 不同风速下的飘移区雾滴分布特性

（1）显著性分析。表 6-3-17 为飘移区风速与雾滴覆盖度、雾滴密度的结果方差分析表。由表 6-3-17 可知，风速对飘移区采集点上的雾滴覆盖度和雾滴密度均有显著性影响。

表6-3-17 雾滴覆盖度和雾滴密度分布结果方差分析表

因素	飘移区雾滴覆盖率		飘移区雾滴密度	
	P	显著性	P	显著性
风速	0.027	*	0.012	*

注：表中 P 表示因素对结果影响的显著性水平值，本研究取显著性水平值 $\alpha=0.05$；"*"表示因素对试验结果有显著性影响。

（2）雾滴覆盖度分析。图6-3-11为不同风速条件下飘移区雾滴覆盖度的变化趋势。由图6-3-11可知，6个架次的风速分别为0.1 m/s、2.4 m/s、2.5 m/s、3.1 m/s、3.4 m/s 和4.0 m/s 时，飘移区雾滴最远飘移距离分别为12 m、30 m、30 m、40 m、40 m 和50 m，表明风速越大，雾滴飘移距离越远。

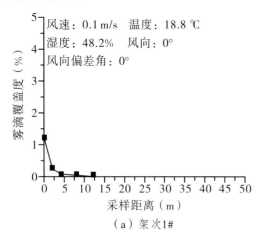

（a）架次1#

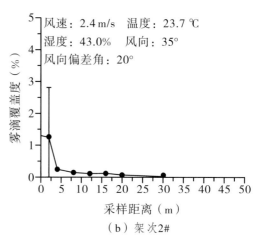

（b）架次2#

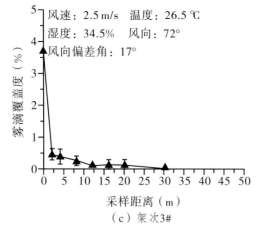

（c）架次3#

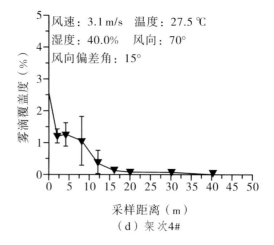

（d）架次4#

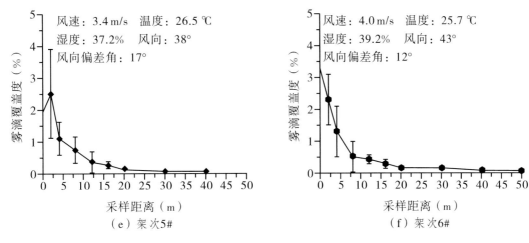

图 6-3-11　飘移区雾滴覆盖度变化情况

（3）雾滴密度分析。图 6-3-12 为飘移区雾滴密度分布情况，观察发现，飘移区雾滴密度曲线变化规律与雾滴覆盖度曲线变化规律相似。风速为 0.1 m/s 时，$0 \sim 12$ m 处的雾滴密度从 10 个/cm^2 降到 0.1 个/cm^2；风速为 4.0 m/s 时，$0 \sim 50$ m 处的雾滴密度从约为 20 个/cm^2 降到 0 个/cm^2。表明风速为 $0.1 \sim 4.0$ m/s 时，飘移区的雾滴密度范围为 $0 \sim 20$ 个/cm^2，风速越大，雾滴飘移距离越远，飘移区雾滴密度基本随着下风向距离的增大而不断减小。

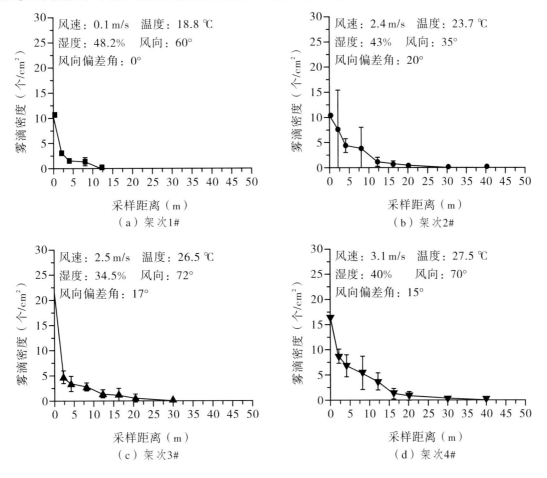

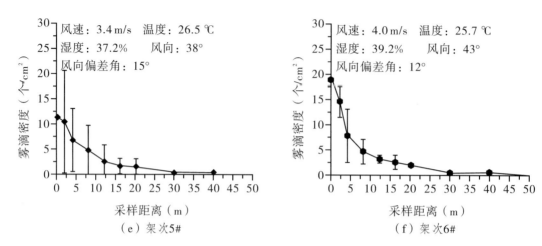

（e）架次5# （f）架次6#

图 6-3-12　飘移区雾滴密度分布情况

2. 不同风速下的飘移区雾滴飘移变化规律

图 6-3-13 为飘移区雾滴飘移变化规律，表 6-3-18 为不同架次的雾滴沉积、飘移情况及质量平衡。由图 6-3-13 和表 6-3-18 可知，荧光示踪剂的回收率为 32.37% ～ 54.52%，雾滴飘移量随着下风向距离的增大而逐渐减小。当风速为 0.1 ～ 4.0 m/s 时，飘移比率为 17.03% ～ 68.90%，飘移比率随着风速的增大而增加，因此，在风速很大时，应尽量停止喷施作业，以避免因农药飘移引起的危害。当风速为 0.1 m/s 时，在飘移区位置 12 m 处仍有雾滴沉积，表明在无风或微风情况下，仍有部分雾滴飘移到沉积区以外的区域，这主要是受到旋翼风场与雾滴布朗运动的影响产生的飘移量。在风速 0.1 ～ 4.0 m/s 条件下，90% 雾滴累积飘移距离为 6.0 ～ 21.5 m，即各风速下在距离沉积区下风向边缘 21.5 m 内沉降了 90% 以上的飘移雾滴。因此，应至少预留 21.5 m 的缓冲区。

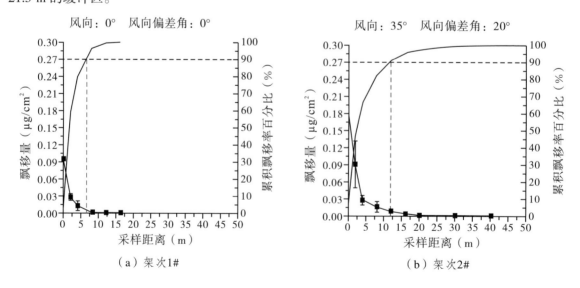

（a）架次1# （b）架次2#

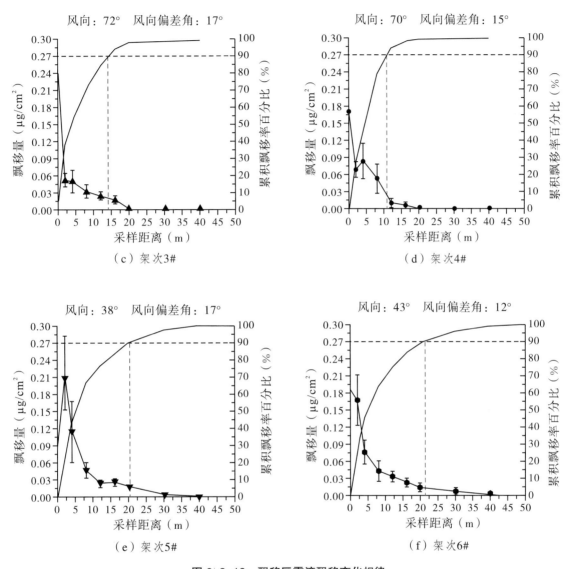

图 6-3-13　飘移区雾滴飘移变化规律

表 6-3-18　不同架次的沉积、飘移情况及质量平衡

架次	风速 （m/s）	温度 （℃）	湿度 （%）	沉积、飘移情况				90% 飘移 位置（m）
				喷幅内沉积率 （%）	下风向飘移率 （%）	回收率 （%）	飘移比率 （%）	
1#	0.1	18.8	48.2	26.86	5.51	32.37	17.03	6.0
2#	2.4	23.7	43.0	28.11	15.34	43.45	35.31	12.0
3#	2.5	26.5	34.5	29.91	21.64	51.55	41.98	14.5
4#	3.1	27.5	40.0	23.27	22.37	45.64	49.02	11.0
5#	3.4	26.5	37.2	16.92	37.60	54.52	68.90	21.5
6#	4.0	25.7	39.2	16.90	34.67	51.56	67.29	21.0

3. 空中雾滴累积飘移量

飘移区采样点 20 m 处垂直采样架的雾滴穿透累积飘移量结果见表 6-3-19。由表 6-3-19 可知，垂直采样塔上的累积飘移率随风速的增大而增大，当风速为 0 ～ 4.0 m/s 时，雾滴通过 20 m 处垂直采样架的累积飘移率为 0 ～ 1.7%。

表 6-3-19　飘移架空中飘移采集量

架次	20 m 处垂直取样架的累积飘移率（%）
1#	0
2#	0
3#	1.0
4#	1.05
5#	1.48
6#	1.7

20 m 处垂直采样架不同采样高度的雾滴飘移量如图 6-3-14 所示。结果表明，飘移雾滴在采样架上的分布随着采样架高度的增加而降低。

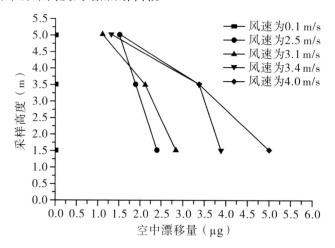

图 6-3-14　不同高度采样点的雾滴飘移量

（四）小结

本试验通过分析飘移区各采样点的雾滴覆盖度、雾滴密度、雾滴飘移量、90% 累积飘移位置以及空中雾滴累积飘移率来分析环境风速对喷施雾滴飘移的影响。试验结论如下。

（1）风速对飘移区采样点上的雾滴覆盖度和雾滴密度影响显著。风速越大，雾滴飘移距离越远。雾滴覆盖度和雾滴密度随着距离下风向距离的增大而不断降低。风速为 0.1 ～ 4.0 m/s 时，飘移区的雾滴密度值为 0.1 ～ 20 个 /cm²。

（2）风速为 0.1 ～ 4.0 m/s 时，飘移比率为 17.03% ～ 68.90%，飘移比率随着风速的增大而增大，90% 累积飘移距离为 6.0 ～ 21.5 m，因此，在风速为 0 ～ 4.0 m/s 环境下作业时，应至少预留 21.5 m 的飘移缓冲区。

（3）在风速为 0.1 ～ 4.0 m/s，温度为 18.8 ～ 27.5 ℃，湿度为 34.5% ～ 48.2% 的环境下，荧光示踪剂罗丹明 B 的回收率为 32.37% ～ 54.52%。

（4）风速为 0 ～ 4.0 m/s 时，雾滴通过 20 m 处垂直采样架的累积飘移率为 0 ～ 1.7%，表明风速越大，雾滴在 20 m 处的空间穿透率越高。

第四节　麦田"冬前除草"时期环境风速对雾滴沉积飘移的影响

一、麦田"冬前除草"时期环境风速对雾滴沉积的影响

风速是影响航空喷施质量最重要的环境因素。研究发现，温度和相对湿度对喷雾质量的影响程度相当，而风速对喷雾质量的影响是温度和相对湿度的 2 倍。一定的风速有利于提高雾滴在靶标上的沉积，但风速过小，会造成雾滴悬浮在空气中无法沉积，而风速过大，会加快雾滴蒸发速度，使雾滴变细小，更易产生飘移。环境温度和湿度对喷施飘移的影响主要与其对雾滴尺寸的改变有关。雾滴在沉降过程中，相对低湿和高温的环境会加快雾滴的蒸发，减小作物表面的雾滴覆盖率；气温过低则会降低药液的活性，影响药效的发挥。

本研究在前一节研究的基础上，分析在麦田"冬前除草"时期（5 ～ 13 ℃），不同风速条件下沉积区雾滴覆盖度、雾滴密度和雾滴沉积量的分布情况，以期为优化植保无人机喷施作业参数提供理论指导和数据支持。

（一）材料与方法

1. 试验材料

本研究所使用的植保无人机、试验材料、仪器及试剂与本章第三节相同。

2. 试验方法

该试验在山东理工大学生态无人农场基地进行，小麦高度为 10 cm 左右，试验场地开阔，试验区域 500 m 内无遮挡。配制 5 g/L 的荧光示踪剂罗丹明 B，溶液中还添加了 1‰ OP–10 水溶性表面活性剂。选用 Kromekote 卡（80 mm×50 mm）和 Mylar 卡（80 mm×50 mm）作为雾滴收集器。采样区域如图 6-4-1、6-4-2 所示。

图 6-4-1　试验现场采样点布置

图 6-4-2　采样点航拍图

3. 样品处理与统计

Kromekote 卡和 Mylar 卡的处理方法与本章第三节相同。

（二）结果与分析

1. 环境参数

根据国际标准 ISO 22866，喷雾飘移田间测量的可接受范围为温度不得低于 5 ℃，平均风向与航线方向成 90°±30° 的角度。本研究试验架次为 10 次，测试时的平均风速、温度、湿度及风向等环境条件均符合国际标准。详见表 6-4-1。

表 6-4-1　各架次试验气象数据汇总

架次	温度（℃）	湿度（%）	风速（m/s）	风向（°）	风向偏差角（°）
1#	5.3	64.2	1.7	69	15
2#	8.6	52.0	1.2	70	15
3#	7.3	57.6	1.1	92	7
4#	5.7	57.6	0.7	101	14
5#	6.5	26.9	1.9	124	9
6#	7.7	26.6	1.6	125	10
7#	6.0	34.4	1.3	108	7
8#	13.0	48.2	3.7	329	21
9#	6.0	66.9	3.3	335	15
10#	5.0	75.0	1.5	360	10

2. 不同风速下的沉积区雾滴分布特性

（1）雾滴覆盖度。图 6-4-3 为不同风速条件下的沉积区雾滴覆盖度分布情况，表 6-4-2 为各架次试验沉积区平均雾滴覆盖度。从表 6-4-2 可知，风速为 0.7～3.7 m/s，温度为 5.0～13.0 ℃时，沉积区平均雾滴覆盖度为 1.8%～3.6%。由架次 1# 至架次 7# 数据可知，风速为 0.7～1.9 m/s 时，沉积区平均雾滴覆盖度区间为 2.7%～3.1%，各架次的平均雾滴覆盖度无明显差异，说明在 0.7～1.9 m/s 风速范围内，沉积区平均雾滴覆盖度与风速无相关性。当风速为 0.7 m/s 时，沉积区雾滴变异系数为 40.4%，低于其他风速下的沉积区变异系数，当风速增大到 3.3 m/s 和 3.7 m/s 时，沉积区雾滴覆盖度分别为 2.4% 和 1.8%，变异系数分别为 69.6% 和 68.6%。表明当风速超过 1.9 m/s 后，风速越大，沉积区雾滴覆盖度越低，雾滴分布均匀性越差；当风速增大到 3.3 m/s 后，雾滴在沉积区起始位置发生位移，变异系数≥68.6%，分布均匀性很差。

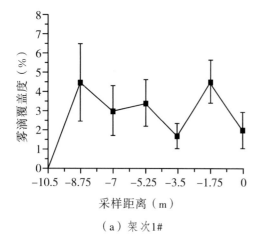

（a）架次1#

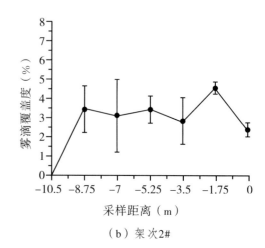

（b）架次2#

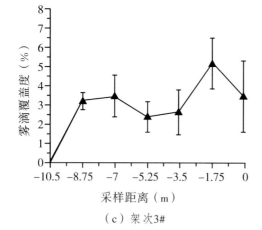

（c）架次3#

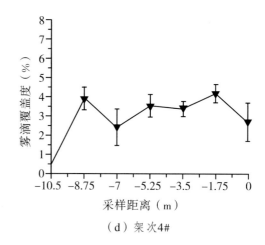

（d）架次4#

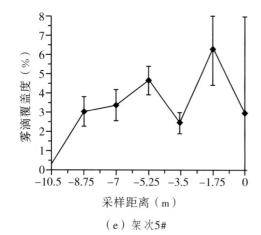

（e）架次5#

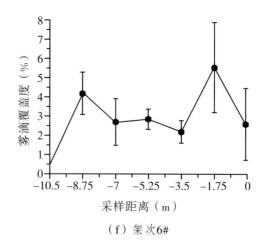

（f）架次6#

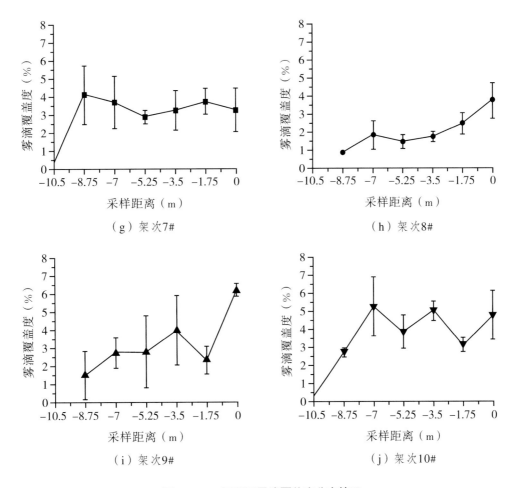

（g）架次7#　　　　　　　　（h）架次8#

（i）架次9#　　　　　　　　（j）架次10#

图 6-4-3　沉积区雾滴覆盖度分布情况

表 6-4-2　各架次试验沉积区平均雾滴覆盖度

架次	温度（℃）	湿度（%）	风速（m/s）	沉积区雾滴覆盖度（%）	变异系数（%）
1#	5.3	64.2	1.7	2.7	58.4
2#	8.6	52.0	1.2	2.8	50.1
3#	7.3	57.6	1.1	2.9	52.5
4#	5.7	57.6	0.7	3.0	40.4
5#	6.5	26.9	1.9	3.1	55.7
6#	7.7	26.6	1.6	3.0	53.0
7#	6.0	34.4	1.3	3.1	41.1
8#	13.0	48.2	3.7	1.8	68.6
9#	6.0	66.9	3.3	2.4	69.6
10#	5.0	75.0	1.5	3.6	51.2

（2）雾滴密度。图 6-4-4 为不同风速条件下沉积区雾滴密度的分布情况，表 6-4-3 为各架次试验的沉积区平均雾滴密度。图 6-4-4 沉积区雾滴密度的曲线与图 6-4-3 沉积区雾滴覆盖度的曲线变化规律相似，说明雾滴密度与雾滴覆盖度具有一定的相关性，雾滴密度越大，靶标作物的雾滴覆盖率越大。由图 6-4-4 和表 6-4-3 可知，温度为 5.0 ～ 13.0 ℃，风速为 0.7 ～ 3.7 m/s 时，雾滴平均密度为 6.0 ～ 17.9 个 /cm²。

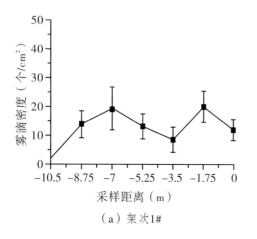

（a）架次1#

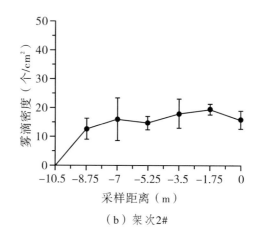

（b）架次2#

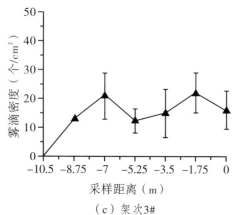

（c）架次3#

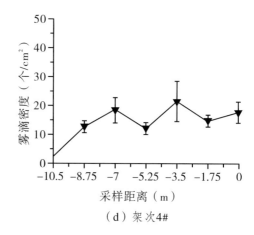

（d）架次4#

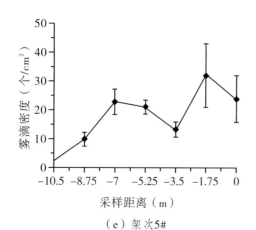

（e）架次5#

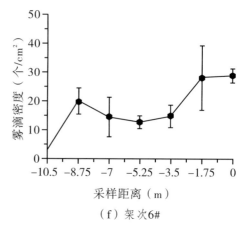

（f）架次6#

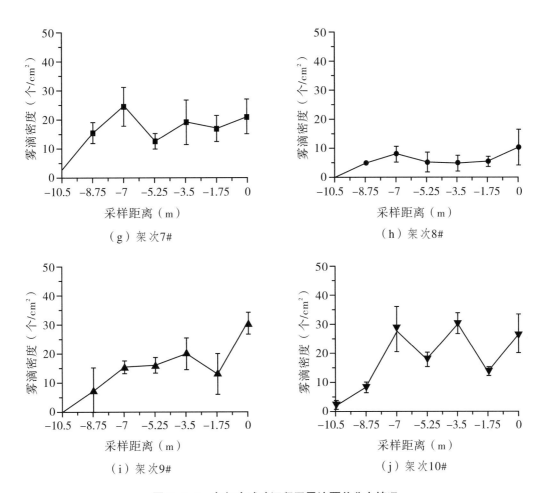

图 6-4-4　各架次试验沉积区雾滴覆盖分布情况

表 6-4-3　各架次试验沉积区平均雾滴密度

架次	温度（℃）	湿度（%）	风速（m/s）	沉积区平均雾滴密度（个/cm²）
1#	5.3	64.2	1.7	12.8
2#	8.6	52.0	1.2	13.8
3#	7.3	57.6	1.1	14.3
4#	5.7	57.6	0.7	14.3
5#	6.5	26.9	1.9	17.9
6#	7.7	26.6	1.6	17.4
7#	6.0	34.4	1.3	16.1
8#	13.0	48.2	3.7	6.0
9#	6.0	66.9	3.3	12.1
10#	5.0	75.0	1.5	17.9

3. 风速对沉积区内雾滴沉积量的影响

图 6-4-5 和表 6-4-4 为各架次试验沉积区雾滴的分布情况和平均沉积量。由表 6-4-4 可知，在温度为 5.0 ~ 13.0 ℃，风速为 0.7 ~ 3.7 m/s 环境条件下，沉积区内雾滴平均沉积量为 0.254 ~ 0.402 μg/cm²。喷施雾滴受到风速的影响，所有处理都是在沉积区采样点 –10.5 m 处具有沉积量最低值。当风速在 0.7 ~ 1.9 m/s 区间时，沉积区雾滴沉积量无明显差异性，根据本章第三节第二部分试验结果可知，一定的风速有利于雾滴的沉积，因此风速为 0.7 ~ 1.9 m/s 时，雾滴沉积量并不一定随风速的增大而减少。当风速逐步增大到 3.3 m/s、3.7 m/s，沉积区雾滴沉积量分别降到 0.274 μg/cm²、0.254 μg/cm²，表明当风速超过 1.9 m/s 后，风速越大，雾滴沉积量越低。

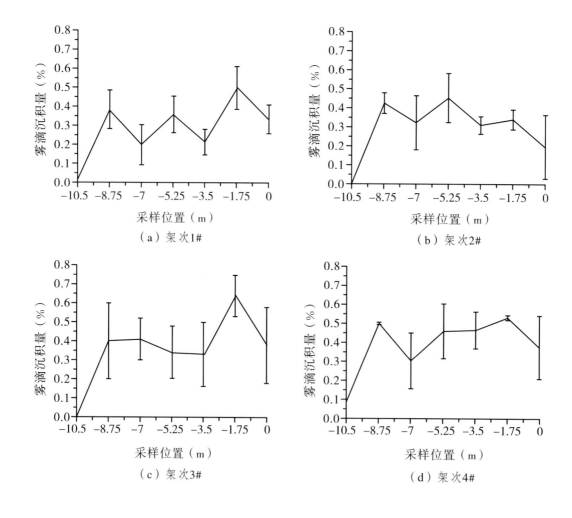

（a）架次1#　　　（b）架次2#　　　（c）架次3#　　　（d）架次4#

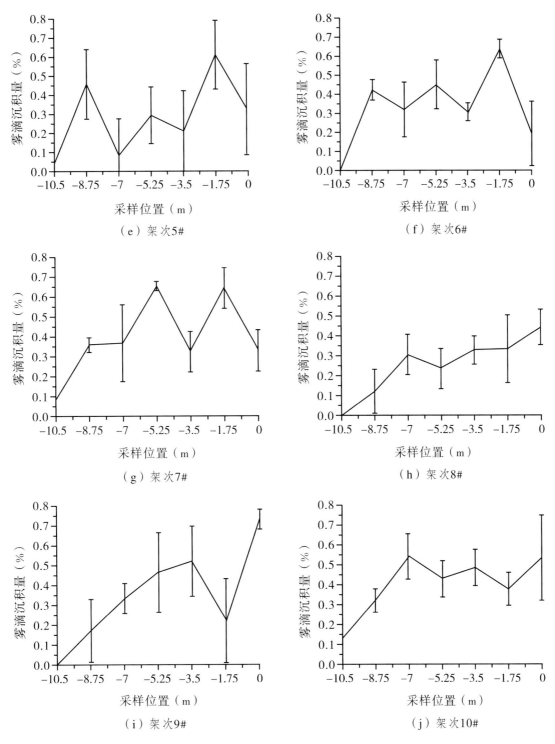

图 6-4-5 沉积区雾滴沉积量分布情况

表 6-4-4　沉积区雾滴平均沉积量

架次	温度 （℃）	湿度 （%）	风速 （m/s）	平均沉积量 （μg/cm²）	沉积率 （%）	变异系数 （%）
1#	5.3	64.2	1.7	0.285	47.50	55.40
2#	8.6	52.0	1.2	0.335	55.83	61.00
3#	7.3	57.6	1.1	0.356	59.33	53.00
4#	5.7	57.6	0.7	0.391	65.17	39.00
5#	6.5	26.9	1.9	0.362	60.33	47.80
6#	7.7	26.6	1.6	0.299	49.83	45.30
7#	6.0	34.4	1.3	0.396	66.00	50.50
8#	13.0	48.2	3.7	0.254	42.33	65.00
9#	6.0	66.9	3.3	0.274	45.67	70.00
10#	5.0	75.0	1.5	0.402	67.00	36.48

（三）小结

在麦田"冬前除草"时期（5～13 ℃），使用极飞 P30 四旋翼植保无人机研究了风速对雾滴沉积的影响，分析了在不同风速条件下沉积区的雾滴覆盖度、雾滴密度及雾滴沉积量。研究结果如下。

在风速为 0.7～3.7 m/s，温度为 5～13 ℃环境条件下，沉积区平均雾滴覆盖度为 1.8%～3.6%，平均雾滴密度为 6.0～17.9 个 /cm²，沉积区内雾滴平均沉积量在 0.254～0.402 μg/cm² 范围内。风速为 0.7～1.9 m/s 时，沉积区平均雾滴覆盖度和雾滴密度无明显差异；当风速增大到 3.3 m/s、3.7 m/s 时，沉积区雾滴覆盖度和雾滴密度降低，变异系数增大，说明一定的风速有利于雾滴的沉积。沉积区雾滴密度的变化曲线与雾滴覆盖度的变化曲线变化规律相似，说明雾滴密度与雾滴覆盖度具有一定的相关性，雾滴密度越大，靶标作物的覆盖度就越大。

二、麦田"冬前除草"时期环境风速对雾滴飘移的影响

雾滴飘移分为蒸发飘移和随风飘移，前者是指在喷洒过程中，雾滴受高温作用产生蒸发，而后者是指细小雾滴随气流运动脱离靶标区域的过程。Luo 等通过风洞试验发现，一个 910 μm 的雾滴在相对湿度为 60%、温度为 25 ℃的环境中蒸发只需要 420 s，比在相对湿度为 60%、环境温度为 10 ℃的环境中蒸发少 360 s。Picot 等也在应用喷雾飘移预测模型软件 AGDISP 验证了一个 85 μm 的雾滴在环境温度为 10 ℃、相对湿度为 60% 的环境中，雾滴经过 107 s 后，其雾滴尺寸会减小为原来的一半。另外，很多学者也建立了环境参数与飘移之间的预测模型。Brown

等研究了温度、相对湿度和风速等不同环境条件下的喷雾质量；Nuyttens 等建立了温度、相对湿度和风速等环境因素与喷雾飘移之间的非线性回归预测模型，从而给出最佳的施药建议。

本研究在麦田"冬前除草"时期（5～13 ℃），通过分析飘移区各采样点的雾滴覆盖度、雾滴密度以及飘移区飘移率来分析环境风速对雾滴飘移的影响，以期为类似环境下的植保无人机作业以及飘移缓冲区的设置提供参考。

（一）材料与方法

1. 试验材料

本研究所采用的植保无人机、试验材料、仪器及试剂与本章第三节相同。

2. 试验方法

该试验在山东理工大学生态无人农场基地进行，小麦高度为 10 cm 左右，试验场地开阔，试验区域 500 m 内无遮挡。在药箱中添加 5 g/L 的荧光示踪剂罗丹明 B 和 1‰ OP-10 水溶性表面活性剂作为喷施溶液。选用 Kromekote 卡和 Mylar 卡作为地面雾滴收集器，选用聚乙烯丝作为空中雾滴收集器，并在距离沉积区下风向 20 m 处，布置高 5 m 的垂直采样架。采样点布置如图 6-4-6 所示。

图 6-4-6　采样点布置航拍图

3. 样品处理与数据分析

Kromekote 卡、Mylar 卡和聚乙烯丝样品的数据处理方法同本章第三节。

（二）数据分析

根据国际标准 ISO 22866，飘移区的沉积量单位为 $\mu L/cm^2$，飘移区每个采样点的沉积量是相同水平位置 3 个采样点沉积量的平均值。每架次试验的顺风飘移都从采样带的沉积区下风向边缘 0 m 处一直延伸到飘移区 50 m 处。在积分之前，使用最小二乘法拟合沉积量和沉积距离之间的关系。根据沿衰减曲线的累积投影计算总投影面积的 90% 所对应的位置，以确定与按照 ISO 22866 方法测得的喷雾飘移总量的 90% 的飘移值相对应的相同位置。使用收集到的 Mylar 卡沉积量，对每种处理进行质量平衡，方法是将沉积区的沉积率与飘移区的沉积率相加。将飘移比率定义为飘移区的飘移率与回收率的百分比。使用 Origin 软件进行数据整理、作图及分析等。

（三）结果与分析

1. 不同风速下的飘移区雾滴分布特性

（1）雾滴覆盖度。图 6-4-7 为各架次试验飘移区雾滴覆盖度变化规律曲线图。飘移区雾滴覆盖度随着下风向距离的增加而不断降低。架次 1# 和架次 5# 的风速分别为 1.7 m/s、1.9 m/s，温度分别为 5.3 ℃、6.5 ℃，湿度分别为 64.2%、26.9%，分别在采样点 50 m 和 40 m 处有雾滴沉积；架次 2# 和架次 7# 的风速分别为 1.2 m/s、1.3 m/s，温度分别为 8.6 ℃、6.0 ℃，湿度分别为 52.0%、34.4%，分别在采样点 50 m 和 30 m 处有雾滴沉积。此结果表明，湿度对雾滴飘移具有一定影响，湿度过大，细小雾滴飘浮在空气中不易沉降，容易随风飘移。

（2）雾滴密度。图 6-4-8 为不同风速下飘移区雾滴密度变化规律。由图 6-4-8 可知，架次 8# 采集点 4 m 处的雾滴密度大于采集点 2 m 处的雾滴密度，此现象可能是风速的不稳定所致。尽管部分数据有波动，但是飘移区的雾滴密度基本随着采样距离的增加而不断减小。飘移区的雾滴主要沉积在 0 ～ 20 m 范围内，雾滴密度低于 30 个 /cm^2。

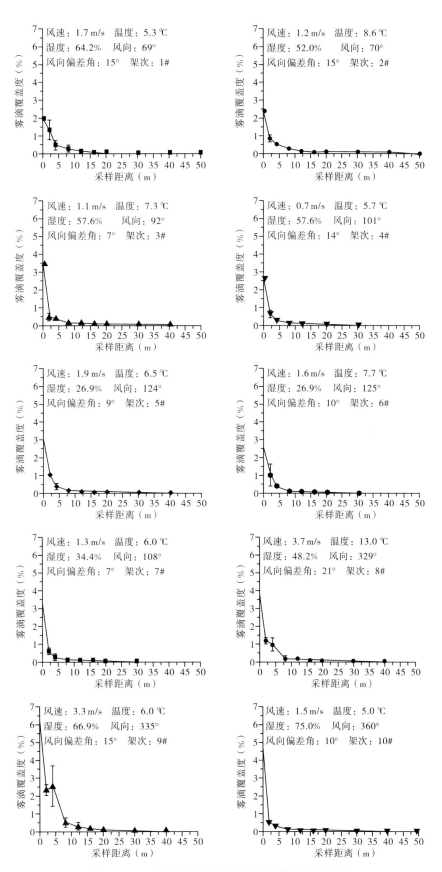

图 6-4-7 不同风速下飘移区雾滴覆盖度变化趋势

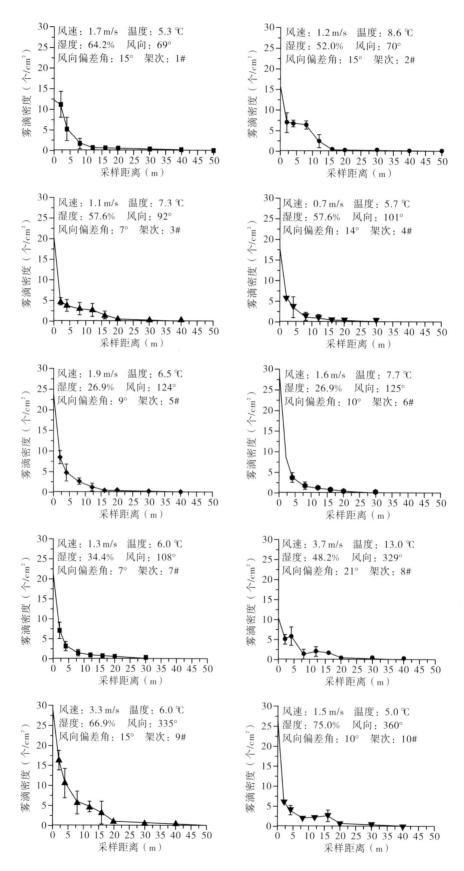

图 6-4-8 各架次试验飘移区雾滴密度变化规律

2. 不同风速下飘移区雾滴飘移变化规律

图 6-4-9 为各架次飘移区不同水平距离下的地面雾滴飘移量。表 6-4-5 为不同架次的雾滴沉积、飘移情况及质量平衡。从图 6-4-9 可以看出，飘移量随着下风向沉积区距离的增加而不断降低。通过计算沉积区和飘移区的量，得到示踪剂的回收率为 69.4% ～ 94.8%。

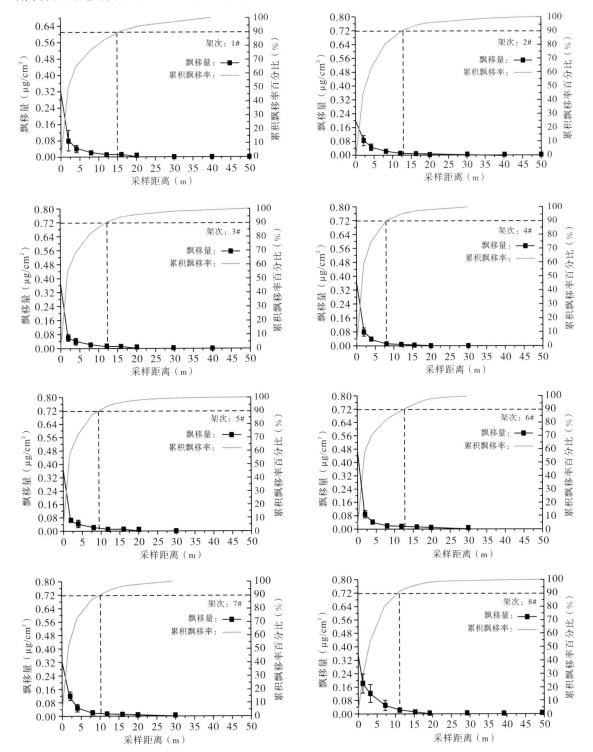

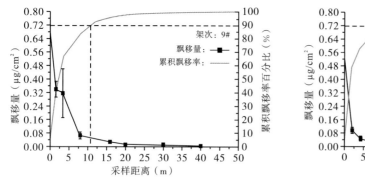
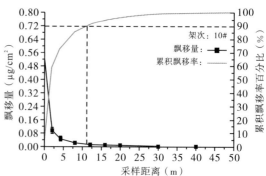

图 6-4-9　飘移区不同水平距离下的地面雾滴飘移量

表 6-4-5　不同架次的雾滴沉积、飘移情况及质量平衡

架次	温度（℃）	湿度（%）	风速（m/s）	沉积飘移情况				90% 累积飘移率位置（m）
				喷幅内沉积率（%）	下风向飘移率（%）	回收率（%）	飘移比率（%）	
1#	5.3	64.2	1.7	47.5	21.9	69.4	31.6	16.5
2#	8.6	52.0	1.2	55.9	21.6	77.4	27.8	12.0
3#	7.3	57.6	1.1	59.5	21.6	81.1	26.6	15.0
4#	5.7	57.6	0.7	65.2	20.4	85.4	23.9	8.5
5#	6.5	26.9	1.9	60.4	20.4	80.7	25.3	11.0
6#	7.7	26.6	1.6	49.8	26.5	76.3	34.7	12.5
7#	6.0	34.4	1.3	66.1	22.5	88.5	25.4	15.0
8#	13.0	48.2	3.7	40.3	33.7	74.0	45.5	12.0
9#	6.0	66.9	3.3	60.8	30.0	90.8	33.0	11.0
10#	5.0	75.0	1.5	67.3	27.6	94.8	29.1	12.5

通过计算飘移率与回收率可以得到飘移比率的结果。架次 1# ～ 4# 以及架次 8# ～ 10#，湿度范围为 48.2% ～ 75.0%，温度范围为 5.0 ～ 13.0 ℃，风速为 0.7 ～ 3.7 m/s，飘移区雾滴飘移率比率为 23.9% ～ 45.5%，飘移比率随着风速的增加而增加。架次 5# ～ 7#，湿度范围为 26.6% ～ 34.4%，温度范围为 6.0 ～ 7.7 ℃，风速为 1.3 ～ 1.9 m/s，飘移区雾滴飘移比率分别为 25.3%、34.7%、25.4%，飘移比率在小梯度风速范围内的变化不明显。此结果表明，在温度、湿度无明显差异情况下，飘移比率随着风速的增加而增加，湿度过低对雾滴的飘移比率也有一定的影响。

通过对比架次 1# 和架次 6#，当风速为 1.7 m/s，湿度为 64.2% 时，雾滴飘移比率为 31.6%，当风速为 1.6 m/s，湿度为 26.6% 时，雾滴飘移比率为 34.7%，此结果说明湿度对飘移区雾滴飘移率有一定影响。架次 2# 和架次 7# 的试验数据也证明了此结论。

飘移比率随着风速的增加而增加。在风速为 0.7 ～ 3.7 m/s 时，90% 的累积飘移量位于 8.5 ～ 16.5 m 范围内。

3. 空中雾滴飘移情况

飘移区 20 m 处垂直采样塔的累积飘移量结果见表 6-4-6。架次 1# ～ 4# 及架次 8# ～ 10# 中，湿度范围为 48.2% ～ 75.0%，温度范围为 5.0 ～ 13.0 ℃，风速从 0.7 m/s 增大到 3.7 m/s，累积飘移率从 0.87% 增加到 1.56%，表明垂直采样塔上的累积飘移量随着风速的增加而增加。

表 6-4-6　飘移架空中飘移采集量

处理	温度（℃）	湿度（%）	风速（m/s）	20 m 处垂直采样架累积飘移率（%）
1#	5.3	64.2	1.7	
2#	8.6	52.0	1.2	1.08
3#	7.3	57.6	1.1	0.97
4#	5.7	57.6	0.7	0.87
5#	6.5	26.9	1.9	1.20
6#	7.7	26.6	1.6	1.13
7#	6.0	34.4	1.3	1.08
8#	13.0	48.2	3.7	1.56
9#	6.0	66.9	3.3	1.49
10#	5.0	75.0	1.5	1.25

注：1# 在 20 m 处垂直采样架累积飘移率因聚乙烯丝被污染而没有测得。

不同采样高度雾滴的飘移结果如图 6-4-10 所示。飘移雾滴在采样架上的分布随着采样架高度的增加而降低，试验时设置的飞行高度为 3.0 m，雾滴主要从 3.0 m 以下飘移，而在采样高度 5.0 m 和 3.5 m 处仍有雾滴，此现象是由卷扬引起的雾滴向上飘移。

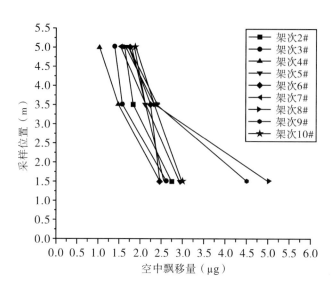

图 6-4-10 不同高度采样点的飘移量

（四）小结

本研究使用极飞 P30 四旋翼植保无人机，采用 Kromekote 卡测试分析飘移区的雾滴覆盖度和雾滴密度，采用聚乙烯丝和 Mylar 卡两种采样方式分别采集空中飘移雾滴和地面沉积飘移雾滴，分析低温环境下，环境风速对雾滴飘移的影响。试验结果如下。

（1）在湿度为 52.0% ~ 64.2%，风速为 1.1 ~ 1.7 m/s 时，雾滴在采集点最远距离 50 m 处仍有雾滴沉积。说明湿度对雾滴飘移具有一定影响，湿度过大，细小雾滴飘浮在空气中不易沉降，容易随风飘移。

（2）在湿度为 26.6% ~ 75.0%，温度为 5.0 ~ 13.0 ℃，低温高湿环境下，风速为 0.7 ~ 3.7 m/s，飘移区雾滴飘移率比率为 23.9% ~ 45.5%。湿度范围为 26.6% ~ 34.4%，温度范围为 6.0 ~ 7.7 ℃，低温低湿环境下，风速为 1.3 ~ 1.9 m/s，飘移区雾滴飘移比率为 25.3% ~ 34.7%。飘移比率随着风速的增加而增加。湿度对飘移区雾滴飘移率有一定影响，湿度过低，会加快雾滴的蒸发速度。

（3）在风速为 0.7 ~ 1.9 m/s，温度为 5.0 ~ 13.0 ℃，湿度为 26.6% ~ 75.0% 时，90% 的累积飘移量位于 8.5 ~ 16.5 m 范围内。因此应至少留取 16.5 m 的飘移缓冲区。

（4）在试验测试条件下，飘移区 20 m 处垂直采样塔的累积飘移率为 0.87% ~ 1.56%。

参考文献

［1］ 张慧春，DORR G，郑加强，等.喷雾飘移的风洞试验和回归模型［J］.农业工程学报，2015，31（3）：94-100.

［2］ 黄发光，师帅兵，樊荣，等.基于Pro/E二次开发的植保喷头的参数化设计研究［J］.农机化研究，2014，36（9）：130-133，137.

［3］ 张宋超，薛新宇，秦维彩，等.N-3型农用无人直升机航空施药飘移模拟与试验［J］.农业工程学报，2015，31（3）：87-93.

［4］ 祁力钧，袁雪，王俊，等.喷雾荧光示踪剂回收率影响因素实验［J］.农业机械学报，2020，41（10）：54-57，85.

［5］ 陈盛德，兰玉彬，李继宇，等.航空喷施与人工喷施方式对水稻施药效果比较［J］.华南农业大学学报，2017，38（4）：103-109.

［6］ 王娟，兰玉彬，姚伟祥，等.单旋翼无人机作业高度对槟榔雾滴沉积分布与飘移影响［J］.农业机械学报，2019，50（7）：109-119.

［7］ SCHAMPHELEIRE M D，NUYTTENS D，BAETENS K，et al. Effects on pesticide spray drift of the physicochemical properties of the spray liquid［J］. Precision Agriculture，2009，10（5）：409-420.

［8］ LIU Q，CHEN S D，WANG G B，et al.Drift evaluation of a quadrotor unmanned aerial vehicle（UAV）sprayer：effect of liquid pressure and wind speed on drift potential based on wind tunnel test［J］.Applied Sciences，2021，11（16）：7258.

［9］ ZHOU Q Q，XUE X Y，QIN W C，et al.Optimization and test for structural parameters of UAV spraying rotary cup atomizer［J］. International Journal of Agricultural and Biological Engineering，2017，10（3）：78–86.

［10］ WANG G B，HAN Y X，LI X，et al.Field evaluation of spray drift and environmental impact using an agricultural unmanned aerial vehicle（UAV）sprayer［J］.Science of the Total Environment，2020（737）：139793.

［11］ WANG J，LAN Y B，ZHANG H H，et al.Drift and deposition of pesticide applied by UAV on pineapple plants under different meteorological conditions［J］. International Journal of Agricultural and Biological Engineering，2018，11（6）：5-12.

［12］ CHEN P C，LAN Y B，HUANG X Y，et al.Droplet deposition and control of planthoppers of different nozzles in two-stage rice with a quadrotor unmanned aerial vehicle［J］.

Agronomy，2020，10（2）：303.

［13］ QIN W C，XUE X Y，ZHOU Q Q，et al.Use of RhB and BSF as fluorescent tracers for determining pesticide spray distribution［J］.Analytical Methods，2018，10（33）：4073-4078.

［14］ FRITZ B K.Meteorological effects on deposition and drift of aerially applied sprays［J］.Transactions of the ASABE，2006，49（5）：1295-1301.

第七章

植保无人机田间
病虫害防治应用
及安全性评价

第一节　植保无人机作业参数对雾滴沉积及穿透性的影响

雾滴在冠层内的穿透对于药效的发挥具有重要的作用，尤其是在防治冠层中下部病虫害以及提高棉花脱叶效果等方面。雾滴在冠层内分布较少会降低喷洒药效，导致施药者需要重复对病虫害部位进行喷洒，造成药剂浪费以及环境污染。雾滴粒径是影响雾滴穿透性的重要因素，采用喷杆喷雾机进行喷洒时，往往推荐使用文丘里喷嘴或者其他大雾滴喷嘴以减少雾滴的飘移，植保无人机由于受到喷液量的限制往往采用细雾滴，但是细雾滴容易受喷洒设备气流运动的影响而被冠层上部捕捉。物理学研究表明，质量较大的雾滴容易受到重力的影响，动量更大，雾滴穿透性更强。但是对于雾滴穿透性，研究结论并不一致，部分研究认为小雾滴更容易穿透到冠层中下部，另一些研究则认为大雾滴更容易穿透。目前研究植保无人机穿透性的文章并不多，田间试验表明，植保无人机的旋翼风场有利于雾滴在冠层的穿透，但是由于极飞 P20 植保无人机采用离心喷头且喷洒高度要高于常规的喷杆喷雾机，因此仍有很多雾滴难以到达作物冠层的中下部。

除雾滴粒径外，植保无人机的作业参数如作业高度、作业速度等也会对旋翼风场以及雾滴沉积产生影响，因此本研究设计 3 个飞行高度、3 个飞行速度以及 3 个雾滴粒径参数，探究三因素三水平作业参数情况下，各因素水平对雾滴在棉花冠层沉积穿透性的影响。同时以棉花为供试作物，测定雾滴的穿透性，将棉花冠层分为上、中、下三层，测定棉花冠层不同高度的脱叶率情况。本研究一方面探索如何增加雾滴在作物冠层中下部的穿透性，另一方面希望在提高棉花冠层中下部雾滴沉积率的同时提高棉花的脱叶率，尤其是中下部的脱叶率，以降低采摘含杂率。

（一）试验材料与方法

1. 试验材料

试验田位于新疆石河子市三分场二连，试验时间为 2018 年 9 月 17 日 17：40 ～ 21：11。试验使用极飞 P20 四旋翼植保无人机（图 7-1-1）进行作业，试验时以清水代替药剂，采用水敏纸采集雾滴沉积情况，采用离心式液力雾化喷头，通过地面站调节喷头转速以调节雾滴粒径，采用 RTK 定位模式精确控制飞行速度及飞行位置，同时采用仿地雷达控制飞行高度，实现精准喷洒。

图 7-1-1　极飞 P20 四旋翼植保无人机

2. 试验设计

试验采用三因素（飞行高度、飞行速度、雾滴粒径）三水平随机区组试验设计，共设置处理 27 组（表 7-1-1）。试验时原设计喷液量为每亩 1000 mL，但是由于极飞 P20 植保无人机泵流量受限，在飞行速度较高时，难以实现较高的喷液量，因此实际作业中，当飞行速度为 3 m/s 时，喷液量为每亩 1000 mL；当飞行速度为 5 m/s 时，喷液量为每亩 800 mL；当飞行速度为 7 m/s 时，喷液量为每亩 580 mL。由于在低容量喷洒时，不考虑雾滴的叠加，雾滴密度和覆盖度与喷液量基本符合线性关系，因此试验结果中的雾滴密度和覆盖度数据根据喷液量情况进行等比例校正。

表 7-1-1　试验因素水平设计

试验因素	水平 1	水平 2	水平 3
飞行高度（m）	1	2	3
飞行速度（m/s）	3	5	7
雾滴粒径（μm）	150	200	238

3. 采样点布置

试验通过测试杆固定水敏纸的方法，测定雾滴在冠层上、下部（分别为距离地面 100 cm 和 30 cm）的沉积情况，每条采样带布置 4 个采样点，每个采样点间隔 1 m（图 7-1-2）。为了更好地模拟实际作业中的雾滴沉积情况，试验采用多喷幅喷洒试验，即按照正常喷幅喷洒作业三个临近喷幅，其中采样带位于中间喷幅中心。

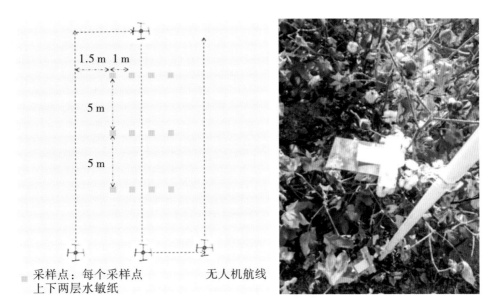

采样点：每个采样点
上下两层水敏纸　　　　无人机航线

图 7-1-2　试验采样点的布置

4. 试验数据采集及处理

试验时，通过美国 Kestrel Link 气象站（图 7-1-3）每隔 2 s 记录采集一次试验时的环境温度、湿度以及风速情况，气象参数如图 7-1-4 所示。试验通过 CI-110 植物冠层图像分析仪（图 7-1-3）测定不同采样点的叶面积指数情况，试验数据采用 SPSS 软件处理。

图 7-1-3　气象站及叶面积指数测定现场

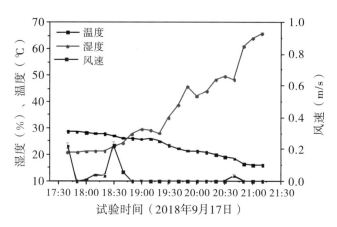

图 7-1-4 试验时的气象参数

（二）试验结果与分析

在雾滴粒径保持不变且低容量喷洒的情况下，雾滴的相互叠加覆盖较少，喷液量、雾滴密度和覆盖度基本处于正相关线性关系，因此按照喷液量比例（所有处理按照喷液量每亩 1000 mL 进行对比）对水敏纸上获取的雾滴密度以及覆盖度试验结果进行校正分析，校正后的试验结果如图 7-1-5 所示。

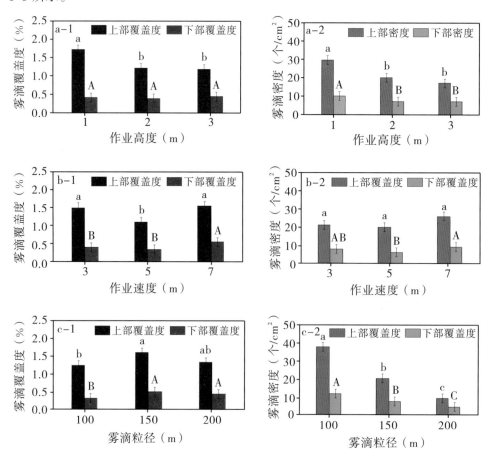

图 7-1-5 不同作业速度、作业高度对雾滴覆盖度及雾滴密度的影响

（1）不同作业高度对雾滴覆盖度和雾滴密度的影响。试验结果表明，作业高度对作物冠层上部雾滴覆盖度和雾滴密度均有显著影响，当飞行高度为 1 m 时，雾滴覆盖度、雾滴密度值大；飞行高度对作物冠层下部雾滴覆盖度和雾滴密度没有显著影响。根据单喷幅试验结果分析，飞行高度对于雾滴覆盖度没有显著影响，当飞行高度为 1 m 时，雾滴主要沉积到航线正下方，而本次试验中出现的差异显著性可能是由于采样点过少，当飞行高度较低时，正下方采集的雾滴沉积过多，不具有代表性引起的试验误差。

（2）不同作业速度对雾滴覆盖度和雾滴密度的影响。试验结果表明作业速度对冠层上部的雾滴覆盖度没有显著影响，但是对冠层下部的雾滴覆盖度和雾滴密度有显著影响。较低的作业速度会影响下部雾滴的沉降，可能是由于作业速度较低时，下旋翼风场引起的地面效应导致雾滴不容易沉降，这一结论与传统观点中认为作业速度越低穿透性越好不同。也有可能是由于进行作业速度为 7 m/s 的处理时，环境温度、湿度变化较大，温度降低、湿度增加，导致上下部雾滴覆盖度都有所增加（作业速度为 7 m/s 的处理位于 20: 00 以后）。总体而言，在保证亩喷液量相同的前提下，植保无人机作业高度和作业速度对雾滴穿透性没有太大的影响。

（3）不同雾滴粒径对雾滴覆盖度和雾滴密度的影响。由试验结果可知，雾滴粒径对雾滴覆盖度有显著影响，当喷洒雾滴粒径为 150 μm 时，具有最大的雾滴覆盖度，其次为 200 μm，最小为 100 μm。雾滴覆盖度与雾滴密度、雾滴粒径两个因素相关，在同等喷液量前提下，雾滴粒径越大，雾滴密度越小，雾滴粒径与雾滴覆盖度呈反比关系。传统观点一般认为小雾滴会增加雾滴覆盖度，但是本次试验结论与传统观点相反，雾滴密度受雾滴粒径的影响，与雾滴粒径呈反比。试验中雾滴粒径为 150 μm 时雾滴覆盖度最高，可能是因为其抗蒸发性要优于粒径为 100 μm 的雾滴，同时其雾滴数较小，雾滴破碎后的表面积大于粒径为 200 μm 的雾滴破碎后的表面积，因此其覆盖度最高。

（4）雾滴穿透性。试验以下部雾滴的覆盖度为评价指标，可以发现当飞行速度为 7 m/s 时，冠层下部的雾滴覆盖度要显著高于飞行速度为 3 m/s 和 5 m/s 时。当雾滴粒径为 150 μm 和 200 μm 时，下部的雾滴覆盖度均显著高于粒径为 100 μm 时。

（三）讨论

在本次试验中，雾滴粒径为 150 μm 的雾滴具有最佳的上下冠层雾滴覆盖度，雾滴粒径为 100 μm 的雾滴在下部的沉积量最少，很可能是新疆高温干燥的环境导致雾滴的蒸发，而小雾滴蒸发量过大，导致其沉积量较少，与本身的穿透性（下部覆盖度、上部覆盖度）没有太大关系。因此针对不同的试验田块要进一步分析试验条件。另外，本次试验在分析雾滴穿透性时，采用的是下部雾滴覆盖度，而非下部雾滴覆盖度与上部雾滴覆盖度的比值，主要是考虑到下部雾滴覆盖度的结果比比值更具有实际意义。另外新疆棉花冠层中下部的沉积量较低，要提高中下部冠层的沉积量，除试验中涉及的因素外，还应当考虑其他因素，例如更换喷洒系统等。

叶面积指数与雾滴的穿透性和棉花的脱叶率具有非常重要的关系。但是本次试验中没有对叶面积指数与冠层穿透性的关系进行深入探讨，后续还需要进一步研究，尤其是针对高密度田块和低密度田块进行对比试验，分析脱叶率情况。

第二节　雾滴粒径对棉花脱叶效果的影响

（一）试验材料与方法

1. 试验材料

试验时间为 2018 年 9 月 15 日至 10 月 3 日，试验地点在新疆石河子市。试验棉花品种为"三棉"，播种时间为 2018 年 4 月 11 日，宽窄行距分别为 66 cm、10 cm，株距为 10 ～ 12 cm，脱叶期正值棉花吐絮期，棉花长势中等，倒伏相对较低。

试验材料有手套、口罩、水敏纸、夹子、自封袋、量杯、米尺、GPS 亩面积仪、叶面积指数仪等，试验设备为极飞 P20 植保无人机。

试验药剂：第一次喷洒（9 月 15 日）为棉海（540 g/L 噻苯隆·敌草隆悬浮剂）12 g/ 亩 + 乙烯利 30 g+1∶4 助剂（48 g/ 亩）；第二次喷洒（9 月 22 日）为棉海（540 g/L 噻苯隆·敌草隆悬浮剂）12 g/ 亩 + 乙烯利 70 g+1∶4 助剂（48 g/ 亩）。

试验采用极飞 P20 植保无人机（图 7-2-1），采用旋转离心式雾化喷头，测定不同雾滴粒径对雾滴沉积以及棉花脱叶效果的影响。试验共设计 5 个处理，其中处理 1 ～ 4 由无人机进行，处理 5 为空白对照，各处理作业参数见表 7-2-1。

图 7-2-1　极飞 P20 植保无人机作业现场

表 7-2-1　不同处理作业参数情况

参数	处理 1	处理 2	处理 3	处理 4
亩喷液量（mL）	1000	1000	1000	1000
飞行速度（m/s）	5	5	5	5
喷幅（m）	3	3	3	3
雾滴粒径（μm）	100	150	200	285

2. 雾滴沉积参数的获取

采样点的布置与雾滴穿透性测定方法基本一致，在采样点中部（距离地面 60 cm）增加一层采样点，共 3 层采样点。喷雾试验结束后，将水敏纸收集放置在自封袋中，用扫描仪进行扫描，并用 DepositScan 软件测定水敏纸上的雾滴覆盖密度以及雾滴粒径情况。

试验共测定两次。作业参数为飞行高度 2 m，作业速度 5 m/s，亩喷液量 1000 mL；雾滴粒径分别选择 100 μm、150 μm、200 μm、285 μm（285 μm 的参数设置主要是因为当雾滴粒径大于 200 μm 时，手持控制端 App 上的雾滴粒径大小的调节不再连续）。试验分别测定上、中、下三个位置的雾滴分布情况，并使用叶面积指数仪测定各个位置的叶面积指数情况，以期对叶面积指数和穿透性结果进行回归分析。

3. 不同高度脱叶率、吐絮率调查

调查施药前叶片数以及吐絮率基数情况，并用红绳标记调查植株上、中、下不同高度的位置，按照试验处理的要求，划分四个地块进行田间喷洒，在第一次喷洒后的第 4、7 天，第二次喷洒后的第 4、7 天，分别调查相同位置的棉花脱叶率、吐絮率等。

4. 试验环境温湿度及叶面积指数

2018 年 9 月 15 日第一次喷洒温湿度情况：温度 26.4 ± 0.05 ℃；湿度 21.1% ± 0.09%；风速 0.31 ± 0.01 m/s。

2018 年 9 月 22 日第二次喷洒温湿度情况：温度 28.7 ± 0.05 ℃；湿度 24.3% ± 0.06%；风速 0.72 ± 0.017 m/s。

试验前下部叶面积指数为 0.78，施药后第 7 天为 0.88，施药后第 15 天为 0.44。第 7 天时的叶面积指数反而比不施药前大，可能是测定参数的设置导致结果不一致，后期还需要再对设备以及测定方法进行检查分析。

（二）试验结果

1. 不同雾滴粒径对雾滴穿透性的影响

与棉花脱叶剂需要喷洒两次一致，共进行两次雾滴穿透性试验测定。雾滴在冠层上、中、下部的沉积情况如图 7-2-2 所示。

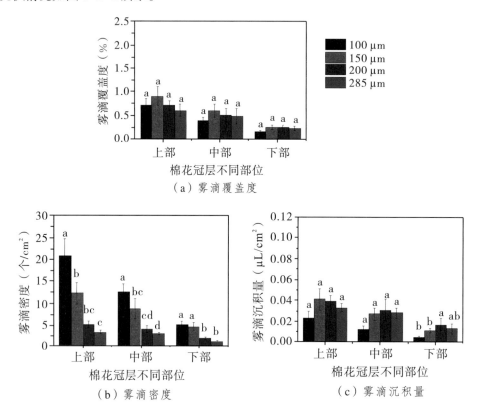

图 7-2-2　第一次喷洒时雾滴在冠层上、中、下部的沉积情况

其中，图 7-2-2（a）为雾滴覆盖度试验结果。第一次喷洒冠层上部雾滴覆盖度试验结果为 150 μm ＞ 100 μm ＞ 200 μm ＞ 285 μm，中部雾滴覆盖度为 150 μm ＞ 200 μm ＞ 250 μm ＞ 100 μm，下部雾滴覆盖度为 150 μm ＞ 200 μm ＞ 285 μm ＞ 100 μm。其中 150 μm 的雾滴在上、中、下部都有最大的雾滴覆盖度，与此相比，100 μm 的雾滴具有最小的雾滴覆盖度，但各处理差异不显著。图 7-2-2（b）和图 7-2-2（c）分别为雾滴密度和雾滴沉积量试验结果。雾滴密度结果为 100 μm ＞ 150 μm ＞ 200 μm ＞ 285 μm。沉积量结果为 200 μm ＞ 150 μm ＞ 285 μm ＞ 100 μm。在保证喷液量相同以及不受到外界蒸发影响的情况下，雾滴密度、雾滴覆盖度随粒径的增大而降低，但是可能由于 100 μm 的雾滴在新疆高温干燥的环境下容易蒸发，导致实际沉积覆盖度较低。

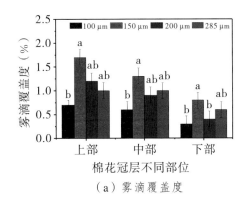

（a）雾滴覆盖度

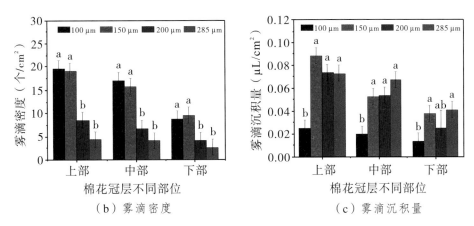

（b）雾滴密度　　　　　　　　　　　（c）雾滴沉积量

图 7-2-3　第二次喷洒时雾滴在冠层上、中、下部的沉积情况及穿透性情况

第二次雾滴穿透性试验结果与第一次基本一致（图 7-2-3）。雾滴覆盖度结果为 150 μm ＞ 200 μm ＞ 285 μm ＞ 100 μm，上部、中部、下部有相似的变化趋势。雾滴密度为 100 μm ＞ 150 μm ＞ 200 μm ＞ 285 μm，下部雾滴在雾滴粒径为 150 μm 时密度最大，为 9.5 个 /cm²，雾滴粒径为 100 μm 时，沉积量最低，其他处理差异不显著。

2. 不同雾滴粒径对棉花脱叶率的影响

通过对四种雾滴粒径脱叶效果的对比可知（图 7-2-4），在施药后的第 15 天，雾滴粒径为 100 μm 的处理脱叶效果最差，为 74.7%，且显著低于其他三个处理。雾滴粒径为 150 μm、200 μm、285 μm 的三个处理之间没有显著差异，脱叶率分别为 77.3%、80.4%、83.5%。分析棉花下部脱叶率，雾滴粒径为 150 μm 时下部脱叶率最高，为 84.3%，雾滴粒径为 100 μm、200 μm、285 μm 时的下部脱叶率分别为 76.0%、76.2%、79.3%。试验结果表明，植保无人机喷洒时雾滴粒径在 150 ～ 285 μm 可实现较好的棉花脱叶效果，其中雾滴粒径为 150 μm 时具有最大的雾滴覆盖度、雾滴沉积量以及最大的下部脱叶率。

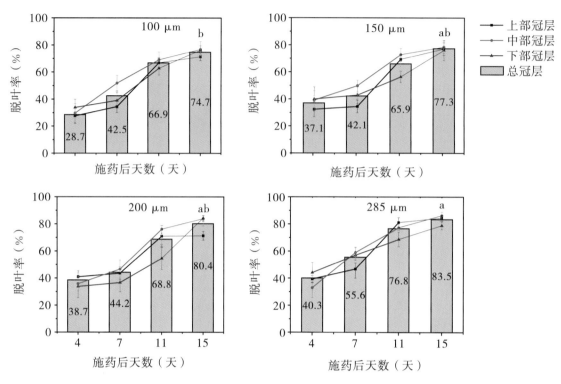

图 7-2-4 不同雾滴粒径对棉花脱叶率的影响

3. 不同雾滴粒径对棉花吐絮效果的影响

四种雾滴粒径对吐絮率的效果影响为 285 μm > 200 μm > 150 μm > 100 μm，但是各处理之间没有显著差异，可能是因为喷洒的乙烯利过量，导致各处理之间没有显著差异。

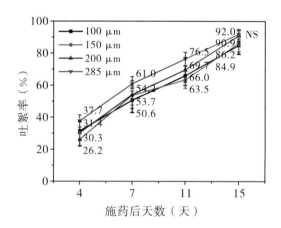

图 7-2-5 不同雾滴粒径对棉花吐絮率的影响

（三）小结

本节主要对植保无人机喷雾在作物冠层内的穿透性、棉花脱叶率以及棉花吐絮效果进行研究，试验设计了四种雾滴粒径（100 μm、150 μm、200 μm 和 285 μm）以探究在不同雾滴粒径下的试验效果。试验结果表明，雾滴粒径对雾滴覆盖度及雾滴在冠层内的穿透性均有显著的影响，其中雾滴粒径为 100 μm 时，雾滴的覆盖度和穿透性都显著低于其他处理。雾滴粒径为 150 μm 的处理要显著好于雾滴粒径为 100 μm 的处理，分析原因可能是小雾滴蒸发导致沉积量过低，进而导致脱叶效果显著小于其他处理。棉花脱叶率的测试结果发现，雾滴粒径在 150～285 μm 时可实现较好的脱叶效果，雾滴粒径为 150 μm 时植株下部的脱叶率最大。棉花吐絮效果的测试结果发现，棉花吐絮率随雾滴粒径的增大而升高。

第三节　喷液量对雾滴沉积及草地贪夜蛾防治效果的影响

植保无人机与传统施药机械（背负式喷雾机、地面喷雾机、固定翼飞机）相比，最大的区别就在于喷液量不同。传统施药机械具有大容量喷雾的特点，背负式喷雾机与地面喷雾机的亩喷液量在 15～30 L，固定翼飞机的亩喷液量在 3～6 L，而植保无人机的喷液量低于传统施药机械的喷液量。

低容量喷液量对雾滴沉积特性以及防治效果有显著影响。国内外学者对喷液量进行了大量的试验，Menechini 等在玉米作物上研究了四种喷液量（7.5 L/hm²、13.5 L/hm²、20 L/hm² 和 30.3 L/hm²）对雾滴沉积及防治效果的影响，结果表明喷液量为 30.3 L/hm² 时，雾滴的覆盖度最大。然而，不同的学者有不同的研究结果。Fritz 等使用固定翼飞机研究了不同的喷液量（19 L/hm²、47 L/hm² 和 94 L/hm²）在小麦作物上的沉积情况，结果发现喷液量为 19 L/hm² 时雾滴的沉积量最大。Hoffmann 等的研究表明喷液量（4.7～14.1 L/hm²）不会对防治效果产生影响，并建议通过减少喷液量来提高作业效率。在高容量喷液量中，Foqué 等使用喷杆喷雾机在常春藤盆栽植物上研究了 500 L/hm²、1000 L/hm²、1500 L/hm² 和 2000 L/hm² 这四种喷液量，结果表明喷液量为 1000 L/hm² 时雾滴沉积最均匀。Wang 等使用单旋翼无人机研究了不同喷液量在小麦白粉病上的防治效果，结果表明喷液量对小麦白粉病的防治有显著影响。Shan 等使用植保无人机研究了不同喷液量对除草剂在冬小麦田的雾滴沉积特性，结果表明雾滴密度及覆盖度均随着喷液量的增加而增大。

关于喷液量的研究一直存在不同的定论，有的学者认为喷液量的增加有助于提高雾滴的沉积以及病虫害的防治效果，也有的学者认为喷液量的增加不会提高病虫害的防治效果。而关于植保无人机在草地贪夜蛾防治效果上的研究文章很少，因此，本节研究植保无人机不同喷液量对雾滴沉积特性以及防治效果的影响。试验中使用铜版纸采集雾滴在玉米叶片和玉米冠层上的沉积情况，并将铜版纸带回实验室使用 Image-J 软件计算雾滴密度及覆盖度。通过田间调查的方法获取不同喷液量下施药前后虫口的基数和玉米的危害等级，对不同喷液量下草地贪夜蛾的防治效果进行评估，以期为农户使用植保无人机防治草地贪夜蛾提供技术指导。

（一）材料与方法

1. 试验地点

试验在云南省昆明市宜良县进行。试验田所种植的玉米品种为"甜翠311"，播种时间为2019年7月20日。试验时玉米株高为0.4 m、行距为0.4 m、株距为0.3 m。玉米生长阶段为喇叭口期，试验前，田间观察到玉米受害率达10%以上，大部分玉米植株的危害水平达到3级。

2. 试验设备

喷雾设备使用的是深圳大疆科技有限公司的MG-1P八旋翼电动植保无人机（本节简称MG-1P植保无人机），如图7-3-1所示。由于植保无人机的飞行速度有限，仅通过调节植保无人机的飞行速度，很难实现本次试验中所要求的喷液量。因此，试验时使用了XR110-01和XR110-015两种喷头来实现不同的喷液量。XR110-01、XR110-015喷头安装在转子的下方，并沿飞行方向垂直和平行布置，四个喷头的布置呈矩形，长度和宽度分别为132 cm和56 cm。MG-1P植保无人机的喷雾压力、流量、飞行高度、飞行速度等都是通过遥控器进行控制。使用XR110-01、XR110-015喷头时，喷雾压力和流量分别为0.2 MPa、0.32 L/min和0.25 MPa、0.54 L/min。MG-1P植保无人机的喷雾设备参数见表7-3-1。

图7-3-1　MG-1P植保无人机

表 7-3-1　MG-1P 植保无人机喷雾设备参数

性能	参数
外形尺寸（m×m×m）	1.46×1.46×0.578
药箱容量（L）	10
飞行速度（m/s）	2.4～5.7
喷雾高度（m）	2
喷幅（m）	5
喷头个数（个）	4
喷头类型	XR110-01、XR110-015

3. 试验设计

本次试验选取的试验田大小约为 170 m×150 m，分 12 个试验小区，设计 5 个处理，每个处理重复 3 次。每个试验小区的大小为 50 m×22 m。每个试验小区之间均设置了 10 米的缓冲区，以避免雾滴飘移对试验结果产生影响。其中，MG-1P 植保无人机有 4 个处理，空白对照 1 个处理。试验中，研究了四种喷液量（7.5 L/hm²、15.0 L/hm²、22.5 L/hm² 和 30.0 L/hm²）对雾滴沉积特性以及草地贪夜蛾防治效果的影响。

（1）采样点布置。为了分析不同采样方法对沉积结果的影响，采用了两种采样方法（图 7-3-2）。这两种取样方法分别为：①用采样杆将铜版纸片放置在距作物冠层 5 cm 处。该方法所得到的沉积数据与作物的冠层结构无关，是为了便于与其他研究者的工作进行比较。②使用订书机将铜版纸固定在玉米的倒一叶上，角度大约为 50°±10°。使用这种采样方法主要考虑到草地贪夜蛾的产卵和孵化主要发生在玉米的倒一叶上，因此玉米倒一叶上的雾滴沉积对草地贪夜蛾的防治效果起着重要作用。为了使采样的数据更具有代表性，每个试验小区选取 11 个采样点，采样点均匀分布在试验田中。

（a）铜版纸实际布置图

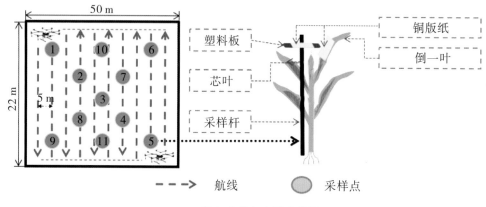

- - - ➔ 航线　　⬭ 采样点

（b）采样点布置示意图

图 7-3-2　采样点布置图

（2）喷液量。试验中，MG-1P 植保无人机的喷雾高度距离玉米植株冠层为 2 m，此高度的控制是通过 MG-1P 植保无人机的定高模块来实现。在 0.2 MPa 和 0.25 MPa 的喷雾压力下，雾滴粒径分别为 90.4 ~ 121.2 μm 和 154.2 ~ 183.0 μm。根据喷雾压力、喷雾流量和喷幅宽度可计算出不同喷液量下的飞行速度，计算公式为

$$V = \frac{K^3 \times Q}{RS} \tag{7.3.1}$$

式中，R 为喷液量，L/hm²；Q 为流量，L/min；K^3 为常数（600）；V 为飞行速度，km/h；S 为喷幅，m。

根据公式（7.3.1），当喷液量为 7.5 L/hm²、15.0 L/hm²、22.5 L/hm²、30.0 L/hm² 时，对应的飞行速度分别为 5.7 m/s、4.8 m/s、3.2 m/s、2.4 m/s。

4. 雾滴沉积测定

施药前，将 10 g/L 的诱惑红添加到药箱中作为示踪剂，使用铜版纸作为沉积测试卡。试验结束后，将铜版纸片放在自封袋中带到实验室进行处理。先使用扫描仪在分辨率为 600 dpi 下进行扫描，再利用 DepositScan 软件分析所扫描的铜版纸上的雾滴密度和覆盖度，扫描数据测试界面如图 7-3-3 所示。

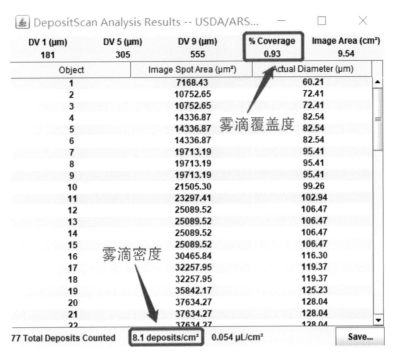

图 7-3-3　雾滴测试数据界面

　　试验时使用气象仪（型号 NK-5500）记录气候条件，温度为 22.9 ～ 29.5 ℃，相对湿度为 45.4% ～ 72.2%，风速为 0.4 ～ 2.2 m/s。

5. 防治效果

　　本试验使用的杀虫剂为美国科迪华农业公司生产的 25% 乙基多杀菌素（施达灵®），每个试验小区所使用的剂量为 30 g（a.i.）/hm²。

　　药效试验采用田间药效试验指南（Ⅱ）标准和 Davis 量表法。每个试验小区采用五点采样法取 11 个点进行调查。施药前，在每个点随机选取 3 株玉米对草地贪夜蛾的虫口数量和玉米的危害指数进行统计，并在玉米上用红绳做标记。施药 1、3、7、14 天后，再次调查同一株玉米上草地贪夜蛾的数量和玉米的危害指数。在不考虑草地贪夜蛾龄期的情况下，计算草地贪夜蛾的总体防治效果。根据施药前后各试验小区草地贪夜蛾的活虫数量（活虫数量通过数虫子的方式来确定），使用防效公式（7.3.2）、（7.3.3）计算施药后各试验小区草地贪夜蛾的防治效果。玉米危害指数法是 Davis 等在草地贪夜蛾防治试验中采用的调查方法，也称为 Davis 量表法。危害等级的划分范围为 0 ～ 9 级，其中 0 级表示没有可见危害，9 级表示严重危害，具体的危害等级划分见表 7-3-2。图 7-3-4 为草地贪夜蛾对玉米叶片取食后部分危害等级示意图。Davis 量表法根据玉米被草地贪夜蛾入侵后 7 天和 14 天的危害程度进行等级分类，能够快速、简便地判别植物受危害的等级。根据危害指数公式（7.3.4）可以计算出施药前后各试验小区玉米的危害指数。

图7-3-4 玉米受草地贪夜蛾危害后等级图（图中数字代表危害等级值）

表7-3-2 Davis量表法

级别	分级标准
0 级	没有明显损伤
1 级	叶片上有针状似的损伤（5%以下）
2 级	叶片上存在针状以及环状损伤
3 级	喇叭口处出现针状及小的环状损伤，芯叶处出现长1.3 cm左右的条状损伤（6%～15%）
4 级	长度喇叭口及芯叶处出现多个长1.3～2.5 cm的条状损伤
5 级	喇叭口及芯叶处存在长度大于2.5 cm的条状损伤或存在数个不规则中小穿孔的损伤形状（16%～25%）
6 级	喇叭口及芯叶处存在长度大于2.5 cm的条状损伤以及数个不规则大穿孔的损伤形状
7 级	喇叭口及芯叶处存在大量长度大于2.5 cm的条状损伤以及数个不规则大穿孔的损伤形状（26%～50%）
8 级	喇叭口及芯叶处存在大量长条状的损伤以及多个不规则大穿孔的损伤形状
9 级	喇叭口及芯叶处的叶片基本上被全部破坏（50%以上）

$$\text{虫口减退率（\%）} = \frac{\text{施药前虫数} - \text{施药后虫数}}{\text{施药前虫数}} \times 100 \qquad (7.3.2)$$

$$\text{防效（\%）} = \frac{\text{处理区虫口减退率（\%）} - \text{空白区虫口减退率（\%）}}{100 - \text{空白区虫口减退率（\%）}} \times 100 \qquad (7.3.3)$$

$$\text{危害指数} = \frac{\Sigma（\text{各级危害叶数} \times \text{相对级数值}）}{\text{调查总数} \times 9} \times 100 \qquad (7.3.4)$$

6. 数据分析

使用 SPSS v17.0 进行 Duncan 检验，在 95% 的显著性水平下进行方差分析，并且计算变异系数。变异系数（CV）用于显示雾滴沉积的均匀性，变异系数计算公式为

$$CV = \frac{S}{\overline{X}} \times 100\% \qquad (7.3.5)$$

$$S = \sqrt{\sum_{i=1}^{n} (X_i - \overline{X})^2 / (n-1)} \qquad (7.3.6)$$

式中，S 为试验组样本标准差；X_i 为各采样点雾滴密度或雾滴覆盖度；X 为每个试验组雾滴密度或雾滴覆盖度的平均值；n 为每个试验组采样点个数。

（二）试验结果

1. 雾滴沉积直观图

雾滴沉积对草地贪夜蛾的防治效果有很大的影响。图 7-3-5 是 MG-1P 植保无人机在不同喷液量和采样方式下的雾滴沉积直观图。通过直观图，大致可以得到三个定性的结论：①喷液量对雾滴密度和覆盖度有显著影响。②采样杆上获得的雾滴密度和覆盖度均高于采样叶上获得的雾滴密度和覆盖度。③由于田块较小，MG-1P 植保无人机的喷洒均匀性会受到一定的影响，整体均匀性较差。

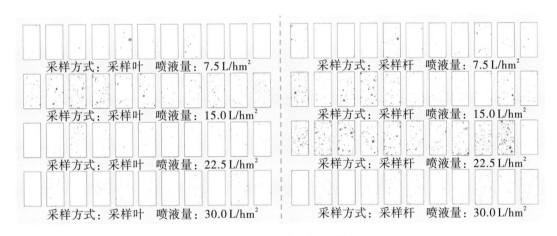

图 7-3-5　雾滴沉积直观图

2. 采样方式对雾滴沉积特性的影响

不同采样方式获得的雾滴沉积（雾滴密度和覆盖度）结果如图 7-3-6 所示。在喷液量为 7.5～30.0 L/hm² 的情况下使用采样杆法获得的雾滴密度与覆盖度为 24.3 个 /cm² 和 8.4%，使用采样叶法获得的雾滴密度与覆盖度为 18.0 个 /cm² 和 6.0%。使用采样杆法获得的雾滴密度和覆盖率分别比使用采样叶法获得的雾滴密度和覆盖率高 35.0% 和 40.0%，且存在显著性差异

（$P < 0.01$），这说明采样方式对雾滴的沉积产生了影响。从图中还可以看出，这两种采样方式所获得的雾滴密度和覆盖度的变异系数均高于60.0%，表明雾滴沉积的均匀性较差。使用采样杆法避免了冠层结构对雾滴沉积的影响，便于分析喷雾设备之间雾滴沉积均匀性的差异。

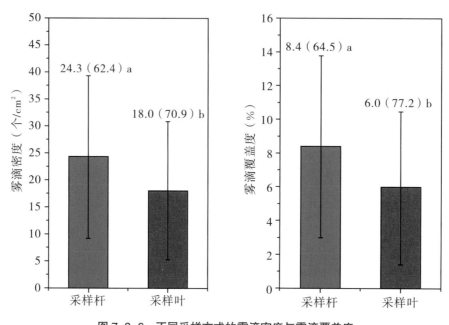

图 7-3-6　不同采样方式的雾滴密度与雾滴覆盖度

注：图中括号内的数值为变异系数平均值，数值后不同的小写字母表示显著性差异（$P < 0.01$）。

3. 喷液量对雾滴沉积的影响

不同喷液量测得的雾滴沉积结果如图 7-3-7 所示。从图中可以看出 MG-1P 植保无人机的喷液量为 7.5 ～ 30.0 L/hm² 时，雾滴密度为 12.5 ～ 37.0 个 /cm²，雾滴覆盖率为 5.9% ～ 11.8%。雾滴密度和覆盖度随喷液量的增加而增大。进一步分析喷液量对雾滴密度和覆盖度的影响，发现喷液量与雾滴密度、覆盖度之间存在良好的线性关系，且决定系数分别为 0.89 和 0.92。不同喷液量下测得雾滴密度与覆盖度的变异系数范围分别为 28.5% ～ 74.3% 和 37.2% ～ 92.1%。喷液量为 15.0 L/hm² 时雾滴密度与覆盖度的变异系数最大，喷液量为 30.0 L/hm² 时雾滴密度与覆盖度的变异系数最小。

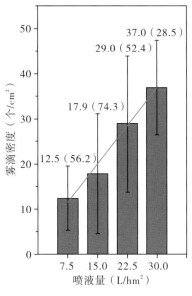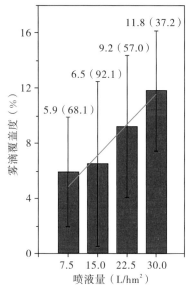

图 7-3-7　不同喷液量的雾滴密度与雾滴覆盖度

注：图中括号内的数值为变异系数平均值；绿线是雾滴密度或覆盖度与喷液量之间的拟合曲线。

4. 喷液量对草地贪夜蛾防治效果的影响

不同喷液量下 MG-1P 植保无人机对草地贪夜蛾的防治效果如图 7-3-8 所示。从图中可以看出，随着喷液量的增加防治效果逐渐增强。施药后第 1 天、第 3 天、第 7 天喷液量为 7.5 L/hm² 与 15.0 L/hm²、15.0 L/hm² 与 22.5 L/hm²、22.5 L/hm² 与 30.0 L/hm² 之间的防治效果不存在显著性差异。施药后第 14 天喷液量为 22.5 L/hm² 与 30.0 L/hm² 之间的防治效果不存在显著性差异，同时这四种喷液量的防治效果均有所降低。在所有处理中，施药后第 7 天喷液量为 30.0 L/hm² 的处理防治效果达到最大值 87.2%，但是与喷液量为 22.5 L/hm² 处理的防治效果无显著性差异。

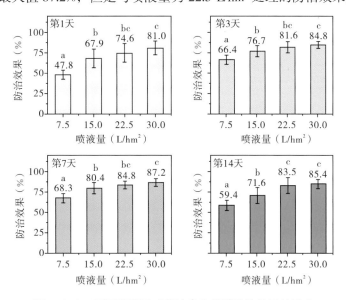

图 7-3-8　不同喷液量对草地贪夜蛾的防治效果的影响

注：图中数值为防治效果的平均值，不同的小写字母表示显著性差异（$P < 0.01$）。

草地贪夜蛾的防治效果随时间的变化趋势如图 7-3-9 所示。防治效果的变化规律均呈现出先升高后降低的趋势。施药后第 1～7 天，草地贪夜蛾的防治效果逐渐提高，防治效果的峰值出现在施药后第 7 天。施药后第 7～14 天，草地贪夜蛾防治效果逐渐降低，这表明下一轮的施药应在前一次施药后的第 7～14 天内进行。

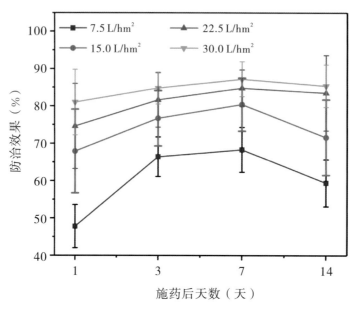

图 7-3-9　防治效果随时间的变化图

5. 喷液量对玉米危害指数的影响

施药后玉米的危害指数变化如图 7-3-10 所示。从图中可以看出，施药后各处理的危害指数变化不一。施药前，各试验小区玉米的危害指数大致相同，这表明各试验小区虫口基数与虫口龄期大致相同。施药后第 1 天，危害指数与施药前大致相同，这可能是因为危害等级调查法具有滞后性。施药后第 3 天，玉米的危害指数略有增加，这可能是统计误差所致。施药后第 7 天，玉米的危害指数达到最低值，这一结果与虫口调查结果一致。施药后第 14 天，玉米的危害指数有所增加，这表明草地贪夜蛾的数量又开始增加。但是喷液量为 22.5 L/hm² 与 30.0 L/hm² 的危害指数仍低于施药前玉米的危害等级。空白对照组危害指数在施药前与施药后第 1 天危害指数大致相同，施药后第 1～14 天危害指数逐渐增加，施药后第 7～14 天危害指数增加较快，这可能是草地贪夜蛾的数量增加以及虫口的龄期增大所致。

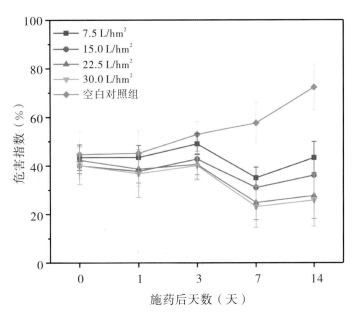

图 7-3-10 玉米危害指数随时间的变化图

（三）讨论

雾滴密度和雾滴覆盖度是影响雾滴沉积的重要参数。为了对比不同的采样方法对雾滴密度和覆盖度的影响，将铜版纸分别布置在采样杆和采样叶上。采样杆上的铜版纸水平布置在玉米冠层上方 5 cm 处，采样叶上的铜版纸用订书机固定在玉米的倒一叶上，角度为 50° ±10°。测试结果表明，不同的采样方法对雾滴密度与覆盖度的沉积存在显著性差异，说明雾滴沉积的结果会受到作物冠层结构的影响。Capri 等使用毒死蜱药剂在两个不同坡度的试验田进行了飘移试验，结果表明平整试验田的雾滴沉积量高于倾斜试验田的雾滴沉积量。沉积测试卡布置在作物的叶片上会受到叶片的遮蔽，进而影响雾滴的沉积。不同的作物具有不同的冠层大小、冠层形状、叶片密度和种植方式，这些因素都会影响雾滴在叶片上的沉积。植物冠层结构被认为是影响雾滴密度和覆盖度的主要参数。多数情况下，作物上层的雾滴沉积量要高于作物下层的雾滴沉积量。在 Xiao 等的棉花脱叶剂的喷施试验中，与下层相比较，上层的雾滴密度和覆盖度分别增加了 61.9% 和 150.0%，导致这一结果的原因为棉花冠层上部叶片复杂且重叠，影响了雾滴在下部的沉积。当然，每种采样方法都具有优缺点。采样杆法可以避免冠层结构和布置角度对雾滴沉积的影响，并且可以准确地收集雾滴沉积情况，这有助于对比不同研究文献中的结果。同时，这对优化无人机的喷施参数也有所帮助。但是，它不能代替雾滴在叶片上的沉积。将采样纸直接布置在采样叶上的方法可以直接获取雾滴在特定叶片上的雾滴沉积情况，这有助于将雾滴沉积与防治效果结合起来，建立雾滴沉积与防治效果之间的关系。

本试验使用 MG-1P 植保无人机研究了不同喷液量对玉米草地贪夜蛾防治效果的影响，结果表明，随着喷液量的增加，防治效果逐渐提高。Wang 等使用无人机进行了不同喷液量

（9.0 L/hm²、16.8 L/hm²、28.1 L/hm²）对小麦蚜虫的防治试验，试验结果与本次研究的结果一致，但是，该试验的防治效果要优于本试验的防治效果，这可能与无人机的飞行参数和雾滴粒径有关。Qin 等研究了低容量喷雾技术对水稻稻飞虱的防治效果，通过优化植保无人机的作业参数，提高了稻飞虱的防治效果。Chen 等使用三种不同雾滴粒径的喷头研究了雾滴粒径对稻飞虱防治效果的影响，结果表明使用雾滴粒径较小的喷头可以提高稻飞虱的防治效果。

然而，其他学者有不同的研究结果。Roehrig 等研究了 40 ～ 160 L/hm² 的喷液量对亚洲锈病防治效果的影响，结果表明喷液量为 130 L/hm² 时大豆的产量最高，在统计学上与喷液量为 160 L/hm² 的产量无显著性差异。Berger-Neto 等进行了 100 L/hm² 和 200 L/hm² 的喷雾量对大豆白霉病防治效果的试验，结果表明喷液量不会影响大豆白霉病的防治效果。Garcerá 等使用地面喷雾机械研究了喷液量对加利福尼亚红鳞病的控制效果，结果表明防治效果与喷液量无关。这些学者的研究结果与本试验的研究结果不一致，这可能是喷液量过大所致。Wang 等使用不同喷雾设备在小麦田进行了喷雾沉积试验，结果表明喷液量过大容易导致药液流失和雾滴沉积，从而使大喷液量的防治效果降低。因此，在农药施用过程中，应选择适宜的喷液量进行田间作业。

在本试验中，防治效果随着喷液量的增加而增大，但是喷液量为 30.0 L/hm² 时与 22.5 L/hm² 时的防治效果没有显著性差异。考虑到无人机的工作效率，建议使用 22.5 L/hm² 的喷液量进行田间喷施作业。

（四）小结

本节使用 MG-1P 植保无人机在云南昆明研究了不同喷液量对雾滴沉积以及草地贪夜蛾防治效果的影响。试验使用了采样杆与采样叶两种方法获取雾滴的沉积情况。采样杆法主要是获取雾滴在玉米冠层上的沉积情况，采样叶法是使用订书机将铜版纸固定在玉米的倒一叶上获取雾滴在玉米叶片上的沉积情况。沉积参数主要包括雾滴密度与雾滴覆盖度。在喷雾试验中，采样方式对雾滴密度及覆盖度有显著性影响。随着喷液量的增加，雾滴密度与覆盖度逐渐增大，且具有良好的线性关系。在探究喷液量对草地贪夜蛾防治效果的试验中，发现随着喷液量的增加防治效果逐渐增强。当喷液量为 30.0 L/hm² 时，草地贪夜蛾的防治效果最优，但与喷液量为 22.5 L/hm² 时的防治效果无显著性差异。草地贪夜蛾的防治效果随施药时间的变化先升高后降低。施药后第 1 ～ 7 天草地贪夜蛾的防治效果逐渐提高，施药后第 7 ～ 14 天草地贪夜蛾防治效果逐渐降低。玉米的危害指数在施药后第 7 天达到最低值，这一结果与防治效果相对应。施药 14 天后，玉米的危害等级均较第 7 天有所提高，但喷液量为 30.0 L/hm² 与 22.5 L/hm² 的危害等级均低于施药前玉米的危害等级。从目前的防治效果来看，无人机喷雾防治草地贪夜蛾基本上可以达到田间喷雾作业的要求，但还需要通过优化喷雾参数或添加喷雾助剂等方式进一步提高草地贪夜蛾的防治效果。

第四节　雾滴粒径对雾滴沉积及草地贪夜蛾防治效果的影响

雾滴粒径是影响雾滴沉积特性的主要参数。在田间使用植保无人机作业时，雾滴粒径应适中，雾滴粒径过大会使雾滴密度降低，还易使药液流失导致药效降低，雾滴粒径过小虽然能够提高雾滴密度及覆盖度，但是存在着易飘移的风险。

在 20 世纪 70 年代，UK 等提出了最佳雾滴粒径 Bods 理论，即最佳的雾滴粒径防治效果。不同类型的害虫与作物，往往对雾滴粒径的要求有所不同。对于爬行类的害虫和植物病害，通常要求雾滴粒径在 30 ～ 150 μm，对于飞行性的害虫，通常要求雾滴粒径在 10 ～ 50 μm。杀虫剂作用方式的不同，对雾滴粒径的要求也有所不同，触杀性药剂需要小的雾滴粒径来提高雾滴的覆盖度进而提高防治效果，而对于内吸性药剂则不需要足够高的覆盖度也可以达到较好的防治效果。Bryant 等研究了雾滴粒径对舞毒蛾幼虫的防治效果，结果表明，雾滴粒径在 50 ～ 150 μm时，雾滴粒径越小防治效果越好，这说明通过减小雾滴粒径、增加雾滴密度可以提高防治效果。ALM 等进行了雾滴粒径对虫卵防治效果的试验，结果表明雾滴粒径为 120 μm 与 200 μm 具有相同的防治效果，但是在相同浓度下雾滴粒径为 120 μm 的喷液量低于雾滴粒径为 200 μm 的喷液量。Knoche 进行了雾滴粒径与喷液量对除草剂防治效果的试验，结果表明在喷液量一定的情况下，防治效果随着雾滴粒径的减小而增大，但是对于不同的除草剂与杂草类型，这一结论并不一致。Merritt 使用百草枯、二甲四氯除草剂进行了雾滴粒径对杂草防治效果的试验，结果表明雾滴粒径在 200 ～ 400 μm 时的防治效果无显著性差异。综上可知，雾滴粒径对病虫害的防治效果影响不一。崔丽等综述了雾滴粒径对草地贪夜蛾抗性产生的影响，结果表明在大雾滴粒径的情况下，草地贪夜蛾更容易产生抗性。在草地贪夜蛾的防治试验中，使用静电喷雾技术与使用常规喷雾技术相比，杀虫剂的用量减半也可以达到相同的防治效果。大容量喷雾技术与航空施药技术相比可以提高草地贪夜蛾的防治效果，且减少施药次数。目前，国内外学者很少使用植保无人机研究不同雾滴粒径对草地贪夜蛾防治效果的影响，因此，本研究使用极飞 XP 2020 植保无人机进行了雾滴粒径对雾滴沉积特性以及草地贪夜蛾防治效果的试验，以期为使用植保无人机提高草地贪夜蛾防治效果提供技术指导。

（一）材料与方法

1. 试验地点及试验作物

试验在广东省广州市从化区进行。试验田所种植的玉米品种为"红太阳 3 号"，播种时间为 2020 年 7 月 24 日。施药时玉米株高、行距和株距分别为 0.2 m、0.4 m 和 0.3 m 左右。玉米生长阶段为喇叭口期，施药前田间观察玉米受害率为 6% 左右，大部分玉米植株的危害水平达到 2级（Davis 量表法）左右。

试验时使用 NK–5500 气象仪记录试验期间的气象条件，温度为 28.1 ～ 31.3 ℃，相对湿度为 52.9% ～ 71.5%，风速为 0 ～ 0.5 m/s。

2. 试验设备

本次喷雾作业使用的是极飞 XP 2020 植保无人机，喷雾设备如图 7-4-1 所示。无人机的喷雾系统由四个蠕动泵组成，分别以 0 ～ 0.675 L/min 的流量向四个离心雾化喷头提供药液。极飞 XP 2020 植保无人机上安装有 20 L 快速拔插的药箱。每个转子下装有垂直向下的离心雾化喷头，在不同的电压下，喷头的转速可以在 0 ～ 16000 r/min 之间变化。田间测试作业时，使用极飞 XP 2020 植保无人机的"极飞农业"App 可对无人机的喷幅、雾滴粒径及喷液量等参数进行设定。该植保无人机具有自主飞行的功能，并采用实时运动 RTK 差分定位技术，可以实现厘米级的定位。植保无人机的具体参数见表 7-4-1。

图 7-4-1 极飞 XP 2020 植保无人机

表 7-4-1 极飞 XP 2020 植保无人机设备参数

性能	参数
外形尺寸（mm×mm×mm）	2195×2210×552
载药量（L）	20
作业飞行速度（m/s）	5
作业高度（m）	2
有效喷幅宽度（m）	4
喷头个数	4
喷头类型	离心式喷头

3. 试验设计

本次试验选取 22.5 L/hm² 的喷液量进行田间植保作业。试验选取的实验田大小约为 460 m×44 m，分为 6 个处理，每个处理重复 3 次，共 18 个试验小区。其中，喷施杀虫剂的每个试验小区尺寸约为 44 m×30 m，空白对照处理小区的尺寸约为 15 m×10 m。由于小雾滴容易飘移，为了避免环境风速对雾滴飘移产生影响，在进行试验小区划分时，将雾滴粒径较小的处理设置在下风向，空白对照处理设置在上风向。试验中，研究了 5 种雾滴粒径（90 μm、135 μm、200 μm、285 μm 和 555 μm）对雾滴沉积特性以及草地贪夜蛾防治效果的影响。

采样点布置方式如图 7-4-2 所示。为了避免植保无人机在未达到稳定的飞行状态时就开始喷施而对测定结果产生影响，在喷施作业开始前与结束后均留有 12 m 的飞行距离。每组试验中设置 3 条采样带，采样带的间隔设置为 10 m，每条采样带上有 9 个采样点，采样点之间的距离为 1 m，总长度为 8 m，恰好是极飞 XP 2020 植保无人机的两个喷幅宽度。采样点从左到右进行标记，第一个采样点标记为 0 m，最后一个采样点标记为 8 m。通过调节三脚架的高度使塑料板的高度与玉米的高度保持一致。每组处理完成后，等待 30 s 再收集 Mylar 卡，避免雾滴在 Mylar 卡上未完全干燥而影响后续的沉积测定。同时，为了避免下一组的试验数据被污染，对塑料板进行擦拭处理。作业现场测试如图 7-4-3 所示。

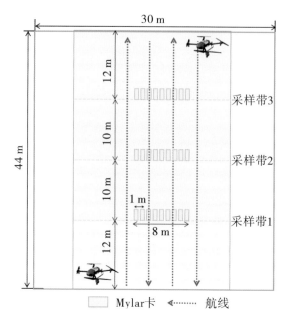

图 7-4-2　采样点布置图

图 7-4-3　作业现场图

4. 雾滴沉积测定

施药前，将 10 g/L 的诱惑红添加到药箱中作为示踪剂，使用 Mylar 卡作为沉积测试卡。试验结束后，将 Mylar 卡放在自封袋中带到实验室进行处理。首先使用扫描仪在分辨率为 600 dpi 下进行扫描，然后利用 DepositScan 软件分析所扫描的 Mylar 卡上的雾滴密度和覆盖度。

5. 防治效果

试验使用的杀虫剂为氯虫苯甲酰胺，杀虫剂用量为 0.225 L/hm^2。

药效测定使用田间药效试验指南（Ⅱ）的标准和 Davis 量表法。药效调查方式使用五点采样法，每个点选取 1 m^2 的区域对玉米植株上的虫口基数和每株玉米的危害等级进行调查并做好标记。施药 1、3、7、10 天后，再次调查同一株玉米上的虫口基数和危害等级。

6. 数据分析

使用 SPSS v17.0 进行 Duncan 检验，在 95% 的显著性水平下进行方差分析，并且计算变异系数。变异系数（CV）用于显示雾滴沉积的均匀性，计算公式为

$$CV= \frac{S}{\overline{X}} \times 100\% \qquad （7.4.1）$$

$$S=\sqrt{\sum_{i=1}^{n}(X_i-\overline{X})^2/(n-1)} \qquad （7.4.2）$$

式中，S 为试验组样本标准差；X_i 为各采样点雾滴密度或覆盖度；X 为每个试验组雾滴密度或覆盖度的平均值；n 为每个试验组采样点个数。

（二）试验结果

1. 雾滴粒径对雾滴密度的影响

雾滴密度是评估喷雾质量的标准之一。从图 7-4-4 可以看出，当雾滴粒径为 90 μm 时，雾滴密度为 29.3 个 /cm²；雾滴粒径为 555 μm 时，雾滴密度为 1.9 个 /cm²。雾滴粒径为 90 μm、135 μm 时，雾滴密度均超过 15 个 /cm²，达到了田间防治病虫害的要求。从图中还可以看出雾滴粒径为 555 μm 时，采样带之间的变异系数较大，这表明此处理下雾滴沉积的均匀性较差。

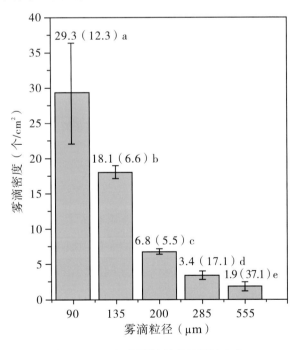

图 7-4-4　不同雾滴粒径的雾滴密度

注：图中括号内的数值为变异系数平均值，数值后不同的小写字母表示差异极显著（$P < 0.01$）。

2. 雾滴粒径对雾滴覆盖度的影响

不同雾滴粒径对雾滴覆盖度的沉积结果如图 7-4-5 所示。由图可知雾滴覆盖度随着雾滴粒

径的增加呈先降低后升高的趋势。在雾滴粒径为 90 μm、135 μm、200 μm 时，雾滴覆盖度随着雾滴粒径的增大而减小，且雾滴粒径为 90 μm 与雾滴粒径为 135 μm、200 μm 之间的覆盖度存在显著性差异，雾滴粒径为 135 μm 与雾滴粒径为 200 μm 之间的覆盖度不存在显著性差异，这一结果表明小雾滴能够增加雾滴的覆盖度。在雾滴粒径为 200 μm、285 μm、555 μm 时，雾滴覆盖度随着雾滴粒径的增大而增大，且不存在显著性差异。从图中还可以看出雾滴粒径为 555 μm 时，采样带之间的变异系数较大，这表明此处理下雾滴沉积的均匀性较差。这一结果与雾滴密度的结果相一致。

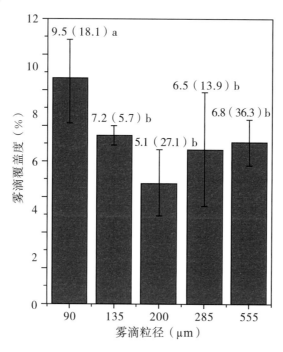

图 7-4-5　不同雾滴粒径的雾滴覆盖度

注：图中括号内的数值为变异系数平均值，数值后不同的小写字母表示差异极显著（$P < 0.01$）。

3. 雾滴粒径对防治效果的影响

不同雾滴粒径对草地贪夜蛾的防治效果如图 7-4-6 所示。从图中可以看出，雾滴粒径对草地贪夜蛾的防治效果表现不一。施药后第 1 天，不同雾滴粒径的防治效果表现为 135 μm > 285 μm > 200 μm > 555 μm > 90 μm，且雾滴粒径之间的防治效果存在显著性差异（$P < 0.01$）。在施药后第 3 天，不同雾滴粒径的防治效果表现为 135 μm > 200 μm > 285 μm > 90 μm > 555 μm，且存在雾滴粒径为 135 μm 与 200 μm、雾滴粒径为 90 μm 与 555 μm 之间的防治效果无显著性差异。施药后第 7 天，不同雾滴粒径的防治效果表现为 135 μm > 200 μm > 285 μm > 90 μm > 555 μm，且存在雾滴粒径为 200 μm 与 285 μm、雾滴粒径为 90 μm 与 555 μm 之间的防治效果无显著性差异。施药后第 10 天，不同雾滴粒径的防治效果表现为 135 μm > 200 μm > 285 μm > 90 μm，且存在雾滴粒径为 200 μm 与 285 μm 之间的防治效果无显著性差异。施药后第 7 天，在田间进行玉米的危害等级调查时发现，雾滴粒径为 555 μm 的处理受草地贪夜蛾危害较重，如果不及时施药，将会危害玉米的正常生长。因此，终止了雾滴粒径为555 μm的处理试验。在所有处理中发现雾滴粒径为135 μm的处理对草地贪夜蛾的防治效果最好，在施药后的第7天防治效果达到84.0%。

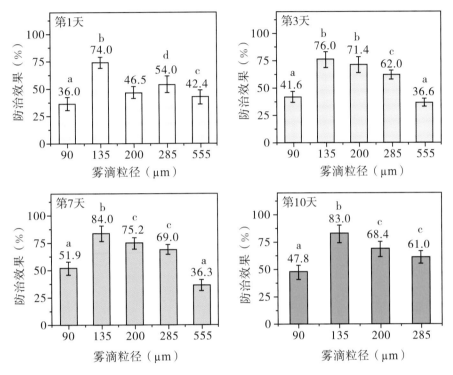

图7-4-6 不同雾滴粒径对草地贪夜蛾的防治效果

注：图中的数值为平均值，数值上方不同的小写字母表示差异极显著（$P < 0.01$）。

4. 雾滴粒径对玉米危害指数的影响

不同处理区玉米的危害指数变化规律如图7-4-7所示。从图中可以看出，施药后各处理区危害指数变化不一。试验前各处理区玉米的危害指数大致相同，这表明各处理区虫口基数与虫口龄期大致相同。施药后第1～3天，玉米的危害指数与施药前大致相同，没有发生明显的变化。施药后第3～7天，雾滴粒径为90 μm与555 μm的危害指数开始升高，第7天时，雾滴粒径为555 μm的处理玉米危害指数达到40%左右。而施药后第7天，雾滴粒径为135 μm、200 μm、285 μm的危害指数基本上没有发生变化，还是维持在25%左右。施药后第10天，雾滴粒径为90 μm、200 μm、285 μm的危害指数均有所提高，而雾滴粒径为135 μm的危害指数则有所降低。空白对照组玉米的危害指数在施药前与施药后第1天基本上保持不变，在施药后的第1～10天危害指数逐渐升高。

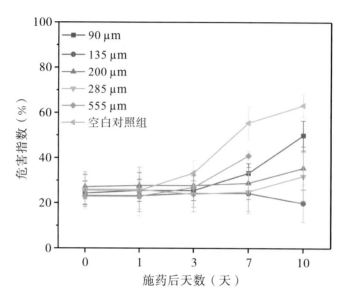

图 7-4-7　不同雾滴粒径处理与玉米的危害指数

（三）讨论

试验中，随着雾滴粒径的增大，雾滴密度逐渐降低，这一结果与其他学者的研究结果一致。雾滴密度对于防治效果的影响至关重要，增加雾滴密度可以增加药液与作物叶片接触的概率，提高防治效果。但是对于触杀性药剂与内吸性药剂，雾滴密度对防治效果的影响有所不同。Ferguson 等的研究发现减少雾滴密度会影响触杀性药剂如百草枯、氨基三唑的防治效果，但是对于内吸性药剂如炔草酯、草甘膦的防治效果没有影响。不同的施药时期对雾滴密度的要求也有所不同。例如，先正达作物保护公司建议除草剂在出苗前作业时雾滴密度至少需要达到 20～30 个 /cm²，出苗后作业时雾滴密度至少达到 30 个 /cm²。雾滴粒径的大小对防治效果的影响也有所不同。徐德进等使用氯虫苯甲酰胺杀虫剂研究了雾滴密度对稻纵卷叶螟防治效果，结果表明防治效果随着雾滴粒径的减小而降低，这也意味着即使是高浓度的农药也需要一定的雾滴密度才可以达到较好的防治效果。Reed 等研究了不同的雾滴粒径对绿棉铃虫的防治效果，结果表明小雾滴具有较好的穿透性，对冠层下部绿棉铃虫的防治效果较好。然而本次试验中并不存在小雾滴的防治效果最好的结论，这可能与玉米叶片的表面结构有关。由于玉米叶片表面的绒毛结构以及小雾滴具有易蒸发的特点，粒径为 90 μm 的雾滴易悬浮于绒毛上且易蒸发，从而使雾滴粒径为 90 μm 的处理防治效果较低。

随着雾滴粒径的增大，雾滴覆盖度先降低后升高。当雾滴粒径为 90 μm、135 μm、200 μm 时，雾滴覆盖度随着雾滴粒径的增大而降低，这一结果与其他学者的研究结果相同。Knoche 在喷雾试验中发现雾滴覆盖度随着雾滴粒径的增大而降低。然而也有不同的结论。Chen 等的研究表明雾滴覆盖度随着雾滴粒径的增大而增大，他们认为产生这种结果的原因是小雾滴容易飘移，从而使雾滴的覆盖度降低。当雾滴粒径为 200 μm、285 μm、555 μm 时，雾滴覆盖度随着雾滴粒径的增大而增大，但是不存在显著性差异，产生这种结果的原因可能是随着雾滴粒径的增大，雾滴在下落的过程中动能就增大，待雾滴落到 Mylar 卡上时雾滴的铺展面积就越大，从而使雾滴的覆盖度随着雾滴粒径的增大而增大。雾滴覆盖度也是影响防治效果的主要因素。Knoche 的综述表明，在 71% 的除草剂试验中，通过增加雾滴的覆盖度，可以提高防治效果。

在田间进行植保无人机喷施作业时，雾滴沉积的均匀性也会影响病虫害的防治效果。因此，在田间作业时不仅要考虑雾滴密度、雾滴覆盖度，也应考虑雾滴沉积的均匀性。Qin 等研究了雾滴沉积均匀性对防治效果的影响，结果表明杀虫剂在作物表面分布越均匀，防治效果越好。Pierce 等的研究表明，当喷雾系统的脉宽调制占空比为 25% 时，变异系数高达 65%，这种不均匀的喷洒方式使除草剂在整个喷洒过程中降低了 35% 的药效。本次试验中，雾滴粒径为 135 μm 的雾滴沉积均匀性优于雾滴粒径为 90 μm 的雾滴沉积均匀性，这可能是防治效果偏好的原因。

（四）小结

本研究使用极飞 XP 2020 植保无人机在广州进行了不同雾滴粒径对雾滴沉积特性以及草地贪夜蛾防治效果的试验，结果表明雾滴密度随着雾滴粒径的增大而降低，雾滴覆盖度随着雾滴粒径的增大先降低后升高。雾滴粒径为 90 μm、135 μm、200 μm 时，雾滴覆盖度随着雾滴粒径的增大而降低；雾滴粒径为 200 μm、285 μm、555 μm 时，雾滴覆盖度随着雾滴粒径的增大而增大，但不存在显著性差异。草地贪夜蛾的防治效果随雾滴粒径的变化表现不一，随施药时间的变化先升高后降低。施药后第 1～7 天草地贪夜蛾的防治效果逐渐提高，施药后第 7～10 天草地贪夜蛾防治效果逐渐降低。施药后第 1～7 天玉米的危害指数变化不大，除雾滴粒径为 90 μm、555 μm 的处理外。施药后第 7～10 天除了雾滴粒径为 135 μm 的处理，其他雾滴粒径处理的危害指数均有所提高。结合草地贪夜蛾的防治效果来看，使用植保无人机施药防治草地贪夜蛾时推荐使用的雾滴粒径为 135 μm，并且第一轮施药与第二轮施药的时间间隔为 10 天左右。

第五节　喷雾助剂对药液理化性质及雾滴沉积的影响

植保无人机技术的快速发展，改变了传统的粗放式喷洒方式，但是仍然存在农药利用率低、雾滴易飘移等问题，喷雾时添加喷雾助剂是改善这些问题的主要途径之一。药液的雾化效果与药液的理化性质密切相关，而喷雾助剂是影响药液理化性质的主要因素，它能够降低药液的表面张力、降低雾滴在作物表面的接触角、增加药液在靶标上的持留量，进而提高农药的利用率。在作物病虫害的防治中，仅仅使用药液往往不能达到理想的防治效果，通常会通过增加喷雾助剂以提高药液在作物表面上的持留量，从而增强防治效果。

国外关于航空喷雾助剂的研究主要使用大型飞机并且多以雾滴的飘移为研究对象。Lan 等使用固定翼飞机研究了抗飘移喷雾助剂对雾滴沉积特性的影响，并筛选出抗飘移性能较好的喷雾助剂。Guler 等在风洞中进行了喷雾助剂的抗飘移性能的试验，结果表明喷雾助剂对雾滴的飘移具有抑制作用。国内关于航空喷雾助剂的研究主要以大容量喷洒与室内试验为主。袁会珠等使用地面喷雾机械在桃树上进行了喷雾助剂的沉积试验，结果表明添加喷雾助剂不仅可以提高药液的持留量，还可以提高雾滴沉积的均匀性。张瑞瑞等研究了不同的喷雾助剂及喷雾助剂的浓度对喷头雾化效果的影响，结果表明喷雾助剂及其浓度均会对雾化效果产生显著影响。

目前，国内外学者较少研究喷雾助剂对药液理化性质的影响。为提高药液在作物表面上的沉积量，进一步提高杀虫剂对草地贪夜蛾的防治效果，本节主要研究不同的喷雾助剂对溶液的表面张力、接触角、雾滴密度、沉积量等因素的影响，以期为提高农药利用率、增强草地贪夜蛾的防治效果提供理论指导及技术支撑。

（一）材料与方法

1. 试验设备

本次试验使用的是极飞 XP 2020 植保无人机。试验材料包括表面张力测定仪、723S 可见分光光度计、CAPST-2000At 全自动水滴角测试仪、Kestrel 5500 气象仪以及采样杆、双头夹、铜版纸、诱惑红、移液枪、扫描仪、自封袋、手套、口罩、白大褂、量杯、10 mL 量筒、卷尺、订书机、地钎、亩面积测定仪等。试验所用到的喷雾助剂有 Ultimate、Starguar4A、Starguar4、倍达通、迈飞、Atplus Mso-Hs 500。不同喷雾助剂的特点见表 7-5-1。

表 7-5-1　不同喷雾助剂的特点

助剂	添加量	类型	特点
Ultimate	1.0%	水基＋表面活性剂	抗飘移、除草剂（尤其草甘膦）增效
Starguar4A	1.0%	瓜尔胶＋甲酯油＋乳化体系	抗飘移、抗蒸发、增加在叶面上的黏附、抗弹跳
Starguar4	1.0%	瓜尔胶＋甲酯油＋乳化体系	抗飘移、抗蒸发、增加在叶面上的黏附、抗弹跳
倍达通	1.0%	改性植物油＋乳化体系	抗蒸发、抗飘移、增加雾滴在叶面上的润湿、铺展
迈飞	1.0%	改性植物油＋乳化体系	增加雾滴在叶面上的润湿、铺展
Atplus Mso-Hs 500	1.0%	改性植物油	抗蒸发、抗飘移

2. 溶液的配制

试验前，使用移液枪将 Ultimate、Starguar4A、Starguar4、倍达通、迈飞、Atplus Mso-Hs 500 配制成浓度为 1% 的试验溶液各 50 mL 待用。

3. 溶液表面张力测定

用表面张力测定仪测定不同溶液的表面张力值，仪器如图 7-5-1 所示。测定前先用纯水对仪器进行标定，使纯水的标定值在 70.5 ～ 72.0 mN/m，再对溶液进行测定，每组测定重复三次。测定不同溶液的表面张力值时需要对铂金环进行清洗，重新标定纯水的表面张力值，使其在正常的测量范围之内。具体操作：在保证铂金环与样品杯清洗干净后，将待测溶液倒至样品杯的中线处，放到表面张力测定仪的工作台上，在仪器设备参数设置页面中，修改重液密度为所测溶液的密度，轻液密度设置为 0，再点击"开始与继续"，表面张力测定仪即可自动测试溶液的表面张力。

图 7-5-1　表面张力测定仪

4. 溶液不同时刻接触角测定

接触角测量仪由成像系统、滴液系统、光源系统与平台系统组成，仪器如图 7-5-2 所示。试验时，先打开测量软件，连接接触角测量仪的成像系统，调节光源使图像清晰地呈现在显示屏上，再通过液滴系统控制液滴的滴取量，使用接触角测量软件对采集的图像进行测量。取品种为"红太阳 3 号"、生长期为三叶一心期的新鲜玉米叶片，平整固定在接触角测量仪上，为了保证液滴大小一致，在成像系统中设置微量进样器的注射体积为 5 μL，设置图像的采集时间为每 10 s 一帧。分别测试 0 s（当液滴滴到玉米叶片的瞬间点击"开始测量"按钮，记此时的测试时间为 0 s）、10 s、20 s、30 s、40 s、50 s、60 s、70 s、80 s、90 s、100 s、110 s、120 s 时的接触角。

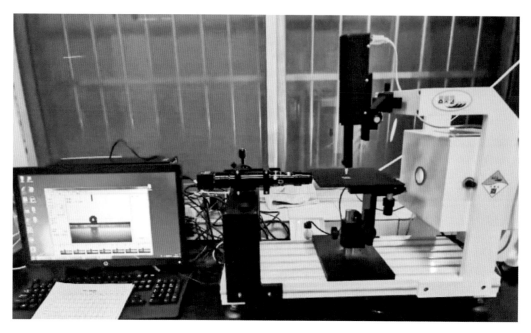

图 7-5-2　接触角测量仪

5. 田间喷雾试验

试验地点位于山东省淄博市临淄区，试验时的气象条件见表 7-5-2。试验时设定极飞 XP 2020 植保无人机的飞行速度为 5 m/s，飞行高度 2 m，喷幅 4 m。根据前述两节的研究结果，试验设定植保无人机的雾滴粒径为 135 μm，喷液量为 22.5 L/hm²。

表 7-5-2　各助剂溶液试验时气象参数

助剂溶液	温度（℃）	湿度（%）	风速（m/s）
清水	34.6～35.2	58.1～60.2	0.3～0.5
Ultimate	35.1～35.3	58.2～59.8	0.4～0.6
Starguar4A	35.0～35.6	57.9～58.6	0.6～1.1
Starguar4	35.3～36.1	54.8～58.4	0
倍达通	35.3～35.7	56.7～57.3	0.4～0.5
迈飞	34.7～34.9	66.3～67.4	0
Atplus Mso-Hs 500	34.2～34.4	65.8～66.0	0

6. 采样点布置

根据试验方案的设计，在距植保无人机起飞的 30 m、50 m、70 m 处各设置一条雾滴采样带，重复三次试验。植保无人机的飞行航线垂直于雾滴采样带并居中，根据极飞 XP 2020 植保无人机的作业喷幅设置采样带上的采样点，每条采样带上共设置 19 个采样点，每个采样点之间的间隔为 1 m，总长度为 18 m。从左至右采样点的标号为 1 ～ 19，在每个采样点处放置一个采样架，将 Mylar 卡通过双头夹布置在玉米的冠层。试验采样点布置如图 7-5-3 所示。

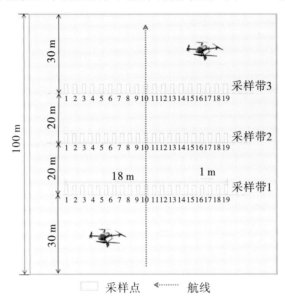

图 7-5-3　采样点布置图

7. 雾滴沉积测定

每次试验完成后，收集采样点上的 Mylar 卡放置在自封袋中，带回实验室用扫描仪在 600 dpi 分辨率下进行扫描，并使用 DepositScan 软件分析雾滴密度及雾滴粒径等参数。

先使用 723S 可见分光光度计对诱惑红溶液进行波长扫描确定其波长，扫描曲线如图 7-5-4 所示，根据扫描曲线确定其诱惑红溶液的波长为 500 nm。使用千分之一天平称取诱惑红 0.2 g，用纯水定容至 200 mL 配制成母液浓度为 1000 μg/mL 的溶液。通过梯度稀释法进一步得到质量浓度分别为 0.01 μg/L、0.02 μg/L、0.04 μg/L、0.08 μg/L、0.10 μg/L、0.20 μg/L、0.40 μg/L、0.80 μg/L、1.00 μg/L 的标准溶液。分别使用 723S 可见分光光度计于波长 500 nm 处测定各浓度溶液的吸光值，每个浓度连续测量三次，求其平均值。通过线性拟合获得诱惑红浓度与吸光值之间的线性回归方程 $A_s=0.25013C_e+0.0148$（$R^2=0.9986$），其中，C_e 为诱惑红浓度，A_s 为测定溶液的吸光值，测定的标准曲线如图 7-5-5 所示。

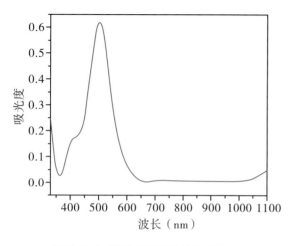

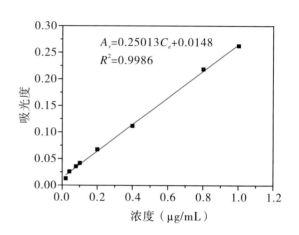

图7-5-4 诱惑红溶液波长扫描图　　　　7-5-5 标准溶液线性拟合

试验前，向药液中加入 5 g/L 的诱惑红作为喷雾染色剂以代替药剂测定喷雾雾滴的沉积量。试验结束后，收集各采样点处的 Mylar 卡放入自封袋中带回实验室进行处理。洗脱时，向每个自封袋中加入 5 mL 的纯水，震荡 5 min，然后取洗脱液 3 mL 使用 723S 可见分光光度计测定其吸光值，根据拟合的回归曲线测定其浓度。最后，根据公式（7.5.1）计算单位面积雾滴的沉积量：

$$D_s = \frac{C_e}{S} \times V \tag{7.5.1}$$

式中，D_s 为单位面积雾滴的沉积量，$\mu L/cm^2$；V 为加入洗脱液的体积，mL；S 为雾滴收集器 Mylar 卡的面积，cm^2。

8. 雾化效果的测定

在喷雾作业中，通常使用 $Dv_{0.1}$、$Dv_{0.5}$、$Dv_{0.9}$ 对雾滴的雾化效果进行评价。$Dv_{0.1}$ 是指等于或小于该雾滴粒径的体积之和占总体积的 10%；$Dv_{0.5}$ 是指等于或小于该雾滴粒径的体积之和占总体积的 50%，又被称为雾滴中值粒径（VMD）；$Dv_{0.9}$ 是指等于或小于该雾滴粒径的体积之和占总体积的 90%。农业喷雾喷头通常选择 $Dv_{0.5}$ 作为雾滴雾化的指标。

雾滴粒径的均一性也是描述雾滴粒径的重要指标，通常使用雾滴谱来评价，RS 越大，表示雾滴均一性越低。RS 计算公式如下：

$$RS = \frac{Dv_{0.9} - Dv_{0.1}}{Dv_{0.5}} \tag{7.5.2}$$

9. 数据分析

使用 SPSS v17.0 进行 Duncan 检验，在 95% 的显著性水平下进行方差分析，计算变异系数。变异系数用于显示雾滴沉积的均匀性，计算公式为

$$CV = \frac{S}{\overline{X}} \times 100\% \qquad (7.5.3)$$

$$S = \sqrt{\sum_{i=1}^{n}(X_i - \overline{X})^2 / (n-1)} \qquad (7.5.4)$$

式中，S 为试验组样本标准差；X_i 为各采样点雾滴密度或覆盖度；X 为每个试验组雾滴密度或覆盖度的平均值；n 为每个试验组采样点个数。

（二）试验结果与讨论

1. 助剂溶液对表面张力的影响

表面张力是影响药液在作物表面沉积的主要性能参数，同时对于药液在作物表面的润湿铺展也具有重要的作用。本研究不同助剂溶液的表面张力值如图 7-5-6 所示，从图 7-5-6 可知清水溶液的表面张力值为 71.8 mN/m，添加 1% 的喷雾助剂后，溶液的表面张力值降低至 23.0 ～ 31.3 mN/m。同时，分析发现清水溶液与添加助剂溶液的表面张力之间存在极显著性差异（$P=0$），Ultimate 与 Starguar4A 溶液之间的表面张力不存在显著性差异（$P=0.338$）。

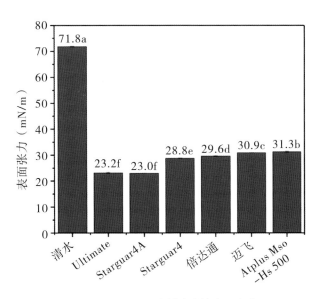

图 7-5-6　不同助剂溶液的表面张力

2. 助剂溶液在玉米叶片上接触角的变化

表 7-5-3 为不同溶液在玉米叶片上不同时刻接触角的测量结果。添加不同的助剂溶液后，药液在玉米叶片上的接触角均有所降低。当雾滴刚接触到玉米叶面时，由于雾滴和固体界面之间还未达到平衡状态，使雾滴在一定时间内的接触角变化与时间呈负相关。在所有的测试助剂中，在 0 s 时，Ultimate、Starguar4、倍达通、Atplus Mso-Hs 500 助剂溶液的接触角均低于 90°，表明溶液达到了亲水状态，具有较好的润湿性。而 Starguar4A 与迈飞助剂溶液的接触角均大于 90°，

表明溶液在玉米叶片上还处于疏水状态。在 120 s 时，助剂 Ultimate 的接触角变为 0°，优于其他助剂在玉米叶片上的接触角，这表明 120 s 时 Ultimate 助剂溶液在玉米叶片上完全润湿铺展。图 7-5-7 为不同时刻清水及助剂溶液在玉米叶片上的接触角。

表 7-5-3　不同助剂溶液在玉米叶片上不同时间接触角的测量值

时间（s）	接触角（°）						
	清水	Ultimate	Starguar4A	Starguar4	倍达通	迈飞	Atplus Mso-Hs 500
0	110.77	73.71	94.67	89.10	85.40	95.82	83.93
10	111.27	37.24	65.43	74.43	74.23	83.13	75.23
20	109.25	28.80	56.90	69.41	68.74	77.51	68.84
30	109.25	21.93	46.72	66.70	65.95	73.75	68.34
40	109.25	17.62	43.70	61.63	63.14	72.04	63.24
50	108.68	14.01	40.05	59.10	61.56	71.53	63.85
60	108.68	10.13	36.30	55.23	57.98	68.55	60.18
70	108.63	5.85	36.13	51.80	52.55	70.64	59.75
80	108.63	5.34	34.14	47.91	52.17	68.29	55.94
90	108.53	0.00	32.12	45.43	45.01	64.54	55.70
100	108.42	0.00	30.92	44.64	39.84	61.60	54.16
110	108.31	0.00	30.20	41.12	33.19	59.67	51.94
120	108.10	0.00	28.55	36.13	29.84	58.66	50.94

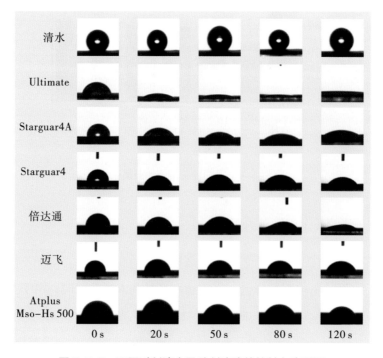

图 7-5-7　不同时刻清水及助剂溶液的接触角直观图

清水溶液在玉米叶片上接触角的变化范围为 108.10° ～ 111.27°，这一结果与其他学者的研究结果有所不同。潘文轩等使用"先玉 335"的玉米品种在玉米 5 ～ 6 叶期时测得清水溶液在玉米叶片上的接触角为 74°，张萍使用"先玉 335"的玉米品种在玉米三叶一心期测得清水溶液在玉米叶片上的接触角约为 90°，这可能与玉米的品种及测试时期有关。

3. 助剂溶液对雾滴密度的影响

不同助剂溶液的雾滴密度值见表 7-5-4 及如图 7-5-8 所示。雾滴密度的分布随采样位置基本符合正态分布。整个采样区内，雾滴密度平均值为 8.5 ～ 12.1 个 /cm²。与清水相比，喷雾助剂有一定的增效作用，采样区雾滴密度结果按大小排序如下：倍达通＞ Atplus Mso-Hs 500 ＞ Starguar4 ＞ Ultimate ＞ Starguar4A ＞迈飞。其中，与清水溶液相比，倍达通喷雾助剂的雾滴密度增加了 42.1%，其次为 Atplus Mso-Hs 500 增加了 32.6%。在沉积区内，雾滴密度在 21.1 ～ 28.5 个/cm²。沉积区增加雾滴密度结果排序为倍达通＞ Atplus Mso-Hs 500 ＞ Starguar4 ＞ Starguar4A ＞ Ultimate ＞迈飞＞清水。Starguar4A 喷雾助剂在沉积区的雾滴密度平均值大于 Ultimate 喷雾助剂的雾滴密度平均值，但从采样区雾滴密度平均值来看，这一结果恰恰相反，这可能是由于 Starguar 4A 喷雾助剂具有较好的抗飘移性能。

不同助剂沉积区（采样点 8 ～ 12 位置）雾滴密度的平均值为 21.1 ～ 28.5 个 /cm²，均达到了国家民航标准中飞机在农林作物中进行喷洒作业时 15 个 /cm² 的雾滴密度标准。考虑到植保无人机在田间往返作业的实际情况，不同航线之间的雾滴会出现叠加，此雾滴密度可以有效防治农田中常见的病虫害。

表 7-5-4　不同助剂溶液的雾滴密度

助剂溶液	所有采样区雾滴密度平均值（个 /cm²）				增加率（%）	沉积区雾滴密度平均值（个 /cm²）
	采样组 1	采样组 2	采样组 3	总平均值		
清水	7.6	7.6	10.3	8.5	0	21.1
Ultimate	11.1	9.5	9.5	10.0	17.8	22.7
Starguar4A	10.6	9.5	9.2	9.8	14.8	24.9
Starguar4	9.0	13.2	9.5	10.6	24.2	25.0
倍达通	12.8	12.6	10.8	12.1	42.1	28.5
迈飞	10.1	8.4	9.7	9.4	10.2	21.7
Atplus Mso-Hs 500	10.2	14.6	9.0	11.3	32.6	27.5

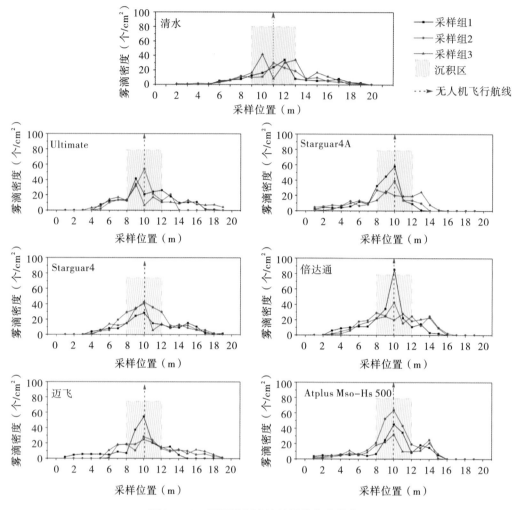

图 7-5-8　不同助剂溶液的雾滴密度分布

4. 助剂溶液对雾滴沉积量的影响

不同助剂溶液的沉积量及不同采样点上的沉积量分布如图 7-5-9 与图 7-5-10 所示。从图 7-5-9 可以看出，与清水溶液相比，助剂溶液的雾滴沉积量均有所增加。沉积区雾滴沉积量的范围为 0.049 ～ 0.072 μL/cm²，其中倍达通喷雾助剂雾滴的沉积量最高，这可能与该喷雾助剂具有较好的抗蒸发性有关。非沉积区雾滴沉积量的范围为 0.011 ～ 0.019 μL/cm²，其中迈飞喷雾助剂雾滴的沉积量最低，这与试验时的环境风速有关，试验时该处理的环境风速为 0 m/s，从而使雾滴的飘移量降低。不同溶液在沉积区与非沉积区各采样点上沉积量的变异系数范围分别为 13.4% ～ 56.0%、50.3% ～ 108.6%。其中非沉积区中倍达通助剂溶液的变异系数最大，结合图 7-5-10 分析发现倍达通助剂在沉积区两侧的两个采样点上的雾滴沉积量较多，非沉积区其他采样点处的雾滴沉积量较少，这是导致非沉积区雾滴沉积量变异系数较大的主要原因。

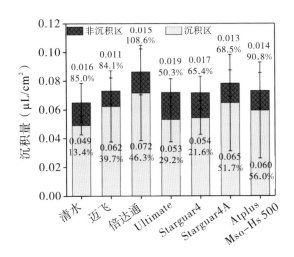

图 7-5-9 不同助剂溶液的沉积量

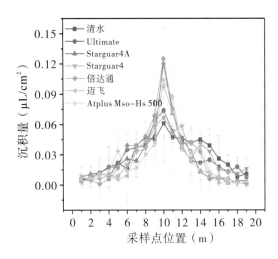

图 7-5-10 不同采样点的沉积量分布

5. 不同助剂溶液对雾滴 $Dv_{0.5}$ 及雾滴谱宽的影响

不同助剂溶液对雾滴 $Dv_{0.5}$ 及沉积均匀性的影响如图 7-5-11 与图 7-5-12 所示。从图 7-5-11 可知，溶液 $Dv_{0.5}$ 的范围为 227.3 ～ 326.8 μm。与清水溶液相比较，倍达通喷雾助剂溶液的 $Dv_{0.5}$ 有所增加，但不存在显著性差异（$P=0.064$），与其他喷雾助剂溶液的 $Dv_{0.5}$ 相比存在显著性差异（$P < 0.05$）。除倍达通喷雾助剂外，相较于清水溶液，其他喷雾助剂溶液的 $Dv_{0.5}$ 均有所降低，这可能与喷雾助剂的添加浓度有关。从图 7-5-12 可知，溶液的雾滴谱宽为 0.95 ～ 1.10，相较于清水溶液，添加喷雾助剂后对溶液的雾滴谱宽影响较小，且无显著性差异（$P > 0.05$），这说明 6 种喷雾助剂与水混合后雾化效果比较稳定。

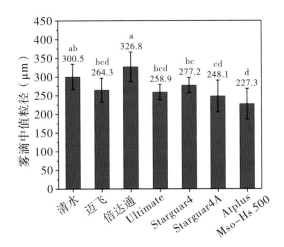

图 7-5-11 不同助剂溶液的 $Dv_{0.5}$

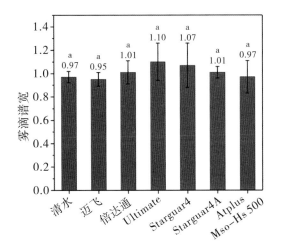

图 7-5-12 不同助剂溶液的雾滴谱宽

（三）小结

本节使用极飞 XP 2020 植保无人机在山东省淄博生态无人农场试验田研究了不同喷雾助剂对药液理化性质以及雾滴沉积的影响。结果表明添加喷雾助剂后，药液的表面张力均有所降低，且具有显著性差异。从试验结果来看，喷雾助剂 Starguar4A 对降低药液表面张力的能力优于其他几种助剂。不同助剂溶液在玉米叶片上接触角变化表现不一。添加喷雾助剂后大部分溶液在 0 s 时刻的接触角小于 90°，120 s 后 Ultimate 喷雾助剂的接触角降低为 0°，其他喷雾助剂的接触角均大于 0°，其中迈飞喷雾助剂的接触角最大，为 58.66°，这表明 Ultimate 喷雾助剂具有较好的润湿性。

在不同喷雾助剂对雾滴沉积的试验中，喷雾助剂对雾滴密度、沉积量、$Dv_{0.5}$ 的影响不同，其中倍达通喷雾助剂对雾滴密度、沉积量、$Dv_{0.5}$ 的提高比率最大。与清水溶液相比，喷雾助剂对雾滴谱宽的影响较小，且无显著性差异。试验结果表明，倍达通喷雾助剂对药液理化性质以及雾滴沉积具有较好的影响性能，虽然倍达通喷雾助剂对溶液表面张力以及雾滴在玉米叶片上的接触角与其他喷雾助剂相比存在一定的差距，但是能够满足田间喷雾作业的要求。在田间喷雾中倍达通喷雾助剂的雾滴密度、沉积量、$Dv_{0.5}$ 均优于其他喷雾助剂，这对提高病虫害的防治效果具有重要作用。因此，在田间喷雾作业时推荐使用倍达通喷雾助剂。

第六节　不同药剂对草地贪夜蛾防治效果的影响

草地贪夜蛾入侵我国后，对我国玉米等粮食作物的生产造成了严重威胁。目前国内对于草地贪夜蛾的防治方法有生物防治、化学防治、物理防治等，由于草地贪夜蛾具有迁飞能力强、繁殖速度快、世代重叠严重、防治困难大等特点，因此以化学防治为主。

国内外学者对草地贪夜蛾的防治进行了大量的试验研究。尹艳琼等使用不同的杀虫剂对 3 龄期的草地贪夜蛾幼虫进行了毒力测定试验，结果表明氯虫苯甲酰胺、乙基多杀菌素、甲氨基阿维菌素苯甲酸盐等对草地贪夜蛾具有较好的防治效果，而茚虫威等杀菌剂对草地贪夜蛾的防治效果较差。陈华等使用大容量喷雾器研究了不同药剂对草地贪夜蛾的防治效果，结果表明使用氯虫苯甲酰胺加喷雾助剂以及甲维盐复配药剂的防治效果超过了 90%。Herzog 等使用静电喷雾与常规喷雾技术研究了喷液量对草地贪夜蛾防治效果的影响，结果表明使用静电喷雾技术可以减少一半的喷液量而且对防治效果无影响。

然而，国内外学者很少使用植保无人机研究不同药剂对草地贪夜蛾的防治效果。与传统施药机械相比，植保无人机喷施具有药液浓度高等特点，药液浓度对草地贪夜蛾抗性的影响至关重要。在防治效果差的情况下，与低浓度杀虫剂相比，高浓度杀虫剂更容易产生抗性。同时，长期使用同一种药剂会提高病虫害的抗性。

为此，在前述三节研究的基础上，本研究使用极飞 XP 2020 植保无人机研究了不同药剂对草地贪夜蛾防治效果的影响，并使用背负式喷雾器作为对照处理，以便得出植保无人机喷施防效与背负式喷雾器喷施防效的差异，以期为田间使用植保无人机防治草地贪夜蛾提供技术指导与理论支撑。

（一）材料与方法

1. 试验地点

试验在广东省广州市进行。试验田所种植的玉米品种为"红太阳 3 号"，播种时间为 2020 年 9 月 12 日。施药时玉米株高、行距和株距分别为 0.3 m、0.4 m 和 0.3 m 左右。玉米生长阶段为喇叭口期，施药时田间观察玉米受害率达 5% 左右，大部分玉米植株的危害水平达到 2 级（Davis 量表法）左右。

试验时使用气象仪（型号 NK-5500）记录试验期间的气象条件，温度为 26.2 ～ 29.3 ℃，相对湿度为 68.9% ～ 82.5%，风速为 0 ～ 0.9 m/s。

2. 试验设备

本次喷雾作业使用的是极飞 XP 2020 植保无人机、电动背负式喷雾机（图 7-6-1）。试验选择电动背负式喷雾机作为对照喷雾施药设备，该喷雾设备安装有 2 个空心圆锥喷头，药箱容量为 15 L，喷头的孔径约为 1 mm、流量为 1.4 ～ 1.6 L/min，喷杆长度约为 85 cm。除此之外用到的材料还有移液枪、手套、口罩、白大褂、量杯、10 mL 量筒、卷尺、亩面积测定仪等。

图 7-6-1　电动背负式喷雾机

3. 试验药剂

本次试验所使用的药剂有氯虫苯甲酰胺，使用剂量为 22.5 mL/hm²；25% 乙基多杀菌素（施达灵®），使用剂量为 120 g/hm²；5% 甲氨基阿维菌素苯甲酸盐（甲维盐），使用剂量为 144 mL/hm²。本次试验所使用的助剂为倍达通助剂，添加剂量为 1%。

4. 试验设计

试验时，设定植保无人机的作业速度为 5 m/s、作业高度为 2 m、喷幅为 4 m。根据前述两节的研究结果，设定本次试验植保无人机的喷液量为 22.5 L/hm²、雾滴粒径为 135 μm，背负式喷雾器的喷液量为 225 L/hm²。分为 5 个处理，其中喷洒农药的 4 个处理各重复 3 次。试验选取的试验田尺寸约为 370 m × 44 m，分为 12 个试验小区，每个试验小区尺寸约为 44 m × 30 m，空白对照处理小区的尺寸约为 44 m × 10 m。试验时，为了避免环境风速对雾滴的飘移产生影响，在进行试验小区划分时，将空白对照组设置在上风向，背负式处理次之。

5. 防治效果

玉米危害等级的分类方式和计算办法、草地贪夜蛾防治效果与前面小节相同。施药前后草地贪夜蛾的调查方式及调查天数与前面小节相同。

6. 数据分析

使用 SPSS v17.0 进行 Duncan 检验，在 95% 的显著性水平下进行方差分析，并且计算变异系数（CV）。变异系数用于显示雾滴沉积的均匀性，计算公式为

$$CV = \frac{S}{X} \times 100\% \tag{7.6.1}$$

$$S = \sqrt{\sum_{i=1}^{n} (X_i - \overline{X})^2 / (n-1)} \tag{7.6.2}$$

式中，S 为试验组样本标准差；X_i 为各采样点雾滴密度或覆盖度；X 为每个试验组雾滴密度或覆盖度的平均值；n 为每个试验组采样点个数。

（二）试验结果

1. 不同药剂对防治效果的影响

不同处理的草地贪夜蛾防治效果如图 7-6-2 所示。从图中可以看出，不同处理对草地贪夜蛾的防治效果表现不一。防治效果的变化趋势为先升高后降低。在施药后第 1 天，不同处理的防治效果表现为乙基多杀菌素＞甲维盐＞氯虫苯甲酰胺＞背负式 + 氯虫苯甲酰胺，且乙基多杀菌素与甲维盐处理的防治效果优于背负式与氯虫苯甲酰胺处理，均高于 95%。在施药后第 3、7

天，不同处理的防治效果表现为甲维盐＞乙基多杀菌素＞背负式＋氯虫苯甲酰胺＞氯虫苯甲酰胺。在施药后第 3、7 天，乙基多杀菌素、甲维盐、背负式处理的防治效果无显著性差异，均高于 95%。在施药后第 10 天，乙基多杀菌素、甲维盐、氯虫苯甲酰胺、背负式处理的防治效果无显著性差异，与施药后第 7 天的防治效果相比均有所降低。

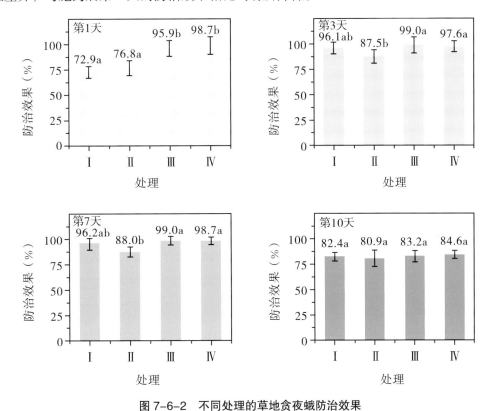

图 7-6-2　不同处理的草地贪夜蛾防治效果

注：图中数值为防治效果的平均值，不同的小写字母表示差异显著（$P < 0.01$）。

Ⅰ 为背负式＋氯虫苯甲酰胺；Ⅱ 为氯虫苯甲酰胺；Ⅲ 为甲维盐；Ⅳ 为乙基多杀菌素。

2. 不同药剂对玉米危害指数的影响

施药后玉米的危害指数变化如图 7-6-3 所示。从图中可以看出施药后各处理区危害指数变化不一。在喷雾前各处理区玉米的危害指数大致相同，这表明各处理区虫口基数与虫口龄期大致相同。施药后第 1 ～ 3 天，玉米的危害指数与施药前大致相同，没有发生明显的变化。在施药后第 3 ～ 7 天，各处理中玉米的危害指数均有所降低。在施药后第 10 天，各处理中玉米的危害指数均有所升高，但仍低于施药前玉米的危害指数。从玉米危害指数防效的结果来看，甲维盐杀虫剂处理的防治效果较好，这与草地贪夜蛾虫口防治效果的结果相对应。空白对照组玉米的危害指数在施药前与施药后第 1 天基本上保持不变，在施药后的第 1 ～ 10 天危害指数逐渐升高。

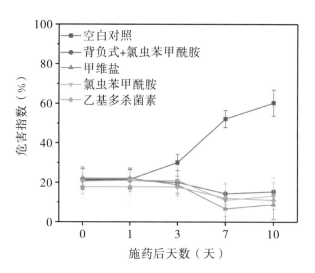

图 7-6-3　不同处理的玉米危害指数

（三）讨论

不同药剂对草地贪夜蛾防治效果的影响不同，从试验结果来看，乙基多杀菌素和甲维盐对草地贪夜蛾的防治效果均超过了 95%，优于背负式处理的防治效果。在施药后第 1 天，草地贪夜蛾防治效果的排序为乙基多杀菌素＞甲维盐＞氯虫苯甲酰胺＞背负式＋氯虫苯甲酰胺，产生这一结果的原因可能与杀虫剂的作用方式有关。氯虫苯甲酰胺是胃毒性药剂，只有取食一定的剂量才能致死。由于背负式喷雾机是低浓度喷雾，取食相同面积的叶片时，植保无人机喷施处理较容易达到致死剂量，因此施药后第 1 天植保无人机喷施氯虫苯甲酰胺的防治效果优于背负式处理的防治效果。而甲维盐、乙基多杀菌素是触杀性药剂，因此施药后第 1 天对于草地贪夜蛾具有较好的防治效果。随着施药天数的增加，植保无人机喷施氯虫苯甲酰胺对草地贪夜蛾的防治效果低于背负式处理的防治效果，这一研究结果与 Gross 等的研究结果一致。在不同的处理中，草地贪夜蛾在第 10 天的防治效果有所降低，这与杀虫剂的持效期有关，也表明在第一轮施药后 10 天左右需要进行第二轮的施药。

（四）小结

本节使用极飞 XP 2020 植保无人机研究了不同药剂对草地贪夜蛾防治效果的影响。结果表明使用植保无人机喷施甲维盐、乙基多杀菌素对草地贪夜蛾的防治效果较好。药剂的作用方式及虫龄对防治效果也十分重要，试验表明使用植保无人机防治草地贪夜蛾时，触杀性药剂对草地贪夜蛾的防治具有较好的效果。

第七节 植保无人机与传统植保器械对雾滴沉积及小麦蚜虫防治效果对比研究

（一）材料与方法

为了比较植保无人机与其他类型喷雾器的优缺点，选择三种典型的植保设备用于田间雾滴沉积、小麦蚜虫防治效果和工作效率的试验，包括一台自走式喷杆喷雾器、两台传统的背负式喷雾器。喷雾沉积从以下方面进行比较：沉积总量、地面流失量、沉积均匀性、雾滴在作物冠层的穿透力以及沉积特性（包括雾滴粒径、喷雾沉积数量和覆盖面积）。

1. 喷雾设备

试验使用的植保无人机为祥云 3WTXC8-5 六旋翼电动植保无人机（本节简称 UAV），如图 7-7-1（a）所示。该无人机满载飞行时间为 15～20 min，两个离心式喷头位于飞机的两侧，飞行速度为 12.6～14.4 km/h，两个喷头之间的距离为 0.85 m，安装角度垂直向下，离心喷头转盘的转速为 10000 r/min。通过 HXB600 小型液体泵将农药药液从水箱转移到喷嘴，流量为 1.24 L/min。飞行高度为 1 m，喷施有效喷幅为 4 m。飞机的喷雾量接近 10 L/hm²，相当于药箱容量的两倍。

试验所用传统植保器械包括中农丰茂植保机械有限公司的 3WX-280H 自走式喷杆喷雾器（本节简称 SPB），如图 7-7-1（b）所示。其药箱容量为 280 L，12 个 ISO 04 喷头垂直向下安装在 6 m 长的喷杆上，喷头的间距均为 0.5 m，喷杆的喷施高度距离作物冠层 0.5 m，喷雾液压为 0.4 MPa，流量为 18.2 L/min，行走速度为 6～6.5 km/h，喷雾量为 300 L/hm²。

其他两种传统的喷雾器是中农丰茂植保机械有限公司的 WFB-18 背负式喷雾器（本节简称 KMB）和新乡市牧野区创兴喷雾器厂的 3WBS-16A2 电动空气压缩型背负式喷雾器（本节简称 EAP）。EAP 喷雾器配备有两个空心圆锥喷头和一个液压泵，最大喷雾压力为 0.4 MPa，流速为 1.6 L/min，药箱的容量为 16 L，喷雾器喷枪的长度为 81 cm，喷雾有效喷幅为 2.5 m，本次试验的行走速度为 1.1～1.3 km/h，喷液量大约为 300 L/hm²。KMB 喷雾器是为提高气压背负式喷雾器的喷雾效率而研制，它配备有一个药箱、一个喷杆、一个喷头和一个汽油发动机。雾滴从喷头喷出，并在高速气流的作用下进一步雾化，在汽油机的驱动下，通过高速旋转叶轮产生高速气流。本次试验中 KMB 喷雾器的流量为 2 L/min，药箱的容量为 18 L，有效喷幅为 6 m，行走速度为 2.7～3 km/h，喷雾量为 75 L/hm²。两台传统的喷雾器的喷头高度均为距离作物冠层 0.5 m，两台传统喷雾器的喷施方式均为摆动喷雾。

（a）祥云3WTXC8-5六旋翼电动植保无人机

（b）3WX-280H自走式喷杆喷雾器

（c）WFB-18背负式喷雾器

（d）3WBS-16A2电动空气压缩型背负式喷雾器

图7-7-1 四种喷雾器

每个喷雾器的所有工作参数和喷雾量都参考了当地农民的做法。在试验之前，对所有的喷雾器进行了初步测试、校准设备，以确定喷嘴的流量。在确定流量后，还计算了运行的速度，从而得到规定的应用速率。为了保证行走的速度，操作人员在每次试验前需要重复几次，直到达到预期的行走速度。所有的喷施处理都由同一名训练有素的操作人员完成。

2. 试验设计

（1）试验地点。试验在中国农业科学院试验站河南新乡进行。试验田为面积近50 hm²的梯形田，由许多边长约200 m的方形田组成（图7-7-2）。试验作物为2014年10月10日播种，4月27日为拔节灌浆期的"白农AK58"小麦。株行距为12 cm，株高84.8±4.1 cm，旗叶面积1927.1 cm²，栽植密度为4.1×10⁶株/hm²。整个试验区的小麦长势良好，生长稳定。

采用Kestrel 5500数字气象站来测量记录气象条件，本次试验的温度为18.3～22.4 ℃，湿度为46.3%～53.7%，风速为3.6～10.8 km/h。

（2）喷雾沉积量测试。试验包括5个处理：4种喷雾处理和1个空白对照。测试了喷雾沉积、小麦蚜虫的防控效果和工作效率，喷雾沉积和防控效果测试在一个170 m×190 m的试验田中进行。在试验田中，试验采用随机完整区组设计，重复3次，每个区组有5个试验小区，分别对应不同的处理。每个试验小区是一个 30 m × 50 m 的田块，两个试验小区中间有一个 10 m 的缓冲区来避免飘移污染。每次处理前，在每个地块的 5 个等距采样点放置样品采集器。每个采样点相距 5 m，跨度共 20 m。采样点重复 3 次，每次重复间隔 15 m。为避免试验小区之间的交叉污染，在试验小区中心布置样品采集器。每个处理的实验布局如图 7-7-2（a）所示。

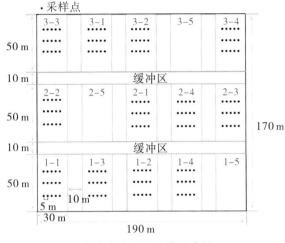

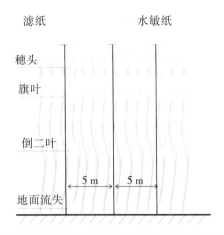

（a）每个处理的实验布局　　　　　　（b）在小麦冠层内的每个采样位置放置滤纸和水敏纸

图 7-7-2　采样点布置

每个采样点的样本收集器由一张水敏纸（25 mm × 75 mm）和 4 张滤纸（直径 90 mm）组成，如图 7-7-2（b）所示。利用水敏纸来评价沉积特性，如覆盖面积、雾滴沉积数和雾滴粒径，用滤纸来测量作物冠层内部的沉积分布。水敏纸通过双头夹水平固定在塑料板上，调整这些夹子的高度，以固定在同一个高度——相当于小麦冠层头部的位置。利用滤纸模拟叶片，收集不同高度的叶片沉积和地面损失数据。在每个采样点小麦的穗头、旗叶和倒二叶各放置 3 张滤纸。为了评估地面的流失，在地面上放置一张滤纸。

在所有的试验中，将 70% 的吡虫啉、水分散试剂 85.7 g（a.i.）/hm² 和诱惑红添加到药箱中。农药按推荐剂量配制。根据 450 g/hm² 喷施参数，使用诱惑红作为示踪剂。

喷施后 30 s 后，随机抽取 5 株地面上部的小麦植株、各采样点冠层位置的水敏纸和滤纸，放入贴有标签的密封拉链袋中。将 5 个随机组合的小麦植株作为一个样本进行套袋。以小麦植株为样本，测定每株植株的总沉积量。每个地块有 15 个小麦植株样本，60 张滤纸（每个采样点 4 张）和 15 张水敏纸。所有的样品都放在贴有标签的袋子中，上面写着所有样品的位置和处理方法。样品收集后立即放入避光密封盒中，并运至实验室进行分析。

每张滤纸和小麦样品分别在收集袋中用 0.02 L 和 0.2 L 的去离子水进行洗脱。将样品搅拌并震荡 10 min，使染料溶解在水溶液中。在震荡和洗脱后，通过 0.22 μm 的膜过滤洗脱液的样品部分，并将过滤后的洗脱液倒入反应杯中，通过吸收波长为 514 nm 的 UV2100 紫外分光光度计测量吸光度值，通过测定染色剂的浓度和相应样品的面积来量化喷雾沉积量。数据表示为单位面积内沉积的染料量，或每株沉积的染料量。请注意，在本试验中，无论何时使用"沉积"一词，它指的都是染料的质量（相当于活性成分的量），而不是沉积在指定取样表面上的总喷雾混合物的质量。利用变异系数值分析喷雾沉积在作物冠层中的分布均匀性，变异系数是标准差与作物喷雾沉积平均值之间的商。此外，对于每种应用，使用方程（7.7.1）来计算回收率：

$$R = (D \times P/A) \times 10^6 \tag{7.7.1}$$

式中，R 是回收率，%；D 是每株植物上的平均示踪剂溶液沉积量，$\mu g/$ 株；P 是种植密度，4.1×10^6 株 $/hm^2$；A 是诱惑红的添加量，450 g/hm^2；10^6 是单位换算系数。

在实验室内，用扫描仪将水敏纸以 600 dpi 的分辨率进行扫描。然后采用 DepositScan 软件提取图像中的雾滴沉积物，并分析雾滴的沉积数量、雾滴体积中值粒径和覆盖面积，其中雾滴体积中值粒径是反映雾滴粒径的一个关键指标。

（3）防治效果测量。为了分析不同喷施沉积特性的不同喷施器械的田间药效，选择小麦蚜虫作为田间试验的对象。根据农药田间药效试验标准，对小麦蚜虫进行四次调查和记录。在 4月 27 日喷施农药之前，每百株小麦蚜虫的基数大于 500，符合防控标准（通过对每个试验小区 5 个采样点进行小麦蚜虫的调查来进行评估）。在喷雾前调查每个采样点 10 株小麦的蚜虫数量，并在小麦上系上一根红绳。在喷施后的第 1 天、第 3 天和第 7 天，再次调查相同位置和植株上的蚜虫数量。对小麦蚜虫的总体防治效果进行计算，不考虑小麦蚜虫的类型和虫龄。根据喷洒前后每个区域中活虫的种群数量计算死亡率和防治效果：

$$死亡率（\%）=（施药前虫数量 - 施药后虫数量）/ 施药前虫数量 \times 100\% \tag{7.7.2}$$

$$防治效果（\%）=（处理组虫口减退率 - 对照组虫口减退率）/（100 - 对照组虫口减退率）\times 100\% \tag{7.7.3}$$

（4）工作效率试验。为了更好地反映不同喷施设备的工作效率（hm^2/h），试验记录了每台喷雾器满载下的喷施面积和总喷洒时间。喷雾器由经验丰富的操作员操作，混合药剂的配制时间和更换电池、添加农药等其他制剂的配制时间不计入喷洒时间。

（5）统计分析。在进行显著性分析之前，用 $y=\arcsin\sqrt{X/100}$ 对水敏纸上的覆盖面积百分比和蚜虫死亡率进行了转换。通过对数（x+1）变换，将总沉积量和地面损失量、植株不同位置的沉积量、雾滴沉积数量和雾滴粒径进行对数变换，以稳定较大的方差，并满足正态性假设。转换后，使用 Kolmogorov–Smirnov 检验分析数据的正态性，并使用 Levene 检验分析各处理和重复的等方差（$P < 0.05$）。转换数据的显著性差异采用 SPSS v22.0 进行方差分析，显著性水平为 95%。

（二）分析与讨论

1. 喷施沉积量

（1）作物上的总沉积量和地面损失。小麦植株样品用来测量每株小麦上的总沉积量，滤纸用来测量小麦不同位置的喷雾沉积量和地面流失量，回收率由总沉积量和添加剂计算得出，测量结果见表 7-7-1。结果表明，植保无人机（UAV）的总沉积量与其他喷雾器没有显著差异。四种喷雾器中，EAP 喷雾器的总沉积量最高，KMB 喷雾器的总沉积量最低。与 SPB 和 KMB 喷雾器相比，UAV 和 EAP 喷雾器均有较高的回收率。研究结果表明，药剂由药箱向靶标的转移过程中，药剂的流失对沉积量的影响很大。在本研究中，SPB 和 KMB 喷雾器均有较低的沉积量，而这两种喷雾器有一个较高的流失，分别是 $0.39\ \mu g/cm^2$ 和 $0.50\ \mu g/cm^2$。与其他研究相似，高容量喷雾容易导致大量流失。从表 7-7-1 可知，UAV 与其他喷雾器相比，有最低的地面流失量。

表 7-7-1　四种喷雾器在植株上的总沉积量平均值、变异系数以及回收率

喷雾器	总沉积量		地面流失		回收率平均值（%）
	平均值（μg/ 株）	变异系数（%）	平均值（μg/ 株）	变异系数（%）	
UAV	76.8a	87.2	0.13b	78.2	70.0a
SPB	68.7a	32.1	0.39a	39.0	62.7a
EAP	84.8a	84.4	0.14b	118.2	77.3a
KMB	61.9a	81.2	0.50a	97.1	56.5a

注：表中，数值后有同一字母的值在统计上没有差异（$P < 0.05$）。

（2）沉积均匀性。除总沉积量外，沉积均匀性对防治病虫害也非常重要。SPB 喷雾器的沉积均匀性要优于其他喷雾器，沉积量变异系数仅为 32.1%，明显低于其他喷雾器，这意味着它有更好的沉积均匀性。然而，本研究中各喷雾器的变异系数远大于中国国家标准的要求值 10%，这可能是由于测量方法不同。在 Yang 等的研究中，不同的喷雾压力和喷施高度下的沉积量变异系数为 5%～10%，远低于本次研究结果，这是因为 Yang 等使用了 Teejet 模式检查，它不受环境和作物冠层的影响。相比之下，本次研究结果反映了作物沉积分布的实际均匀性。

与 SPB 喷雾器相比，UAV 的雾滴沉积量分布均匀性显著较低，为 87%。这一结果要大于《中国民用航空通用航空运行质量和技术标准超低量喷雾》的 60%。无人机的沉积分布均匀性受多种因素的影响，例如喷雾器类型、飞行精度、飞行参数、喷雾系统、下压流场和气象条件等，其中，精确的飞行路线和自动导航对于提高沉积分布均匀性至关重要。Xue 等为 N-3 型无人直升机研制了一套自动导航无人喷施系统，可以显著提高喷雾均匀性。飞行参数对沉积分布均匀性也有较大的影响，需要对不同的无人机在不同的飞行参数下进行喷施测试，以找到最佳的喷雾高度和速度。Qin 等发现，飞行参数不仅影响水稻冠层的分布均匀性，而且影响小麦飞虱的防治效果。Bae 和 Koo 指出，大多数农业直升机都会出现下压流场，导致喷雾不均匀，为了解决这个问题，他们研制了一种带有高架塔架尾桨系统的滚动平衡农业直升机，喷雾均匀性得到了改善。

EAP 和 KMB 喷雾器的沉积量变异系数分别为 84.4% 和 81.2%，说明沉积不均匀，这主要是

因为喷雾器为手动操作，而沉积均匀性取决于喷施速度的稳定性和操作者手臂运动的规律性。

（3）雾滴穿透性。在试验中，用滤纸测量了示踪剂在小麦不同位置上的沉积，结果如图7-7-3所示。对小麦穗头沉积的分析表明，UAV 和 KMB 的沉积量显著高于 SPB 和 EAP。传统的KMB 喷雾器的最大沉积量为 1.46 $\mu g/cm^2$，比 UAV、EAP 和 SPB 喷雾器分别高 18.7%、80.2%和 111.6%。从雾滴粒径测量结果来看，KMB 和 UAV 喷雾器的雾滴粒径低于其他两种喷雾器。UAV 和 KMB 在小麦穗头沉积量较高的主要原因可能是细雾滴更好地保留在上部冠层中。

四种喷雾器在旗叶（顶部冠层）上的沉积量为 0.57 ～ 1.02 $\mu g/cm^2$（图7-7-3）。无人机在旗叶上的沉积量最高，比其他喷雾器高 41.7% ～ 78.9%。然而，受较大变动的影响，旗叶上的沉积没有显著差异。在 Zhu 等的研究中，随着叶面积指数的增加，喷雾沉积密度从上到下呈线性显著下降的趋势，是由于小麦生育后期叶片的重叠，下部的沉积量要远远小于上部。不同喷雾器的沉积量受喷雾压力、喷雾高度、喷雾方式等多种因素的影响。无人机在倒二叶上的沉积量仅为 0.26 $\mu g/cm^2$，与其他两种常规喷雾器无显著差异，为 SPB 喷雾器的 50%，其底部沉积量为0.52 $\mu g/cm^2$。

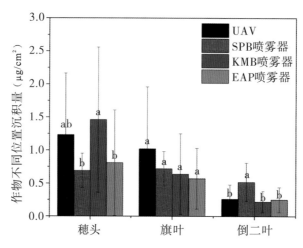

图 7-7-3　四种喷雾器在小麦植株不同位置上的沉积量

为提高溶液的黏附率和控制效果，提高雾滴的渗透性和获得均匀的沉积分布至关重要，特别是由于许多病虫害发生在植物的底部。许多研究已经证明，无人机产生的向下的气流有利于扰动叶片和提高雾滴的穿透性，但本次研究证明，无人机的雾滴穿透性仍然比动臂喷雾器差。有许多因素导致雾滴穿透能力差，最重要的原因之一是雾滴由离心喷嘴喷射出，与液力式喷嘴相比，该雾化器缺乏向下的动能。Wang 等比较了四种植保无人机，发现飞行高度和飞行速度对雾滴的穿透性均有显著影响。在他们的研究中，雾滴的穿透性与飞机速度和飞行高度成反比，飞行参数对下压流场有影响，这进一步影响了雾滴的穿透性。Chen 等证明了垂直向下的风对穿透性有显著影响。为了提高无人机的雾滴穿透性，应降低飞行高度和速度，从而确保操纵效率，并应选择合适的喷嘴以提高雾滴的穿透性。

植株不同位置的沉积均匀性与总沉积量一致。SPB 喷雾器在各个不同的位置上都具有较佳的沉积均匀性（CV ＜ 56%），而其他喷雾器的均匀性较低（CV ＞ 70%）。

（4）沉积特性。试验结果如图 7-7-4 所示。受喷雾量和喷雾系统的影响，不同喷雾器的沉积特性差异较大。SPB 喷雾器的喷雾量接近 300 L/hm²，与大容量喷雾器 EAP 相同。此外，SPB 喷雾器的喷嘴与 EAP 喷雾器喷头相似，都是液力式喷头。从水敏纸的测试结果看，SPB 和 EAP 喷雾器的雾滴体积中值粒径分别为 272.3 μm 和 254.1 μm，它们没有显著的不同。尽管 SPB 喷雾器的雾滴粒径和喷雾量与 EAP 喷雾器的类似，但 SPB 喷雾器的覆盖面积和雾滴沉积数量分别比 EAP 喷雾器的高 75.9% 和 73.9%，无显著差异。从总沉积量的变异系数结果看，SPB 喷雾器具有较大的覆盖面积和雾滴沉积数，这可能是由于 SPB 喷雾器的沉积均匀性较好。KMB 喷雾器作为一种传统的背负式喷雾器，其喷雾量比 EAP 喷雾器小。在空气辅助下，KMB 喷雾器的雾滴粒径要显著小于 EAP 喷雾器，仅为 154.7 μm。已有研究成果表明，覆盖面积与喷雾量成正比。KMB 喷雾器的覆盖面积低于 EAP 喷雾器，无显著差异。然而，具有较细雾滴的 KMB 喷雾器的沉积数量与 EAP 喷雾器的沉积数量相当。

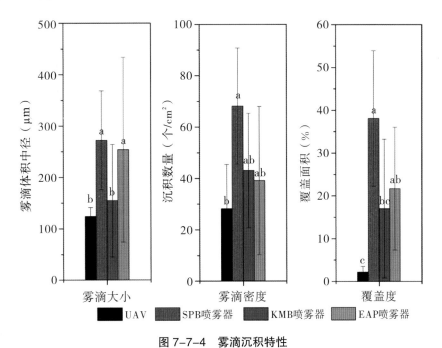

图 7-7-4　雾滴沉积特性

植保无人机（UAV）的喷雾量为 5 L/hm²，低于其他三种喷雾器。UAV 采用独特的雾化方法，通过高速旋转的转盘（10000 r/min）将液体雾化，雾滴粒径为 124.0 μm，比其他三种喷雾器的雾滴粒径都要小。该喷嘴与液力式喷嘴不同之处还在于，在较高转速下，喷嘴的雾滴谱宽度较窄，雾滴粒径较均匀。本研究结果显示，UAV 的雾滴粒径的变异系数仅为 17.1%，远低于其他喷雾器（CV ＞ 35%）。由于喷雾量较低，UAV 的覆盖面积仅为 2.2%，远低于其他三种喷雾器，其他三种喷雾器的覆盖面积为 5.8% ～ 12.8%。UAV 的沉积数量为 28.2 个 /cm²，也显著低于其他三种喷雾器，这不利于病虫害的防治，尤其是在使用触杀性杀虫剂时。因此，未来的研究重点应是如何提高雾滴的扩散系数和增加覆盖面积，例如在药箱中添加助剂，或改用静电喷雾。

喷洒系统对沉积特性有很大的影响，包括覆盖面积、沉积数量和雾滴粒径，单凭一个指标是很难判断一个施药器械的喷施质量的。尽管无人机的低容量喷雾会导致较低的覆盖面积和较低的沉积数量，但单位面积的喷施剂量并不明显低于其他喷雾器，这是因为每个雾滴的农药浓度较高。先正达作物保护公司建议，喷施杀虫剂或苗前除草剂后，雾滴沉积密度至少应该达到 20～30 个 /cm²，喷施苗后除草剂后，雾滴沉积密度至少应该达到 30～40 个 /cm²，喷施杀菌剂后，雾滴沉积密度至少应该达到 50～70 个 /cm²，才可以取得令人满意的效果，只要喷施雾滴数量达到一个阈值就可以获得较好的防治效果。

2. 小麦蚜虫的防控

四种喷雾器喷施 70% 吡虫啉的防治效果如图 7-7-5 所示。四种喷雾器的沉积特性存在显著的差异，但控制效果差异不显著，喷施后第 7 天防控率均超过 70%。通过对四种喷雾器的比较，发现 SPB 和 KMB 喷雾器取得的控制效果最好，EAP 喷雾器和 UAV 防治效果中等。在药效中雾滴沉积结构起到了主要的作用。根据沉积结果，SPB 喷雾器具有较好的沉积均匀性和穿透性，这有利于小麦蚜虫的防治，尤其是当小麦蚜虫倾向植株下部时，较大的覆盖面积和较多的沉积数量增加了害虫与有效成分相互作用的概率。

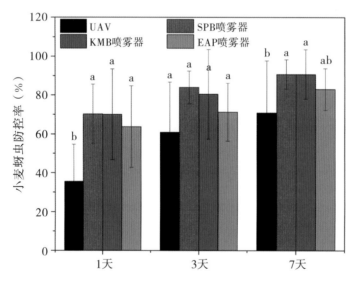

图 7-7-5　喷施后的第 1 天、第 3 天和第 7 天小麦蚜虫的防治效果

由于我国植保无人机技术正处于发展初期，在喷雾系统和工作参数方面还存在很多问题，这些问题导致了雾滴沉积不均匀和较差的穿透性，较低的覆盖面积和较少的雾滴沉积数量减少了雾滴与蚜虫的接触概率。植保无人机的防治效果在喷施 1 天后明显低于其他喷雾器，仅为 SPB 喷雾器的 50.5%，但是随着时间的推移，防治效果提高了。其原因可能是随着蚜虫的活动和活性

成分的系统作用，小麦蚜虫暴露于活性成分的机会增加。施药后第 3 天，对照组的防治效果提高到 60.9%，施药后第 7 天，对照组的防治效果提高到 70.9%。虽然也显著低于 SPB 和 KMB 喷雾器，但是对于农民来说仍是可以接受的结果，特别是在复杂的小块土地或稻田，SPB 喷雾器工作困难，而 KMB 和 EAP 喷雾器的工作效率较低。虽然植保无人机，尤其是电动多旋翼无人机在该领域的应用是一项创新，但低容量喷雾并不是一项新技术，已经进行了许多试验，来研究评估低容量喷雾防治病虫害的可行性。Maczuga 和 Mierzejewski 等发现，喷液量减少后，雾滴在叶片上的沉积密度为 5 ～ 10 个 /cm^2，对二龄和三龄的虫均有效（死亡率 90%）。Washington 等研究了杀菌剂喷施数量、雾滴粒径和喷雾沉积物对香蕉叶表面真菌孢子的接近程度的影响，试验结果表明，两种触杀性杀菌剂在叶片表面的抑制区均超过了喷雾雾滴沉积的可见边缘，平均雾滴沉积密度为 30 个 /cm^2，可抑制孢子萌发，抑制率低于 1%。Lathee 等评估了航空静电喷雾对甘薯烟粉虱的防控效果，试验得出，静电喷雾喷雾量为 4.68 L/hm^2 时，与常规喷雾喷雾量为 46.8 L/hm^2 时的防治效果相当。

3. 工作效率

工作效率也是设备选择的一个重要评价指标，四种喷雾器的作业效果见表 7-7-2。本次试验中使用的植保无人机属于半自主控制，这在我国是最常见的。通过记录 5 个架次的喷雾时间，计算出每个架次的平均喷雾时间为 0.095 h，每个架次的平均喷施面积为 0.39 hm^2，喷雾量为 5 L；根据喷雾时间和面积，计算出作业效率为 4.11 hm^2/h。计算结果与 Wang 的研究一致，其研究结果无人机的工作效率为 1.68 ～ 2.25 hm^2/h，在测试中，操作项目包括准备时间、路线规划、故障维护、地面服务等，占整个过程的 50%。随着微电子技术的发展，多传感器融合、实时运动学定位技术和产品将应用于农业无人机，使无人机能够实现完全的自主飞行，大大提高工作效率。

表 7-7-2　四种喷雾器的作业效率

喷雾器	药箱容量（L）	喷施面积（平均值 ± 标准差，hm^2）	喷施时间（平均值 ± 标准差，h）	工作效率（hm^2/h）
UAV	5	0.39 ± 0.04	0.095 ± 0.01	4.11
SPB	280	0.93 ± 0.06	0.39 ± 0.03	2.38
KMB	18	0.22 ± 0.02	0.14 ± 0.01	1.57
EAP	16	0.039 ± 0.004	0.19 ± 0.01	0.21

注：表中的喷施面积是指每次满载时喷雾的面积，表中的喷施时间是指每次满载时喷雾的时间。

与植保无人机相比，SPB 喷雾器的工作效率较低，满载 280 L 时的平均喷施时间为 0.39 h，喷施面积为 0.93 hm²。虽然有其他种类的带有较长喷杆的喷雾器，但是复杂的地形和农场的大小限制了较长喷杆的喷雾器在中国的使用。中国的平均农场面积为 0.67 hm²，是世界上农场规格最小的国家之一，57.5% 的农场面积小于 2 hm²。因此，这种小臂式喷雾器得到了广泛的应用，其工作效率为 2.38 hm²/h。从试验结果来看，两种传统背负式喷雾器的工作效率分别为 1.57 hm²/h 和 0.21 hm²/h。传统背负式喷雾器需要背在背上，容易造成排气，降低工作效率。特别是 EAP 喷雾器，其工作效率仅为植保无人机的 5.1%。虽然这种背负式喷雾器在中国占有非常大的市场份额，但随着技术的发展和农业规模的增长，这种较低效率的喷雾器将逐渐退出历史舞台，因此，对高效喷雾器的研究是十分必要的。

（三）小结

在本研究中，使用四种典型的喷雾器对小麦进行农药喷施。比较了植株的沉积总量和地面流失、沉积均匀性、雾滴穿透性、沉积特性、小麦蚜虫的防治效果和工作效率，研究结果如下。

（1）植保无人机的总沉积量与其他三种喷雾器相比无显著差异，但地面流失最低。

（2）植保无人机的沉积均匀性较差（CV=87.2%），雾滴穿透性较弱（倒二叶上为 0.26 μg/cm²），未来需要进一步改进。相比之下，SPB 喷雾器的沉积均匀性最好（CV=32.1%），雾滴穿透性也最佳（倒二叶上为 0.52 μg/cm²）。

（3）覆盖面积、沉积数量和雾滴粒径均随喷雾量和喷嘴类型的不同而变化。与其他喷雾器相比，植保无人机的沉积特征是覆盖面积较小（2.2%），沉积数量较少（28.2 个/cm²），雾滴粒径较小（VMD=124.0 μm），雾滴浓度更高，喷雾量较小。

（4）虽然植保无人机与其他三种喷雾器的沉积特性不同，但 70% 吡虫啉对小麦蚜虫的防治效果与其他喷雾器相当。喷施 7 天后，无人机的防控效果为 70.9%。

（5）植保无人机的作业效率为 4.11 hm²/h，分别是 SPB、KMB 和 EAP 喷雾器的 1.7 倍、2.6 倍和 20 倍。

试验证明了使用植保无人机喷施农药的可行性和高效性，但无人机的沉积均匀性和雾滴穿透性有待提高。针对覆盖度低、沉积均匀性较差的问题，本研究提出了优化沉积均匀性的有效措施。为了提高沉积均匀性和雾滴穿透能力，今后需要优化喷雾系统或在药箱中添加农药助剂。

参考文献

［1］ 崔丽，芮昌辉，李永平，等.国外草地贪夜蛾化学防治技术的研究与应用［J］.植物保护，2019，45（4）：7-13.

［2］ 徐德进，顾中言，徐广春，等.雾滴密度及大小对氯虫苯甲酰胺防治稻纵卷叶螟效果的影响［J］.中国农业科学，2012，45（4）：666-674.

［3］ 王国宾，李炬，ANDALORO J，等.田间农药雾滴精准采样技术与发展趋势［J］.农业工程学报，2021，37（11）：1-12.

［4］ 陈盛德，兰玉彬，李继宇，等.航空喷施与人工喷施方式对水稻施药效果比较［J］.华南农业大学学报，2017，38（4）：103-109.

［5］ 蒙艳华，兰玉彬，李继宇，等.单旋翼油动植保无人机防治小麦蚜虫参数优选［J］.中国植保导刊，2017，37（12）：66-71，74.

［6］ 袁会珠，王国宾.雾滴大小和覆盖密度与农药防治效果的关系［J］.植物保护，2015，41（6）：9-16.

［7］ 张文君，何雄奎，宋坚利，等.助剂S240对水分散性粒剂及乳油药液雾化的影响［J］.农业工程学报，2014，30（11）：61-67.

［8］ 张东彦，兰玉彬，陈立平，等.中国农业航空施药技术研究进展与展望［J］.农业机械学报，2014，45（10）：53-59.

［9］ 张瑞瑞，张真，徐刚，等.喷雾助剂类型及浓度对喷头雾化效果影响［J］.农业工程学报，2018，34（20）：36-43.

［10］ 潘文轩，王索，高宁，等.助剂对40%丁香·戊唑醇悬浮剂在玉米叶片上润湿性及药效的影响［J］.西北农林科技大学学报（自然科学版），2020，49（5）：138-145.

［11］ 陈华，王凤良，卢鹏，等.几种常见杀虫剂对玉米草地贪夜蛾的控制作用［J］.环境昆虫学报，2019，41（6）：1163-1168.

［12］ 谷涛，李永丰，张自常，等.杂草对激素类除草剂抗药性研究进展［J］.植物保护，2021，47（1）：15-26.

［13］ ALM S R，REICHARD D L，HALL F R. Effects of spray drop size and distribution of drops containing bifenthrin on Tetranychus urticae（Acari：Tetranychidae）［J］. Journal of Economic Entomology，1987，80（2）：517-520.

［14］ UK S. Tracing insecticide spray droplets by sizes on natural surfaces. The state of the art and its value［J］. Pesticide Science，1977，8（5）：501-509.

［15］ FERGUSON J C, CHECHETTO R G, HEWITT A J, et al. Assessing the deposition and canopy penetration of nozzles with different spray qualities in an oat（Avena sativa L.）canopy［J］. Crop Protection, 2016（81）: 14-19.

［16］ MENG Y H, SONG J L, LAN Y B, et al. Harvest aids efficacy applied by unmanned aerial vehicles on cotton crop［J］. Industrial Crops and Products, 2019（140）: 111645.

［17］ FERGUSON J C, O'DONNELL C C, CHAUHAN B S, et al. Determining the uniformity and consistency of droplet size across spray drift reducing nozzles in a wind tunnel［J］. Crop Protection, 2015（76）: 1-6.

［18］ XIAO Q G, XIN F, LOU Z X, et al. Effect of aviation spray adjuvants on defoliant droplet deposition and cotton defoliation efficacy sprayed by unmanned aerial vehicles［J］. Agronomy, 2019, 9（5）: 217.

［19］ CHEN S D, LAN Y B, LI J Y, et al. Effect of wind field below unmanned helicopter on droplet deposition distribution of aerial spraying［J］. International Journal of Agricultural and Biological Engineering, 2017, 10（3）: 67-77.

［20］ MENECHINI W, MAGGI M F, JADOSKI S O, et al. Aerial and ground application of fungicide in corn second crop on diseases control［J］. Engenharia Agricola, 2017, 37（1）: 116-127.

［21］ DENG X L, HUANG Z X, ZHENG Z, et al. Field detection and classification of citrus Huanglongbing based on hyperspectral reflectance［J］. Computers and Electronics in Agriculture, 2019, 167（C）: 105006.

［22］ WANG G B, LAN Y B, YUAN H Z, et al.Comparison of spray deposition, control efficacy on wheat aphids and working efficiency in the wheat field of the unmanned aerial vehicle with boom sprayer and two conventional knapsack sprayers［J］. Applied sciences, 2019, 9（2）: 218.

［23］ FOQUÉ D, BRAEKMAN P, PIETERS J G, et al. A vertical spray boom application technique for conical bay laurel（Laurus nobilis）plants［J］. Crop Protection, 2012（41）: 113-121.

［24］ WANG G B, LAN Y B, QI H X, et al.Field evaluation of an unmanned aerial vehicle（UAV）sprayer: effect of spray volume on deposition and the control of pests and disease in wheat［J］. Pest management science, 2019, 75（6）: 1546-1555.

［25］ SHAN C F, WANG G B, WANG H H, et al. Effects of droplet size and spray volume parameters on droplet deposition of wheat herbicide application by using UAV［J］. International Journal of Agricultural and Biological Engineering, 2021, 14（1）: 74-81.

［26］ JORDI L，EMILIO G，MONTSERRAT G，et al. Spray distribution evaluation of different settings of a hand‐held‐trolley sprayer used in greenhouse tomato crops［J］. Pest management science，2016，72（3）：505-516.

［27］ CHEN P C，FAN O Y，WANG G B，et al. Droplet distributions in cotton harvest aid applications vary with the interactions among the unmanned aerial vehicle spraying parameters ［J］. Industrial Crops and Products，2021（163）：113324.

［28］ GUO H，ZHOU J，LIU F，et al. Application of Machine Learning Method to Quantitatively Evaluate the Droplet Size and Deposition Distribution of the UAV Spray Nozzle［J］. Applied Sciences，2020，10（5）：1759.

［29］ QIN W C，XUE X Y，ZHOU Q Q，et al. Use of RhB and BSF as fluorescent tracers for determining pesticide spray distribution［J］. Analytical Methods，2018，10（33）：4073-4078.

［30］ BADULES J，VIDAL M，BONÉ A，et al. Comparative study of CFD models of the air flow produced by an air-assisted sprayer adapted to the crop geometry［J］. Computers and Electronics in Agriculture，2018（149）：166-174.

［31］ WANG J，LAN Y B，ZHANG H H，et al. Drift and deposition of pesticide applied by UAV on pineapple plants under different meteorological conditions［J］. International Journal of Agricultural and Biological Engineering，2018，11（6）：5-12.

［32］ CHEN P C，LAN Y B，HUANG X Y，et al. Droplet deposition and control of planthoppers of different nozzles in two-stage rice with a quadrotor unmanned aerial vehicle［J］. Agronomy，2020，10（2）：303.

［33］ RAFAEL R，WALTER B，CARLOS A F，et al. Use of surfactant with different volumes of fungicide application in soybean culture［J］. Engenharia Agrícola，2018，38（4）：577-589.

［34］ BERGER‐NETO A，JACCOUD‐FILHO D S，WUTZKI C R，et al. Effect of spray droplet size，spray volume and fungicide on the control of white mold in soybeans［J］. Crop Protection，2017（92）：190-197.

［35］ WANG G B，HAN Y X，LI X，et al. Field evaluation of spray drift and environmental impact using an agricultural unmanned aerial vehicle（UAV）sprayer［J］. Science of the Total Environment，2020（737）：139793.

［36］ FERGUSON J C，CHECHETTO R G，ADKINS S W，et al. Effect of spray droplet size on herbicide efficacy on four winter annual grasses［J］. Crop Protection，2018（112）：118-124.

［37］ CHEN D S，LAN Y B，ZHOU Z Y，et al. Effect of Droplet Size Parameters on Droplet Deposition and Drift of Aerial Spraying by Using Plant Protection UAV［J］. Agronomy，2020，10（2）：195.

［38］ LAN Y B，HOFFMANN W C，FRITZ B K，et al. Spray drift mitigation with spray mix adjuvants［J］. Applied Engineering in Agriculture，2008，24（1）：5-10.

［39］ GULER H，ZHU H，OZKAN E，et al.Wind tunnel evaluation of drift reduction potential and spray characteristics with drift retardants at high operating pressure［J］. Journal of ASTM International，2006，3（5）：1-9.

第八章

大型植保飞机航空
施药技术与应用

第一节　直升机航空喷施雾滴沉积飘移规律研究

雾滴沉积及飘移特性是表征航空喷施效果的基本方法，当前，国内关于有人驾驶直升机航空喷施的研究大多还集中在施药后的防治效果方面，对于喷施雾滴沉积飘移规律的研究还较为薄弱。国外研究机构大多侧重对有人驾驶固定翼飞机的航空喷施雾滴沉积飘移规律等方面进行研究，相关成果较为突出。但由于固定翼飞机和直升机的结构设计差异很大，固定翼飞机靠固定机翼产生升力，而直升机则靠自身旋翼产生升力，喷施作业时，二者形成的下压风场明显不同，雾滴的运动轨迹亦不相同，因此，虽然已经有固定翼飞机的雾滴沉积飘移规律，但其对于直升机喷施并不适用，还需要对直升机喷施做进一步测试。除此之外，国外航空喷施设计参考的作业标准与国内实际作业标准有所不同，在国内，因受防风林、电力通信布线、作业安全及政策法规的影响，作业地块面积小且较为分散，飞机作业速度浮动范围较大，作业高度一般在 4～20 m，与国外 3～5 m 的作业高度及大面积的稳定作业方式有很大差别。因此，即使直接引进国外飞机机型与配套设备，国外有人驾驶飞机雾滴沉积飘移相关的研究成果也并不一定适用于中国，还需要对各类机型的实际施药参数进行实地测试。

针对这一现状，本研究以轻型机载北斗 RTK 差分系统得到的精准作业飞行参数为参考，对安装有 AG-NAV Guía 进口喷施系统的 AS350B3e 直升机开展了不同飞行作业参数及飞行方式的航空喷施试验，对其雾滴沉积飘移规律进行了研究，以期为减少直升机航空喷施作业雾滴飘移提供参考和指导。

（一）材料与方法

1. 试验设备

试验所使用的机型为 AS350B3e（小松鼠）直升机，喷施试验现场如图 8-1-1 所示。直升机安装有 AG-NAV Guía 系统，用于精准变量喷施控制；同时搭载北斗 RTK 差分系统，该系统具有精准差分定位功能，数据采集间隔 0.1 s，能够实时记录飞行参数并绘制出实际作业轨迹作为喷施效果的参考分析。直升机技术参数及搭载设备的主要性能指标见表 8-1-1。

图 8-1-1　AS350B3e 直升机喷施现场图

表 8-1-1　AS350B3e 直升机技术参数及搭载设备的主要性能指标

主要参数	规格及数值
机身长度（m）	10.93
机身高度（m）	3.34
主旋翼 / 尾旋翼直径（m）	10.69/1.06
最大载药量（L）	600～650
最大航速（km/h）	287
空载质量（kg）	1237
最大起飞质量（kg）	2250
喷杆长度（m）	9
喷头个数（个）	76（42 个单喷头，17 个双喷头）
喷头朝向	向下
喷幅宽度（m）	30～40
药箱尺寸（m×m×m）	2.2×1.1×0.3
单位面积设定喷施量（L/hm²）	12
工作效率（hm²/h）	350～500
喷施系统	AG-NAV Guía
北斗平面精度（mm）	（10+5×D×10^{-7}）
北斗高程精度（mm）	（20+1×D×10^{-6}）

注：表中字母 D 表示北斗差分系统实际测量的距离值，km。

直升机采用 TR 三号圆锥喷头进行喷施，各喷头等距均匀排布。试验开始前，预先进行喷头流量测试。通过系统设定飞行速度为 90 km/h，单位面积喷施量为 12 L/hm²，用 SC-1 喷头流量测定仪在喷杆两侧各选 5 个喷头进行单喷头流量测定，结合喷头数量计算喷洒药液总流量及单架次喷洒时间，检测是否达到设定喷施量要求。在设置单位面积喷施量为 12 L/hm² 的情况下，平均单个喷头流速为 0.89 L/min，总喷头流速为 67.64 L/min，喷雾时间为 8.8 min。测定结果表明，各喷头喷施性能稳定，符合飞行试验要求。

2.喷施试剂与雾滴采集卡

试验采用尿素现场配制成质量分数为 1.25‰的水溶液 400 L 代替液体农药进行喷施，并配有飞防专用助剂飞宝，体积分数为 3‰。助剂主要成分为植物油类，功能为抗蒸发、促进沉降、减轻飘移等。雾滴采集卡为水敏纸，卡片尺寸为 76 mm×26 mm。

3.试验地点及方案设计

试验地点为湖北省荆州市沙市机场，试验场地开阔，长 2000 m，宽 400 m，试验区域 200 m 内无遮挡。如图 8-1-2 所示，根据风向，作业区域设有两条 110 m 长的雾滴采集带，两条雾滴采集带之间间距 80 m，布置与风向平行。

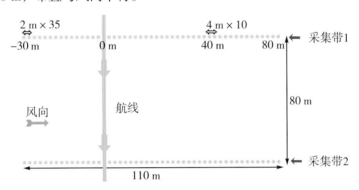

（a）单向式喷施架次试验方案

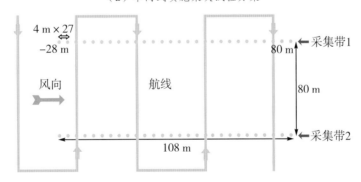

（b）往复式喷施架次试验方案

图 8-1-2　试验方案示意图

试验设置单向式喷施试验 6 架次（1#～6#）和往复式喷施试验 2 架次（7#、8#），其中架次 1# 不添加航空助剂。对于单向式喷施试验，各条采集带由上风向至下风向以 −30～80 m 依次标记，在 −30～40 m 区域，采集带每间隔 2 m 布置一张水敏纸；40～80 m 区域，采集带每间隔 4 m 布置一张水敏纸，设置 0 m 处为直升机航线。对于往复式喷施试验，设置喷幅为 30 m，在 −28～80 m 区域，采集带内每间隔 4 m 布置一张水敏纸，所有水敏纸距地面均为 30 cm，正面迎风向倾斜布置。试验依据实际作业经验设定飞行高度为 5 m，飞行速度为 70～120 km/h，在此作业参数范围内选择不同的飞行参数进行喷施试验（表 8-1-2）。

表8-1-2　设定飞行试验参数汇总

架次	设定飞行速度（km/h）	设定飞行高度（m）	添加航空助剂	设定喷施量（L/hm²）
1#	90	5	否	12
2#	70	5	是	12
3#	90	5	是	12
4#	90	5	是	12
5#	100	5	是	12
6#	120	5	是	12
7#	90	5	是	12
8#	90	5	是	6

直升机航向设定为由南至北（S—N），直升机航线（0 m）下方的喷施区域是高度为 15～25 cm 的草地。在上风向远离航线、离地 2 m 处布置有 Kestrel 5500 Link 微型气象站，记录间隔为 5 s，用于实时记录试验过程中的温度、湿度、风速及风向等气象信息。

4. 水敏纸数据处理

每次喷施试验后，待水敏纸上的雾滴干燥，戴一次性手套将水敏纸按次序收回，放入密封袋标记，置于阴凉处保存，带回实验室进行分析。将收集到的水敏纸逐一用扫描仪扫描，扫描后的图像通过图像处理软件 DepositScan 进行分析，得到雾滴在对应采样点的 $Dv_{0.1}$、$Dv_{0.5}$、$Dv_{0.9}$、覆盖密度及沉积量等数据，同时计算出雾滴平均覆盖密度、平均沉积量和沉积均匀性等。其中 Dv_a 表示将一次喷雾过程中全部雾滴的按体积从小到大顺序累加，当累加值等于全部雾滴体积的（$a \times 100$）% 时所对应的雾滴粒径值。沉积分布均匀性通过有效喷幅区域内各采样点沉积量的变异系数（CV）值大小来表征，变异系数越小，表示雾滴沉积分布越均匀，变异系数计算公式为

$$CV = \frac{S}{\overline{X}} \times 100\% \tag{8.1.1}$$

$$S = \sqrt{\sum_{i=1}^{n}(X_i - \overline{X})^2 / (n-1)} \tag{8.1.2}$$

式中，S 为同条雾滴采集带采集样本标准差；X_i 为各采样点沉积量，$\mu L/cm^2$；$\overline{X}$ 为同条雾滴采集带采样点沉积量平均值，$\mu L/cm^2$；n 为各组试验采样点个数。

5. 有效喷幅测定

关于有效喷幅的测定，参考 Zhang 等对 M-18B 和 Thrush 510G 两种机型喷幅测定的研究及《中华人民共和国民用航空行业标准》中《航空喷施设备的喷施率和分布模式测定》规范要求：以飞机航线两侧最远处沉积量值能达到对应雾滴采集带喷施沉积量最大值一半的采样点作为有效喷幅区域的起止点，这两点之间的距离可作为有效喷幅宽度。

6. 雾滴飘移分析判定

根据《中华人民共和国民用航空行业标准》中《飞机喷雾飘移现场测量方法》规定，首先进行单喷幅测定试验，以沉积量为纵坐标，以航空设备飞行路线两侧的采样点为横坐标绘制分布曲线，测定出有效喷幅后，绘制得到喷雾飘移量沿采样距离的衰减曲线。自上风向至下风向对飘移量进行累积，当累积飘移量达到总飘移量的 90% 时所对应的下风向距离为目标喷雾区的最小宽度，即飘移最远作用距离。

各采样点的喷雾飘移量占喷施量百分比计算公式为

$$N = \frac{100X_i}{X_v} \times 100\% \qquad\qquad (8.1.3)$$

式中，N 为各采样点喷雾飘移量所占喷施量的百分比，%；X_v 为单位面积设定喷施量，L/hm^2。

7. 统计学分析

所有的数据统计分析工作均由 OriginPro 8.5 软件完成。为了进一步表明飞行速度对有效喷幅区域内作业质量的影响，将飞行速度分为四个水平，采用 Least Significant Difference（LSD）多重检验（$\alpha=0.05$）的方法对有效喷幅区域内的沉积量、$Dv_{0.5}$、沉积密度、有效喷幅宽度进行显著性分析。

（二）结果与分析

1. 气象数据

轻型机载北斗 RTK 差分系统可以精确记录各次飞行试验的时间，同时微型气象站在试验全程中每 5 s 记录一次气象数据，将轻型机载北斗 RTK 差分系统记录的飞行时间与微型气象站数据相对应。各试验架次气象数据见表 8-1-3。在试验过程中环境温度、湿度及风速一直较为稳定，平均温度为 22.0 ℃，平均湿度为 71.8%，风速保持在 1.1 ～ 2.3 m/s，风向虽有所变化，但风向偏差范围均在 ±30° 内，符合美国农业工程师协会 S561.1 雾滴飘移测试标准。

表 8-1-3　各试验架次气象数据汇总

架次	时刻	温度（℃）	湿度（%）	风速（m/s）	风向	风向偏差角（°）
1#	10：14 ～ 10：15	22.4	72.6	1.5	NE	25.7
2#	10：26 ～ 10：27	21.5	73.1	1.3	NE	16.1
3#	10：32 ～ 10：33	22.1	71.1	1.6	NE	14.9
4#	10：37 ～ 10：38	22.0	72.5	2.3	SE	8.6
5#	10：42 ～ 10：43	21.9	71.3	1.2	SE	15.5
6#	10：47 ～ 10：48	21.8	72.8	1.1	NE	6.1

续表

架次	时刻	温度（℃）	湿度（%）	风速（m/s）	风向	风向偏差角（°）
7#	10：52～10：55	21.9	70.2	1.7	SE	17.4
8#	11：06～11：09	22.0	71.1	1.5	SE	9.2

注：风向偏差角为风向和雾滴采集带的夹角（°）。

2. 单向式喷施试验分析

（1）单向式喷施架次作业参数及轨迹处理。图 8-1-3 为轻型机载北斗 RTK 差分系统采集各架次飞行数据后绘制的各架次有效作业轨迹。经轻型机载北斗 RTK 差分系统精确测算，6 个架次单向式喷施作业均按照设定轨迹飞行。

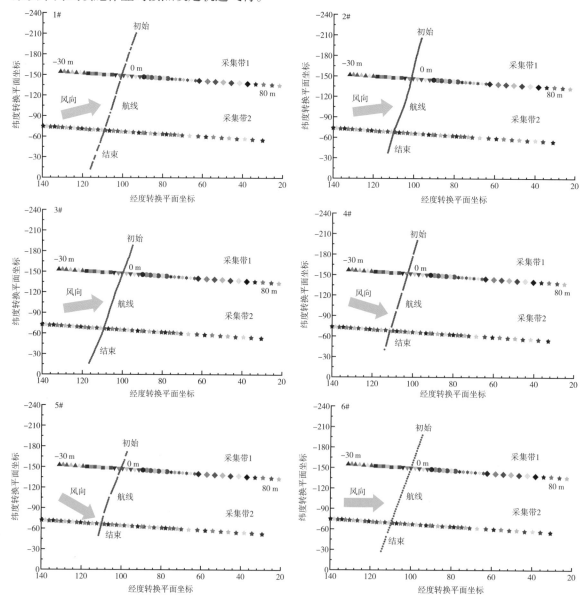

图 8-1-3　AS350B3e 的 1#～6# 架次有效作业轨迹

同时轻型机载北斗 RTK 差分系统还可得到直升机飞临各条采集带上方时刻的飞行速度和飞行高度，如图 8-1-4 所示。各架次实时作业参数结果显示：各架次作业参数均在试验设定范围内，其中飞行速度最小值为 70.52 km/h（2#-1），最大值为 123.73 km/h（6#-2），各架次飞行速度呈梯度变化，且同一架次 2 条雾滴采集带的实时飞临速度较为接近；整体飞行高度平均值为 5.03 m，实时飞行高度最小值为 4.62 m（1#-1），最大值为 5.58 m（3#-2），极差为 0.96 m，变异系数为 6.58%。

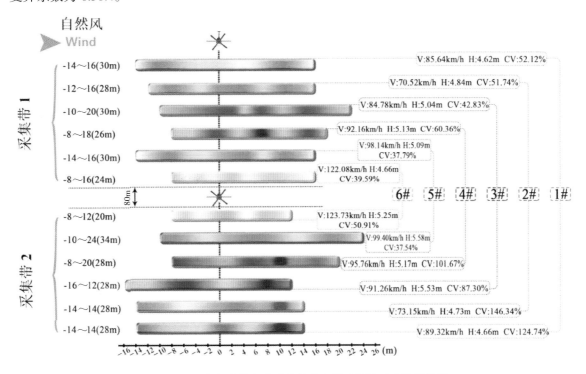

图 8-1-4　各架次单向式喷施作业有效喷幅及对应沉积效果

（2）有效喷幅判定及对应沉积效果。图 8-1-4 为轻型机载北斗 RTK 差分系统测得的各架次作业时直升机飞临各条雾滴采集带上方时刻的作业参数信息，以及按照《航空喷施设备的喷施率和分布模式测定》方法得到的各架次、各雾滴采集带的有效喷幅起止位置、宽度及对应的雾滴沉积均匀性效果图，以此也可作为下风向飘移情况分析判定的基础依据。

图 8-1-4 中横坐标表示雾滴采集带采样点的位置，上方彩色色带表示各架次作业后各条采集带实测的有效沉积喷幅区域，不同的颜色代表设置了不同作业参数的作业架次，且同一色带上，颜色的深浅表征了雾滴沉积量值的大小，颜色越深，表示雾滴在对应位置沉积越多。虚线框内 v 表示直升机飞临其对应采集带上方时刻的飞行速度，H 表示直升机飞临其对应采集带上方时刻的飞行高度，CV 表示有效喷幅区域内各采样点沉积分布均匀性。

对各试验架次有效喷幅宽度进行分析发现，有效喷幅区域上风向最远起始位置为 -16 m（3#），下风向最远截止位置为 24 m（5#），所有架次有效喷幅的采集带重叠区域为 -8 ～ 12 m，有效喷幅区域整体有向下风向偏移的趋势。通过与气象数据对应，发现主要是由于每次作业时外界自然风速和风向不同，造成了有效喷幅区域位置的偏移。同时还发现飞行速度的不同是导致有效喷幅宽度略有差异的主要原因，当直升机分别以 70 km/h（2#）、90 km/h（1#、3#、4#）、100 km/h（5#）、120 km/h（6#）4 种速度进行喷施作业时，随着飞行速度的增大，有效喷幅宽度呈现先缓慢增大后急剧减小的趋势，100 km/h 的飞行速度为有效喷幅宽度变化的峰值拐点。由此也可知，当该直升机作业高度为 5 m 时，应选择 90～100 km/h 的作业速度，此时有效喷幅宽度较大且较为稳定。

在雾滴沉积分布均匀性方面，其中雾滴采集带 2 在架次 1#、2#、3# 和 4# 的沉积分布均匀性最差，其变异系数分别为 124.74%、146.34%、87.30% 和 101.67%，分析造成这一现象的主要原因是直升机存在旋翼涡流，下方风场分布不均匀，雾滴沉降易受到紊乱气流的影响，导致 10 m（1#）、8 m（2#）、10 m（3#）、−8 m（4#）和 10 m（4#）等位置沉积量异常偏大，带入计算进而影响了变异系数大小。由此看出，应加强风场因素与雾滴沉积分布规律之间关系的研究，使能够针对不同作业环境合理地选择最优的作业参数。

飞行速度对有效喷幅区域内的沉积量、$Dv_{0.5}$、沉积密度、有效喷幅宽度的显著性分析结果见表 8-1-4。

表 8-1-4　有效喷幅区域内各参数 LSD 多重显著性分析结果

飞行速度	沉积量	$Dv_{0.5}$	沉积密度	有效喷幅
70 km/h	a	a	d	a
90 km/h	ab	a	b	a
100 km/h	b	ab	c	a
120 km/h	c	b	a	b

注：同列不同小写字母表示在 0.05 水平差异性显著。

（3）各架次喷雾飘移情况。图 8-1-5 为参考《飞机喷雾飘移现场测量方法》得到的 6 个架次各条雾滴采集带的喷雾飘移情况。由图 8-1-5 可知，各架次各条雾滴采集带的喷雾飘移量百分比随着下风向距离的增大呈现逐步降低的趋势。同时各架次目标喷雾区的最小宽度，即累积飘移量占总飘移量 90% 时所对应的下风向水平距离在 27.61～48.94 m 的范围内变化浮动，因此在有侧风的情况下作业时，应设置至少 50 m 的缓冲区。但上述分析方法并未在 6#-2 下风向飘移区域测到累积飘移量占总飘移量 90% 时的位置，分析原因为 6#-2 实时飞行速度为 123.73 km/h，实时飞行高度为 5.25 m，喷施速度过快且高度较高，导致该条雾滴采集带整体接收的雾滴较少，仅在 −18～22 m 区域通过水敏纸检测到喷施雾滴。在此基础上，通过《航空喷施设备的喷施率和分布模式测定》测定有效喷幅区域为 −8～12 m，其余 −18～−8 m 为上风向飘移区域，12～22 m 为下风向飘移区域。在此基础上，上风向飘移区域各采样点的喷雾飘移量百分比分别为 35.83%、40.83%、41.67%、22.5%、37.5%，远高于下风向飘移区域各采样点的喷雾飘移量百分比（图8-1-5），因此6#-2累积飘移量占总飘移量90%时的位置并未出现在下风向飘移区域。

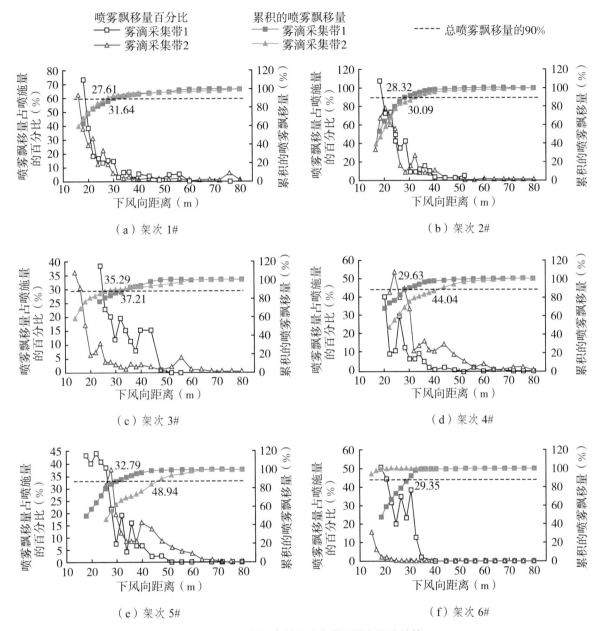

图 8-1-5　各架次雾滴采集带下风向飘移特性

对所有架次各条雾滴采集带的实际飘移距离及飘移喷施比例等相关信息进行分析汇总，结果见表8-1-5。对于AS350B3e直升机，随着不同架次中飞行作业参数的改变，其下风向飘移起始位置也发生了变化，下风向飘移最近起始位置为12 m（3#-2、6#-2），最远起始位置为24 m（5#-2）。同时通过观察发现，下风向受飘移影响距离均接近或小于下风向有效喷幅宽度，计算各架次下风向受飘移影响距离与下风向有效喷幅宽度的比值发现，仅有3#-2的比值过大，为2.10%。结合图8-1-5、表8-1-5相关数据对3#-2作业情况进行分析可知，3#-2的实时飞行速度为91.26 km/h，实时飞行高度为5.53 m，飞行高度仅次于所有架次中最大高度值；其下风向实测受飘移影响距离为 25.21 m，亦为所有架次中下风向实测受飘移影响距离最大值。同时也发现，其他几条下风向实测受飘移影响距离大于 20 m 的雾滴采集带 4#-2、5#-2，其对应的实时飞行高度分别为 5.17 m 和 5.58 m，均属于所有架次中较大的飞行高度值。因此，分析出现这一情况的原因，可能是直升机飞临该条雾滴采集带时的实时飞行高度过大，从而导致下风向飘移距离和喷幅的比值过大。由此，也可初步判定出飞行速度对于下风向飘移起始位置影响较为明显，但对于下风向飘移距离和喷幅的比值影响较小，反而飞行高度对该比值影响较为明显。本次试验侧风风速一直保持在 1.1 ～ 2.3 m/s 内，风速较小，对于下风向飘移起始位置有一定影响，但对于整体飘移情况影响不大。

表 8-1-5　各架次雾滴采集带飘移距离及相关比例信息汇总

架次	下风向飘移起始位置（m）	90% 飘移距离（m）	下风向实测受飘移影响距离（m）	下风向受飘移影响距离与下风向有效喷幅宽度的比值（%）	总飘移量占总喷施量的百分比（%）	是否添加航空助剂
1#-1	16	31.64	15.64	0.98	23.03	否
1#-2	14	27.61	13.61	0.97	19.27	否
2#-1	16	28.32	12.32	0.77	21.07	是
2#-2	14	30.09	16.09	1.15	16.84	是
3#-1	22	35.29	13.29	0.60	16.70	是
3#-2	12	37.21	25.21	2.10	12.34	是
4#-1	18	29.63	11.63	0.64	12.07	是
4#-2	20	44.04	24.04	1.20	14.78	是
5#-1	16	32.79	16.79	1.05	17.53	是
5#-2	24	48.94	24.94	1.04	15.23	是
6#-1	16	29.35	13.35	0.83	27.87	是
6#-2	12	—	—	—	17.87	是

注：m#-n 表示第 m 架次第 n 雾滴采集带，下同。

为了进一步表明飞行速度、飞行高度和侧风风速对飘移结果的影响（不包含未添加助剂架次 1#），将飞行速度分为 4 个水平：（70±5）km/h 为 1 水平，（90±5）km/h 为 2 水平，（100±5）km/h 为 3 水平，（120±5）km/h 为 4 水平。将飞行高度分为两个水平：（4.5±0.5）m 为 1 水平，（5.5±0.5）m 为 2 水平。将侧风风速分为两个水平：（1±0.5）m/s 为 1 水平，（2±0.5）m/s 为 2 水平。采用数据处理软件 OriginPro 8.5 对目标喷雾区最小宽度和雾滴飘移量占总喷施量的百分比进行了显著性分析。经检验，在显著水平 $\alpha=0.05$ 条件下，仅有飞行高度对雾滴飘移量占总喷施量的百分比影响显著，对目标喷雾区最小宽度影响并不显著；飞行速度和侧风风速两个因素对此次试验的目标喷雾区最小宽度和雾滴飘移量占总喷施量的百分比影响均不显著（表 8-1-6），各项检验结果均符合上述推论。

表 8-1-6　不同作业参数对飘移情况的显著性分析

因素	90% 飘移距离（m）	总飘移量占总喷施量的百分比（%）
飞行速度	0.387	0.118
飞行高度	0.084	0.022*
侧风风速	0.618	0.061

注：取显著性水平 α=0.05，表中"*"代表因素对试验结果有显著影响，下同。

受实际作业架次量及外部环境条件变化的限制，本研究主要围绕飞行速度这一因素对直升机喷雾飘移的影响展开试验研究，并未对飞行高度进行过多限定，飞行高度作为影响喷雾沉积飘移的另一重要因素，也是今后研究中应重点关注考察的对象。

飘移的实质是雾滴经喷头释放后向各个方向的移动，不同粒径的雾滴通过飘移所能到达的最远位置亦不相同。研究飘移区域内的雾滴粒径分布，可以为航空喷头的设计提供参考，从而达到减轻飘移、提高农药利用率的目的。为了详细描述一次完整的航空喷施作业各粒径尺寸雾滴在飘移区域的分布情况，将雾滴粒径分为＜ 100 μm、100 ～ 200 μm、201 ～ 300 μm、301 ～ 400 μm 和＞ 400 μm 5 个粒径谱区间，自采集带下风向 20 m 处起对各采样点进行雾滴密度统计，图 8-1-6 为采集各次喷施试验的雾滴粒径数据后绘制的其中一个架次的雾滴粒径谱占比图。

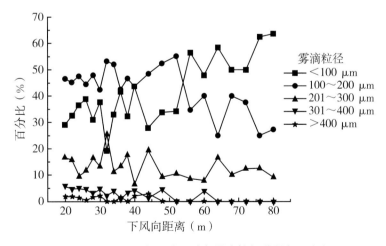

图 8-1-6　下风向飘移区域各雾滴粒径谱所占百分比

由图 8-1-6 可以看出，下风向飘移区域的雾滴粒径主要集中在 200 μm 以下，其所占比例在 70% 以上，尤其是随着下风向距离的增大，粒径小于 100 μm 的雾滴所占比例由 29.06% 逐步增大至 63.64%，粒径处于 100 ～ 200 μm 的雾滴所占比例由 46.60% 降至 27.27%，下风向 55 m 处是二者趋势变化的交点，由此说明小粒径的雾滴更容易发生飘移现象。而粒径为 201～300 μm 的雾滴所占的比例一直较为恒定，基本维持在 10%～20% 的范围内。大雾滴粒径在飘移区域所占的比例一直较低，粒径处于 301～400 μm 及粒径大于 400 μm 的雾滴所占比例由不足 10% 逐步降至 0。因此在选用航空喷头时，在保证雾滴有效附着沉积的前提下，应尽量控制喷雾雾滴粒径尺寸在一个合适的范围内，从而有效减轻飘移。

（4）助剂的使用效果对比。单向式喷施试验共进行 6 个架次，其中架次 1# 为未添加航空助剂对比架次，其余架次均添加航空助剂。由图 8-1-4 可知 1#-1 的实时飞行速度为 85.64 km/h，实时飞行高度为 4.62 m；1#-2 的实时飞行速度为 89.32 km/h，实时飞行高度为 4.66 m。参考实际气象条件及飞行参数，架次 3# 除添加助剂外其他因素与架次 1# 最为接近，因此将二者进行使用助剂效果的对比。

在有效喷幅区域内雾滴沉积方面，架次 1# 各条采集带对应的有效喷幅为 30 m 和 28 m；架次 3# 各条采集带对应的有效喷幅为 30 m 和 28 m，由此可看出，助剂的使用对有效喷幅的影响并不是很明显。如图 8-1-7 所示，有效喷幅区域内，架次 1# 的平均沉积量为 0.167 μL/cm²，架次 3# 平均沉积量为 0.182 μL/cm²，添加助剂后沉积量增加了 8.98%，说明助剂对于辅助雾滴沉降、增大沉积量是有帮助的。如图 8-1-8 所示，有效喷幅区域内，架次 1# 的平均 $Dv_{0.1}$、$Dv_{0.5}$ 和 $Dv_{0.9}$ 分别为 237.56 μm、397.35 μm 和 607.17 μm；架次 3# 的平均 $Dv_{0.1}$、$Dv_{0.5}$ 和 $Dv_{0.9}$ 分别为 247.93 μm、424.42 μm 和 628.89 μm。架次 3# 的 $Dv_{0.1}$、$Dv_{0.5}$ 和 $Dv_{0.9}$ 均高于架次 1#，由此可知，添加助剂后雾滴粒径有所增大。架次 1# 的平均沉积密度为 14.91 个 /cm²；架次 3# 的平均沉积密度为 13.23 个 /cm²，架次 1# 的沉积密度略高于架次 3#，但二者相差不是很多，说明助剂对沉积密度的影响很小。

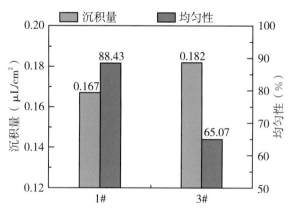
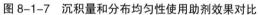

图 8-1-7　沉积量和分布均匀性使用助剂效果对比

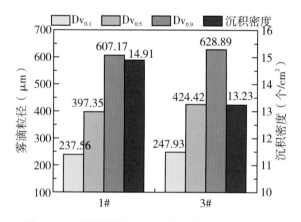

图 8-1-8　雾滴粒径和沉积密度使用助剂效果对比

在飘移方面，将架次 1#、3# 所有采集带飘移量进行汇总，如图 8-1-9 所示，测得架次 1# 两条采集带飘移量占总飘移量的比例分别为 21.41% 和 36.96%；3# 两条采集带飘移量占总飘移量的比例分别为 15.41% 和 26.22%；1#、3# 各架次飘移量分别为二者总飘移量的 58.37% 和

41.63%；1#、3# 各架次上风向飘移量分别为二者上风向总飘移量的 58.14% 和 41.86%；1#、3# 各架次下风向飘移量分别为二者下风向总飘移量的 58.5% 和 41.5%；添加助剂使总飘移量减少了 28.68%，其中上风向飘移量减少了 28.31%，下风向飘移量减少了 29.06%。由此可以初步看出，助剂的使用对于减轻雾滴飘移是有作用的。

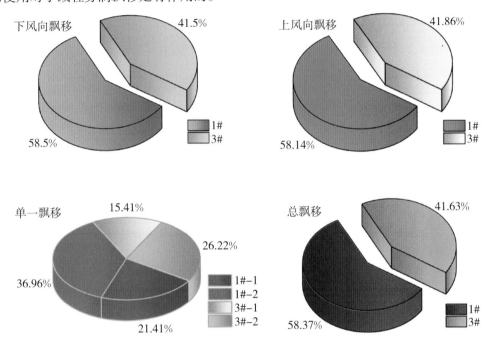

图 8-1-9　1# 和 3# 架次雾滴飘移情况统计分析

此外，由表 8-1-5 还可知 1#-1 与 1#-2 的 90% 飘移距离分别为 31.64 m 和 27.61 m，下风向实测受飘移影响距离分别为 15.64 m 和 13.61 m，二者与其他添加航空助剂架次同组数据相比相差不大。但可以从表 8-1-5 可以明显看出，航空助剂的使用对于减轻雾滴飘移的作用较为显著，其中架次 1# 各条采集带总飘移量占该条采集带总喷施量的百分比值分别为 23.03% 和 19.27%，明显高于同一作业速度范围（90±5 km/h）的架次 3# 所对应的各条采集带总飘移量占该条采集带总喷施量的百分比值，经测算，使用航空助剂使得架次 3# 的雾滴飘移量比架次 1# 减少了 33.94%。但当作业速度过低（2#-1、2#-2）或作业速度过高（6#-1、6#-2）时，其喷施作业飘移减轻效果不是很明显，尤其是 6#-1 总飘移量占该条采集带总喷施量的百分比值为 27.87%，要高于未添加助剂的架次 1# 所对应的百分比值。

为了深入研究航空助剂的使用对各速度范围作业质量的影响，对目标喷雾区最小宽度和雾滴飘移量占总喷施量的百分比值进行了显著性分析。经检验，在显著水平 $\alpha=0.05$ 条件下，航空助剂的使用对于同一作业速度范围内目标喷雾区最小宽度影响不显著（$P=0.209$），对于雾滴飘移量占总喷施量的百分比有显著差异（$P=0.023 < 0.05$）；对于不同的作业速度范围内目标喷雾区最小宽度和雾滴飘移量占总喷施量的百分比影响均不显著（P 值分别为 0.540 和 0.637）。

3.往复式喷施试验分析

（1）往复式喷施架次作业参数及轨迹处理。图 8-1-10 为轻型机载北斗 RTK 差分系统采集各架次往复式喷施试验飞行数据后绘制的各架次有效作业轨迹，经测定符合试验设定轨迹。

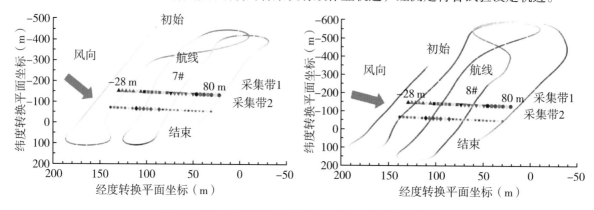

图 8-1-10　AS350B3e 的架次 7# 和 8# 有效作业轨迹

借鉴《航空喷施设备的喷施率和分布模式测定》对穿梭式喷施作业沉积效果的测定方法，对于具有 5 条喷幅的分布模型，采用第 2 条和第 4 条喷幅对应路径中心线之间区域的数据进行分析。结合试验 30 m 喷幅设计，本部分研究取 –20 m 至 40 m 区域。表 8-1-7 为架次 7#、8# 分布模型测定区域飞行参数信息汇总。

表 8-1-7　测定区域内飞行作业参数汇总

测定区域		飞行速度（km/h）	飞行高度（m）
7#	路径 2	90	5.67
	路径 3	92	3.83
	路径 4	89	6.50
8#	路径 2	110	4.69
	路径 3	105	5.65
	路径 4	93	6.56

（2）往复式喷施作业总喷施量变化效果分析。如图 8-1-11 所示，架次 7# 设置总喷施量为 12 L/hm²，架次 8# 设置总喷施量为 6 L/hm²。架次 7# 的 $Dv_{0.1}$、$Dv_{0.5}$ 和 $Dv_{0.9}$ 平均值分别为 237.77 μm、427.03 μm 和 656.42 μm；架次 8# 的 $Dv_{0.1}$、$Dv_{0.5}$ 和 $Dv_{0.9}$ 平均值分别为 210.06 μm、366.85 μm 和 558.53 μm。架次 7# 的雾滴粒径值略大于架次 8# 的雾滴粒径值，其 $Dv_{0.1}$、$Dv_{0.5}$ 和 $Dv_{0.9}$ 粒径大小分别是架次 8# 对应值的 1.13 倍、1.16 倍和 1.18 倍。架次 7# 的雾滴平均沉积密度为 19.09 个 /cm²，架次 8# 的雾滴平均沉积密度为 15.07 个 /cm²，前者是后者的 1.27 倍。

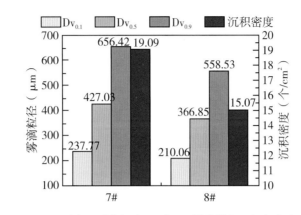

图 8-1-11　测定区域内架次 7# 和 8# 雾滴粒径、沉积密度对比

同时研究还发现，测定区域内架次 7#、8# 雾滴沉积量差异较显著，如图 8-1-12 所示。

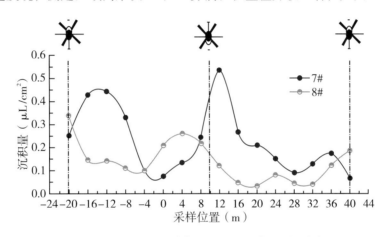

图 8-1-12　测定区域内 7# 和 8# 雾滴沉积量对比

架次 7# 测得的雾滴平均沉积量为 0.237 μL/cm^2，架次 8# 测得的雾滴平均沉积量为 0.135 μL/cm^2，前者是后者的 1.76 倍。二者沉积曲线趋势有所差异，实际施药量与系统设定施药量的误差为 12%，分析原因如下。

①飞行速度和飞行高度是影响喷雾沉积效果的主要因素，从表 8-1-7 可知，架次 7# 整体飞行速度较为稳定，但路径 3、路径 4 飞行高度浮动变化较大；架次 8# 路径 2、路径 3 飞行高度较为稳定，但路径 4 飞行高度变化较大，路径 2、路径 3 飞行速度浮动变化较大。两次直升机往复式喷施作业过程中，各飞行路径速度与高度差异是导致喷雾效果不同的主要原因。

②在实际作业过程中，自然风向以及风速是在不断变化的（表 8-1-3），架次 7# 作业时为东南风，平均风速为 1.7 m/s，风向与采集带夹角为 17.4°，架次 8# 作业时为东南风，平均风速为 1.5 m /s，风向与采集带夹角为 9.2°，因此飞防作业中喷雾效果受自然风的影响亦尤为严重。

初步分析是以上原因导致了往复式喷施作业架次 7#、8# 雾滴沉积变化趋势并未呈现出同步性，同时也造成了实际施药量与系统设定施药量有所差异。

（三）讨论

雾滴沉积飘移一直是航空喷施的重点研究领域，影响直升机喷施雾滴沉积飘移特性的因素有很多，包括药液制剂的有效成分及类型、雾滴大小、飞行器作业参数、气象条件、地形、操作人员的责任心和技能水平等。雾滴沉积行为及飘移特性是表征喷雾效果的基本方面，本研究设计了基于 AG-NAV Guía 系统的 AS350B3e 直升机航空喷施试验，重点对各架次的喷雾沉积飘移情况及助剂使用效果进行了研究和分析，还进行了实际变量效果的对比分析。

本试验首先评定了 AS350B3e 直升机在不同作业参数下的有效喷幅位置及宽度，并以此为基础判定得到了各条雾滴采集带实际飘移区域的准确起始位置，然后结合轻型机载北斗 RTK 差分系统获取的直升机飞临各条雾滴采集带的精确作业参数来进行分析处理。不同于其他学者预设有效沉积区和飘移区，以固定的采样点为飘移区域边界起始位置进行雾滴飘移量累加的飘移分析方法，本试验的分析方法更加精准、更切合实际，并且本试验是在国内开展的、对安装有国外先进喷施系统的有人直升机的首次喷施性能测试评估，具有一定的借鉴参考意义。但受实际作业环境及作业架次的限制，本研究主要针对飞行速度开展试验，整个试验过程中，并未对飞行高度做过多限定设置，实时飞行高度极差仅为 0.96 m；侧风风速一直保持在 1.1 ～ 2.3 m/s，风速较小，对于下风向飘移起始位置有一定影响，但对于整体飘移情况影响不大；飞行高度和侧风风速作为影响喷雾沉积飘移的重要因素，也是今后我们的研究中应重点关注考察的对象。

此外，由于直升机存在旋翼涡流，下方风场分布不均匀，雾滴沉降易受到紊乱气流的影响，试验发现在航线两侧 8 ～ 10 m 处很容易形成较大的沉积，进而导致部分采集带雾滴沉积均匀性较差，未来还应加强风场因素与雾滴沉积分布规律之间关系的研究，从而能够针对不同作业环境合理地选择最优的作业参数。同时，本研究只是在地面布置采样点，仅能体现雾滴随水平距离的变化趋势与规律，由于试验前对该直升机喷施沉积飘移规律不明确，无法确定雾滴的空间运动情况，试验时并未对空间垂直方向的运动情况做测试，因此还需要进一步研究在距离下风向不同位置、距地面不同高度时雾滴的运动情况，以得到更加准确的直升机喷施雾滴沉积飘移规律及特性，为减少有人驾驶直升机喷施作业雾滴飘移提供参考。

（四）小结

本节对安装有 AG-NAV Guía 系统的 AS350B3e 直升机航空喷施雾滴沉积飘移规律展开研究，进行了不同作业参数和作业方式的喷施试验，重点研究了不同飞行速度范围对应的雾滴沉积飘移情况以及飞防助剂对雾滴沉积、飘移的影响，并进行了实际变量效果的对比分析，得出以下结论。

（1）有效喷幅区域的位置受自然风速和风向变化的影响，会向直升机航线下风向区域有不同程度的偏移。同时，当直升机以 5 m 的飞行高度，在 70 ～ 120 km/h 的速度范围内进行喷施作业时，随着飞行速度的增大，有效喷幅宽度呈现先缓慢增大后急剧减小的趋势，100 km/h 的飞行速度为有效喷幅宽度变化的峰值拐点。为了保证最佳的喷施效果，应选择 90 ～ 100 km/h 的作业速度，并适当配合使用航空助剂，此时有效喷幅宽度较大且较为稳定，同时雾滴飘移量占总喷施量比例小且飘移距离较短。

（2）对于 AS350B3e 直升机，在平均温度为 22.0 ℃、平均相对湿度为 71.8%、侧风风速为 1.1 ～ 2.3 m/s 时，粒径在 200 μm 以下的雾滴更容易发生飘移，在飘移区域所占比例在 70% 以上，因此要合理设计选用航空喷头以减轻药液飘移，并在作业时预留至少 50 m 以上的缓冲区（安全区）以避免药液飘移产生的危害。同时，随着不同架次中飞行作业参数的改变，下风向飘移影响距离接近或小于下风向有效喷幅宽度。

（3）当直升机以 90 km/h 的飞行速度进行单向式喷施作业时，添加航空助剂会使雾滴粒径有所增大，但沉积密度变化不大。同时添加航空助剂能够使有效喷幅区域内沉积量增加 8.98%，使总飘移量减少 28.65%，其中上风向飘移量减少了 28.31%，下风向飘移量减少了 29.06%。由此可以看出，助剂的使用对增加有效沉积、减轻飘移是有作用的。

（4）当直升机以 90 km/h 的飞行速度进行往复式喷施作业时，实际施药量与系统设定施药量的误差仅为 12%。

第二节　直升机在山地柑橘果园的航空喷施应用研究

中国柑橘资源丰富，优良品种繁多，有超过 4000 年的栽培历史，是世界上重要的柑橘原产地之一。当前柑橘种植业也是中国许多地方的重要支柱产业，但近些年来一直深受柑橘黄龙病危害，损失较大。柑橘木虱是柑橘黄龙病的主要传播媒介，因柑橘黄龙病至今尚无有效的针对性治疗药剂，目前柑橘黄龙病的防控手段大多以阻断木虱传播为主，化学防治是其中最为常用的方法。传统的化学防治手段包括人工喷施和地面动力机械喷施，但中国的柑橘大部分种植在坡度较大的山地，且种植较为分散，受地形地貌及生产模式的限制，人工喷施与地面动力机械喷施不仅作业效率低、进场转场困难，还存在施药操作人员易农药中毒的风险。同时，传统的地面施药大多采用淋洗的方式对柑橘果树进行喷施，用药量与用水量通常较大，会导致较为严重的农药流失、浪费和环境污染问题。

鉴于上述情况，近些年来以飞机为载体的航空植保施药作业方式开始崭露头角，因其农药施用量少、作业效率高且防治效果好的特点，已经在大田作物上得到了广泛的应用。同时，针对柑橘果园的航空植保探索也在逐步展开，且已取得了一定的成果。虽然关于柑橘果园航空防治的研究已经具备了一定的基础，但当前仍旧存在着对不同施药载体喷施效果的研究还不够广泛全面的问题。尤其是有人驾驶直升机，没有小型无人机操作简便、试验成本低、易于开展多种形式研究的特点，因此，有关其在柑橘施药方面的研究还较少，能够查询到的研究成果的关注点也大多集中在施药后期的防治效果上，在航空喷施雾滴沉积规律方面的研究则鲜少。

为此，本节设计了以 Bell206L4 直升机为施约载体的柑橘果树航空喷施防治柑橘木虱试验，就该直升机采取两种不同航空施药方式对山地柑橘果园喷施的雾滴沉积规律展开研究，并对不同山体采样区域及果树采样位置的雾滴沉积分布情况进行了对比分析，以期提升有人驾驶直升机对柑橘喷施的作业质量，为优化航空施药方案提供指导与参考。

一、直升机盘旋式航空施药作业喷施效果研究

（一）材料与方法

1. 试验机型及喷施设备

如图 8-2-1 所示，本次试验的喷施对象为安远脐橙，所采用机型为 Bell206L4 直升机，配套的喷雾设备为 Simplex 7900 型喷雾系统，用于精准喷雾控制。直升机安装的喷头为可调式 CP 航空喷头，型号为 CP02、CP03、CP04，数量为 51 个。经实际测试，该型号直升机喷雾作业的泵压为 0.31 ～ 0.35 MPa，可达到的有效喷幅宽度为 30 ～ 45 m。

（a）Bell206L4 直升机　　　　　　　　　　　　（b）喷施作业现场

图 8-2-1　Bell206L4 直升机与喷施作业现场图

2. 试验方案设计

试验地点为江西省赣州市安远县孔田镇山地柑橘园，坡度约为 18°，柑橘树高为 1.8 ～ 2.5 m，种植密度约为 800 株 /hm²。试验所使用的药剂为含量 6% 的噻虫嗪水分散粒剂和 10% 的仲丁威乳油剂的混合药剂，同时添加有体积分数为 1% 的尿素作为沉降剂。本次试验采用尺寸为

80 mm × 30 mm 的水敏纸作为雾滴采集卡，进行喷施雾滴采集。

如图 8-2-2 所示，沿山地坡度分别在山体的顶部、中部和底部设置 3 个采样区域，相邻采样区域之间垂直间距为 12 m。在每个采样区域随机选取树形健壮、树冠大小基本一致的特征果树 2 株，依次命名为顶 1、顶 2、中 1、中 2、底 1、底 2。其中，每株特征果树沿冠层垂直方向又被划分为上、中、下 3 层采样位置，上层为果树冠层顶部，中层为果树冠层中部，下层为果树冠层底部。每层采样位置随机布置 5 张水敏纸（用 A、B、C、D、E 表示），水敏纸要求布置在距离果树最外部表面 5 ～ 10 cm 处或果树冠层的中部或中径处。同时，在测试区域外还设置有 Kestrel 5500 Link 微型气象站，用于实时记录试验过程中的风速、风向、大气压及温湿度等气象信息。

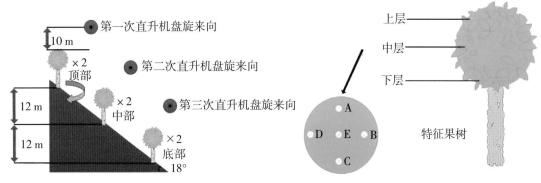

图 8-2-2　试验方案示意图

本次试验设定单位面积喷施量为 15 L/hm^2，待水敏纸布置完成后，直升机以距树顶 10 m 的飞行高度及 120 km/h 的飞行速度（此时取对应有效喷幅 40 m），采用绕山体顺时针盘旋 3 圈飞行的方式对测试区域进行常规喷施作业。

3. 预先试验设计

正式喷施试验前，为了初步了解直升机配套使用的航空喷头的喷施性能，预先对各型号的航空喷头进行喷洒流量测试和喷雾粒径测试，以便选取适合本次试验的航空喷头型号，测试喷施介质为飞行喷施试验所用的同等浓度药剂。

首先在喷杆两侧各选 5 组喷头，根据各型号喷头实际作业时所需的喷施压力，依次对每组喷头中的 CP02、CP03 和 CP04 喷头进行单位时间单喷头流量测定，取平均值，结合喷头数量计算喷洒总流量；再利用激光粒度分析仪依次对各型号喷头的喷雾雾滴粒径（$Dv_{0.1}$、$Dv_{0.5}$、$Dv_{0.9}$ 和 RS）进行分析，每种型号喷头测试 5 次，取平均值记作最终测定的粒径值。

4. 数据处理

直升机喷施试验结束后，待水敏纸上的雾滴干燥，将水敏纸按特征果树的次序收回，并依次编号放入对应信封保存。将收集到的水敏纸逐一扫描，通过图像处理软件 DepositScan 对扫描后的图像进行分析，即可得到雾滴在对应采样位置的沉积量数据。同时，还可以计算出雾滴沉积均匀性和穿透性等，变异系数 CV 被用来表征雾滴在各测试区域的沉积均匀性和穿透性，变异系数 CV 越小，表示雾滴沉积分布越均匀或穿透性越好。所有的相关数据统计分析工作由 OriginPro 8.5 软件完成。

（二）试验结果

1. 预试验喷头性能测试结果

各型号航空喷头流量与粒径测定结果见表 8-2-1。在各自对应的喷施压力下，由于型号的不同，测得各喷头的 $Dv_{0.5}$ 值分别为 137.30 μm（CP02）、170.23 μm（CP03）和 232.53 μm（CP04），说明喷雾粒径值和粒径分布跨度均呈现出了明显的阶梯状差异。同时，还可以发现不同型号的喷头喷洒流量差异也较为明显，CP04 喷头的总喷施流量高达 123.42 L/min，分别是 CP02 和 CP03 喷头的 2.55 倍和 1.53 倍。

表 8-2-1 各型号喷头喷施流量与粒径测定结果

喷头型号	压力（MPa）	$Dv_{0.1}$（μm）	$Dv_{0.5}$（μm）	$Dv_{0.9}$（μm）	RS	单喷头测试流量（L/min）	总喷施测试流量（L/min）
CP02	0.34	54.46	137.30	260.02	1.50	0.95	48.48
CP03	0.33	62.91	170.23	408.96	2.03	1.58	80.76
CP04	0.31	80.53	232.53	613.87	2.29	2.42	123.42

本次试验设置的单位面积喷施量为 15 L/hm²，飞行速度为 120 km/h，喷幅为 40 m，根据《中华人民共和国民用航空行业标准》中《航空喷施设备的喷施率和分布模式测定》的规范要求，可推算出理想状态下直升机的总喷施流量为 119.88 L/min，与测定的 CP04 喷头总喷施流量 123.42 L/min 较为接近。此外，为减轻雾滴飘移，已有研究表明 200～300 μm 的喷雾粒径区间较为适宜有人驾驶直升机进行航空喷雾作业，表 8-2-1 中 CP04 喷头测得的 $Dv_{0.5}$ 值为 232.53 μm，亦较为符合。故选取 CP04 航空喷头用作本次喷施试验。

2. 气象数据及飞行参数

试验期间天气晴朗，平均温度为 31.5 ℃，平均湿度为 83.1%，大气压为 1015 hPa，风速处于小于 0.5 m/s 的微风范围内，各类气象条件一直较为稳定。经后期调取飞行数据，直升机盘旋施药的飞行高度基本保持在距树顶 9.22～11.73 m 处，平均飞行高度为 10.48 m；飞行速度保持在 100.63～134.57 m/s，平均飞行速度为 117.60 m/s，均符合试验设计要求。

3. 航空喷施雾滴沉积效果

以沉积量为基础参数对各特征果树采样位置的雾滴沉积效果进行评价分析，分析结果见表8-2-2。结果表明，雾滴沉积量由果树上层采样位置至果树下层采样位置呈现逐层减少的趋势，在特征果树底1上层检测到的雾滴沉积量最大，为1.560 μL/cm²，特征果树顶2下层的雾滴沉积量最小，仅为0.270 μL/cm²，二者极差高达1.290 μL/cm²。在雾滴分布均匀性方面，特征果树中2中层的雾滴沉积均匀性最佳，变异系数仅为20.06%，特征果树底2下层的雾滴沉积均匀性最差，变异系数达到了92.36%。

表8-2-2　各采样位置雾滴沉积效果

参数	采样位置	果树编号					
		顶1	顶2	中1	中2	底1	底2
雾滴沉积量（μL/cm²）	上层	(1.076±0.352)a	(1.041±0.469)a	(1.449±0.567)a	(1.374±0.480)a	(1.560±0.603)a	(0.897±0.440)a
	中层	(1.126±0.433)a	(0.490±0.447)b	(1.104±0.413)a	(1.146±0.230)a	(1.208±0.500)a	(0.553±0.385)a
	下层	(0.541±0.348)b	(0.270±0.198)b	(0.403±0.280)b	(0.366±0.240)b	(1.020±0.395)a	(0.497±0.459)a
平均雾滴沉积量（μL/cm²）		0.914	0.600	0.986	0.962	1.263	0.649
雾滴分布均匀性CV值（%）	上层	32.68	45.04	39.15	34.90	38.69	49.03
	中层	38.43	91.21	37.38	20.06	41.39	69.55
	下层	64.32	73.28	69.38	65.61	38.73	92.36
雾滴穿透性CV值（%）		35.48	66.12	54.06	54.96	21.69	33.32

注：表中数据为沉积量值 ± 标准差，经Duncan和LSD法在0.05的显著性水平下检验，同列数值后的不同小写字母表示差异性显著。

CV值越小，表明雾滴沉积穿透效果越好。由表8-2-2还可以看出，山体底部特征果树底1和底2的雾滴穿透性CV值为所有特征果树中的最小值，由此表明航空喷雾在山体底部的雾滴穿透性最佳。同时，不同山体位置特征果树各层采样位置之间的沉积差异也各不相同，山体顶部特征果树中下层和上层之间雾滴沉积差异较为显著；山体中部特征果树下层和中上层之间雾滴沉积差异较为显著；山体底部特征果树各层之间雾滴沉积无显著性差异，由此也解释了山体底部特征果树雾滴穿透性较佳的原因。

4. 山体整体雾滴分布结果

进一步对山体不同采样区域及整体的雾滴沉积数据进行整合分析，表8-2-3为此次直升机航空喷雾作业对各个采样区域与整座山体的雾滴沉积分布结果。

表8-2-3　山体雾滴沉积分布均匀性

参数	采样区域			
	山体顶部	山体中部	山体底部	整体
平均雾滴沉积量（$\mu L/cm^2$）	0.757	0.974	0.956	0.896
分布均匀性 CV 值（%）	64.54	58.10	59.34	60.82

由表8-2-3可以看出，此次直升机航空喷施作业山体整体的平均雾滴沉积量为0.896 $\mu L/cm^2$，沉积分布均匀性变异系数为60.82%。此外，雾滴沉积量由山体顶部至山体底部呈现先增加后减少的趋势，山体中部平均雾滴沉积量最大，为0.974 $\mu L/cm^2$；雾滴沉积分布均匀性由山体顶部至山体底部同样呈现先变好后变差的趋势，山体中部的雾滴沉积分布均匀性最佳，变异系数为58.10%。

二、直升机往复式航空施药作业喷施效果研究

（一）材料与方法

1. 试验机型及喷施设备

如图8-2-3所示，本次试验喷施对象为柑橘，试验所使用的机型为Bell206L4直升机，配套安装Simplex model 7900型喷雾系统。根据前述作业经验，CP04喷头被选作本次喷施试验所使用的航空喷头，在喷杆上的安装数量为51个。经测定，该型号直升机使用CP04喷头进行喷雾作业的泵压为0.31 MPa，可达到的最大有效喷幅宽度为45 m。

图8-2-3　直升机喷施试验现场

2.试验方案设计

试验地点为江西省吉安市吉安县梅塘镇山地柑橘园，坡度约为 20°，果园内柑橘树龄 4 ～ 5 年，株高为 1.9 ～ 3.1 m，株距为 2.7 m，行距为 3 m，种植密度约为 800 株 /hm²。本次试验时间为 11 月下旬，喷施目的为柑橘采摘结束后的清园防治。试验所使用的药剂为 400 亿孢子 / 克球孢白僵菌油悬浮剂，每公顷用药 4.5 kg，同时还添加体积分数为 1% 的尿素作为沉降剂。雾滴采集卡为水敏纸，卡片尺寸为 76 mm×26 mm。

如图 8-2-4 所示，沿山地坡度分别在山体的顶部、中部和底部设置 3 个采样区域，相邻采样区域自上而下垂直海拔间距分别为 6 m 和 10 m。在每个采样区域分别随机选择树形健壮，树冠大小基本一致的开心形果树 3 株和圆头形果树 3 株作为本次喷施试验特征果树，共计 18 株特征果树。依次将山体顶部采样区域的 3 棵开心形树对应命名为"山顶 K1""山顶 K2"和"山顶 K3"，3 棵圆头形树对应命名为"山顶 Y1""山顶 Y2"和"山顶 Y3"。山体中部和底部各特征果树命名方式同山体顶部。CI-110 植物冠层图像分析仪被用于各特征果树树体特征（叶面积指数 LAI 透射系数和光合有效辐射量 PAR 等）的进一步精确测定。同时，每株果树沿冠层垂直方向又被划分为上、中、下 3 层采样位置，上层为果树冠层顶部，中层为果树冠层中部，下层为果树冠层底部。每层布置 5 张水敏纸，分布于果树表面（以 A、B、C、D 表示）和内部（以 E 表示），水敏纸要求布置在距离果树最外部表面 5 ～ 10 cm 处或果树冠层的中部或中径处。在测试区域外还设置有 Kestrel 5500 Link 微型气象站，用于试验过程中气象数据的实时采集。

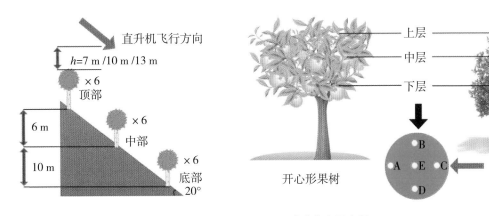

图 8-2-4　试验方案示意图

本次喷施试验共设置了 3 个不同飞行高度的作业架次（1#、2# 和 3#），各架次飞行高度分别设定为距树顶 7 m（1#）、10 m（2#）和 13 m（3#）。同时，试验设定各架次单位面积喷施量均为 15 L/hm²，飞行速度固定设置为 120 km/h。

待水敏纸布置完成后，直升机采用沿山体坡度自上而下的往复式飞行方式对测试区域进行喷施作业（航线方向对应为果树冠层采样点由 C 至 A 方向），但仅在下山的方向开喷头进行喷施，上山的方向不进行喷施作业。直升机喷雾试验结束后，待水敏纸上的雾滴干燥，将水敏纸按特征果树的次序依次编号收回。之后将水敏纸逐一扫描，并通过图像处理软件 DepositScan 对扫描图像进行处理，即可得到相关采样点的雾滴沉积数据。变异系数在本试验中同样被用来表征雾滴在各测试区域的沉积均匀性和穿透性。

（二）试验结果与讨论

1.特征果树树体特征信息

本试验测试的树形包括开心形柑橘果树和圆头形柑橘果树，2 种树形存在着明显的树体特征差异，表 8-2-4 为测试区域内各特征果树的生长种植信息及冠层数据信息汇总。

表 8-2-4　特征果树生长种植信息及冠层数据信息

序号	果树编号	株高（m）	冠幅（m）	叶面积指数	透射系数	光合有效辐射量（W/m²）
1	山顶 K1	2.0	1.4	1.75	0.18	76.0
2	山顶 K2	2.0	1.6	2.40	0.14	93.0
3	山顶 K3	2.1	1.6	1.35	0.22	209.0
4	山顶 Y1	2.2	2.1	2.28	0.13	35.4
5	山顶 Y2	1.9	2.0	3.38	0.04	73.3
6	山顶 Y3	1.9	2.1	2.38	0.10	55.2
7	山中 K1	2.6	1.9	2.05	0.18	42.5
8	山中 K2	2.7	2.0	2.24	0.13	84.3
9	山中 K3	2.8	1.8	4.22	0.04	77.1
10	山中 Y1	2.2	2.3	3.85	0.03	19.2
11	山中 Y2	2.3	2.3	2.55	0.08	134.7
12	山中 Y3	2.1	2.2	4.32	0.05	13.1
13	山底 K1	2.4	1.3	2.96	0.10	57.5
14	山底 K2	2.3	1.1	1.32	0.28	93.8
15	山底 K3	2.9	1.5	4.46	0.05	93.5
16	山底 Y1	2.3	2.0	2.21	0.12	73.7
17	山底 Y2	2.2	2.3	3.14	0.06	57.3
18	山底 Y3	2.4	2.2	2.23	0.11	52.2

由表 8-2-4 可知，开心形果树的株高均值约为 2.4 m，冠幅均值约为 1.6 m，叶面积指数处于 1.32 ～ 4.46 的范围，透射系数均值约为 0.15，光合有效辐射量处于 42.5 ～ 209.0 W/m² 的范围；而圆头形果树的平均株高均值约为 2.2 m，冠幅均值约为 2.2 m，叶面积指数处于 2.21 ～ 4.32 的范围，透射系数均值为 0.08，光合有效辐射量处于 13.1 ～ 134.7 W/m² 的范围。可以明显看出，

开心形果树的株高和透射系数值高于圆头形果树，冠幅却低于圆头形果树。同时，由于树形冠层开放的特点，开心形果树的叶面积指数范围和光合有效辐射量范围值要大于圆头形果树的对应值，由此也证实了两种树形的柑橘果树的确存在着明显的树体特征差异。

2. 喷施试验气象及飞行参数数据

各试验架次气象数据与飞行参数的汇总结果见表 8-2-5。由表 8-2-5 可知，在整个喷施试验过程中自然环境温度、湿度及风速一直较为稳定，平均温度为 17.6 ℃，平均湿度为 71.1%，风速处于 0.6 ～ 1.1 m/s 的微风范围内。

各架次平均飞行速度处于 115.08 ～ 123.59 m/s 的范围，极差为 8.51 m/s，在试验设定的速度范围内。同时，各架次平均飞行高度分别为 6.56 m（1#）、10.07 m（2#）和 13.75 m（3#），与各架次的飞行高度设定值差异较小，同样符合试验设计要求。

表 8-2-5　气象数据和各架次飞行参数汇总

参数	1#	2#	3#
时间	14：01 ～ 14：04	14：26 ～ 14：30	15：14 ～ 15：18
温度（℃）	16.9	17.7	18.2
湿度（%）	71.6	72.8	68.9
风速（m/s）	1.1	0.6	0.7
风向	S	SW	SE
平均飞行高度（m）	6.56	10.07	13.75
平均飞行速度（km/h）	117.12	123.59	115.08

3. 各采样区域的雾滴沉积分布情况

图 8-2-5 为 3 个架次各采样区域及 2 种树形分别在山体顶部、山体中部、山体底部 3 层采样区域的雾滴沉积量差异图。由图 8-2-5（a）可知，各架次检测到的雾滴沉积量在山体不同采样区域均整体呈现出山体顶部＞山体底部＞山体中部的趋势。各架次不同采样区域的沉积量极差值分别为 0.582 μL/cm²、0.231 μL/cm² 和 0.407 μL/cm²。其中，最大的雾滴沉积量值为 0.782 μL/cm²（架次 1#，山体顶部）。同时，各架次在山体顶部和山体中部的沉积量差异均较为显著；在山体中部和底部的沉积量差异则均不显著；各架次山体顶部和底部则并未呈现出较为一致的显著性，仅架次 1# 的山体顶部和山体底部沉积量较为显著，架次 2# 和 3# 山体顶部和底部沉积量差异均不显著。

在雾滴沉积分布均匀性方面，架次 1# 和架次 3# 的雾滴沉积分布均匀性由山体顶部至山体底部呈现先变差后变好的趋势，山体中部雾滴沉积分布均匀性最差，变异系数分别高达 56.53%（1#）和 110.44%（3#）。架次 2# 山体各采样区域的雾滴沉积分布均匀性差别则不是很大（34.83% ～ 38.21%）。同时，与另外两个架次相比，架次 2# 山体中部的雾滴沉积分布均匀性反而是该架次各采样区域中最好的。研究还发现，对于同一采样区域，随着直升机飞行高度的增大（1#至3#），山体顶部与山体中部的雾滴沉积分布均匀性均呈现先变好后变差的趋势，山体底部的雾滴沉积分布均匀性却呈现逐渐变差的趋势。

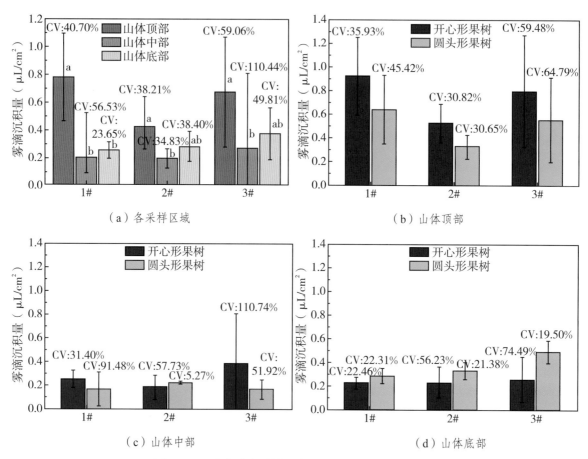

图 8-2-5　各架次各采样区域两种树形雾滴沉积量对比

注：图中 CV 值在此表征对应柱状图的沉积分布均匀性，CV 值越小，表示雾滴沉积分布越均匀。

对各采样区域两种树形果树进行单独分析，如图 8-2-5 所示，在山体顶部采样区域，3 个架次在开心形果树上检测到的雾滴沉积量值均高于在圆头形果树上检测到的雾滴沉积量值。同时，开心形果树各架次雾滴沉积均匀性 CV 值处于 30.82% ～ 59.48% 的范围内，其雾滴沉积均匀性也要略好于圆头形果树。此外，还可以发现，随着直升机飞行高度升高（1# ～ 3#），两种树形特征果树的雾滴沉积量均呈现出先减少后增加的趋势。

在山体中部采样区域，架次 1# 和 3# 在开心形果树上检测到的雾滴沉积量值均高于在圆头形果树上检测到的雾滴沉积量值，架次 2# 则略小于在圆头形果树上检测到的雾滴沉积量值。其中，在架次 3# 开心形果树上检测到的沉积量最大（0.380 μL/cm²），同时对应的沉积分布均匀性也是最差的（110.74%）。此外，并未发现两种树形特征果树的雾滴沉积量随着飞行高度变化呈现出相似的变化规律。

在山体底部采样区域，可以发现两种树形的雾滴沉积对比结果恰好与山体顶部采样区域相反，3 个架次在开心形果树上检测到的雾滴沉积量值在此均低于在圆头形果树上检测到的雾滴沉积量值，其雾滴沉积均匀性也均差于圆头形果树。此外，随着直升机飞行高度升高（1# ～ 3#），2 种树形特征果树的雾滴沉积量又在山体底部呈现出逐渐增大的趋势。

同时，通过整体分析各采样区域两种树形的雾滴分布均匀性还可以明显看出，随着直升机飞行高度的升高，开心形果树的雾滴沉积均匀性逐渐变差，具体表现为各采样区域在架次 3# 测得的 CV 值与架次 1# 和 2# 测得的对应值差异极其显著。在各个架次的圆头形果树上则无此差异性变化趋势。分析造成这些差异的原因可能与直升机的飞行高度变化、采样区域柑橘树种植密度差异及具体特征果树树形特征差异（尤其是树的个体冠层数据差异）有关。

4. 各冠层采样位置的雾滴沉积分布情况

各试验架次两种树形特征果树冠层各层采样位置的雾滴沉积分布结果见表 8-2-6。在雾滴沉积量方面，雾滴沉积量最大值出现在架次 1# 中山顶开心形果树的冠层上层采样位置，高达 1.120 μL/cm²；雾滴沉积量最小值出现在架次 2# 中山中圆头形果树的冠层下层采样位置，仅为 0.073 μL/cm²，沉积量极差值为 1.047 μL/cm²。虽然雾滴在柑橘果树不同层采样位置的沉积存在一定的差异，但各采样位置均检测到雾滴沉降，且并无漏喷现象。

通过进一步整合计算，架次 1# 开心形果树冠层上中下各层的沉积量均值分别为 0.599 μL/cm²、0.490 μL/cm² 和 0.301 μL/cm²，圆头形果树冠层上中下各层的沉积量均值分别为 0.568 μL/cm²、0.306 μL/cm² 和 0.211 μL/cm²；架次 2# 开心形果树冠层上中下各层的沉积量均值分别为 0.427 μL/cm²、0.297 μL/cm² 和 0.208 μL/cm²，圆头形果树冠层上中下各层的沉积量均值分别为 0.492 μL/cm²、0.241 μL/cm² 和 0.135 μL/cm²；架次 3# 开心形果树冠层上中下各层的沉积量均值分别为 0.582 μL/cm²、0.438 μL/cm² 和 0.415 μL/cm²，圆头形果树冠层上中下各层的沉积量均值分别为 0.617 μL/cm²、0.370 μL/cm² 和 0.218 μL/cm²。由上述计算结果可以直观发现，由冠层上层至下层采样位置，两种树形的雾滴沉积量变化均呈现出逐步减少的趋势。同时经对比还能看出，开心形果树在冠层各采样位置的雾滴沉积量也大多高于圆头形果树同一冠层采样位置的雾滴沉积量，与前述分析结果相符。

表 8-2-6　柑橘树各层采样位置雾滴沉积分布结果

果树编号	采样位置	1#			2#			3#		
		沉积量（μL/cm²）	分布均匀性（%）	穿透性（%）	沉积量（μL/cm²）	分布均匀性（%）	穿透性（%）	沉积量（μL/cm²）	分布均匀性（%）	穿透性（%）
山顶开心形	冠层上层	1.120±0.426	38.02		0.684±0.639	93.36		0.946±0.785	82.98	
				29.43			28.71			16.97
	冠层中层	1.032±0.652	63.24		0.507±0.611	120.51		0.680±0.549	80.82	

续表

果树编号	采样位置	1#			2#			3#		
		沉积量（μL/cm²）	分布均匀性（%）	穿透性（%）	沉积量（μL/cm²）	分布均匀性（%）	穿透性（%）	沉积量（μL/cm²）	分布均匀性（%）	穿透性（%）
山顶开心形	冠层下层	0.613±0.646	105.45		0.384±0.656	170.56		0.768±0.845	110.02	
山顶圆头形	冠层上层	1.001±0.828	82.72		0.496±0.575	115.89		0.728±0.754	103.51	
	冠层中层	0.574±0.585	101.96	51.27	0.252±0.281	111.46	45.57	0.504±0.581	115.20	27.87
	冠层下层	0.353±0.419	118.84		0.228±0.300	131.51		0.432±0.498	115.27	
山中开心形	冠层上层	0.241±0.270	112.05		0.247±0.254	102.53		0.415±0.572	137.95	
	冠层中层	0.292±0.204	69.79	20.62	0.184±0.215	116.37	44.58	0.418±0.513	122.62	16.62
	冠层下层	0.192±0.151	78.71		0.092±0.117	126.08		0.307±0.456	148.58	
山中圆头形	冠层上层	0.230±0.260	113.39		0.393±0.266	67.62		0.263±0.244	93.02	
	冠层中层	0.117±0.087	74.64	39.42	0.175±0.123	70.56	76.42	0.134±0.201	149.39	59.92
	冠层下层	0.127±0.220	173.52		0.073±0.107	145.84		0.078±0.076	97.54	
山底开心形	冠层上层	0.436±0.321	73.65		0.349±0.220	63.17		0.386±0.312	80.89	
	冠层中层	0.146±0.151	103.01	80.56	0.199±0.207	104.10	44.90	0.217±0.264	122.02	44.03
	冠层下层	0.098±0.102	103.53		0.149±0.158	106.14		0.171±0.195	114.09	
山底圆头形	冠层上层	0.473±0.326	68.88		0.588±0.305	51.82		0.860±0.432	50.30	
	冠层中层	0.227±0.250	110.07	58.65	0.295±0.284	96.27	74.24	0.471±0.500	106.29	72.78
	冠层下层	0.154±0.137	89.00		0.103±0.095	92.24		0.145±0.172	118.98	

注：沉积量数据为均值±标准差。穿透性为各层采样位置雾滴沉积量均值的变异系数，变异系数越小，表示雾滴穿透性越好。

在分布均匀性方面，架次 1# 中山中圆头形果树的冠层下层采样位置的雾滴分布均匀性是最差的，高达 173.52%；架次 1# 中山顶开心形果树的冠层上层采样位置的雾滴分布均匀性是最优的，仅为 38.02%。其他各层采样位置的分布均匀性变异系数则是在二者范围内随机变动，但分布均匀性整体呈现出冠层上层优于冠层中层及下层的趋势，尤其是在山体顶部和底部采样区域表现尤为明显。

在穿透性方面，架次 1# 的果树雾滴穿透性在 20.62% ～ 80.56%，架次 2# 的穿透性在 28.71% ～ 76.42%，架次 3# 的穿透性在 16.62% ～ 72.78%。其中，明显可以看出山体顶部采样区域各特征果树的雾滴穿透性由架次 1# 至架次 3# 呈现出逐渐变好的趋势；山体中部采样区域各特征果树的雾滴穿透性由架次 1# 至架次 3# 呈现出先变差后变好的趋势；而山体底部采样区域各特征果树的雾滴穿透性则未体现出明显且一致的规律性。

进一步对各架次两种树形特征果树冠层的整体雾滴穿透性结果进行探究，结果如图 8-2-6 所示。由图 8-2-6 可知，各架次开心形果树冠层的整体雾滴穿透性均优于圆头形果树。随着直升机飞行作业高度升高（1# ～ 3#），2 种树形特征果树冠层的整体雾滴穿透性均呈现出先变差后变好的趋势，且当飞行高度为 13 m 时，2 种树形特征果树冠层的整体雾滴穿透性均为最佳，分别为 18.90%（开心形果树）和 50.13%（圆头形果树），整体分析结果亦与上述单独穿透性分析结果相符。

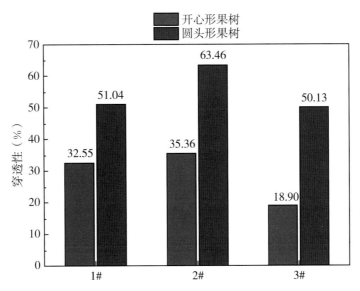

图 8-2-6 各架次特征果树冠层雾滴穿透性结果

5. 冠层各采样点雾滴沉积分布情况

在对山体不同采样区域及对应各冠层采样位置的雾滴沉积情况探究过后，对两种树形特征果树冠层具体各采样点的雾滴沉积分布情况进行分析，结果如图 8-2-7 所示。

通过对比两种树形冠层各采样点雾滴沉积量结果可以明显看出，由于树体特征的差异，圆头形果树各采样点测得的沉积量随冠层垂直位置变化（由上层至下层）均呈现出递减的趋势，各架次间沉积量差异也较小，规律性较为一致；而开心形果树仅有 B、C、D 采样点呈现出上述递减趋势，且各架次间沉积量差异较大。

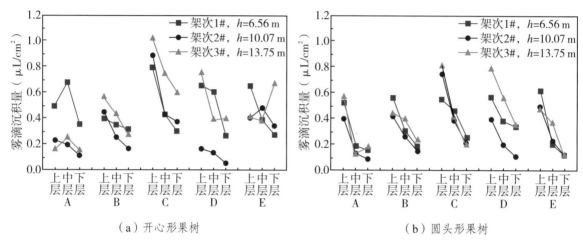

（a）开心形果树　　　　　　　　　（b）圆头形果树

图 8-2-7　各架次特征果树冠层采样点雾滴沉积结果

结合果树各采样点实际布置位置与直升机航线的方位关系，进一步对各采样位置点位进行区域划分，将 C、A、E 采样点所处区域划分为航线下方受药部位，将 B、D 采样点所处区域划分为航线两侧受药部位（图 8-2-8）。

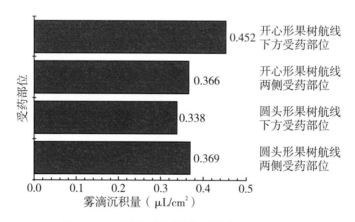

图 8-2-8　冠层不同受药部位雾滴沉积量对比

经计算，开心形果树和圆头形果树航线下方受药部位的雾滴沉积量均值分别为 0.452 μL/cm²和 0.338 μL/cm²，航线两侧受药部位的雾滴沉积量均值分别为 0.366 μL/cm² 和 0.369 μL/cm²。由此可以发现，由于果树树体特征的差异，开心形果树航线下方受药部位的雾滴沉积量要明显高于航线两侧受药部位的雾滴沉积量，而圆头形果树航线下方受药部位的雾滴沉积量则略低于航线两侧受药部位的雾滴沉积量。同时，两种树形果树不同受药部位的雾滴沉积量也有一定的差异。在同等直升机喷施条件下，开心形果树在航线下方受药部位的雾滴沉积量明显多于圆头形果树，在航线两侧受药部位的雾滴沉积量则与圆头形果树差异较小。

6. 各架次雾滴覆盖率、雾滴沉积密度及雾滴粒径分布结果

以雾滴覆盖率、雾滴沉积密度和雾滴体积中径 $Dv_{0.5}$ 为基础参数继续对航空喷施雾滴沉积效果进行评价分析，表 8-2-7 至 8-2-9 分别为各架次雾滴沉积相关参数的汇总结果。

表 8-2-7　架次 1# 雾滴沉积相关参数汇总

参数	冠层位置	山体顶部		山体中部		山体底部	
		开心形果树	圆头形果树	开心形果树	圆头形果树	开心形果树	圆头形果树
覆盖率（%）	上层	10.90±3.04a	9.71±6.75a	2.82±2.89a	2.49±2.36a	5.05±3.39a	5.59±3.49a
	中层	9.99±5.79ab	5.92±5.13ab	3.46±2.50a	1.49±1.23a	1.87±1.79b	2.63±2.52b
	下层	6.38±5.99b	3.84±4.14b	2.54±1.74a	1.59±2.61a	1.38±1.25b	2.18±1.89b
覆盖率均值（%）		9.09	6.49	2.94	1.86	2.77	3.47
沉积密度（个/cm²）	上层	28.0±13.8a	28.0±12.0a	14.3±15.6a	8.4±5.0a	16.8±12.7a	18.4±8.7a
	中层	22.1±12.8a	18.5±11.9b	15.6±13.3a	6.7±7.5a	9.8±8.3b	8.8±6.3b
	下层	20.7±16.5a	14.9±9.1b	13.4±7.6a	6.5±8.9a	8.0±4.1b	9.5±7.2b
沉积密度均值（个/cm²）		23.6	20.5	14.4	7.2	11.5	12.2
雾滴体积中径 $Dv_{0.5}$（μm）	上层	686±103a	659±139a	484±169a	473±160a	514±134a	485±118a
	中层	677±128a	579±148ab	544±108a	482±180a	465±156ab	496±167a
	下层	579±121b	526±137b	448±130a	403±119a	403±128b	424±81a
雾滴体积中径均值（μm）		647	588	492	453	461	468

　　注：表中数据为沉积量值 ± 标准差，经 Duncan 和 LSD 法在 0.05 的显著性水平下检验，数值后不同的小写字母表示差异性显著，下同。

表 8-2-8　架次 2# 雾滴沉积相关参数汇总

参数	冠层位置	山体顶部		山体中部		山体底部	
		开心形果树	圆头形果树	开心形果树	圆头形果树	开心形果树	圆头形果树
覆盖率（%）	上层	6.78±5.56a	5.28±4.96a	2.79±2.58a	4.43±2.55a	4.43±2.56a	6.64±3.40a
	中层	4.95±4.65a	2.80±2.68ab	2.14±2.23ab	2.21±1.56b	2.80±2.62ab	3.39±2.86b
	下层	3.90±6.05a	2.39±2.81b	1.22±1.36a	1.04±1.33b	2.11±2.08b	1.47±1.26b
覆盖率均值（%）		5.21	3.49	2.05	2.56	3.11	3.83
沉积密度（个/cm²）	上层	17.7±12.3a	15.1±10.9a	8.5±5.5a	16.7±11.2a	18.1±12.2a	20.4±10.5a
	中层	11.8±7.2a	8.5±5.5b	7.6±5.4a	11.0±12.0ab	14.7±11.4a	11.8±8.5b
	下层	12.3±14.3a	7.7±6.9b	5.3±3.5a	6.3±7.0b	11.6±10.6a	9.4±7.7b
沉积密度均值（个/cm²）		13.9	10.4	7.1	11.3	14.8	13.9
雾滴体积中径 $Dv_{0.5}$（μm）	上层	604±128a	528±121a	457±137a	542±131a	476±112a	553±111a
	中层	581±149a	530±140a	403±156a	478±161a	377±84b	486±142ab
	下层	495±211a	522±187a	389±134a	334±105b	366±100b	407±120b
雾滴体积中径均值（μm）		560	527	416	451	406	482

表 8-2-9　架次 3# 雾滴沉积相关参数汇总

参数	冠层位置	山体顶部		山体中部		山体底部	
		开心形果树	圆头形果树	开心形果树	圆头形果树	开心形果树	圆头形果树
覆盖率（%）	上层	9.38±6.29a	6.96±6.36a	4.34±5.44a	3.22±2.91a	4.28±3.29a	8.66±3.94a
	中层	7.23±4.77a	6.01±6.86a	4.56±5.18a	1.70±2.26ab	2.63±2.94a	4.87±4.62b
	下层	7.71±7.30a	4.93±5.43a	3.29±4.33a	1.14±1.05b	2.25±2.19a	1.79±1.77c
覆盖率均值（%）		8.11	5.97	4.06	2.02	3.05	5.11
沉积密度（个/cm²）	上层	28.7±11.8a	21.3±18.4a	15.4±15.0a	13.3±11.2a	17.3±15.8a	22.5±8.6a
	中层	26.0±18.7a	25.1±30.4a	15.3±16.2a	8.2±8.2ab	11.8±9.8a	13.7±10.3b
	下层	27.6±22.9a	20.5±18.0a	11.1±10.0a	6.9±4.8b	12.1±11.2a	9.1±7.9b
沉积密度均值（个/cm²）		27.4	22.3	13.9	9.5	13.7	15.1
雾滴体积中径 $Dv_{0.5}$（μm）	上层	621±130a	634±189a	475±170a	495±107a	584±112a	639±109a
	中层	581±124a	485±130b	533±108a	435±150ab	432±112b	510±170b
	下层	592±165a	516±164ab	493±173a	363±119b	386±95b	436±142b
雾滴体积中径均值（μm）		598	545	500	431	467	528

通过对各架次雾滴沉积相关参数值的统计可以发现，随着直升机飞行高度升高（架次 1# ～ 3#），2 种树形果树的相关雾滴沉积参数值均整体呈现出同雾滴沉积量分析结果类似的先降低后增高的趋势，即架次 2# 测得的相关雾滴沉积参数值均为 3 个架次中对应参数值的最小值。

进一步地，开心形果树各架次的雾滴覆盖率均值分别为 4.93%（1#）、3.46%（2#）和 5.07%（3#），圆头形果树各架次的雾滴覆盖率均值分别为 3.94%（1#）、3.29%（2#）和 4.37%（3#），由此可知喷施雾滴在开心形果树上的覆盖率大于圆头形果树。通过对雾滴沉积密度进行观察可以发现，开心形果树各架次的整体雾滴沉积密度处于 12.0 ～ 18.4 个/cm² 的范围内，圆头形果树各架次的整体雾滴沉积密度处于 11.9 ～ 15.6 个/cm² 的范围内，在雾滴沉积密度方面，仍旧是开心形果树要高于圆头形果树。对于雾滴体积中径 $Dv_{0.5}$，经计算开心形果树的整体 $Dv_{0.5}$ 均值为 505 μm，圆头形果树的整体 $Dv_{0.5}$ 均值为 497 μm，开心形果树上测得的雾滴粒径值虽同样大于圆头形果树，但差异不是很大。

三、小结

本节以有人驾驶的 Bell206L4 直升机为施药载体，对山地柑橘果园开展了航空喷雾雾滴沉降规律试验研究，重点研究对比了直升机采取两种不同航空施药方式在不同山体采样区域及果树采样位置的雾滴沉积分布情况。研究结果如下。

1. 直升机盘旋式航空施药作业

（1）在设定 15 L/hm² 的单位面积喷施量、直升机飞行高度为距树顶 10 m 及飞行速度为 120 km/h 的情况下，建议直升机配套选用 CP04 航空喷头，此时总喷施流量为 123.42 L/min，雾滴粒径 $Dv_{0.5}$ 处于 200 ~ 300 μm 的喷雾粒径区间。

（2）在上述作业条件下，直升机喷雾对于整座山体的平均雾滴沉积量为 0.896 μL/cm²，雾滴分布均匀性为 60.82%。雾滴沉积量与雾滴沉积分布均匀性由山体顶部至山体底部呈现先减少后增加的趋势，山体中部平均雾滴沉积量与雾滴沉积分布均匀性均为最佳。

（3）对于各特征果树，雾滴沉积量由果树上层至果树下层呈现逐层减少的趋势，果树上层与下层的极差高达 1.290 μL/cm²。各层雾滴分布均匀性 CV 值处于 20.06% ~ 92.36% 的范围，雾滴穿透性 CV 值在 21.69% ~ 66.12% 的范围内波动，处于山体底部位置的特征果树雾滴穿透性要明显优于山体中部和顶部。

2. 直升机往复式航空施药作业

（1）在直升机配套选用 CP04 航空喷头，并设定 15 L/hm² 的单位面积喷施量及 120 km/h 的飞行速度的情况下，当直升机分别以距树顶 7 m、10 m 和 13 m 的飞行高度分别进行山地柑橘果园飞行作业时，雾滴沉积量在山体不同采样区域均整体呈现出山体顶部＞山体底部＞山体中部的趋势。同时，随着直升机飞行作业高度的增大，山体顶部与山体中部的雾滴沉积分布均匀性均呈现先变好后变差的趋势，山体底部的雾滴沉积分布均匀性却呈现逐渐变差的趋势。为保证施药效果，建议直升机采取 10 m 以下的飞行高度进行作业。

（2）同等直升机喷施作业条件下，山体采样区域对不同树形柑橘树的雾滴沉积量有影响。在山体顶部采样区域，在开心形果树上检测到的雾滴沉积量值较大；在山体底部采样区域，在圆头形果树上检测到的雾滴沉积量值较大；在山体中部采样区域，两种树形则各有所长，规律不是很明显。随着直升机飞行作业高度的增加，开心形果树的雾滴沉积均匀性逐渐变差，圆头形果树则无此变化趋势。

（3）两种树形的雾滴沉积量自冠层上层至下层均呈现逐步减少的变化趋势，但开心形果树在各冠层采样位置的雾滴沉积量大多数要高于圆头形果树同一冠层采样位置的雾滴沉积量。同时，分布均匀性整体也呈现出冠层上层优于冠层中层及下层的趋势。开心形果树在航线下方受药部位的雾滴沉积量明显多于圆头形果树，在航线两侧受药部位的雾滴沉积量则与圆头形果树差异较小。

（4）当飞行高度为 13 m 时，两种树形特征果树冠层的整体雾滴穿透性均为最佳，分别为 18.90%（开心形果树）和 50.13%（圆头形果树）。同时，就两种树形喷施效果进行对比，发现测得的各架次相关雾滴沉积参数（覆盖率、沉积密度和雾滴体积中径 $Dv_{0.5}$）的结果与沉积量的相关测试分析结果及规律性相似。

第三节　直升机在松木林业的航空喷施应用研究

松树是我国树木种植中数量最多的树种，具有独特的经济价值和实用价值，分布范围也较为广泛。随着林区生产条件和林分结构的改变，松木林业有害生物的危害也在日趋加重。为保障其健康生长，需要对松木林业的有害生物进行防治。

红松球果害虫和松材线虫是最为常见的两种松木害虫，任意一种害虫的暴发都会带来巨大的影响。红松球果害虫主要以钻蛀红松球果和嫩枝的方式危害红松，隐蔽性较强，防治极为困难。近年来红松球果害虫对红松林的危害极深，特别是吉林省长白山自然保护区，受害十分严重，有调查显示个别林场已经发生了红松籽绝产的现象。红松球果害虫已经严重影响了当地森林的生长和红松籽产业的发展，给生态建设和经济发展造成巨大损失。

松材线虫病被称作"松树的癌症"，是一种由松材线虫引起的能够对松树造成毁灭性打击的流行性病害。松材线虫病于1982年侵入我国，之后便迅速爆发开来，蔓延多地。根据我国国家林业和草原局统计数据显示，截至2019年，我国已有18个省份涉及593个市县被定为松材线虫病疫区，总发生面积高达974万亩。松褐天牛是松材线虫病的主要传播媒介，每只松褐天牛平均携线虫量约18000条，最多可达289000条。松材线虫病至今尚无有效针对性治疗药剂，因此，目前松材线虫病的防控手段大多以阻断松褐天牛传播为主。

常规的松林防治手段主要有生物防治、营林防治和化学防治三种。生物防治和营林防治虽绿色无公害，但防治周期较长，对于短期内突发性虫害的抑制能力较弱，因此以化学防治为主。航空喷施是最为常用的化学防治方法，尤其适用于大面积的山地林业处置。但目前关于防治松木林业有害生物的研究大都集中在施药后期的害虫防治效果上，很少有关注航空喷施过程中的雾滴是如何在松林间沉降的，相应的评价指标也还不是很完善。因此，本节研究了在Bell206L4直升机最优作业参数下，对红松和马尾松进行航空喷施作业后雾滴在松树冠层及松林间不同位置的沉积分布规律，并对施药后的红松球果害虫及松褐天牛的防治效果进行了调查，以期为直升机松林施药作业提供技术参考和数据支持。

一、直升机施药对红松球果害虫防治应用研究

（一）材料与方法

1. 试验机型及喷施设备

本次试验喷施对象为红松，所使用的机型为Bell206L4直升机，如图8-3-1所示，配套安装有Simplex model 7900型喷雾系统，用于精准喷施控制。CP03喷头为本次喷施试验所使用的航

空喷头，在喷杆上的安装数量为 51 个。经测定，该型号直升机使用 CP03 喷头进行喷雾作业的泵压为 0.33 MPa，有效喷幅宽度可达到 40 m。

图 8-3-1　直升机喷施试验现场

2. 试验方案设计

喷施试验地点为吉林省延边朝鲜族自治州安图县二道白河镇光明林场 54 号林班。试验林地属于针叶阔叶混交林，坡度约为 30°，林内红松树龄均在 200 年以上，株高 25 ~ 30 m，分布较均匀，密度约为 225 株 /hm²。

如图 8-3-2 所示，3 个间隔 50 m、面积约为 6 hm²（150 m×400 m）的矩形红松林区被划定为试验区域，分别命名为喷施区域 A、喷施区域 B 和空白对照区域。经调查，各试验区域内红松球果被害率均为 70%，土壤肥力较好，林木生长情况一般，且期间有松毛虫病害发生。根据五点取样法，每个试验区域有 5 颗红松被选出，分别以树 A_n、树 B_n、树 C_n、树 D_n、树 E_n（n=1，2，3）对应编号，用作药效调查。在施药前及施药后第 1、第 7 天，从各编号红松上随机采集 5 个球果，统计红松球果内的害虫数并计算防治效果。

还有 4 棵长势相近的红松被随机从两个喷施区域中选定，用作树体喷雾质量测定。本次试验的雾滴采集卡为水敏纸，尺寸大小为 76 mm×26 mm。其中，在喷施区域 A 中选取 3 棵红松（树 1、树 2 和树 3）；在喷施区域 B 中选取 1 棵红松（树 4）。对于选取的 4 棵特征红松，采用人工爬树的方式分别在每棵红松的树冠上部球果结实位置（距离地面 30 m）、中部球果结实位置（距离地面 20 m）、下部球果结实位置（距离地面 10 m）及树干位置（距离地面 2 m）共四层布置水敏纸，水敏纸正面朝上，每层布置 5 张。此外，在喷施区域 A 林带冠层下和林带边缘空地还设置了两个地面采样区域，每个地面采样区域随机选择 10 个采样点，每个采样点放置 1 张水敏纸，离地 0.5 m 布置。各采样位置水敏纸实际布置及操作过程如图 8-3-3 所示。

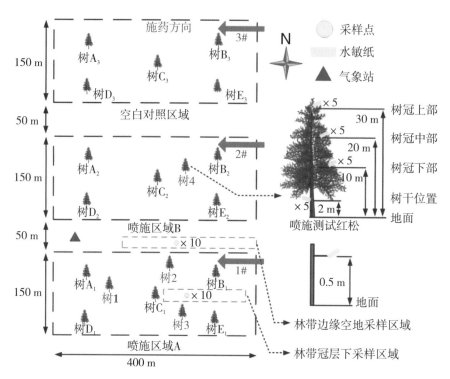

图 8-3-2　试验区域及采样点

（a）球果结实位置　　（b）树干位置　　（c）林带冠层下　　（d）林带边缘空地　　（e）人工爬树布置水敏纸

图 8-3-3　水敏纸实际布置及操作方式

　　喷施试验共设置 3 个飞行架次（1#、2# 和 3#），分别用于喷施不同的药剂（药剂 A 和药剂 B）和清水，每个架次直升机药箱装药量为 120 L。药剂 A 为红松球果 I 号悬浮剂，有效成分含量为 3%，是一种最新研制的高效低毒、低残留的绿色生物农药；药剂 B 为红松球果害虫常规防治使用的甲维盐微乳剂，有效成分含量为 0.5%。两种药剂设定的喷施用量均为 15 L/hm²，同时还添加体积分数为 1% 的尿素作为沉降剂（表 8-3-1）。

表 8-3-1 各架次喷施及飞行参数设置

架次	试验区域	喷施剂型	有效成分剂量（g/hm²）	喷施用量（L/hm²）	设定飞行高度（m）	设定飞行速度（km/h）
1#	喷施区域 A	球果Ⅰ号悬浮剂 + 尿素	90	15	5～10	80
2#	喷施区域 B	甲维盐微乳剂 + 尿素	15	15	5～10	80
3#	空白对照区域	清水	—	15	5～10	80

注：表中设定飞行高度为直升机喷头距红松冠层顶端的距离，下同。

根据实际地形地势，设定直升机飞行高度为距树顶 5～10 m，飞行速度为 80 km/h（即 22.2 m/s），喷施方式为沿山体坡度自下而上往复式喷施，仅在上山的方向进行喷施，下山的方向不进行喷施作业。同时，为了实时记录试验过程中自然环境的风速、风向、温湿度及大气压等气象信息的变化，在喷施区域外、离地 2 m 处布置有 1 台 Kestrel 5500 Link 微型气象站，气象记录间隔为 2 s。喷施试验结束，待水敏纸上的雾滴干燥，依次将水敏纸按序编号收回。在实验室将水敏纸逐一用扫描仪扫描，之后通过图像处理软件 DepositScan 对其进行分析，即可得到各采样点位的沉积量、雾滴粒径及雾滴密度等数据，并计算出各采样位置的雾滴沉积均匀性和穿透性等数据。

风洞试验（图 8-3-4）被用于探究使用直升机航空喷施时两种药剂的雾滴粒径分布特性。

图 8-3-4 风洞内喷雾雾滴粒径测试

喷头是航空施药器械中最重要的部件，其喷施性能的好坏直接影响到施药后的防治效果。风洞试验测试的航空喷头为本次喷施作业使用的 CP03 喷头，喷雾角度为 80°。测试喷头均随机从直升机喷杆上选取，选取数量为 5 个。为了达到与直升机喷施试验条件一致，风洞风速设定为 80 km/h（即 22.2 m/s），喷施压力设置为 0.33 MPa。试验喷施介质分别为喷施试验所用的药剂 A 和药剂 B。正式风洞试验前还对 CP03 喷头进行了喷施流量测试，按照 0.33 MPa 的喷施压力分别对各喷头测定 5 次，取平均值记作该喷头的最终喷施流量。

3. 评价方法

雾滴沉积效果评价：用变异系数来表征雾滴沉积分布均匀性及雾滴穿透性。变异系数越小代表同组数据变化幅度越小，即表明雾滴沉积分布越均匀或穿透性较好。

喷头喷雾性能评价：评价各型号喷头喷雾性能的参数为 $Dv_{0.1}$、$Dv_{0.5}$、$Dv_{0.9}$、$V_{<100}$（$\%_{vol}$）和雾滴谱（RS）。

防治效果评价：以施药后第 1 天和第 7 天的虫口减退率和校正控制率来对防治效果进行评价，计算公式为

$$DR=\frac{NB-NA}{NB}\times100\% \tag{8.3.1}$$

$$CR=\frac{DR_T-DR_B}{1-DR_B}\times100\% \tag{8.3.2}$$

式中，DR 为虫口减退率，%；NB 为施药前平均活虫数；NA 为施药后平均活虫数；CR 为校正控制率，%；DR_T 为处理组虫口减退率，%；DR_B 为对照组虫口减退率，%。

（二）试验结果

1. 喷施试验气象数据及飞行参数

各试验架次气象数据与飞行参数见表 8-3-2。

表 8-3-2　各架次气象数据和飞行参数汇总

架次	时间	温度（℃）	湿度（%）	风速和风向（m/s）	飞行高度（m）	飞行速度（m/s）	有效飞行距离（m）
1#	10：20～10：23	21.3	71.3	0.16/N	7.85	80.17	1884
2#	11：25～11：29	22.1	69.7	0.28/N	9.47	76.48	1950
3#	12：37～12：40	23.2	68.4	0.14/NE	7.66	82.73	1642

整个喷施试验过程中温度、湿度及风速一直较为稳定，平均温度为 22.2 ℃，平均湿度为 69.8%，风速处于小于 0.3 m/s 的微风范围内。各架次平均飞行高度在 7.66～9.47 m 的范围内，飞行速度为 76.48～82.73 km/h。各项参数均处于设定的范围内，符合试验设计要求。

2. 航空喷施雾滴沉积效果

以雾滴沉积量、$Dv_{0.5}$ 和雾滴沉积密度为基础参数对 6 个不同采样位置的航空喷施雾滴沉积效果进行评价分析，结果如图 8-3-5 所示。其中，在林带边缘空地处测得的雾滴沉积量、$Dv_{0.5}$

和雾滴沉积密度均值分别为 0.428 μL/cm²、511 μm 和 19.6 个 /cm²，均为所有采样位置中对应参数值的最大值；在树 2 处测得的沉积量和沉积密度最小，均值仅为 0.026 μL/cm² 和 3.8 个 /cm²，与林带边缘空地处的测量值差异显著；其余 3 棵红松的沉积量及沉积密度均值则较为接近，分别处于 0.065 ～ 0.073 μL/cm² 和 9.6 ～ 11.6 个 /cm² 的范围内；除林带边缘空地处的 $Dv_{0.5}$ 值较大外，其余采样位置的 $Dv_{0.5}$ 值在 326 ～ 355 μm。

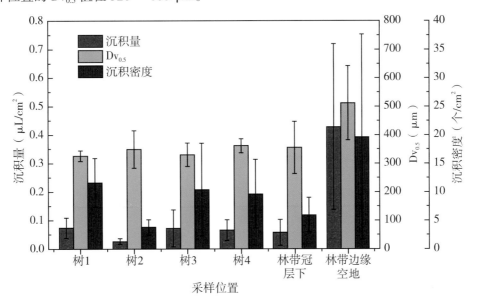

图 8-3-5　各采样位置雾滴沉积效果

3.红松各层采样位置雾滴沉积分布

表 8-3-3 为各试验架次雾滴在红松各层采样位置的沉积分布情况。从表 8-3-3 可知，红松树冠中部测得的沉积量值较大，树 1 至树 4 树冠中部的沉积量均值分别为 0.104 μL/cm²、0.028 μL/cm²、0.158 μL/cm² 和 0.104 μL/cm²，这表明红松中部冠层的雾滴截留能力较强，也与红松本身的生长特征符合。虽然红松其他部位着药量较树冠中部要少，但均检测到药液沉降，且并无漏喷现象，由此也证明了采用直升机进行低容量喷雾对红松进行化学防治是可行的。

对雾滴的沉积均匀性与穿透性进行分析，树 1 树干位置的雾滴分布均匀性是最差的，分布均匀性变异系数高达 103.20%；树 2 树冠下部的雾滴分布均匀性是最好的，分布均匀性变异系数仅为 14.33%；其他各层采样位置的分布均匀性变异系数则是在二者范围内随机变动，由此也可以看出特征红松各层采样位置的雾滴分布均匀性并无明显的规律性。此外，4 棵特征红松的雾滴穿透性变异系数由小及大依次为树 2 ＜树 1 ＜树 4 ＜树 3。虽然树 2 的平均雾滴沉积量值较低，但其雾滴沉积穿透性最好，穿透性变异系数为 32.64%；树 3 的雾滴沉积穿透性最差，穿透性变异系数为 91.83%。

表8-3-3　红松各层采样位置雾滴沉积分布结果

架次	区域	树编号	各层采样位置	沉积量均值 ± 标准差（μL/cm²）	分布均匀性（%）	穿透性（%）
1#	喷施区域A	树1	树冠上部	0.042±0.023	54.62	
			树冠中部	0.104±0.024	23.36	
			树冠下部	0.044±0.037	84.37	47.21
			树干位置	0.103±0.106	103.20	
		树2	树冠上部	0.032±0.017	52.52	
			树冠中部	0.028±0.027	96.77	
			树冠下部	0.014±0.002	14.33	32.64
			树干位置	0.031±0.017	54.27	
		树3	树冠上部	0.083±0.035	42.57	
			树冠中部	0.158±0.039	24.83	
			树冠下部	0.015±0.012	82.11	91.83
			树干位置	0.028±0.021	74.46	
2#	喷施区域B	树4	树冠上部	0.087±0.042	48.15	
			树冠中部	0.104±0.042	40.66	
			树冠下部	0.036±0.022	62.48	55.98
			树干位置	0.032±0.014	43.25	

为了进一步对比两种药剂剂型在红松各层采样位置的雾滴沉积水平差异性，以两种不同药剂剂型作为两个水平，分别对红松各层采样位置的雾滴沉积水平进行了显著性分析。经检验，在显著水平 $\alpha=0.05$ 条件下，两种药剂对红松树冠上部、树冠中部、树冠下部及树干位置的雾滴沉积量的影响均不显著（P 值分别为0.076、0.813、0.570和0.492），各项检验结果均符合上述推论。同时，对比发现，喷施区域A和喷施区域B测得的各特征红松雾滴的穿透性同样无显著性差异，即同样的喷施条件下两种不同药剂的雾滴沉降效果差异不大。

4. 风洞试验结果

表8-3-4为根据实际喷施试验情况对直升机所使用的CP03喷头进行多次重复风洞试验的结果。可以发现，在同样的喷施条件下，由于药液性质的不同，2种药剂的喷施流量与粒径测试结果存在一定的差异，药剂B的喷施流量与粒径均大于药剂A。两种药剂的 $Dv_{0.5}$ 风洞测试结果分别为287 μm和332 μm。同时，CP03喷头喷施2种药剂的雾滴直径小于100 μm的雾粒累积体积占全部雾粒体积的百分比比值分别为7.8%和5.5%；RS分别为1.55和1.61，也存在着一定的差异。

表 8-3-4　CP03 喷头喷施流量与喷雾粒径风洞测定结果

喷施介质	喷施压力（MPa）	测试风速（km/h）	单喷头喷施流量（L/min）	$Dv_{0.1}$（μm）	$Dv_{0.5}$（μm）	$Dv_{0.9}$（μm）	$V_{<100}$（%）	RS
药剂 A	330	80	1.44	114±2.0	287±2.6	558±8.6	7.8±0.4	1.55±0.02
药剂 B	330	80	1.50	139±1.1	332±18.0	673±11.6	5.5±0.3	1.61±0.11

注：表中 $Dv_{0.1}$、$Dv_{0.5}$、$Dv_{0.9}$、$V_{<100}$ 为数据均值 ± 标准差。

此外，已有研究表明，有人驾驶直升机航空喷施的最优雾滴粒径区间为 200 ～ 300 μm。对于树高近 30 m 的红松，为保证雾滴有效穿透，喷雾粒径可适当加大。经过风洞试验精准测定（表 8-3-4），可以发现 CP03 喷头的 $Dv_{0.5}$ 值恰好在 287 ～ 332 μm 的范围内，由此也证明了 CP03 喷头较为适宜本次红松喷施试验。

5. 红松球果害虫防治结果

喷施试验于 2019 年 8 月 26 日开展，对应的虫口调查共进行了 3 次，第 1 次调查在喷施试验之前进行，第 2 次和第 3 次调查分别在施药后第 1 天、第 7 天进行，药效试验期间的气象数据见表 8-3-5。

表 8-3-5　试验期间气象数据

日期	施药后天数	事项	天气状况	最低温度（℃）	最高温度（℃）	相对湿度（%）	阶段降水量（mm）
2019 年 8 月 26 日	0	调查及施药	晴	15	28	70	2
2019 年 8 月 27 日	1	调查	晴	14	29	71	0
2019 年 9 月 02 日	7	调查	晴	11	27	58	0

航空喷施防治调查结果见表 8-3-6，可以看出 3 个试验处理区域在施药前的红松球果害虫发生情况较为相近，通过计算，可知平均每个球果内的害虫数量在 26.6 ～ 27.8 只。施药后，相较于空白对照区域基本未变的虫情，能够明显看到各喷施区域内的害虫数量在减少，在施药后第 1 天、第 7 天，药剂 A 的校正控制率分别为 18.10% 和 54.39%，与空白对照相比防效显著，且优于药剂 B 的 8.35% 和 45.41%，但防治效果还有待提升。

表 8-3-6　直升机防治红松球果害虫效果

处理	树编号	施药前 活虫数	施药前 合计	施药后第 1 天 活虫数	施药后第 1 天 合计	施药后第 1 天 DR（%）	施药后第 1 天 CR（%）	施药后第 7 天 活虫数	施药后第 7 天 合计	施药后第 7 天 DR（%）	施药后第 7 天 CR（%）
药剂 A	树 A_1	29		20				13			
	树 B_1	31		24				15			
	树 C_1	27	139	25	113	18.71	18.10	10	62	55.40	54.39
	树 D_1	24		19				9			
	树 E_1	28		25				15			

续表

处理	树编号	施药前		施药后第 1 天				施药后第 7 天			
		活虫数	合计	活虫数	合计	DR（%）	CR（%）	活虫数	合计	DR（%）	CR（%）
药剂 B	树 A₂	29		26				14			
	树 B₂	24		24				17			
	树 C₂	29	133	26	121	9.02	8.35	9	71	46.62	45.41
	树 D₂	22		20				11			
	树 E₂	29		25				20			
空白对照	树 A₃	28		27				24			
	树 B₃	30		29				27			
	树 C₃	25	136	26	135	0.74	—	26	133	2.21	—
	树 D₃	27		28				27			
	树 E₃	26		25				29			

（三）讨论

本次试验在长白山无人林区开展，试验地点地形比较复杂，给试验的进行带来了一定的困难。试验对象红松株高均在 25～30 m 之间，试验人员需要采用人工爬树的方式布置水敏纸，效率很低。同时水敏纸采样的方式具有时效性，一旦布置，如果短时间内不进行试验就会失效。基于上述限制，试验人员尽最大的努力布置采样点，但最终只能在两个喷施区域选取 4 棵红松进行喷施效果试验，在每个测试区域也只选了 5 棵红松进行药效测试。数据量较少是本研究的一个遗憾，未来迫切需要研发更为便捷高效的雾滴测试方式。

但本次试验还是发现了一些沉降规律，如红松冠层对于航空喷施雾滴具有一定的截留能力得到了证实。所有采样位置中仅林带边缘空地区域没有林木遮挡，因没有冠层的截留作用，较多的雾滴直接落到了空地的采样水敏纸上。当水敏纸表面雾滴过多时，极易发生扩散或斑点重叠现象，进而林带边缘空地区域测得的各项参数值偏大。同时，结合红松选取的位置和调取飞行作业轨迹可以发现，树 2 处之所以测得的雾滴沉积较少，是因为树 2 恰处于喷施区域 A 中较为边缘的位置，且距离直升机末段有效施药航线较远，故雾滴沉积效果要略差于其他红松。对于喷施粒径的差异，已有研究表明是由于粒径测量与分析方式的不同，实际喷施试验测得的雾滴粒径值会比同等条件下风洞测试的值偏高，属于正常现象，在试验测量值允许的误差范围内。

此外，试验时间在 8 月末，此时红松球果虫害已在林区大面积爆发，试验前也并未进行过任何防治，本次航空喷施试验属于应急防控，并非最佳的防治时间。防治时害虫均已钻蛀在球果内危害，药剂无法喷施到害虫体表，只能依靠药剂逐步渗入球果内以防治害虫，但球果皮及果肉内存在大量松脂，不利于药剂的渗透传导。同时，鉴于飞防时间、高空作业难度及天气情况的限制，本试验中每种药剂只设置了 1 个浓度，每个处理也只设置了 1 个重复。本次试验也未进行环境影响及松果内农药残留等方面的研究，在未来，应开展相关的研究以增强结果的准确性。

即便如此，本次试验还是初步验证了使用高效低毒、低残留的新型生物农药对红松球果害虫进行航空喷施的防治效果，也建议未来能够在红松球果害虫产卵期、幼虫初孵期、羽化盛期等各个发育时期均进行飞机喷雾防治，以求达到较佳的防控效果，进而减少林户的损失。同时，在本次试验过程中，还发现试验药剂对松毛虫也表现出了一定的杀伤效果，未来有待进一步探明研究。

二、直升机施药对松褐天牛防治应用研究

（一）材料与方法

1.试验机型及喷施设备

如图 8-3-6 所示，本次试验喷施对象为马尾松，试验所使用的机型为 Bell206L4 直升机，配套安装有 Simplex model 7900 型喷雾系统。此次有 3 种型号喷头（CP02、CP03 和 CP04）可供快速选择使用。经实际测试，该型号直升机喷雾作业的泵压为 0.31 ～ 0.35 MPa，可达到的最大有效喷幅宽度为 45 m。

图 8-3-6　直升机喷施试验现场

2.试验方案设计

喷施试验地点位于江西省九江市庐山市南康镇庐山林场。选定面积为 12 hm²（300 m×400 m）的矩形马尾松林为喷施区域。试验林地坡度约为 10°，马尾松株高 6 ～ 9 m，郁闭度为 0.54，叶面积指数（LAI）为 0.78 ～ 1.89，透射系数为 0.23 ～ 0.49。

如图 8-3-7 所示，喷施区域被划分成 4 个采样区域，分别为 A 区域（300 m×360 m）、B 区域（200 m×100 m）、C 区域（300 m×5 m）和 D 区域（300 m×35 m）。其中 A 区域为林带冠层区，4 棵长势相近的马尾松（对应命名为树 1、树 2、树 3 和树 4）被随机从 A 区域中选定，用作树体雾滴沉积质量测定。每株采样松树沿垂直方向又被划分为树冠上部（离地 6 m）、树冠中部（离地 4 m）及树干位置（离地 2 m）3 层采样位置。每层采样位置随机布置 5 张水敏纸，水敏纸要求布置在距离松树最外部表面大约 5～10 cm 处或松树冠层的中部或中径处。B、C、D 区域为地面采样区，B 区域处于林带冠层下方、C 区域为林带边缘区、D 区域为林带外空地。每个地面采样区随机设置 10 个采样点，在每个采样点离地 30 cm 处布置 1 张水敏纸，所有水敏纸均正面朝上布置。

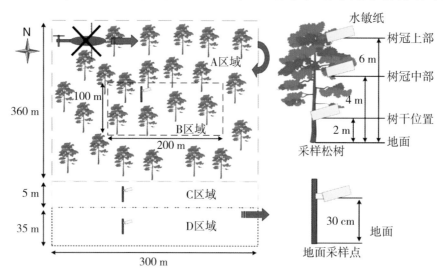

图 8-3-7　试验区域及采样点

注：本试验随机在 A 区域内选取 4 棵树作为采样松树，并分别在 B、C、D 区域随机设置 10 个地面采样点。直升机以往复式喷施的方式进行作业，喷幅为 45 m。

喷施试验共设置 3 个飞行架次（1#、2# 和 3#），设定的喷施用量均为 15 L/hm²，作业方式为往复式喷施（表 8-3-7）。其中，架次 1# 使用 CP04 喷头，经测定总喷施流量为 112.20 L/min；架次 2# 使用 CP03 喷头，经测定总喷施流量为 78.03 L/min；架次 3# 使用 CP02 喷头，经测定总喷施流量为 52.02 L/min。直升机按设定架次顺序依次对喷施区域进行作业。因喷施区域需要被连续喷施 3 次，为避免产生药害，试验采用水代替农药进行喷施，每个架次药箱装药 200 L。

表 8-3-7　各架次喷施及飞行参数设定

架次	喷头型号	喷施剂型	总喷施流量（L/min）	喷施用量（L/hm²）	设定飞行高度（m）	理论飞行速度（km/h）	设定飞行速度（km/h）	飞行方式
1#	CP04	水	112.20	15	10～15	99.73	100	往复式
2#	CP03	水	78.03	15	10～15	69.36	70	往复式
3#	CP02	水	52.02	15	10～15	46.24	90	往复式

根据喷施区域地形特点，直升机飞行高度被设定为距树顶 10 ～ 15 m，有效喷幅被设定为 45 m。飞行速度参考《航空喷施设备的喷施率和分布模式测定》标准计算。计算公式为

$$V = \frac{600 \times Q}{R \times S} \tag{8.3.3}$$

式中，V 为直升机飞行速度，km/h；Q 为总喷施流量，L/min；R 为喷施用量，L/hm²；S 为有效喷幅，m。

经计算，架次 1#、2# 和 3# 的理论飞行速度分别为 99.73 km/h、69.36 km/h 和 46.24 km/h。但由于架次 3# 的理论飞行速度（46.24 km/h）过低，不适宜直升机飞行作业，为保证相同的喷施用量，架次 3# 的作业方式被设定为以 90 km/h 飞行速度进行两次往复式喷施。故架次 1#、2# 和 3# 的飞行速度分别被设定为 100 km/h、70 km/h 和 90 km/h。

各架次喷施结束后，待水敏纸上的雾滴干燥，将所有水敏纸按次序收回。将收集到的水敏纸逐一用扫描仪扫描，再使用 DepositScan 软件对扫描图像进行分析，即可得到对应采样点的沉积量、覆盖率、雾滴密度及雾滴粒径等数据。对常用来表征沉积分布均匀性的变异系数 CV 也进行计算，变异系数越小，表示雾滴沉积分布越均匀。

喷施试验结束后，在风洞进一步精准测定各型号喷头的雾滴粒径参数（$Dv_{0.1}$、$Dv_{0.5}$、$Dv_{0.9}$ 和 RS）。每种型号喷头选取的数量为 5 个，均为在喷施试验中使用过的喷头。试验使用水进行测试，喷施压力和测试风速均按照实际作业情况设置（表 8-3-8）。依次对各型号选取的 5 个喷头进行喷雾粒径测量，每个喷头测量重复不少于 5 次，并保证数据标准差不大于 5%，每次采集时间为 30 s。

表 8-3-8　风洞测试喷施参数设定

喷头型号	喷施剂型	喷雾角度（°）	喷雾压力（MPa）	测试风速（km/h）
CP04	水	80	0.31	100
CP03	水	80	0.33	70
CP02	水	80	0.34	90

在对前述喷施试验与风洞试验结果进行综合分析得出最适宜的喷施作业方案（喷头型号、飞行参数与飞行方式）后，防治效果试验在江西省庐山地区开展，总防治面积为 9321.9 hm²。试验设置了 6 个处理区域（T1 ～ T6）和 1 个空白对照区域（CK），每个区域设置 5 个调查点挂设诱捕器，每个处理的具体参数见表 8-3-9。直升机喷施的药剂为 2% 噻虫啉悬浮剂，有效成分剂量为 30 g/hm²。同时还添加体积分数为 2% 的尿素作为沉降剂。每个处理所使用的农药剂型及使用量是一致的。防治效果试验的进行时间为 2018 年 5 月 20 日至 6 月 10 日，同一个处理区域前后共施药两次，平均施药间隔天数 14 天。飞机防治作业前 6 天开始进行调查，每隔一周（7 天）调查 1 次，共调查 7 次。本试验同样以虫口减退率和校正控制率来对防治效果进行评价。

表 8-3-9　每个处理的具体参数

试验处理	地点	喷施剂型	有效成分剂量（g/hm²）	喷施用量（L/hm²）	处理面积（hm²）	第一次作业时间	第二次作业时间
T1	德安县				882.07	2018 年 5 月 20 日	2018 年 6 月 3 日
T2	柴桑区				820.40	2018 年 5 月 21 日	2018 年 6 月 3 日
T3	共青城	噻虫啉悬浮剂＋尿素	30	15	429.53	2018 年 5 月 22 日	2018 年 6 月 3 日
T4	庐山市				3360.00	2018 年 5 月 23 日	2018 年 6 月 4 日
T5	庐山局				1116.93	2018 年 5 月 24 日	2018 年 6 月 6 日
T6	濂溪区				2713.00	2018 年 5 月 25 日	2018 年 6 月 10 日
CK	德安县	—	—	—	103.22	—	—

注：诱捕器悬挂在松树枝干上，底端距地面 3 m 左右，诱捕器之间间隔不小于 100 m，每隔 7 天添加一次引诱剂。

（二）试验结果与讨论

1. 喷施试验气象数据及飞行参数

各试验架次气象数据与飞行参数的汇总结果见表 8-3-10。由表 8-3-10 可知，在整个喷施试验过程中，自然环境温度、湿度及风速一直较为稳定，平均温度为 26.6 ℃，平均湿度为 69.0%，风速处于小于 0.3 m/s 的微风范围内。各架次平均飞行高度处于 10.65 ～ 13.60 m 的范围，在试验设定的高度范围内。同时，各架次平均飞行速度分别为 107.33 km/h（1#）、75.22 km/h（2#）和 88.41 km/h（3#），与各架次的速度设定值差异均在 10 km/h 以内，符合试验设计要求。

表 8-3-10　各架次气象数据和飞行参数汇总

参数	1#	2#	3#
时间	15：14 ～ 15：17	15：51 ～ 15：56	16：40 ～ 16：48
温度（℃）	27.2	26.5	26.2
湿度（%）	69.5	70.7	66.9
风速（m/s）	0.2	0.3	0.3
风向	N	NE	N
平均飞行高度（m）	12.73	10.65	13.60
平均飞行速度（km/h）	107.33	75.22	88.41

2. 马尾松各层采样位置雾滴沉积分布

表 8-3-11 为各试验架次雾滴在马尾松各层采样位置的沉积分布情况。在雾滴沉积量方面，雾滴沉积量最大值出现在架次 1# 中树 2 的树冠上部采样位置，高达 1.960 μL/cm²；雾滴沉积量最小值出现在架次 2# 中树 1 的树冠上部采样位置，仅为 0.125 μL/cm²，沉积量极差值为

$1.835\ \mu L/cm^2$。虽然雾滴在马尾松不同层采样位置的沉积存在一定的差异，但各采样位置均有检测到雾滴沉降，且并无漏喷现象，由此也证明了直升机采用低容量喷雾对马尾松进行化学防治是可行的。通过进一步分析，架次1#的单棵松树沉积量在$0.351\sim1.700\ \mu L/cm^2$的范围内，架次2#的沉积量在$0.199\sim0.422\ \mu L/cm^2$的范围内，架次3#的沉积量在$0.246\sim0.643\ \mu L/cm^2$的范围内，可以看出同一架次不同棵松树之间的雾滴沉积量存在一定的差异性，同时还可以发现架次1#的雾滴沉积量明显高于架次2#和3#。

表8-3-11 马尾松各层采样位置雾滴沉积分布结果

树编号	采样位置	1# 沉积量（μL/cm²）	分布均匀性（%）	穿透性（%）	2# 沉积量（μL/cm²）	分布均匀性（%）	穿透性（%）	3# 沉积量（μL/cm²）	分布均匀性（%）	穿透性（%）
树1	树冠上部	0.429±0.203	47.48		0.125±0.070	56.25		1.169±0.511	43.70	
	树冠中部	0.412±0.158	38.41	34.29	0.211±0.075	35.52	34.73	0.450±0.143	31.89	71.77
	树干位置	0.212±0.120	56.27		0.262±0.135	51.50		0.309±0.157	50.73	
树2	树冠上部	1.960±0.409	20.87		0.468±0.364	77.89		0.510±0.207	40.52	
	树冠中部	1.617±0.463	28.64	18.22	0.126±0.048	37.94	57.69	0.182±0.144	79.16	71.36
	树干位置	1.362±0.771	56.57		0.522±0.284	54.33		0.149±0.073	48.99	
树3	树冠上部	0.333±0.227	68.11		0.183±0.107	58.38		0.624±0.238	38.17	
	树冠中部	0.438±0.228	52.01	17.83	0.192±0.063	32.89	19.36	0.321±0.065	20.12	46.98
	树干位置	0.319±0.141	44.01		0.258±0.162	62.99		0.272±0.151	55.57	
树4	树冠上部	1.758±0.263	14.95		0.549±0.283	51.50		0.323±0.153	47.38	
	树冠中部	1.532±0.511	33.32	8.68	0.162±0.092	56.86	53.25	0.240±0.189	78.94	30.27
	树干位置	1.810±0.450	24.86		0.554±0.284	51.23		0.175±0.049	28.27	

注：沉积量数据为均值±标准差。穿透性为各层采样位置雾滴沉积量均值的变异系数，变异系数越小，表示雾滴穿透性越好。

在分布均匀性方面，架次3#中树2的树冠中部采样位置的雾滴分布均匀性是最差的，高达79.16%；架次1#中树4的树冠上部采样位置的雾滴分布均匀性是最好的，仅为14.95%，其他各层采样位置的分布均匀性变异系数则是在二者范围内随机变动，并无明显的规律性。在穿透性方面，架次1#的单棵松树穿透性在8.68%～34.92%，架次2#的穿透性在19.36%～57.69%，架次3#的穿透性在30.27%～71.77%，明显看出大粒径喷头架次的穿透性要好于小粒径喷头架次（1#＞2#＞3#）。除树4外，树1、树2和树3的穿透性由架次1#到架次3#呈现逐渐变差的趋势，树4则是架次2#的穿透性最差。分析原因可能与各特征松树的叶面积指数和透射系数不同有关，在叶面积指数方面，树4的叶面积指数仅为0.78，为4棵特征松树中的最小值；在透射系数方面，树4的透射系数又高达0.38，为4棵特征松树中的最大值，可能是生长特性的差异造成了上述数值差异。

为进一步探究雾滴在马尾松各层采样位置的沉积量变化及整体穿透性情况，对相关数据进行汇总（图8-3-8）。

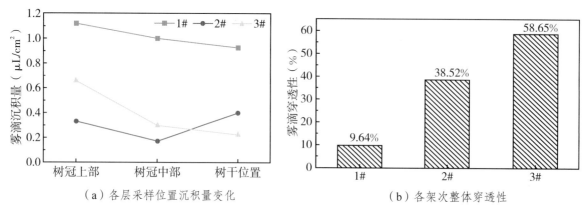

（a）各层采样位置沉积量变化　　　　　　（b）各架次整体穿透性

图8-3-8　各试验架次雾滴在马尾松各层采样位置的沉积量变化及整体穿透性情况

从图8-3-8可以明显看出，架次1#各层采样位置的雾滴沉积量要显著高于架次2#和3#对应采样位置的雾滴沉积量，架次1#的和架次2#与3#的整体平均沉积量差值分别为0.714 μL/cm²和0.622 μL/cm²，与上述单棵树沉积量分析结果相符。此外，架次1#和3#树冠上部采样位置处的雾滴沉积量值为3处采样位置中的最大值，自树冠上部至树干位置的雾滴沉积量呈现出逐渐降低的趋势；架次2#树干位置处的雾滴沉积量值为3处采样位置中的最大值，自树冠上部至树干位置的雾滴沉积量则呈现出先降低后增高的趋势。对于架次2#和3#，架次3#在树冠上部位置和树冠中部位置处的雾滴沉积量要略高于架次2#，差值分别为0.326 μL/cm²和0.125 μL/cm²，架次2#在树干位置处的雾滴沉积量则略高于架次3#，差值为0.173 μL/cm²。

同时，在整体雾滴穿透性方面，架次1#～3#的整体穿透性分别为9.64%、38.52%和58.65%，呈现出逐渐变差的趋势，架次1#的整体雾滴穿透性最佳，亦符合上述单棵树穿透性分析结果。

3. 各采样区域雾滴沉积结果

本试验以雾滴沉积量、雾滴覆盖率和雾滴沉积密度为基础参数对4个不同采样区域的航空喷施雾滴沉积效果进行评价分析，结果如图8-3-9所示。

通过整体分析可知，4个采样区域沉积量由大到小排序为D区域＞B区域＞C区域＞A区域，覆盖率由大到小排序为D区域＞C区域＞A区域＞B区域，沉积密度由大到小排序为D区域＞A区域＞C区域＞B区域。其中，D区域各架次测得的沉积量、覆盖率和沉积密度均值为所有采样区域中的最大值，是由于缺乏冠层的截留作用，雾滴未受阻挡直接落在了林带外空地监测区域上的缘故。

进一步地，对各采样区域进行单独分析。如图8-3-9（a）所示，在A区域，架次1#的各项基础参数值均为3个试验架次对应参数值的最大值，其中各架次沉积量和覆盖率由大到小排序为1#＞3#＞2#，与前述马尾松各层采样位置雾滴沉积分布的分析结果相符合。沉积密度由大到小排序则为 1# ＞ 2# ＞ 3#，呈现出递减的趋势。在 B 区域，各架次沉积量和覆盖率由大到小排序为 1# ＞ 2# ＞ 3#，沉积密度由大到小排序则为 2# ＞ 1# ＞ 3#，其中架次 3# 的沉积量、覆盖率和沉积密度均值分别为 0.203 μL/cm²、2.13% 和 7.0 个 /cm²，为所有采样区域中对应参数值的最小值。在 C 区域，架次 2# 的各项基础参数值均为 3 个试验架次对应参数值的最小值，由架次 1# 至 3# 均呈现出先减小后增大的变化趋势，其中各架次沉积量和沉积密度由大到小排序为 1# ＞ 3# ＞ 2#，覆盖率由大到小排序则为 3# ＞ 1# ＞ 2#。在 D 区域，架次 1# 的雾滴沉积量（2.402 μL/cm²）和覆盖率（15.93%）明显大于其他两个架次，各架次沉积量由大到小排序为 1# ＞ 2# ＞ 3#，覆盖率由大到小排序为 1# ＞ 3# ＞ 2#，而沉积密度之间的差异则不是很显著，且沉积密度最大值（19.1 个 /cm²）在架次 2# 测得，沉积密度由大到小排序为 2# ＞ 1# ＞ 3#。

变异系数可以反映出雾滴沉积效果的分布均匀性，从图 8-3-9 还可以直观地发现，B 区域各项基础参数值的变异系数基本上为其他采样区域对应参数值变异系数的最大或较大值，由此也表明 B 区域即林带冠层下方区域的雾滴分布均匀性是最差的，分析原因是受到了马尾松冠层截留作用的影响，雾滴在沉降过程中受到了冠层的阻隔，因此林带冠层下方区域测得的雾滴分布均匀性最差。

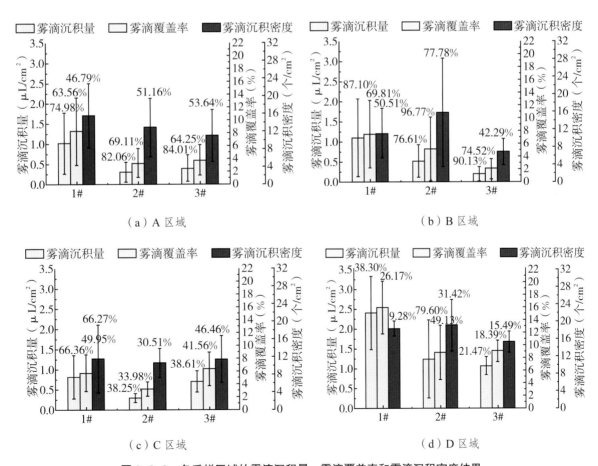

图 8-3-9　各采样区域的雾滴沉积量、雾滴覆盖率和雾滴沉积密度结果

注：图中百分数为对应柱状图的变异系数。

4. 雾滴粒径测试结果

雾滴粒径是最能体现航空喷雾特性的代表性指标，本试验所使用的主要雾滴粒径参数为 $Dv_{0.1}$、$Dv_{0.5}$、$Dv_{0.9}$ 和 RS。3 个试验架次各采样区域的雾滴粒径（$Dv_{0.1}$、$Dv_{0.5}$ 和 $Dv_{0.9}$）测试结果及对应喷头风洞测试结果如图 8-3-10 所示。从图 8-3-10 可以看出，各架次雾滴粒径大小在整体上呈现出 3# ＜ 2# ＜ 1# 的趋势，与各架次所使用喷头类型的喷雾特性相符合。此外，同一个试验架次不同采样位置的 $Dv_{0.1}$、$Dv_{0.5}$ 和 $Dv_{0.9}$ 均呈现出相似的变化趋势。其中，风洞测试得到的雾滴粒径值为所有采样位置中的最小值，以表征粒径大小最为常用的 $Dv_{0.5}$ 为例，各对应架次的 $Dv_{0.5}$ 均值分别为 394 μm（1#）、295 μm（2#）和 207 μm（3#），与其他采样位置相比均体现出了显著的差异性。

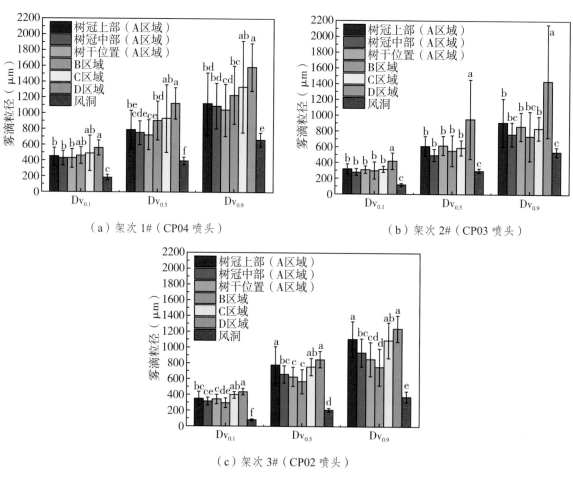

（a）架次 1#（CP04 喷头）　　　　（b）架次 2#（CP03 喷头）

（c）架次 3#（CP02 喷头）

图 8-3-10　各架次雾滴粒径结果

同时，对于各特征松树冠层采样区域（A 区域），雾滴粒径大小整体呈现树冠中部＜树干位置＜树冠上部的趋势，表明雾滴在马尾松上的沉降穿透性良好，位于松树冠层下方的树干位置也能够接收到较大的雾滴。在地面测试区域，雾滴粒径大小呈现林带冠层下方（B 区域）＜林带边缘区（C 区域）＜林带外空地（D 区域）的趋势，由此表明松林冠层对于大粒径雾滴具有一定的截留能力，小粒径雾滴在松林冠层间穿透能力较强，同前述雾滴沉积分布结果类似。

从图 8-3-10 还可以看出，实际田间测试得到的雾滴粒径参数（$Dv_{0.1}$、$Dv_{0.5}$ 和 $Dv_{0.9}$）要明显大于对应风洞测试粒径值，尤其是 D 区域的雾滴粒径值为所有采样位置中的最大值，和风洞测得的粒径值差异最为显著，其中 $Dv_{0.1}$、$Dv_{0.5}$ 和 $Dv_{0.9}$ 的最大差值分别为 387 μm、733 μm 和 921 μm。由此可以发现，实际的中低速航空喷施作业的雾滴要比同等条件下风洞测试雾滴粒径值大。分析原因为本次试验直升机喷施作业的飞行高度与飞行速度均较低，在喷施流量不变的前提下，中低速的飞行作业会比高速的飞行作业产生更多的雾滴沉降，过多的雾滴会在水敏纸上发生斑点扩散、滑移或重叠等现象（图 8-3-11），从而导致后期采用图像处理时（处理时已经尽量去除大雾滴）得到的粒径值偏高，这也是水敏纸测试方法与光学测试方法的不同之处。但雾滴粒径大小在各个采样位置的变化趋势同样是值得参考借鉴的，如同前述风洞试验章节所分析的，风洞试验结果只是实际田间试验的一种理想化结果。

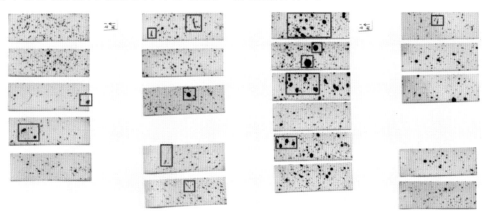

图 8-3-11　部分水敏纸雾滴沉降效果图

注：红色区域为雾滴斑点扩散、滑移或重叠区域。

此外，通过计算 RS 还可以发现，各型号喷头（CP04、CP03、CP02）田间试验测得的 RS 均值分别为 0.88、0.94 和 0.91，均小于其对应的风洞测定值（1.22、1.42 和 1.43）。田间试验测得的喷头雾滴谱更接近对称分布（RS=1）。

5. 喷施作业方案确定

通过前述分析可以发现，在设定相同喷施用量的前提下，测得使用 CP04 喷头的架次 1# 在各采样区域的平均雾滴沉积量、覆盖率及沉积密度均明显高于架次 2# 和 3#。同时，架次 1# 在马尾松各层采样位置的雾滴穿透性也明显好于架次 2# 和 3#，最佳的分布均匀性也是在架次 1# 测得。在雾滴粒径方面，3 种喷头在田间测试得到的雾滴粒径参数虽然有一定差异，但在中低速的飞行作业条件下差异并不是很大，考虑到松树冠层的截留作用，为保证最佳的沉降效果，雾滴粒径可适当加大。此外，架次 1# 的作业速度（100 km/h）为 3 个试验架次中作业速度的最大值，且在同一喷施区域无须进行多次往复式喷施作业。从实际作业的角度考虑，架次 1# 单位时间内的作业面积分别是架次 2# 和 3# 的 1.43 倍和 2.22 倍，作业效率更为高效，同时也可有效降低作业成本。综合分析后，本试验最终确定后续按照架次 1# 的模式在庐山市进行大面积喷施防治作业。

6. 松褐天牛防治效果

图 8-3-12 为 6 个处理区域（T1 ~ T6）和 1 个空白对照区域（CK）在直升机防治前后共 7 次的松褐天牛数量调查情况。

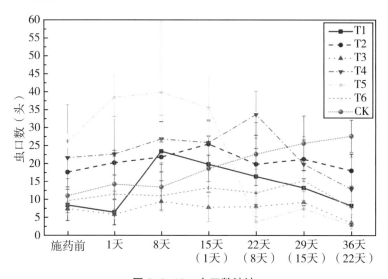

图 8-3-12　虫口数统计

注：虫口数调查共进行 7 次，横坐标中 1 天、8 天、15 天、22 天、29 天和 36 天为与第 1 次施药间隔的天数，（1 天）、（8 天）、（15 天）和（22 天）为与第 2 次施药间隔的天数，下同。

防治作业前，各区域平均每个诱捕器诱捕到的松褐天牛数量为 7.4 ~ 26.2 头，其中空白对照区域与各处理区域的松褐天牛发生情况较为接近。对于各处理区域，在第 1 次施药防治后 1 天（第 2 次调查），与防治作业前（第 1 次调查）相比可以明显看出，除 T1 和 T3 处理区域的松褐天牛数量有所下降外，其余处理区域的松褐天牛数量均呈现增多的趋势。进一步地，在第 1 次施药防治后 8 天（第 3 次调查），发现所有处理区域调查到的松褐天牛数量不降反升，继续呈现出数量增大的趋势，尤其是 T1 处理区域的松褐天牛数量与上次调查相比平均每个诱捕器的诱捕量增多了 17.0 头。飞防调查整个阶段，防治处理区域的松褐天牛诱捕数量呈现先增多后减少的趋势，数量变化拐点出现在第 2 次施药防治后 1 天和 8 天（第 5 次和第 6 次调查），各处理区域调查到的天牛数量开始有所减少，尤其是 T5 处理区域的松褐天牛数量在第 2 次施药防治后 8 天（第 6 次调查）与上次调查相比平均每个诱捕器的诱捕量锐减了 31.8 头。之后的各次调查松褐天牛数量都在持续降低，调查到诱捕器最低的诱捕量仅为 2.8 头（T5 处理区域，第 7 次调查），由此也能够表明松褐天牛虫害得到了有效的控制。

对于空白对照区域（CK），松褐天牛数量在整个调查过程中一直呈现逐步增长的趋势，平均每个诱捕器诱捕到的松褐天牛数量由最初的 11.0 头（第 1 次调查）增至 27.6 头（第 7 次调查），统计到的松褐天牛数量变化趋势符合这一时间段其成虫生长羽化增长规律。同时，因为缺乏有效的管控，在第 6 次和第 7 次调查时，空白对照区域的松褐天牛数量是所有区域中最多的。

各处理区域具体的航空喷施防治效果分析见表 8-3-12，虫口减退率（DR）和校正控制率（CR）进一步印证了上述松褐天牛数量变化情况。从表 8-3-12 可以看出，在前几次的防治效果分析结果中，虫口减退率负值较多，校正控制率也有部分负值出现，表明松褐天牛数量一直在增加，防治效果一般。直至第 2 次施药后，防治效果才有所好转，但各处理区域的防治效果也存在一定的差异。以最终计算得到的校正控制率为例，最佳的校正控制率为 95.74%（T5），最差的校正控制率仅为 59.24%（T2），二者的校正控制差值为 36.50%，虽与空白对照区域相比有一定的防治效果，但整体防治效果还有待提升。

表 8-3-12　直升机防治松褐天牛效果

试验处理	1 天		8 天		15 天（1 天）		22 天（8 天）		29 天（15 天）		36 天（22 天）	
	DR（%）	CR（%）	DR（%）	CR（%）	DR（%）	CR（%）	DR（%）	CR（%）	DR（%）	CR（%）	DR（%）	CR（%）
T1	23.81	40.98	−178.57	−128.68	−135.71	−39.40	−95.24	4.97	−57.14	32.48	2.38	61.09
T2	−14.77	11.09	−23.86	−1.68	−44.32	14.65	−12.50	45.24	−20.45	48.24	−2.27	59.24
T3	21.62	39.28	−27.03	−4.28	−5.41	37.66	−8.11	47.38	−24.32	46.58	54.05	81.69
T4	−4.63	18.95	−24.07	−1.85	−19.44	29.36	−55.56	24.29	8.33	60.61	40.74	76.38
T5	−46.56	−13.54	−51.91	−24.70	−35.88	19.64	85.50	92.94	71.76	87.86	89.31	95.74
T6	−18.75	8.01	−14.58	5.94	−37.50	18.68	−22.92	40.17	−58.33	22.94	20.83	68.45
CK	−29.09	—	−21.82	—	−69.09	—	−105.45	—	−132.73	—	−150.91	—

分析造成上述防治效果的原因，主要在于本次试验防控时间的选择。庐山地区松材线虫病通常起于每年的 5 月，6 月为松褐天牛的成虫羽化期，6 月下旬至 7 月上旬为成虫发生盛期，在成虫发生盛期阶段，松褐天牛将会在松树上频繁活动，并大量繁殖扩散。本次防治时间选在了松褐天牛羽化活跃之前，提前进行施药防控，最大的目的在于抑制松褐天牛的繁殖扩散，增强林分抵御松褐天牛危害的能力，从而降低松材线虫病的发病率。尤其是第 1 次施药并不是在天牛发生盛期，此时林间的松褐天牛数量还较为有限，进而导致后续防治效果并不是很理想。但通过对施药前后松褐天牛数量变化趋势的分析，还是能够看出各处理区域的松褐天牛羽化增长趋势得到了一定程度的遏制，可见采用直升机喷施进行防治还是有效果的。

三、小结

本研究以长白山林区的红松球果害虫和庐山地区的松褐天牛为防治研究对象，对有人驾驶直升机在松木上航空施药的雾滴沉降规律及害虫防治效果进行了探究，得出以下结论。

1. 对长白山红松球果害虫的防治效果

（1）在飞行速度为 22.2 m/s，喷施压力为 0.33 MPa 的条件下，风洞试验表明 CP03 航空喷头具有良好的雾化性能，其 $Dv_{0.5}$ 值处于 287 ～ 332 μm 的范围内，较适合应用于红松球果害虫航空喷施防治。

（2）除个别处于喷施区域边缘位置的特征红松外，各喷施区域内测得的特征红松整体的雾滴沉积量及沉积密度均值分别处于 0.065 ～ 0.073 μL/cm² 和 9.6 ～ 11.6 个 /cm² 的范围内，雾滴粒径测试结果与风洞测试结果较为接近。在地面采集区域，由于缺乏林木遮挡，林带边缘空地区域的雾滴沉积效果要优于林带冠层下区域。

（3）红松冠层对于航空喷施雾滴沉降具有一定的截留作用，在红松冠层中部检测到的雾滴沉积量明显高于其他各层，表明红松冠层中部的雾滴截留能力较强，其中树 1 至树 4 冠层中部的沉积量均值分别为 0.104 μL/cm²、0.028 μL/cm²、0.158 μL/cm² 和 0.104 μL/cm²。此外，红松各层采样位置的分布均匀性变异系数处于 14.33% ～ 103.20% 的范围内，穿透性变异系数处于 32.64% ～ 91.83% 的范围内。研究还发现，2 种不同药剂对于航空喷施雾滴沉积效果无显著影响。

（4）在航空施药后第 1 天、第 7 天，药剂 A 的虫口校正控制率分别为 18.10% 和 54.39%，虽与空白对照相比防效显著，且优于药剂 B 的 8.35% 和 45.41%，但还应进一步注意红松球果害虫的防治时期，以期取得更好的防治效果，同时，未来有待进行环境影响及松果内农药残留等方面的试验研究。

2. 对庐山松褐天牛的防治效果

（1）在保证相同喷施用量（15 L/hm²）的前提下，当直升机飞行高度为距树顶 10 ～ 15 m 时，使用大粒径喷头（CP04 喷头）的架次 1# 在各采样区域的雾滴沉积效果明显好于使用小粒径喷头（CP03 喷头和 CP02 喷头）的架次 2# 和 3#。

（2）对于各特征松树冠层采样区域（A 区域），架次 1# 的单棵松树沉积量值在 0.351 ～ 1.700 μL/cm² 的范围内，架次 2# 的沉积量值在 0.199 ～ 0.422 μL/cm² 的范围内，架次 3# 的沉积量值在 0.246 ～ 0.643 μL/cm² 的范围内。此外，雾滴在马尾松不同层采样位置的沉积量也存在一定的差异，架次 1# 和 3# 自树冠上部至树干位置的雾滴沉积量呈现出逐渐降低的趋势；架次 2# 自树冠上部至树干位置的雾滴沉积量则呈现出先降低后增高的趋势，且树干位置处的雾滴沉积量值为 3 处采样位置中的最大值。同时，雾滴粒径大小整体呈现树冠中部＜树干位置＜树冠上部的趋势。

（3）在地面测试区域，受马尾松冠层截留作用的影响，林带冠层下方区域（B 区域）的雾滴分布均匀性最差。又由于缺乏冠层的截留作用，林带外空地区域（D 区域）各架次测得的雾滴沉积量、覆盖率和沉积密度均值在所有采样区域中最大。雾滴粒径大小呈现林带冠层下方（B

区域）＜林带边缘区（C 区域）＜林带外空地（D 区域）的趋势。研究还发现，中低速航空喷施作业中的雾滴粒径值要比同等条件下风洞试验中的雾滴粒径值大。

（4）经过间隔 14 天的前后两次直升机航空防治作业，防治区域的松褐天牛诱捕数量呈现先增多后减少的趋势，数量变化拐点出现在第 2 次施药防治后的第 1 天和第 8 天，最终测得庐山地区的松褐天牛校正控制率处于 59.24%～95.74%，松褐天牛羽化增长趋势得到了一定程度的遏制。

第四节　大型固定翼飞机航空施药技术特性

近年来，农业航空技术迅速发展，科研院校及企业研发了自动飞行、避障、变量喷施、仿地飞行等多种新技术，极大提高了飞机的飞行性能及作业性能。为提高雾滴在作物上的沉积量、减小飘移以及增强喷施防效，科研人员进行了大量的田间试验，研究了气象参数、飞行参数、喷雾系统参数以及农药配比等多种影响因素。我国对农业航空技术的研究大多集中在植保无人机上，对有人驾驶植保飞机的研究较少。然而，我国东北地区、新疆和内蒙古等地地域辽阔，有人驾驶植保飞机具有极大的优势。北大荒通用航空公司从美国引进了 Thrush 510G 型飞机，并且配备了 Satloc.G4 变量喷洒系统，能够精准控制飞机的喷施参数。因此本次试验对 Thrush 510G 型飞机的雾滴沉积飘移规律进行研究，以期提高雾滴在靶标上的沉积分布，减小飘移。

一、Thrush 510G 型飞机雾滴沉积飘移试验

（一）试验作物及场地的选定

大豆在我国种植面积广泛，东北地区是我国大豆的主要产区，每年有数万吨的大豆远销世界各地。田间管理到位是大豆高产稳产的重要保障，同时降低大豆田间管理成本有利于促进大豆产业的发展。大豆田间管理包括苗期、中期和后期，大豆结荚鼓粒期是大豆生育最旺盛、营养生长和生殖生长交错进行的时期，此时易发生豆荚螟、豆天蛾、造桥虫、霜霉病、轮纹病等病虫害，对该生长期进行病虫害的防治能有效提高大豆产量和品质。

为了研究大型飞机的雾滴沉积分布规律，本次试验选取黑龙江省佳木斯市前进农场中结荚鼓粒期的大豆作为研究对象，该农场中农作物病虫害的防治采用大型植保飞机喷洒的方式进行。试验前勘察大豆作物的长势，选用生长良好、地形广阔的大豆农田作为试验场地。

（二）试验材料

（1）本次试验采用 Thrush 510G 型飞机作为试验机型（图 8-4-1）。主要技术参数见表 8-4-1。

图 8-4-1 Thrush 510G 型飞机

表 8-4-1 Thrush 510G 型飞机性能参数

性能	参数
飞机长度（m）	9.85
飞机高度（m）	2.84
翼展（m）	14.48
机翼面积（m²）	33.9
发动机型号	GE H80
作业速度（km/h）	145～245
起飞距离（m）	457
喷头类型	转笼式
喷头个数（个）	10
喷杆长度（m）	12.56
最大载药量（L）	1930

Thrush 510G 型飞机的喷洒系统由药箱、Satloc.G4 喷施系统、药液泵、喷杆和 10 个转笼式喷头组成，其中喷杆对称分布于机翼的下侧，在喷杆上每隔一定距离布置一个喷头，喷头桨叶角度均为 55°，喷头距机翼左侧喷杆一端的距离依次为 50 cm、160 cm、265 cm、365 m、484 cm、770 cm、888 cm、990 cm、1095 cm 和 1205 cm。

（2）气象监测站：选用 NK-5500 Kestrel 气象站采集田间试验时的气象数据。

（3）雾滴采集卡：水敏纸尺寸为 76×26 mm。

（4）便携式扫描仪。

（5）其他材料：米尺、橡胶手套、剪刀、镊子、标签纸、密封袋、三脚架、万向夹等。

（三）作业参数

试验时采用航空作业正常的作业参数，我国固定翼飞机常采用的作业高度为 5 ～ 7 m，因此本试验采用 5 m 的作业高度。固定翼飞机依靠机翼提供的升力飞行，机翼上表面要保证足够的空气流速才能稳定飞行，因此试验选用 225 km/h 的飞行速度。航空施药为超低空低量喷洒，设置作业施药量为 17 L/hm^2，总流量为 255 L/min，飞机共安装 10 个喷头，单个喷头的流量为 25.5 L/min。

（四）试验步骤

（1）选择长势良好、地块平整、没有电线杆的大豆田作为试验田，并根据试验需要及防风林的位置，规划飞机的航线和采样带的位置。

（2）在采样区，以航线与采样带的交叉点为起点向航线两侧确定测量采样点的位置，每测定一个采样点，就将三脚架放置在采样点处，并调节好三脚架的高度。测量完毕后调整三脚架的前后位置，使所有采样点连成一条直线。

（3）固定万向夹的位置。根据作物生长情况和病虫害的病发部位，在每个三脚架上设置上下两层采样点，上下两层采样点相距 35 cm，在每个三脚架相应的采样点处固定万向夹。

（4）为保证试验数据的有效性，选择中午空气湿度较小时进行试验，待飞机准备完毕后，用万向夹固定水敏纸，每个万向夹对应一张水敏纸，并调整万向夹的角度，使水敏纸的角度与大豆叶子的生长角度一致。

（5）试验开始，飞机进行飞行喷洒试验。飞行过后，待雾滴全部沉降且水敏纸干燥后收集水敏纸，将水敏纸分别放入对应编号的密封袋内保存。收集和布置水敏纸时均戴上橡胶手套以保护水敏纸数据的有效性。

（6）在最短时间内将水敏纸扫描到电脑中保存电子数据，为后期数据分析做准备。

（7）重复试验三次。

试验时需注意：①水敏纸的摆放角度应与叶子的生长角度一致，以准确分析雾滴在叶片上的分布；②水敏纸避免和手直接接触，以免污染雾滴数据；③试验结束后，等待雾滴全部沉降后收集水敏纸；④为保证飞机能按照飞行航线飞行，在航线上布置若干个红旗作为标志物。

二、Thrush 510G 型飞机大豆冠层平面雾滴分布规律

（一）试验参数及其表达方式

本研究对沉积在靶标上雾滴的粒径、沉积量、沉积密度、覆盖率及其衍生参数均匀性进行分析。雾滴粒径常用的表达方式有雾滴质量中值粒径、雾滴体积中值粒径（VMD）、雾滴数量中值粒径（NMD）和沙脱平均粒径，用 μm 作为单位。本试验采用雾滴体积中值粒径和雾滴数量中值粒径来表达雾滴粒径。

（二）作物冠层平面雾滴分布规律方案设计

作物冠层平面的雾滴分布规律，反映了飞机作业后雾滴在作物冠层高度横切面上的喷洒情况。为研究作物冠层横切面上的雾滴分布情况，设计以下方案，如图 8-4-2 所示。

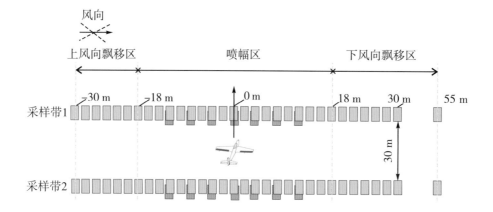

（a）第 1 次喷施试验采样点示意图

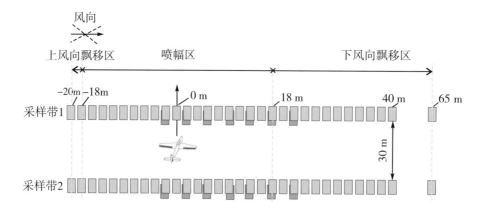

（b）第 2 次、第 3 次喷施试验采样点示意图

图 8-4-2　作物冠层平面雾滴分布规律试验方案

在大豆田的中间区域布置两条采样带，根据日常作业喷幅设置每条采样带的长度为 85 m，采样带间距为 30 m，采样带中相邻两个采样点的距离为 2 m，共 32 个采样点，分别为 –30 m、–28 m、–26 m、–24 m、–22 m、–20 m、–18 m、–16 m、–14 m、–12 m、–10 m、–8 m、–6 m、–4 m、–2 m、0 m、2 m、4 m、6 m、8 m、10 m、12 m、14 m、16 m、18 m、20 m、22 m、24 m、26 m、28 m、30 m 和 50 m，位于航线上的采样点记为 0 m，采样带 2 的采样点设置与采样带 1 相同。

在第 1 次喷雾试验时发现，雾滴向下风向飘移严重，因此将航线向上风向移动 10 m。故在第 1 次喷施试验中，–30 ～ –18 m 为上风向飘移区，–18 ～ 18 m 为喷幅区，18 ～ 55 m 为下风向飘移区；在第 2 次、第 3 次喷施试验中，–20 ～ –18 m 为上风向飘移区，–18 ～ 18 m 为喷幅区，18 ～ 65 m 为下风向飘移区。

（三）数据分析

1. 有效喷幅的测定

本研究采用雾滴密度法测定有效喷幅。根据《中华人民共和国民用航空行业标准》中《农业航空喷洒作业质量技术指标》规定：飞机在进行超低量喷洒作业时，作业对象的雾滴沉积量不小于 15 个 /cm^2 时，为喷洒有效区域。

表 8-4-2 为 3 次试验雾滴密度原始数据，试验时布置 2 条采样带，试验时采集的气象条件为外界风速为 0.6 m/s，温度为 27.3 ℃，湿度为 43.3%。表 8-4-2 中的加粗数字为达到喷施标准的采样点雾滴密度数据，采样带 1 的雾滴有效沉积区为 –12 ～ 8 m，采样带 2 的有效沉积区为 –10 ～ 12 m，有效幅宽分别为 20 m 和 22 m。根据有效幅宽的位置，将采样带划分为有效沉积区和飘移区，其中 –12 ～ 12 m 为有效沉积区，–30 ～ –14 m 和 14 ～ 65 m 为飘移区。

表 8-4-2　雾滴密度参数列表

采样点（m）	采样带 1（个 /cm^2）	采样带 2（个 /cm^2）
–12	15.7	7.1
–10	29.2	38.8
–8	20.5	32.6
–6	15.2	22.9
–4	24.0	30.2
–2	26.8	15.5
0	25.6	26.6
2	26.6	29.5
4	29.7	30.9
6	24.0	21.8

续表

采样点（m）	采样带 1（个 /cm²）	采样带 2（个 /cm²）
8	25.9	28.8
10	7.8	26.2
12	6.1	21.3
14	1.9	3.1
16	4.3	3.6
18	8.8	3.5
20	8.0	4.8
22	13.5	5.6
24	2.7	6.8
26	7.9	8.9
28	4.4	7.5
30	8.0	4.2
32	2.9	2.0
34	2.7	6.4
36	2.1	1.5
38	1.5	6.2
40	0.7	2.7
65	0.1	0.3

注：表中加粗部分为达到国家行业标准的数据。

2. 沉积区雾滴分布规律

（1）雾滴粒径分布。为了全面反映雾滴粒径的分布情况，本研究采用 $Dv_{0.1}$、$Dv_{0.5}$ 和 $Dv_{0.9}$ 3 个参数表示雾滴粒径，采用雾滴体积中径来表示雾滴群的大小，结果如图 8-4-3 所示。

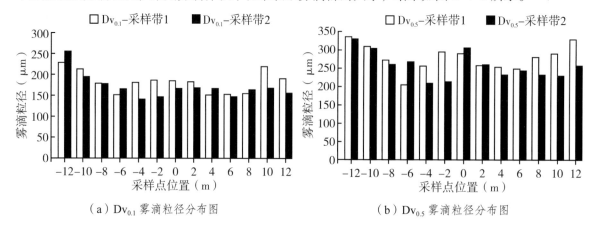

（a）$Dv_{0.1}$ 雾滴粒径分布图　　　　　（b）$Dv_{0.5}$ 雾滴粒径分布图

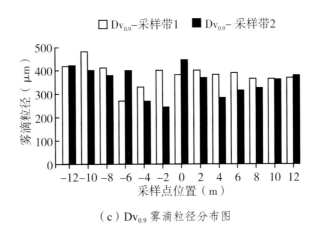

（c）Dv$_{0.9}$雾滴粒径分布图

图 8-4-3　冠层沉积区雾滴粒径分布图

图 8-4-3 为两条采样带上雾滴的 Dv$_{0.1}$、Dv$_{0.5}$ 和 Dv$_{0.9}$ 分布直方图，两条采样带上的 Dv$_{0.1}$、Dv$_{0.5}$ 和采样带 2 上的 Dv$_{0.9}$ 分布规律一致，均为沉积区两侧和航线上的雾滴粒径较大，航线两侧雾滴粒径较小。Dv$_{0.1}$ 粒径的取值范围为 150～200 μm，Dv$_{0.5}$ 粒径的取值范围为 220～300 μm，Dv$_{0.9}$ 粒径的取值范围为 250～450 μm。

图 8-4-4 是两条采样带雾滴体积中径平均值示意图，沉积区内雾滴体积中径在 270 μm 上下波动，呈现出对称的"W"形分布。在沉积区两端和航线上采样点数值较大，航线两侧 –8～–2 m 和 2～10 m 区间的数值较小，这可能与喷头的安装位置有关。飞机机体两侧喷头的距离为 286 cm，而其他相邻喷头的距离在 100 cm 左右，且航线附近的雾滴受尾翼流场的影响较大。

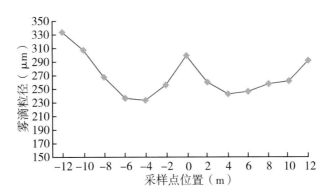

图 8-4-4　雾滴体积中径平均值示意图

（2）雾滴密度分布。为进一步研究雾滴在沉积区内的分布规律，对雾滴密度参数进行分析。

从图 8-4-5 可以看出，采样带 2 除在采样点 –2 m 处密度值突减外，其余采样点与采样带 1 的分布规律一致，–2 m 处两侧采样点的雾滴密度分别为 30.2 个 /cm^2 和 26.6 个 /cm^2，–2 m 采样点的雾滴密度为 15.5 个 /cm^2，两侧采样点雾滴密度数值约为 –2 m 处雾滴密度的 2 倍。两条采样带均在 –6 m 和 6 m 处出现极小值。由飞机的飞行参数可知，飞机喷杆长度为 14.48 m，飞机在两侧翼尖出现涡流，雾滴在涡流的扰动下沉降，故对称出现极小值。

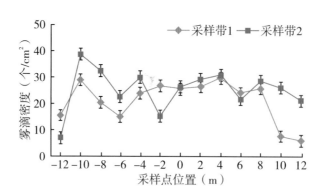

图 8-4-5　雾滴密度分布图

图 8-4-6 是对两条采样带雾滴密度做均值后的分布图。从图 8-4-6 可以看出，-10 m 处雾滴密度最大，为 34.1 个 /cm²。-8 ～ 8 m 区间的雾滴密度在 25 个 /cm² 上下波动，从 8 m 处雾滴密度开始下降。雾滴密度在沉积区内的跨度为 22.6，是沉积区平均密度的 0.97 倍。

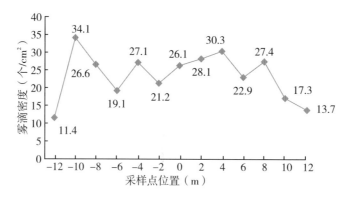

图 8-4-6　雾滴密度分布图

为了表征试验各采样点雾滴沉积密度均匀性，采用变异系数（CV）作为各组试验沉积密度分布均匀性的度量，变异系数计算公式为

$$CV = \frac{SD}{\overline{X}} \qquad (8.4.1)$$

$$SD = \sqrt{\sum_{i=1}^{n}(X_i - \overline{X})^2 / (n-1)} \qquad (8.4.2)$$

式中，SD 为同组试验采样点的标准差；X_i 为各采样点雾滴沉积密度；$\overline{X}$ 为试验采样点沉积密度平均值；n 为各组试验采样点个数。

经计算，两条采样带在沉积区域内的雾滴密度变异系数分别为 36.5% 和 31.6%，平均变异系数为 34.0%，根据《中华人民共和国民用航空行业标准》中关于雾滴分布均匀度的规定，两条采样带的雾滴密度变异系数均小于农业防治所有项目中的最小值，符合规定，雾滴分布均匀。

（3）雾滴沉积量分布。作业前，飞行员对 Thrush 510G 型飞机的亩喷液量进行了设置，设置参数为 17 L/hm^2，流量为 25.5 L/min。对水敏纸采集到的雾滴数据进行沉积量分析，如图 8-4-7 所示。

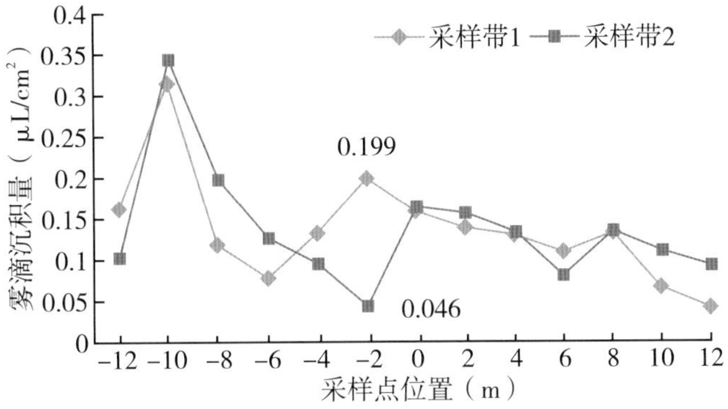

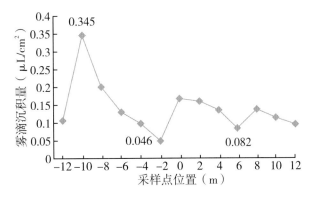

图 8-4-7　雾滴沉积量分布图

从图 8-4-7 可以看出，雾滴沉积量在 −10 m 处的数值最大，这是由于在侧风的影响下，上风向的雾滴向下风向飘移，飘移一定距离后沉积在作物上，因此此处的雾滴密度较大。两条采样带在 −2 m 处的雾滴密度相差较大，差值为 0.153，在其余采样点两条采样带的差值较小，与折线图吻合。对折线图进行积分计算，可得出两条采样带的雾滴总沉积量，分别为 3.366 μL/cm^2 和 3.404 μL/cm^2。同样对两条采样带的雾滴沉积量做均值分析，结果如图 8-4-8 所示。

图 8-4-8　雾滴沉积量分布图

从图 8-4-8 可以看出，采样点 −10 m 处的雾滴沉积量数值最大，为 0.345 μL/cm^2，试验时侧风风速为 0.6 m/s，此条件下除在采样带上风向的雾滴沉积量较大外，沉积区其余采样点的雾滴沉积量分布较为均匀。雾滴沉积区内，雾滴沉积量分布跨度较大，最大值与最小值分别为 0.345 μL/cm^2 和 0.046 μL/cm^2，差值为 0.299，平均沉积量数值为 0.138 μL/cm^2，沉积量最大值与最小值的差值是沉积区内平均沉积量数值的 2.16 倍。雾滴沉积量在 −2 m 和 6 m 采样点处为附近采样点的极小值，分别为 0.046 μL/cm^2 和 0.082 μL/cm^2。

（4）雾滴覆盖率分布。测得两条采样带沉积区的雾滴覆盖率如图 8-4-9 所示。

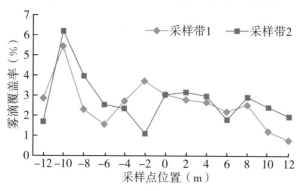

图 8-4-9　雾滴覆盖率分布图

将图 8-4-9 中两条采样带的雾滴覆盖率进行对比，发现在采样点 -2 m 处两条采样带呈现出相反的数据结构，采样带 1 在此位置为极大值，采样带 2 在此位置为极小值。在其余采样点两条采样带的折线图较为吻合，分布规律一致，均在 -10 m 处出现雾滴覆盖率最大值，在采样点 6 m 处出现极小值。对两条采样带雾滴覆盖率做均值后分析，得到图 8-4-10。

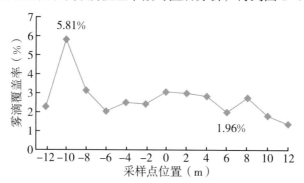

图 8-4-10　两条采样带雾滴覆盖率均值

从图 8-4-10 可以看出，雾滴除在采样点 -10 m 处的雾滴覆盖率数值较大外，其余采样点数值大小较为均匀，雾滴覆盖率在 2.7% 上下波动，在 6 m 处出现极小值，数值为 1.96%，可能是受翼尖涡流的影响，从 8 m 处呈现出逐渐减小的趋势。

（5）雾滴粒径与密度的分布关系。沉积区雾滴粒径与密度的分布关系，如图 8-4-11 所示。

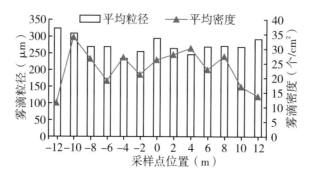

图 8-4-11　沉积区雾滴粒径与密度关系分布图

图 8-4-11 是对两条采样带沉积区雾滴粒径和密度在对应位置上的数值做均值后的图，由图可以看出，沉积区内雾滴粒径与密度分布均较为均匀，在 –4 m 和 4 m 处雾滴粒径均为极小值、雾滴密度均为极大值，这可能是飞机尾翼流场所致。

（6）雾滴粒径与沉积量的分布关系。沉积区雾滴粒径与沉积量的分布关系，如图 8-4-12 所示。

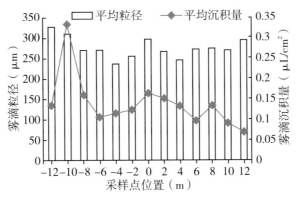

图 8-4-12　沉积区雾滴粒径与沉积量关系分布图

图 8-4-12 是对两条采样带沉积区雾滴粒径和沉积量做均值后的柱状图，由图可以看出，在 –4 ～ 4 m 区间内，雾滴粒径与沉积量呈正相关关系，雾滴粒径和雾滴沉积量在此区间内均呈现出倒 "V" 形分布，在 0 m 处雾滴粒径为极大值。

（7）雾滴密度与沉积量的分布关系。沉积区雾滴密度与沉积量的分布关系，如图 8-4-13 所示。

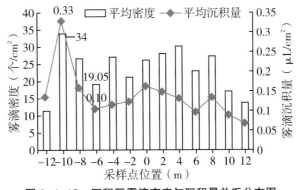

图 8-4-13　沉积区雾滴密度与沉积量关系分布图

图 8-4-13 是对两条采样带沉积区雾滴密度和沉积量在对应位置上的数值做均值后的柱状图，可以看出，雾滴密度和沉积量均在 –10 m 处为最大值，分别为 34 个 /cm² 和 0.33 μL/cm²，在 –6 m 处为极小值，分别为 19.05 个 /cm² 和 0.10 μL/cm²；在 –12 ～ –4 m 区间内，两种雾滴参数均是先增加后减小再增加；在 4 ～ 12 m 区间内，两种雾滴参数均是先减小后增加再减小。

3. 飘移区雾滴分布规律

（1）雾滴粒径分布。–30 ～ –14 m 和 14 ～ 65 m 区间为雾滴飘移区间。因侧风影响，雾滴没有向 –30 ～ –14 m 区间发生飘移，故本研究仅对 14 ～ 65 m 飘移区间进行分析。

图 8-4-14 为冠层飘移区雾滴粒径分布图，从图中可以看出，两条采样带上三种雾滴粒径除在个别采样点上有明显差异外，其余采样点分布较为一致。在 65 m 采样点处，三种雾滴粒径均明显小于其他采样点的雾滴粒径，说明小粒径雾滴容易发生飘移。在 32 m 和 40 m 处，采样带 1 上的三种雾滴粒径明显大于采样带 2 上的。在 28～40 m 区间内，除 34 m 处外，采样带 1 上的三种雾滴粒径均大于采样带 2 上的雾滴粒径。

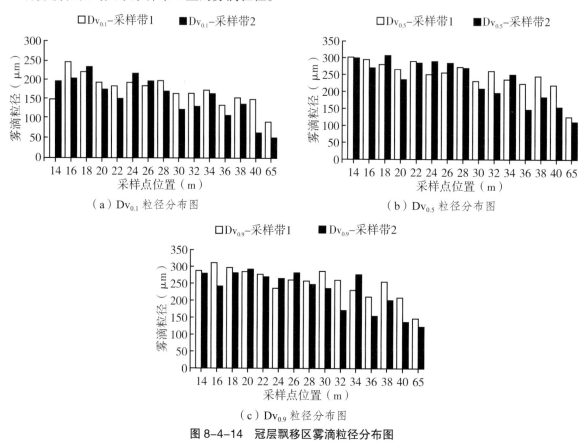

图 8-4-14　冠层飘移区雾滴粒径分布图

对两条采样带各采样点的 $Dv_{0.5}$ 做均值后得到图 8-4-15，图中直线部分为数据变化趋势线。飘移区内雾滴粒径随采样点向下风向的推移呈线性减小的趋势，说明小粒径雾滴更容易发生飘移，线性方程为：$y=-3.7286x+352.65$，$R^2=0.8803$，用此模型可以预测飘移区任一点雾滴粒径的大小。

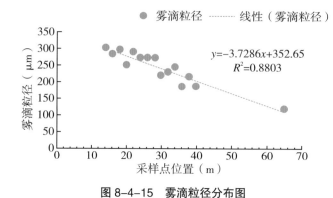

图 8-4-15　雾滴粒径分布图

（2）雾滴沉积量分布。图 8-4-16 为飘移区内两条采样带的沉积量分布。从图中可以看出，在 16 ～ 30 m 区间内的雾滴沉积量较多，是主要飘移区，两条采样带的平均沉积量数值分别为 0.056 μL/cm² 和 0.039 μL/cm²。采样带 1 在 22 m 处和采样带 2 在 26 m 处分别为两条采样带的最大值，数值分别为 0.104 μL/cm² 和 0.076 μL/cm²。在 36 ～ 65 m 区间内的雾滴沉积量极小，至 65 m 处采样点雾滴沉积量接近于 0。

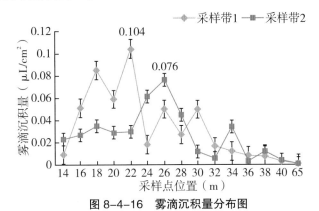

图 8-4-16　雾滴沉积量分布图

图 8-4-17 是对两条采样带雾滴沉积量做均值后的折线图，从图中可以看出，在 16 ～ 28 m 区间内，雾滴平均沉积量呈显著波动的锯齿状分布，该区间内 18 m、22 m 和 26 m 处为极大值，平均沉积量数值分别为 0.103 μL/cm²、0.119 μL/cm² 和 0.088 μL/cm²，16 m、20 m、24 m 和 28 m 采样点为极小值，平均沉积量数值分别为 0.039 μL/cm²、0.044 μL/cm²、0.040 μL/cm² 和 0.036 μL/cm²。在 30 ～ 65 m 区间内，雾滴平均沉积量数值逐渐减小，在 40 m 和 65 m 处采样点雾滴平均沉积量接近于 0。

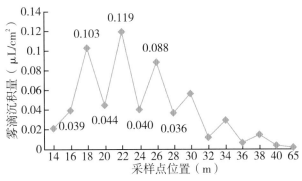

图 8-4-17　平均沉积量分布图

（3）雾滴密度分布。图 8-4-18 为雾滴密度在两条采样带飘移区上的分布。

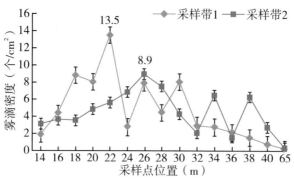

图 8-4-18　雾滴密度分布图

从图 8-4-18 可以看出，采样带 1 在 14～22 m 区间雾滴密度逐渐增大，至 22 m 处达到最大值，数值为 13.5 个 /cm²；采样带 2 在 14～26 m 区间内雾滴密度稳定增加，到 26 m 处达到最大值，数值为 8.9 个 /cm²。采样带 1 在 32～65 m 区间内雾滴密度平缓降低，采样带 2 在相应区间内雾滴密度呈锯齿状降低。

图 8-4-19 是对两条采样带的雾滴密度做均值后直方图，在 14～22 m 区间内，雾滴平均密度数值从 2.5 个 /cm² 逐渐递增至 9.6 个 /cm²，在 26～65 m 区间内，雾滴平均密度数值从 8.4 个 /cm² 递减至 0.2 个 /cm²。飘移区内雾滴主要沉积在 18～30 m 区间，该区间内 24 m 采样点为极小值点，数值为 4.8 个 /cm²。

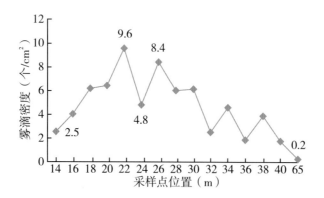

图 8-4-19　平均雾滴密度分布图

（4）雾滴粒径与沉积量的分布关系。图 8-4-20 是对两条采样带飘移区雾滴粒径和沉积量做均值后的图。从图可以看出，在 16～65 m 区间雾滴粒径与沉积量呈正相关关系，雾滴粒径增加，雾滴沉积量也相应增加。雾滴粒径在 65 m 采样点的数值远小于在其他采样点的数值，该位置的雾滴沉积量也极小，接近于 0。

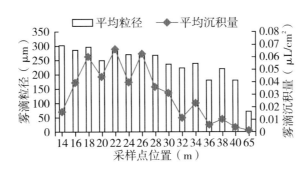

图 8-4-20　飘移区雾滴粒径与沉积量关系分布图

（5）雾滴密度与沉积量的分布关系。图 8-4-21 是对两条采样带飘移区雾滴密度和沉积量做均值后的图。从图可以看出，雾滴密度与沉积量基本呈正相关分布，随着雾滴密度的增加，沉积量也增加，雾滴密度减小，沉积量也随之减小。

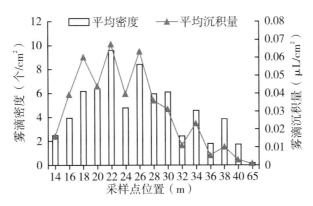

图 8-4-21　飘移区雾滴密度与沉积量关系分布图

（6）雾滴粒径与雾滴密度的分布关系。图 8-4-22 是对两条采样带飘移区雾滴粒径和雾滴密度做均值后的图。从图可以看出，雾滴粒径与雾滴密度在整个飘移区的分布趋势一致，均是随着采样点向下风向的推移，两种雾滴参数逐渐减小。

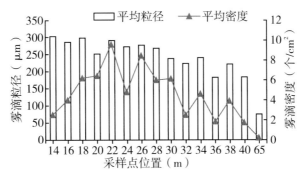

图 8-4-22　飘移区雾滴粒径与雾滴密度关系分布图

（7）雾滴粒径谱。为了分析雾滴粒径的分布情况，从雾滴粒径谱的角度出发，对雾滴各个粒径范围的密度进行统计，结果如图 8-4-23 所示。

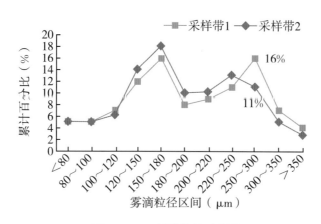

图 8-4-23　雾滴粒径对比图

从图 8-4-23 可以看出，两条采样带雾滴粒径谱累积百分比在 250～300 μm 区间的差异性较大，差值为 5%，其余部分的采样点折线图较为吻合。雾滴粒径分布呈现"M"形分布规律。

（四）小结

研究 Thrush 510G 型飞机在大豆植株冠层平面的雾滴分布规律是研究雾滴在大豆植株三维空间沉积分布规律的一个重要组成部分，本节主要研究在外界风速为 0.6 m/s，温度为 27.3 ℃，湿度为 43.3% 时，雾滴粒径、雾滴沉积量、雾滴沉积密度、雾滴覆盖率以及雾滴分布均匀性、雾滴粒径谱等衍生参数，以研究雾滴的分布形态，分析结果如下。

（1）沉积区内雾滴粒径呈现出关于航线对称的"W"形分布规律，即沉积区两侧和中间航线上采样点雾滴粒径较大，位于航线两侧的采样点雾滴粒径较小；位于 6 m 采样点处的雾滴粒径、雾滴密度、沉积量及其覆盖率的值均为极小值，分别为 246 μm、22.9 个 /cm²、0.082 μL/cm² 和 1.955%，该点位于飞机翼尖正下方，出现这种现象的原因很有可能是受翼尖涡流的影响。

（2）在沉积区内分析雾滴参数之间的相互关系时，发现雾滴粒径与沉积量在 –4～4 m 区间内呈正相关关系，雾滴密度与沉积量在 –12～–4 m 区间内均是先增加后减小再增加，在 4～12 m 区间内均是先减小后增加再减小。

（3）在飘移区，雾滴粒径随采样点向下风向的推移而线性减小，线性方程为 $y=-3.7286x+352.65$，该模型可在一定条件下预测飘移区任一点的雾滴粒径大小；雾滴沉积密度和沉积量主要集中在 16～30 m 区间内，至 65 m 采样点处接近于 0。

（4）在飘移区内分析雾滴参数之间的相互关系时，发现雾滴粒径与沉积量在 16～65 m 区间呈正相关关系；雾滴密度与沉积量在整个飘移区呈正相关分布；雾滴粒径与密度在整个飘移区的分布规律一致，均是随着采样点向下风向的推移，两种雾滴参数逐渐减小。

（5）分析雾滴体积中值粒径和数量中值粒径关系结果发现，雾滴体积中值粒径的取值范围为 250～300 μm，数量中值粒径的取值范围为 180～200 μm，比较雾滴体积中值粒径和数量中值粒径的取值范围，可以说明该转笼式喷嘴喷施的小雾滴数量较多；雾滴在各粒径范围内的分布较为均匀。雾滴粒径主要集中在 100 ～ 300 μm 范围内，是农业防治病虫害的主要粒径区间。

三、Thrush 510G 型飞机大豆冠层垂直面雾滴分布规律

雾滴在大豆冠层垂直面的分布规律说明了雾滴在大豆冠层具有穿透性，雾滴穿透性是评判植保飞机作业效果的一个重要指标，因此研究雾滴在作物冠层垂直面的雾滴分布规律具有重要的意义。大豆结荚鼓粒期的虫害主要危害植株的叶片和豆荚。结荚鼓粒期的大豆植株嫩叶和豆荚分布在植株的中上部，植株下部叶片稀少且干枯变黄，因此本试验对大豆植株中上部的雾滴数据进行分析。

（一）冠层垂直面雾滴分布规律方案设计

雾滴在作物生长方向上的分布反映了雾滴穿越作物冠层到达植株下部的能力，为研究雾滴在作物冠层垂直面的分布规律，设计以下方案，如图 8-4-24 所示。

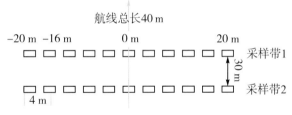

图 8-4-24　大豆冠层垂直面雾滴分布规律试验方案

在作物冠层与作物中部布置水敏纸，两者距离为 30 cm。以采样带中部位置为基点，向采样带两侧对称等距离布置水敏纸，相邻两张水敏纸之间的距离为 4 m，分别为 –20 m、–16 m、–12 m、–8 m、–4 m、0 m、4 m、8 m、12 m、16 m、20 m，采样带的长度为 40 m。两条采样带采样点的布置方式一样，共 22 个采样点。

（二）试验场地

在两条雾滴采样带之间随机选取 1.2 m² 的大豆样地，对所选样地内大豆植株的生长情况进行调查并记录，表 8-4-3 是大豆的生长参数，生长期为大豆结荚鼓粒期。其中大豆种植的行间距和列间距分别为 24 cm 和 8 cm。

表 8-4-3　大豆植株样方调查参数

调查面积（m²）	植株个数（个）	密度（个 /cm²）	叶片数（个）	植株高度（cm）
1.2	61	50.83	22.9	87

（三）数据分析

1. 雾滴穿透性密度分布

本试验测试在一定条件下雾滴在作物冠层的穿透性。采用雾滴密度来描述雾滴在穿透性区域内大豆植株上层、中层的沉积分布，如图 8-4-25 所示。

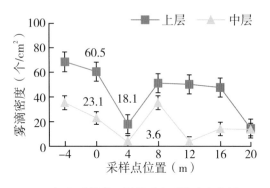

（a）采样带 1 冠层垂直面雾滴密度图

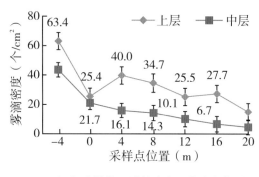

（b）采样带 2 冠层垂直面雾滴密度图

图 8-4-25　大豆冠层垂直面雾滴密度分布图

图 8-4-25 为雾滴在两条采样带上层、中层的密度分布图，可以看出，雾滴在中层的密度分布规律和在上层的雾滴分布规律一致，采样带 1 在 4 m 采样点雾滴密度突减，上层雾滴密度从 60.5 个 /cm² 降低至 18.1 个 /cm²，中层雾滴密度从 23.1 个 /cm² 降低至 3.6 个 /cm²。采样带 2 在上层 0 m 处雾滴密度由 63.4 个 /cm² 降低至 25.4 个 /cm²，与同一位置的中层雾滴密度接近，中层雾滴密度为 21.7 个 /cm²。采样带 2 在 4 ～ 16 m 区间上下两层雾滴密度差值分布稳定，差值分别为 23.9、20.4、15.4、21.0。雾滴密度整体呈现出向下风向逐渐减小的趋势。

图 8-4-26 是对两条采样带上层、中层的雾滴密度做均值后的分布图，从图可以看出，雾滴在 4 m 处雾滴密度达到极小值，上层、中层的雾滴密度分别为 29.05 个 /cm² 和 9.85 个 /cm²；雾滴在 -4 ～ 4 m 区间内，上层、中层的雾滴密度线性递减，并从 8 m 处开始，上层、中层的雾滴密度逐渐降低。

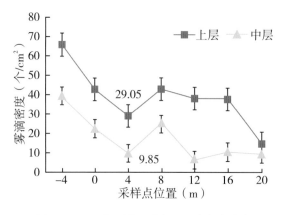

图 8-4-26　大豆冠层垂直面平均密度分布图

2.雾滴穿透性沉积量分布

为了进一步研究雾滴在作物冠层的穿透能力，计算植株中层雾滴沉积量占上层雾滴沉积量的百分比，计算结果见表8-4-4。表中的变异系数表示穿透性区域内雾滴在各测试点穿透能力分布的均匀性。

表8-4-4　雾滴穿透沉积量百分比及变异系数

采样点（m）	采样带1		采样带2	
	百分比（%）	变异系数（%）	百分比（%）	变异系数（%）
-4	38.6	—	53.1	—
0	30.7	—	148.1	—
4	32.5	—	44.3	—
8	71.7	—	39.8	—
12	4.2	—	36.8	—
16	24.8	—	27.5	—
20	119.1	—	36.8	—
平均值	46.0	82.7	55.2	75.6

从表8-4-4可以看出，雾滴在采样带1上20 m处和采样带2上0 m处雾滴沉积量百分比均大于100%，即在以上测试点雾滴在植株中层的沉积量大于在作物冠层的沉积量。出现这种现象的原因可能是固定翼飞机自身风场较弱，且外界风速较小（0.6 m/s），质量极其微小的雾滴在微弱风场中缓慢飘落，雾滴惯性小，减小了与植株枝叶碰撞的概率，雾滴可以绕过枝叶到达植株冠层以下，因此雾滴在植株中层的沉积密度大于在上层的沉积密度。两条采样带雾滴沉积量百分比的变异系数分别为82.7%和75.6%，变异系数较高，说明雾滴穿透能力分布不均匀。为了更进一步分析雾滴沉积百分比的分布规律，绘制了图8-4-27。

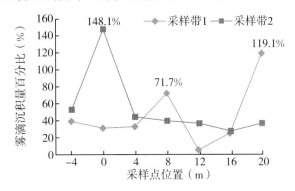

图8-4-27　雾滴沉积量百分比示意图

从图8-4-27可以看出，两条采样带雾滴沉积量百分比分布规律不一致，采样带1在8 m处雾滴沉积量百分比数值为极大值，为71.7%；在12～20 m区间内，雾滴沉积量百分比数值逐渐递增，说明 8 m 处雾滴在冠层的穿透能力最大，在 12～20 m 区间内雾滴穿透能力逐渐递增。采样带 2 除在 0 m 处雾滴沉积量百分比数值较大外，其余采样点分布较为均匀，在 40% 上下波动，说明 0 m 处雾滴穿透能力较高，在其余采样点雾滴穿透能力稳定。

3. 雾滴穿透性粒径分布

对雾滴粒径在植株中层的数据分析采用雾滴粒径谱来表示，图 8-4-28 为 2 条采样带雾滴穿透性区域的粒径谱，图中两条折线分别表示的是上层和中层雾滴数量在各粒径范围内在其相应的采样带中所占比例。

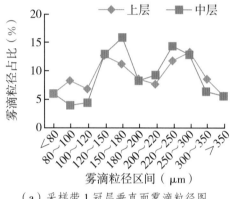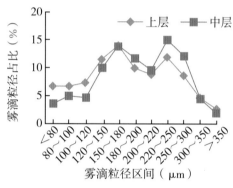

（a）采样带 1 冠层垂直面雾滴粒径图　　　　（b）采样带 2 冠层垂直面雾滴粒径图

图 8-4-28　冠层垂直面雾滴粒径分布图

图 8-4-28 为大豆冠层垂直面雾滴粒径谱对比示意图。可以看出，上层中，粒径小于 150 μm 的雾滴数量占整条采样带雾滴数量的百分比大于中层雾滴所占百分比；上层中，粒径为 180～300 μm 的雾滴数量占整条采样带雾滴数量的百分比小于中层雾滴所占百分比。说明粒径在小于 150 μm 时雾滴穿透能力较弱，粒径在 180～300 μm 区间内雾滴穿透能力较强。上层雾滴粒径分布规律与中层雾滴粒径分布规律一致，均呈"M"形分布，在 120～180 μm 和 220～300 μm 区间内的雾滴分布数量最多。

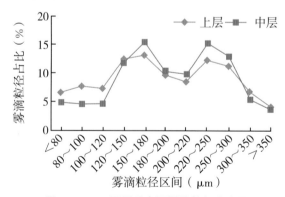

图 8-4-29　冠层垂直面雾滴粒径分布图

图 8-4-29 是对两条采样带上层、中层雾滴粒径谱均值化后的统计折线图。由图可以看出，

上层、中层的粒径在 150 ～ 180 μm 和 220 ～ 150 μm 区间较多，粒径在 150 ～ 300 μm 区间内上层雾滴沉积数量小于中层雾滴沉积数量，在此区间外，上层雾滴沉积数量大于中层雾滴沉积数量，说明此次试验雾滴粒径在 150 ～ 300 μm 区间能容易穿过大豆冠层到达植株中层。

4. 雾滴参数相互关系

对沉积在靶标上的雾滴进行单参数分析，研究雾滴在大豆作物上的分布规律。而分析各参数之间的相互关系能进一步全面阐释雾滴分布规律，因此本节对三种参数关系进行探索，试图找出雾滴参数之间的内在关系，三种参数关系包括雾滴粒径与沉积量的分布关系、雾滴沉积量与密度的分布关系以及雾滴粒径与密度的分布关系。

（1）雾滴粒径与沉积量的分布关系。雾滴粒径与沉积量的分布关系，具体结果如图 8-4-30 所示。

图 8-4-30 是对两条采样带上雾滴粒径和沉积量做均值后的图。从图可以看出，在大豆冠层垂直面研究区域内，位于冠层的雾滴粒径与沉积量呈正相关关系：雾滴粒径增大时，雾滴沉积量也随之增大。42 m 处植株上层雾滴粒径达到极大值，为 325.5 μm，此时上层沉积量也达到极大值，为 0.32 μL/cm²。位于大豆植株中层的雾滴粒径与沉积量呈负相关关系：雾滴粒径增大时，雾滴沉积量降低，42 m 处植株中层雾滴粒径达到极大值，为 296.0 μm，此时中层雾滴沉积量为极小值，为 0.04 μL/cm²。

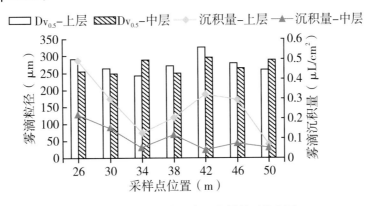

图 8-4-30　雾滴粒径与沉积量关系分布图

（2）雾滴沉积量与密度的分布关系。对两条采样带上雾滴沉积量和雾滴密度做均值，具体结果如图 8-4-31 所示。

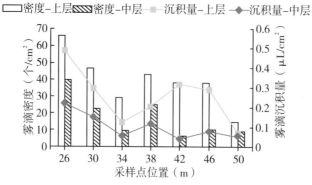

图 8-4-31　雾滴沉积量与密度关系分布图

从图 8-4-31 可以看出，位于大豆作物上层、中层的雾滴密度与沉积量均呈正相关关系：雾滴密度增加，雾滴沉积量也随之增加。上层雾滴密度在 34 m 处达到极小值，为 29.1 个 /cm²，雾滴沉积量在此时也达到极小值，为 0.13 μL/cm²；中层雾滴密度在 38 m 处达到极大值，为 24.8 个 /cm²，雾滴沉积量在此时也达到极大值，为 0.12 μL/cm²。

（3）雾滴粒径与雾滴密度的分布关系。对两条采样带上雾滴粒径和雾滴密度做均值，具体结果如图 8-4-32 所示。

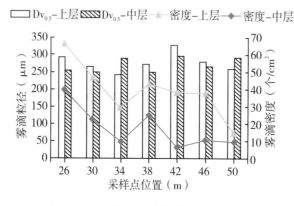

图 8-4-32　雾滴粒径与雾滴密度关系分布图

从图 8-4-32 可以看出，位于上层的雾滴粒径与雾滴密度呈正相关关系：雾滴粒径增加，雾滴密度也随之增加。雾滴粒径在 34 m 处达到极小值，为 241.5 μm，雾滴密度也在此时达到极小值，为 29.1 个 /cm²。位于植株中层 26～38 m 区间内的雾滴粒径与雾滴密度呈负相关关系：在此区间内，雾滴粒径先增加后减小，雾滴密度则先减小后增加。

（四）小结

航空喷施作业中，雾滴在冠层垂直面的分布可以反映出雾滴在作物冠层的穿透能力，是病虫害的防治的关键因素。以下是雾滴在大豆植株冠层垂直面的分布规律的研究结论。

（1）在研究雾滴上层沉积量与中层沉积量的分布关系时，发现雾滴沉积量百分比在采样带1的20 m处为119.1%，在采样带2的0 m处为148.1%，出现大于100%的情况，即雾滴在大豆植株中层的沉积量大于在上层的沉积量，产生这种现象的原因是质量微小的雾滴在微弱风场中可以绕过枝叶到达植株下部。雾滴在两条采样带上的雾滴沉积量百分比平均值分别为46.0%和55.2%，说明飞机喷洒的药液有一半可以沉积到作物中层。

（2）作物中层的雾滴粒径谱与上层雾滴粒径谱分布规律大致相同，呈"M"形分布，在120～180 μm和220～300 μm区间内的雾滴分布数量最多。雾滴粒径低于180 μm时，穿透能力稍弱，雾滴粒径大于250 μm时，穿透能力较强。

（3）在研究大豆冠层垂直面各雾滴参数之间的相互关系时，发现位于冠层上层的雾滴粒径与沉积量呈正相关关系，位于大豆植株中层的两种雾滴参数呈负相关关系；位于大豆作物上层、中层的雾滴密度与沉积量均呈正相关关系；位于上层的雾滴粒径与密度呈正相关关系，位于植株中层26～38 m区间内的两种雾滴参数呈负相关关系。

四、Thrush 510G 型飞机不同气象条件下的雾滴分布规律

（一）多种气象条件雾滴分布规律方案设计

Thrush 510G飞机为大型固定翼飞机，作业时雾滴在机翼风场和环境风场的复合风场中沉降，为研究雾滴在不同气象条件（主要指风速）下的沉积分布规律，设计了在三种侧风条件下的试验方案，研究雾滴在三种气象条件下（尤指风环境）在作物冠层平面和冠层垂直面的沉积分布规律。试验时将环境监测表放置到两条采样带内，气象站高于大豆冠层30 cm，具体气象条件见表8-4-5。试验一风速为1.1 m/s，风向垂直于飞机飞行航线，平均温度为24.9 ℃，平均湿度为52.4%；试验二风速为0.9 m/s，风向垂直于飞机飞行航线，平均温度为26.4 ℃，平均湿度为49.0%；试验三风速为0.6 m/s，风向垂直于飞机飞行航线，平均温度为27.3 ℃，平均湿度为43.3%。

表8-4-5　试验气象条件表

试验号	风速（m/s）及风向	平均温度（℃）	平均湿度（%）
一	1.1/SE	24.9	52.4
二	0.9/SE	26.4	49.0
三	0.6/SE	27.3	43.3

（二）数据分析

1. 作物冠层水平面雾滴分布规律

把整条采样带分为雾滴沉积区和飘移区，其中 –12 ～ 12 m 为雾滴沉积区，–30 ～ –14 m 和 14 ～ 65 m 为雾滴飘移区，由于外界风向为侧风，与采样带的延伸方向一致，因此雾滴在 –30 ～ –14 m 区间内没有发生飘移，故本研究只对 14 ～ 65 m 飘移区进行分析。

（1）沉积区雾滴分布规律。

①雾滴粒径分布规律。本小节采用雾滴体积中值粒径参数对雾滴粒径进行分析，绘制了图 8-4-33，对比三种气象条件下沉积区的雾滴粒径。进行试验一时，通过直观观察，可以看出雾滴向航线右侧飘移，结合气象条件，将试验二、试验三的飞行航线右移 10 m，以有效地收集雾滴数据。

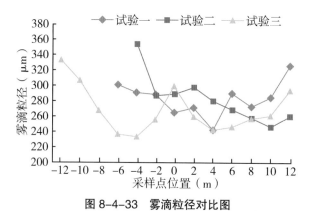

图 8-4-33　雾滴粒径对比图

从图 8-4-33 可以看出，三种气象条件下，雾滴粒径分布规律不一致，三次试验雾滴采样点起始点不同，试验一和试验二雾滴采集位置相差不大，在 –5 m 附近，试验三雾滴起始位置为 –12 m，说明外界风速对雾滴起始位置影响较大。此外，试验一雾滴粒径在沉积区内呈 "V" 形分布，两侧数值大，中间数值小，试验二雾滴粒径数值从上风向向下风向递减，试验三雾滴粒径数值呈 "W" 形分布，说明外界风速同样也会影响雾滴粒径在采样点间的分布。

②雾滴密度分布规律。图 8-4-34 为在三次试验两条采样带上的雾滴密度分布图。可以看出，试验一的两条采样带雾滴密度分布走势一致，但采样带 1 在 4 m 和 10 m 处为极小值，分别为 18.1 个 /cm² 和 28.0 个 /cm²；而采样带 2 在 2 m 处为极小值，数值为 19.6 个 /cm²；采样带 1 在 –4 m 和 8 m 处为极大值，分别为 68.5 个 /cm² 和 51.2 个 /cm²；而采样带 2 在 –4 m 和 6 m 处为极大值，分别为 63.4 个 /cm² 和 57.0 个 /cm²，采样带 2 的极大值比采样带 1 的极大值整体上向上风向移动了 2 m。试验二中采样带 2 在 2 m 处的雾滴密度异常大，采样带 1 雾滴密度分布稳定，4 ～ 12 m 区间内两条雾滴密度折线图吻合性较高。试验三的两条折线图在 –12 ～ –4 m 和 0 ～ 8 m 区间内雾滴密度分布规律相同。

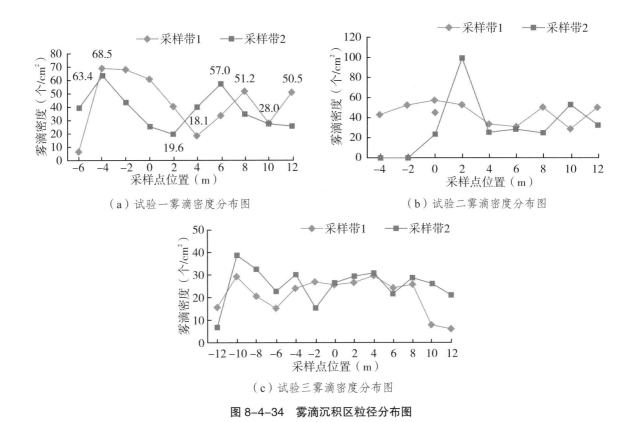

（a）试验一雾滴密度分布图　　　　　（b）试验二雾滴密度分布图

（c）试验三雾滴密度分布图

图 8-4-34　雾滴沉积区粒径分布图

图 8-4-35 为三次试验雾滴在沉积区各采样点的沉积密度对比图，对每次试验两条采样带上的雾滴密度数值进行均值化。可以看出，试验三的雾滴密度分布最为均匀，保持在 25 个 /cm² 上下波动。试验一雾滴密度在 –4 m 处达到最大值，为 66.0 个 /cm²，从 0 m 往沉积区下风向的方向，雾滴密度保持在 35 个 /cm² 上下波动。试验二的雾滴密度在 2 m 处达到最大值，为 76.0 个 /cm²，4 ～ 12 m 区间内雾滴密度平稳增加。

表 8-4-6 从分布均匀性角度对三种气象条件下的雾滴密度分布进行分析，显示了三次试验在沉积区的雾滴沉积密度均匀性情况。其中试验二采样带 2 的变异系数较大，为 55.6%，说明采样带 2 的雾滴分布均匀性较差；试验三两条采样带的变异系数分别为 36.5% 和 31.6%，变异系数较小，分布较为均匀。由试验气象条件表可以看出，试验三进行时，外界风速较小，为 0.6 m/s，因此可以说明气象条件对雾滴分布均匀性影响较大。三次试验的变异系数的平均值分别为 43.75%、40.05% 和 34.05%，依次减小，说明外界风速越小，雾滴分布越均匀。

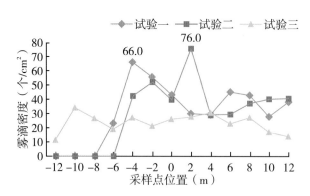

图 8-4-35　三次试验雾滴密度对比图

表 8-4-6　三次试验沉积区雾滴密度变异系数列表

数值	试验一		试验二		试验三	
	采样带①	采样带②	采样带①	采样带②	采样带①	采样带②
变异系数（%）	49.7	37.8	24.5	55.6	36.5	31.6
平均值（%）	43.75		40.05		34.05	

③雾滴沉积量分布规律。图 8-4-36 为三次试验两条采样带上的雾滴沉积量对比图。从图可以看出，三次试验的雾滴沉积量分布规律不相同，试验一的两条采样带在 6 m 处、试验二的采样带 1 在 8 m 处和试验三的两条采样带在 8 m 处的雾滴沉积量数值有所升高，这可能是由于固定翼飞机的翼尖涡流与外界风场叠加所引起的。三次试验雾滴沉积量均在上风向起始位置数值较大。

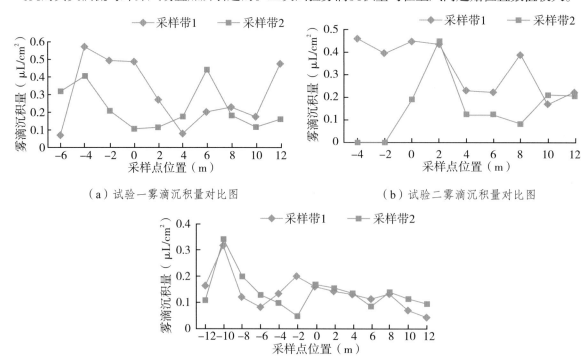

（a）试验一雾滴沉积量对比图　　　　（b）试验二雾滴沉积量对比图

（c）试验三雾滴沉积量对比图

图 8-4-36　雾滴沉积区沉积量分布

对每次试验两条采样带的雾滴沉积量做均值，分析三次试验雾滴在不同气象条件下的沉积量分布规律，如图 8-4-37 所示。可以看出，试验三的雾滴沉积量除在 –10 m 处较大外，其余采样点分布均较为均匀，保持在 0.12 μL/cm² 上下波动；试验一在 –4 m 处雾滴沉积量最大，为 0.491 μL/cm²，其余整体呈现出锯齿状分布；试验二在 2 m 处雾滴沉积量最大，为 0.452 μL/cm²，其余采样点分布均较为稳定。三次试验雾滴沉积量分布规律不相同，说明气象条件对雾滴沉积量的影响较大，风速越小，沉积越均匀。利用 Origin 数据统计软件对折线图进行积分计算，可得出沉积区内雾滴总沉积量，三次试验雾滴总沉积量分别为 6.110 μL/cm²、4.010 μL/cm² 和 3.623 μL/cm²，沉积总量随风速的减小而减小，这是由于在风速较小的条件下，沉积在冠层以下的雾滴更多一些。

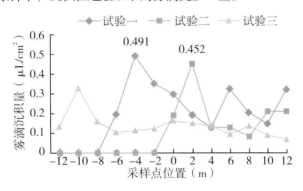

图 8-4-37 雾滴沉积量对比图

（2）飘移区雾滴分布规律。

①雾滴粒径分布规律。图 8-4-38 为不同气象条件下雾滴在飘移区的粒径分布图，因试验二和试验三飞机航线向上风向移动 10 m，采样点总数没有变，故试验一航线左侧的采样点数量较少。可以看出，试验一和试验三的雾滴在两条采样带中的分布较为一致，试验二在 16 ～ 24 m 区间内采样带 1 的粒径数值明显大于采样带 2 的数值，分别为 360 μm 和 310 μm、315 μm 和 260 μm、320 μm 和 218 μm、313 μm 和 246 μm 以及 318 μm 和 271 μm。

对两条采样带雾滴粒径做均值化，比较三次试验雾滴粒径分布，得到图 8-4-39。从图 8-4-39 可以看出，三次试验雾滴粒径整体随采样点向下风向的推移而减小，最远端的雾滴粒径明显小于其余采样点，两条采样带分别为 138.5 μm 和 119 μm，而其余采样点粒径均保持在 250 μm 上下

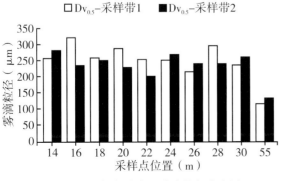

（a）试验一雾滴粒径分布图

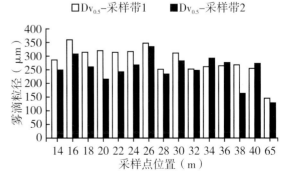

（b）试验二雾滴粒径分布图

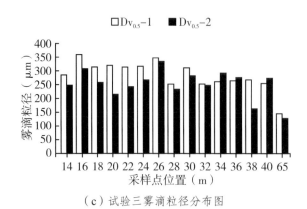

（c）试验三雾滴粒径分布图

图 8-4-38 雾滴飘移区雾滴粒径分布图

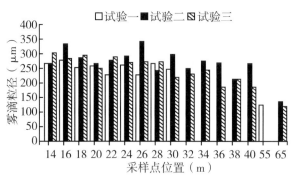

图 8-4-39 雾滴粒径对比图

小范围波动。比较试验二和试验三发现，在 30 ～ 65 m 区间内，试验三的雾滴粒径均小于试验二的雾滴粒径，由此可知飘移相同的距离，外界风速较小时比外界风速较大时的雾滴粒径小。

②雾滴密度分布规律。图 8-4-40 为三次试验雾滴密度对比图。从图 8-4-40 可以看出，试验一和试验二在 14 ～ 30 m 区间内雾滴密度分布规律一致，雾滴密度均逐渐减小，试验三在飘移区内的雾滴密度均较小，分布较为平缓，三次试验的雾滴密度在飘移区最远端接近 0。说明外界风速会影响雾滴密度在飘移区的分布，外界风速较小的情况下，飘移的雾滴较少。这是因为外界风速较小时，雾滴受侧风力较小，加速度较小，故雾滴飘移的距离较短。

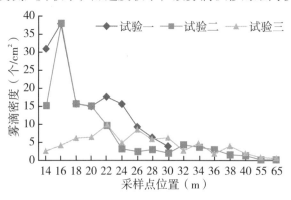

图 8-4-40 雾滴密度对比图

③雾滴沉积量分布规律。图 8-4-41 为三次试验雾滴沉积量对比图。从图 8-4-41 可以看出，试验一和试验二整体雾滴沉积量分布规律相同，均是在 14 ～ 16 m 区间雾滴沉积量最多，在 16 m 采样点处雾滴沉积量达到最大值，分别为 0.291 μL/cm² 和 0.275 μL/cm²。试验三雾滴沉积量在飘移区内所有采样点的数值均较小。试验一的分布折线整体位于试验二的分布折线的上部，说明环境风速越大，位于飘移区的雾滴沉积量越多。三次试验在 18 ～ 65 m 区间雾滴沉积量分布规律一致，随着采样点向下风向的推移，沉积量逐渐接近 0。

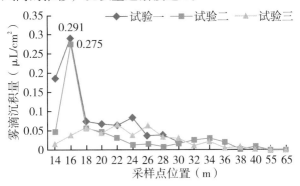

图 8-4-41　雾滴沉积量对比图

2. 作物冠层垂直面雾滴分布规律

（1）雾滴沉积量分布规律。对不同气象条件下作物冠层垂直面的雾滴沉积量、雾滴穿透沉积量百分比及变异系数进行分析，分析结果见表 8-4-7。

表 8-4-7　雾滴穿透沉积量百分比及变异系数

采样点（m）	试验一		采样点（m）	试验二		试验三	
	百分比（%）	变异系数（%）		百分比（%）	变异系数（%）	百分比（%）	变异系数（%）
-4	45.85		-10	—		58.40	
0	89.40		-6	—		24.70	
4	38.40		-2	—		41.45	
8	55.75		2	39.60		91.95	
12	20.50		6	27.40		64.40	
16	26.15	50.77	10	28.90	69.91	54.75	73.65
20	77.95		14	139.60		202.6	
24	—		18	67.40		52.45	
26	—		22	57.99		59.25	
30	—		26	—		20.90	
			30	—		62.50	
平均值	50.6		平均值	60.2		66.7	

从表 8-4-7 可以看出，三次试验雾滴在穿透性区域采集起始点不同，试验一、试验二和试验三分别在 -4 m、2 m 和 -10 m 处开始采集到雾滴。试验二和试验三在 14 m 采样点处的雾滴穿透百分比均为采样区的最大值，为 139.60% 和 202.65%，均超过了 100%，说明作物中层的雾滴沉积量大于上层的沉积量。除试验二外，其余两次试验在航线上的雾滴穿透百分比的数值较大，分别为 89.40% 和 91.95%。三次试验雾滴穿透百分比的平均值分别为 50.6%、60.2% 和 66.7%，而外界风速则依次递减，分别为 1.1 m/s、0.9 m/s 和 0.6 m/s，呈负相关关系，雾滴穿透性百分比变异系数递增，依次为 50.77%、69.91% 和 73.65%，同样与风速呈负相关关系。

（2）雾滴密度分布规律。三次试验大豆冠层垂直面的雾滴密度如图 8-4-42 所示。从图 8-4-42 可以看出，每次试验两条采样带上下两层的雾滴分布规律总体上趋于一致，试验一采样带 1 上层、中两层雾滴密度数值均是在 4 m 处达到极小值，分别为 18.1 个 /cm² 和 3.6 个 /cm²，采样带 2 上层、下两层雾滴密度数值从上风向起始点向下风向缓慢减小。试验二两条采样带上的上层、下两层雾滴密度数值分别从 6 m 和 2 m 处缓慢减小。试验三采样带 1 中在 2 m 和 6 m 采样点，采样带 2 中在 2 m 和 14 m 采样点雾滴在作物中层的沉积密度均大于在上层的沉积密度，出现这种现象的原因可能是质量极其微小的雾滴在外界无风或风速很小的情况下缓慢飘落，雾滴惯性小，减小了与植株枝叶碰撞的概率，雾滴可以绕过枝叶到达植株中层，因此雾滴在植株中层的沉积密度可能会大于在上层的沉积密度。

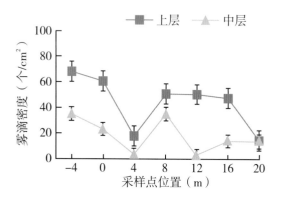

（a）试验一采样带 1 雾滴密度分布图

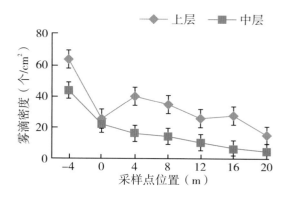

（b）试验一采样带 2 雾滴密度分布图

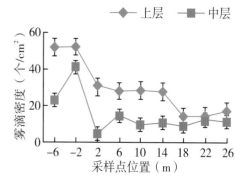

（c）试验二采样带 1 雾滴密度分布图

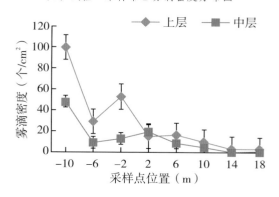

（d）试验二采样带 2 雾滴密度分布图

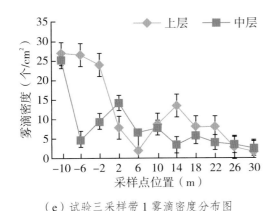

（e）试验三采样带 1 雾滴密度分布图

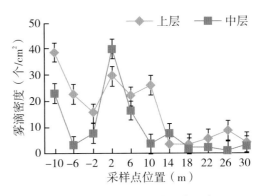

（f）试验三采样带 2 雾滴密度分布图

图 8-4-42　冠层垂直面雾滴密度分布图

（3）雾滴粒径分布规律。雾滴粒径在植株中层的数据分析采用雾滴粒径谱来表示，图 8-4-43 为三次试验 6 条采样带中雾滴粒径在大豆冠层垂直面的分布，图中两条折线分别表示上层、中层雾滴数量在各粒径范围内在其相应的采样带中所占比例。可以看出，上层雾滴粒径小于 180 μm 时的数量占整条采样带雾滴数量的百分比大于中层雾滴在相应区间内的百分比，上层雾滴粒径大于 250 μm 时的数量占整条采样带雾滴数量的百分比小于中层雾滴在相应区间的百分比，分别说明了粒径小于 180 μm 时雾滴穿透性较强，粒径大于 250 μm 时雾滴穿透性较弱。上层雾滴粒径分布规律与中层雾滴粒径分布规律一致，上层、中层均是粒径在 120 ~ 180 μm 和 220 ~ 300 μm 的雾滴最多，粒径区间为 180 ~ 220 μm 的雾滴数量与以上叙述区间相比下降。

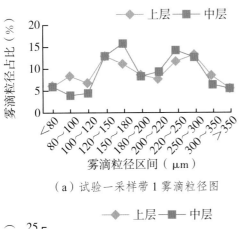

（a）试验一采样带 1 雾滴粒径图

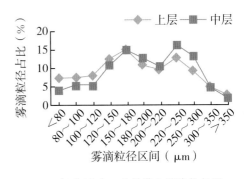

（b）试验一采样带 2 雾滴粒径图

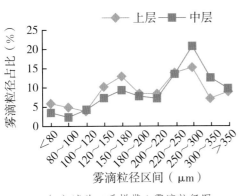

（c）试验二采样带 1 雾滴粒径图

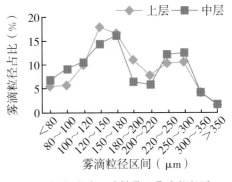

（d）试验二采样带 2 雾滴粒径图

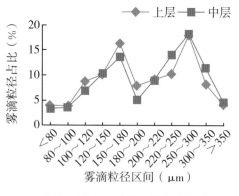

（e）试验三采样带1雾滴粒径图

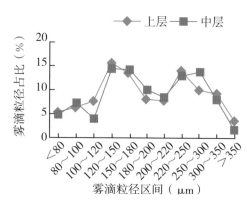

（f）试验三采样带2雾滴粒径图

图8-4-43　冠层垂直面雾滴粒径分布图

（三）小结

航空植保作业中，气象条件是影响雾滴沉积分布的重要因素之一，为此本试验研究了三种气象条件下雾滴在大豆植株冠层平面和冠层垂直面的分布规律，主要对雾滴沉积量、沉积密度和雾滴粒径三种参数进行分析，具体结果如下。

（1）气象条件对作物冠层雾滴分布的影响。沉积区内，气象条件（尤指风速）对雾滴粒径分布影响显著，三次试验雾滴粒径分别呈现出"V"形、逐渐降低和"W"形分布规律；雾滴密度分布均匀性随风速的增加而减小。飘移区内，飘移相同的距离，外界风速小比外界风速大时飘移的雾滴粒径小，三次试验的外界风速依次为1.1 m/s、0.9 m/s和0.6 m/s，在飘移区40 m处的雾滴粒径分别为266.5 μm和187.5 μm；外界风速越小，在飘移区的雾滴密度和雾滴沉积量也就越小，这是因为外界风速较小时，雾滴受侧风力较小，加速度较小，故雾滴飘移的距离较短。

（2）气象条件对雾滴沉积量影响。在沉积区内，三次试验雾滴总沉积量分别为6.110 μL/cm²、4.010 μL/cm²和3.623 μL/cm²，沉积总量随风速的减小而减小；雾滴沉积量百分比分别为50.6%、60.2%和66.7%，风速越小，雾滴越容易穿过冠层到达冠层以下。

（3）气象条件对作物冠层垂直面雾滴分布规律的影响。在外界风速较小的条件下，雾滴穿透沉积量百分比在试验二和试验三的14m处的数值为139.6%和202.6%，说明雾滴中层的沉积量大于上层的沉积量数值，这是由于外界无风或风速很小的情况下，雾滴惯性小，飘落缓慢，减小了与植株枝叶碰撞的概率，雾滴可以绕过枝叶到达植株中层。

参考文献

［1］李煦阳，高健.浅析直升机飞行过程的力学原理［J］.浙江水利水电学院学报，2018，30（4）：64-69.

［2］邓铁军，刘丽辉，白先进，等.自然条件下柑桔木虱种群扩散规律调查［J］.中国南方果树，2019，48（4）：1-3.

［3］姚伟祥，兰玉彬，王娟，等.AS350B3e直升机航空喷施雾滴飘移分布特性［J］.农业工程学报，2017，33（22）：75-83.

［4］张建桃，陈鸿，文晟，等.黄龙病媒介昆虫柑橘木虱航空防治研究展望［J］.湖南科技学院学报，2017，38（6）：39-42.

［5］魏春生，常辉.松树种植特点以及技术要点［J］.农业与技术，2019，39（22）：75-76.

［6］姚伟祥，兰玉彬，郭爽，等.赣南山地柑桔园有人驾驶直升机喷雾作业雾滴沉积效果［J］.中国南方果树，2020，49（2）：13-18.

［7］李继宇，郭爽，姚伟祥，等.气流作业下雾滴粒径稻株间分布特性与风洞模拟试验［J］.农业机械学报，2019，50（8）：148-156.

［8］杨树果，何秀荣.中国大豆产业状况和观点思考［J］.中国农村经济，2014（4）：32-41.

［9］兰玉彬，彭谨，金济.农药喷雾粒径的研究现状与发展［J］.华南农业大学学报，2016，37（6）：1-9.

［10］GUO S，LI J Y，YAO W X，et al. Distribution characteristics on droplet deposition of wind field vortex formed by multirotor UAV［J］. PLOS ONE，2019，14（7）：e0220024.

［11］YAO W X，LAN Y B，HOFFMANN W C，et al. Droplet size distribution characteristics of aerial nozzles by bell206l4 helicopter under medium and low airflow velocity wind tunnel conditions and field verification test［J］. Applied Sciences，2020，10（6）：2179.

［12］JACTEL H，GOULARD M，MENASSIEU P，et al. Habitat diversity in forest plantations reduces infestations of the pine stem borer Dioryctria sylvestrella［J］. Journal of Applied Ecology，2002，39（4）：618-628.

第九章

精准农业航空施药技术未来发展趋势

　　随着精准农业的持续发展，人们对食品安全和生态安全的要求持续上升，精准农业航空施药技术顺应时代的要求将不断地更新与迭代，以满足人们日益增长的需求。我国幅员辽阔，地形错综复杂，单一植保机械无法适应所有的植保作业，未来的精准农业航空施药技术将在具备精准导航定位、自主避障、仿地飞行、变量喷施等功能的基础上，结合多传感器融合技术以及智能专家系统，可根据实际情况制定空天地一体化的协同作业方案，实现多机型、多作业方式并举的作业模式。

　　深入研究不同机型（有人驾驶飞机和无人机）在不同的气象条件（风速、风向、温度、湿度、光照强度、田间风场动态分布等）、不同作业参数（飞行高度、飞行速度、喷施量、喷头类型等）情况下的喷施物理性质（黏度、表面张力和密度）和使用不同的药剂（杀虫剂、杀菌剂和生长调节剂）时农药雾滴在空气中的蒸发、沉降和飘移规律。细化分析农药运输过程中各环节的运动特性，建立喷头液膜破碎模型、雾滴运动轨迹模型、大气稳定性模型、雾滴沉降与飘移的预测模型以及雾滴与作物叶片表面的碰撞（交互）模型。基于大量的试验研究和预测模型搭建智能专家系统，为实际作业提供优质解决方案。

　　开发出适用于航空喷施的专用药剂，尤其对于超低容量喷雾器械，研究航空专用药剂对不同作物表面结构的生理影响与农药在植物体内的运输和消解，在保证施药效果的前提下，减少药害的发生与农药残留；根据航空喷施的用途及使用要求，研究减少农药飘移、增加沉降、抗蒸发、增强作物靶标对农药截留作用等不同功效的航空喷雾助剂，以减少航空喷施条件下的农药流失，提高农药的利用率，增强对作物病虫害的防治效果。

　　开发雾滴谱窄、飘移率低的航空专用可控雾化系列喷头；开发农业航空植保静电超低容量施药技术，主要包括可控雾滴雾化技术研究与装置开发、雾流高效充电技术研发等，提高药液在靶标的附着率；开发重量轻、强度高、耐腐蚀、方便吊挂、防药液浪涌、空气阻力小的流线型药箱及喷杆喷雾系统；开发体积小、重量轻、自吸力强、运转平稳可靠的航空喷药系列化轻型隔膜泵等。

　　研究高精度飞行姿态及导航定位传感器，融合激光及声呐测距等传感器，消减地效的影响，开发无人机超低空飞行高稳定性自动驾驶控制技术，提高飞行控制精度，保证无人机超低空飞行作业时的稳定性；完善无人机的失控保护措施，包括开发具有失控保护、故障自检测、报警功能的飞控系统，实时跟踪监视各类参数，排除安全隐患，提高无人机低空飞行的安全性；开发适用于微小型无人机的机载地面高程三维信息测量系统，结合三维地理信息系统，融合 GPS、GIS 技术开发面向复杂农田作业环境的微小型无人机路径规划优化算法，实现无人机按照预定航路自主飞行作业；开发新型操控手柄，取代传统的人工总距、横滚、俯仰、航向 8 方向姿态操作，实现"推杆即走、拉杆即停"的操作方式，实现"傻瓜化"操控，降低操作难度；减轻整机重量，同时提高有效载荷和动力部件的使用寿命；解决发动机轻量化与使用寿命之间的矛盾，使发动机及动力电池的使用寿命进一步得到延长，从而降低整体使用成本。